期表

10	11	12	13	14	15		
						2 **He** ヘリウム 4.003	1
			5 **B** ホウ素 10.81	6 **C** 炭素 12.01	7 **N** 窒素 14.01	8 **O** 酸素 16.00	9 **F** フッ素 19.00	10 **Ne** ネオン 20.18	2
			13 **Al** アルミニウム 26.98	14 **Si** ケイ素 28.09	15 **P** リン 30.97	16 **S** 硫黄 32.07	17 **Cl** 塩素 35.45	18 **Ar** アルゴン 39.95	3
28 **Ni** ニッケル 58.69	29 **Cu** 銅 63.55	30 **Zn** 亜鉛 65.38	31 **Ga** ガリウム 69.72	32 **Ge** ゲルマニウム 72.63	33 **As** ヒ素 74.92	34 **Se** セレン 78.97	35 **Br** 臭素 79.90	36 **Kr** クリプトン 83.80	4
46 **Pd** パラジウム 106.4	47 **Ag** 銀 107.9	48 **Cd** カドミウム 112.4	49 **In** インジウム 114.8	50 **Sn** スズ 118.7	51 **Sb** アンチモン 121.8	52 **Te** テルル 127.6	53 **I** ヨウ素 126.9	54 **Xe** キセノン 131.3	5
78 **Pt** 白金 195.1	79 **Au** 金 197.0	80 **Hg** 水銀 200.6	81 **Tl** タリウム 204.4	82 **Pb** 鉛 207.2	83 **Bi*** ビスマス 209.0	84 **Po*** ポロニウム (210)	85 **At*** アスタチン (210)	86 **Rn*** ラドン (222)	6
110 **Ds*** ダームスタチウム (281)	111 **Rg*** レントゲニウム (280)	112 **Cn*** コペルニシウム (285)	113 **Nh*** ニホニウム (284)	114 **Fl*** フレロビウム (289)	115 **Mc*** モスコビウム (288)	116 **Lv*** リバモリウム (293)	117 **Ts*** テネシン (293)	118 **Og*** オガネソン (294)	7

63 **Eu** ウロピウム 152.0	64 **Gd** ガドリニウム 157.3	65 **Tb** テルビウム 158.9	66 **Dy** ジスプロシウム 162.5	67 **Ho** ホルミウム 164.9	68 **Er** エルビウム 167.3	69 **Tm** ツリウム 168.9	70 **Yb** イッテルビウム 173.1	71 **Lu** ルテチウム 175.0
95 **Am*** アメリシウム (243)	96 **Cm*** キュリウム (247)	97 **Bk*** バークリウム (247)	98 **Cf*** カリホルニウム (252)	99 **Es*** アインスタイニウム (252)	100 **Fm*** フェルミウム (257)	101 **Md*** メンデレビウム (258)	102 **No*** ノーベリウム (259)	103 **Lr*** ローレンシウム (262)

Quantum mechanics

電子・物性系のための
量子力学

デバイスの本質を理解する

小野 行徳 著

森北出版株式会社

● 本書のサポート情報を当社 Web サイトに掲載する場合があります．下記の URL にアクセスし，サポートの案内をご覧ください．

http://www.morikita.co.jp/support/

● 本書の内容に関するご質問は，森北出版 出版部「(書名を明記)」係宛に書面にて，もしくは下記の e-mail アドレスまでお願いします．なお，電話でのご質問には応じかねますので，あらかじめご了承ください．

editor@morikita.co.jp

● 本書により得られた情報の使用から生じるいかなる損害についても，当社および本書の著者は責任を負わないものとします．

■ 本書に記載している製品名，商標および登録商標は，各権利者に帰属します．

■ 本書を無断で複写複製（電子化を含む）することは，著作権法上での例外を除き，禁じられています．複写される場合は，そのつど事前に(社)出版者著作権管理機構（電話 03-3513-6969，FAX 03-3513-6979，e-mail：info@jcopy.or.jp）の許諾を得てください．また本書を代行業者等の第三者に依頼してスキャンやデジタル化することは，たとえ個人や家庭内での利用であっても一切認められておりません．

まえがき

　本書は，物理工学系，応用物理学系，電気電子工学系の学科に所属し，電子物性やデバイスを学んでいる学生の皆さん，あるいは，現在デバイスに関連した仕事に携わっておられる方々のための量子力学の解説書である．

　現在のトランジスタは，そのサイズが原子のレベルに近づきつつあり，加えて，トランジスタ以外にも多くの新原理デバイスが提案，実証されている．このような最先端のデバイスを理解するために，いまや量子力学の理解は必要不可欠なものとなっている．本書の目的は，前述の読者を対象として，電子デバイスの成り立ちを背後から支える，基礎学問としての量子力学を解説すること，および，これと電子デバイスをつなぐ部分を解説することにある．

　このような目的であるため，本書では，量子力学そのものの説明に続き，固体物性論（4章後半），統計力学（5章），および量子エレクトロニクス（6章）について，電子デバイスへの応用を念頭に解説を行っている．従来，これらを学ぶためにはそれぞれの専門書を個別にあたる必要があった．しかし，それぞれの専門書は必ずしもデバイスを念頭においたものではないため，「結局よくわからないまま終わった」という方も多いのではないだろうか．しかし，人類の英知の結晶ともいえる「デバイス」の「本質」を理解するためには，その源流にある量子力学はもちろん，これに続く理論体系を深く理解することが必要不可欠である．副題の「デバイスの本質を理解する」には，このような本書の流れとその趣旨が込められている．

　とくに，統計力学には多くのページが割かれている．これは，統計力学が量子力学と不可分な理論体系であり，また，最終的に電子デバイスの性能を決めるであろう「熱」の理解には，統計力学の考え方を身に付けることがきわめて重要であると考えたためである．他方，量子力学の多くの教科書，解説書が扱っているいくつかの内容，たとえば，摂動論，多体系の量子力学，光と電子との相互作用などは取り上げていない．

　本書の執筆に際して留意したことが二つある．一つ目は，他書を参考とせず読めるようにすることである．量子力学の理解を難しくさせている一つの要因は，古典力学や波の性質などに対する基本知識の不足，および不十分な理解にあると考えられる．そこで，1.1節，1.2節，および3.1節をこれらの説明にあてた．

留意した点の二つ目は，数学的な負荷を減らし，物理的な説明に多くの紙面を割いたことである．全体を通して，大学初年度レベルの微分積分が理解できていれば読めるように配慮した．また，式の導出や証明よりは，その式が意味するところの説明に重きを置き，一つひとつの式をなるべく言葉で言い換えるように心掛けた．このような説明の仕方は，読者から「式の意味を読み解く」という一番の楽しみを奪ってしまっていることにもなる．しかし，とくに初学者（たとえば，研究室配属前の学部生の皆さん）は，物理の教科書の読み方にも不慣れであると思われるので，あえてそのような「詳しすぎる説明」を試みた．一つの式に出会ったとき，その式について，「何を考えなければいけないのか」「何を疑問に思わなければいけないのか」「何がわかればわかったことになるのか」などについて考えるきっかけになれば幸いである．

本書の執筆にあたり，多くの名著を参考にさせていただいた．すでに日本では新刊で購入ができないものもあるが，参考文献として末尾に挙げた．

参考文献 [2] の著者でもある，富山大学名誉教授の上羽 弘先生には，本書の企画段階から多くのご助言をいただいた．ここに心より感謝申し上げる．また，同大学助教の堀 匡寛先生には，忙しい研究教育の合間をぬって丁寧に原稿を読んでいただき，わかりにくい説明や多くの誤りもご指摘いただいた．ここにあらためて感謝の意を表す．

NTT 物性科学基礎研究所の藤原 聡氏には，5.2 節，および 6 章に関して貴重なご意見を伺えた．また，同研究所の林 稔晶氏からは，6.3 節に関してご助言と情報を頂くとともに，ご自身の論文に掲載された図面の改訂版をご提供いただけた．両氏，および NTT 物性科学基礎研究所に，心より御礼申し上げる．

森北出版の広木敏博氏には，本書の構成に関して企画段階から大変お世話になった．また，同出版社の福島崇史氏と村瀬健太氏には，校正時に多くの有益なコメントを頂くとともに，本質的な記載の誤りもご指摘いただいた．いくつかの図面の準備についても，大変お世話になった．三氏に厚く御礼申し上げる．当初の予定から大幅にページ数が増えてしまったにもかかわらず，出版を許諾して下さった森北出版にも心より感謝申し上げる．

このように，多くの方々の助言や厚意を頂きながら出来上がった本書であるが，それにもかかわらず解釈や説明の誤り，記載の不備があれば，それは著者が自身の浅学を顧みずに執筆に及んだためである．その非をお許しいただくとともに，忌憚のないご意見を頂ければ幸甚である．

本書を妻和子に捧げる．

2015 年 8 月

著 者

目　次

第1章　粒子と波動 — 量子力学への序章 …… 1

1.1　物体の運動 …… 1
運動量　2
エネルギー　4
運動量とエネルギーの比較　9
エネルギーを用いた運動の記述　13

1.2　波の性質 …… 16
時間の波と空間の波　16
定在波と進行波　18
定在波の重ね合わせ　21
進行波の重ね合わせ　24
波数ベクトル　26

1.3　粒子と波の二重性 …… 28
光の粒子性　29
原子の理論　35
粒子の波動性　41

演習問題 …… 43

第2章　波動関数とシュレディンガー方程式 — 電子の量子論 …… 45

2.1　シュレディンガー方程式 …… 45
自由粒子のシュレディンガー方程式　45
シュレディンガー方程式の一般解　48
波動関数の確率解釈　50

2.2　定常状態 …… 52
閉じ込められた粒子の状態　53
古典的な定在波との比較　55
エネルギー固有関数の一般的な性質　58
調和振動子　63

平面波　67
2.3　時間的に変化する状態 ………………………………………………… 69
　2状態の重ね合わせ　69
　不確定性原理　73
　不確定性関係とゼロ点振動　75
　エネルギーと時間の不確定性関係　77
2.4　散乱問題 ………………………………………………………………… 78
　連続の方程式　78
　階段型ポテンシャルによる散乱　81
　トンネル効果　83
2.5　量子力学の骨組み ……………………………………………………… 87
　演算子と固有方程式　87
　演算子と物理量　89
　固有関数の完全直交性　93
　物理量の期待値　98
　演算子の交換関係　101
　観測による状態変化　104
　3次元のシュレディンガー方程式と基本原理のまとめ　105
演習問題 ……………………………………………………………………… 108

第3章　角運動量と水素原子 ── 物質形成の源泉 …………………… 109

3.1　古典力学における角運動量 …………………………………………… 109
　角運動量　109
　中心力場における運動　114
　角運動量と磁気モーメント　118
3.2　量子力学における角運動量 …………………………………………… 123
　角運動量演算子と角運動量の量子化　124
　中心力場のシュレディンガー方程式　127
　角運動量の固有関数　129
　角運動量ベクトルの不確定性　132
　スピン角運動量　134
3.3　水素原子と周期表 ……………………………………………………… 138
　動径成分の解　138
　エネルギー縮退と電子軌道　144
　元素の電子配置　147
演習問題 ……………………………………………………………………… 151

第 4 章　原子からデバイスまで — 源流からたどる大海原への流れ　153

4.1　原子から分子へ　153
二つの原子核と一つの電子　153
結合状態と反結合状態　156
エネルギー分裂の起源　160
水素分子イオン　162

4.2　分子から結晶へ　165
ブロッホ関数　166
エネルギーバンド　169
結晶内の電子の運動　171
バンド構造　174
sp^3 混成軌道　176

4.3　半導体と半導体デバイス　181
金属と絶縁体　181
ドナーとアクセプター　184
PN 接合　188
電界効果トランジスタ　191

演習問題　195

第 5 章　温度とエネルギー分布 — デバイス特性を支配するものの源流　196

5.1　平衡状態の統計力学　196
系の統計的記述　197
平衡状態とエントロピー　204
温度と熱　209
粒子のエネルギー分布　213
カノニカル分布　216
自由エネルギー　218
グランドカノニカル分布　221

5.2　量子統計分布　225
粒子の識別不能性　225
フェルミ粒子とボース粒子　226
フェルミ分布とボース分布　228
金属の電子系　232
フェルミエネルギーと化学ポテンシャル　235
二つの金属の接触　237

5.3　半導体の電子分布　241

　　　　真性半導体の電子分布　241
　　　　ドープ半導体の電子分布　245
　演習問題 ･･･ 248

第6章　電子デバイスの極限 — 究極のデバイスを目指して ････････ 251
6.1　電子デバイスの消費電力 ････････････････････････････････････ 251
　　　　トランジスタの消費電力　252
　　　　トンネル効果デバイス　255
　　　　ランダウアーの原理　257
6.2　単一電子操作 ･･ 263
　　　　量子ドット　264
　　　　単電子デバイス　269
6.3　量子コンピュータ ･･ 275
　　　　量子コンピュータの概要　275
　　　　1量子ビットの操作　278
　　　　2量子ビットの操作　283
　演習問題 ･･･ 288

演習問題解答 ･･ 289
参考文献 ･･ 300
索　引 ･･ 301

Chapter

1 粒子と波動 — 量子力学への序章

　量子力学を理解するためには,「物体の運動」と「波」についての理解が不可欠である. そこで, 1.1 節で量子力学が誕生する以前の力学（ニュートン力学）を, 1.2 節で波の性質について考えていこう. 1.3 節では, 量子力学が誕生するまでの歴史的経緯を概観する. これにより, なぜ量子力学が必要とされたのか, なぜ量子力学を学ぶためには物体の運動と波の性質の理解が不可欠なのかが理解できると思う.

1.1　物体の運動：運動量とは, エネルギーとは

　ニュートン力学で中心的な役割を演じるのは力である. しかし, 量子力学において力が登場することは稀で, ほとんどの場合, 粒子の運動は運動量とエネルギーによって記述される. そこで, ここでは量子力学を学ぶ前段として, ニュートン力学における運動の法則が, 運動量とエネルギーを用いてどのように表現されるのかを見ていこう. そして, 運動量とエネルギーがいかなる物理量であるのかを考えよう. その出発点は, 以下に示される運動に関する三つの法則である.

◉運動の第 1 法則：慣性の法則
　すべての物体は, 外部から力の作用を受けなければ, その速度を保ち続ける.

◉運動の第 2 法則：ニュートンの運動方程式
　物体の加速度 a は, その物体に外部から作用する力 F に比例し, その比例係数は物体の質量 m で与えられる.
$$ma = F$$

◉運動の第 3 法則：作用反作用の法則
　物体 B が物体 A に力 F_{AB} を及ぼしているときには, 物体 A も物体 B に力 F_{BA}

を及ぼしており，これらの力は方向が反対で，大きさが等しい．

$$\boldsymbol{F}_{AB} = -\boldsymbol{F}_{BA}$$

1.1.1 運動量：保存されるもの

運動に関する三つの法則は，運動量について何を教えてくれるであろうか．第 2 法則から始めよう[†1]．$ma = F$ の両辺を時刻 t_i から t_f まで積分してみる．ここに時刻 t の添字 i と f は，initial と final の頭文字である．左辺については，物体の位置座標を x として $a = d^2x(t)/dt^2$ であるので，

$$\int_{t_i}^{t_f} m \frac{d^2x(t)}{dt^2} dt = m\left[\frac{dx(t)}{dt}\right]_{t_i}^{t_f} = m[v(t)]_{t_i}^{t_f} = mv(t_f) - mv(t_i) \quad (1.1)$$

となる．ここに，$v (= dx/dt)$ は物体の速度であり，mv が**運動量**である．したがって，運動方程式の積分は

$$mv(t_f) = mv(t_i) + \int_{t_i}^{t_f} F dt \quad (1.2)$$

と書ける．この式は「運動量は，時刻 t_i から t_f の間に受けた力の合計だけ変化する」と言っている．$F = 0$ を代入してみよう．

$$mv(t_f) = mv(t_i) \quad (1.3)$$

これは第 1 法則そのものだ．つまり，第 1 法則は第 2 法則の特殊な場合である．しかし，これを第 2 法則から切り離して第 1 法則とよぶのには理由がある．第 1 法則は

「外部から力 F が作用していなければ，運動量は保存される」

という保存則を表しているのだ[†2]．物理学において，保存される量はきわめて重要な意味をもつ．それは，多くの複雑な現象の本質をひも解く手がかりを与えてくれるのである．したがって，第 2 法則も運動量 $p (= mv)$ を用いて次のように書こう．

$$\text{運動量で記述した第 2 法則：} \quad \frac{dp}{dt} = F \quad (1.4)$$

この式は，もとの運動方程式に比べ，現象をより簡潔に述べている．すなわち運動量の変化は，力が同じであれば，物体の質量が大きくても小さくても皆同じであると言っているのだ．このことからも，力に応答する物体の性質として，運動量がより基本的な量であることがわかるであろう．

次に，第 3 法則を考えてみる．第 3 法則は，第 1，第 2 法則とは異なり，二つの物体についての記述であることに注目してほしい．第 2 法則を認めると，互いに力を及

[†1] 本項と次項では，話を 1 次元の運動に限定する．3 次元の運動については，1.1.3 項で説明しよう．
[†2] 正確には，運動量が保存される座標系（慣性系）を設定できるということである．

ぼしている物体 A,B に対して，以下のような二つの方程式ができる．

$$\frac{dp_A}{dt} = F_{AB}, \qquad \frac{dp_B}{dt} = F_{BA} \tag{1.5}$$

ここに，p_A と p_B は物体 A, B の運動量であり，それぞれの質量を m_A, m_B，速度を v_A, v_B とすれば，$p_A = m_A v_A, p_B = m_B v_B$ と表される．第 3 法則により $F_{AB} = -F_{BA}$ であるから，この二つの式を足し合わせると，ただちに $d(p_A + p_B)/dt = 0$ が得られる．この式を，先ほどと同じように時間で積分してみると，

$$p_A(t_f) + p_B(t_f) = p_A(t_i) + p_B(t_i) \tag{1.6}$$

が得られる．この式は，

「二つの物体からなる系において，
　　外部から力 F が作用していなければ，系の運動量は保存される」

と言っている．もし，二つの物体に相互作用がなければ，第 1 法則からこの帰結は自明である．しかしこの言及は，二つの物体の間の相互作用がいかなる形であっても，また，どんなに複雑であっても，外部からの力が作用していなければ，系の運動量は保存されると主張しているのである．つまり第 3 法則は，慣性の法則を二つの相互作用する物体からなる系へも拡張できるということを意味している．

以上の結果をまとめておく．私たちは運動の 3 法則を時間に関して積分することにより，運動量に関する次の三つの基本則を得た．

$$慣性の法則 \Rightarrow p(t_f) = p(t_i) \qquad (F = 0) \tag{1.7a}$$

$$運動方程式 \Rightarrow p(t_f) = p(t_i) + \int_{t_i}^{t_f} F dt \tag{1.7b}$$

$$作用反作用の法則 \Rightarrow p_A(t_f) + p_B(t_f) = p_A(t_i) + p_B(t_i) \tag{1.7c}$$

次項の議論のために，式 (1.7c) で表された作用反作用の法則をもう少し詳しく調べてみよう．この式を，無重力の中を飛ぶ玉の正面衝突の問題に適用してみる．式 (1.7c) は，この衝突過程がどのようなものであっても成立すると言っている．たとえば，「ゴムボールのように，衝突の瞬間に強く弾んで互いに方向を反転させて弾き返る」という場合でも，「粘土の玉がぶつかって，その瞬間に二つがくっついて一緒に進んでいく」という場合でも成立する．これは，保存則から導かれる結論が，いかに汎用性の高いものであるかを示すよい例と言える．

しかし，運動量の保存則が教えてくれるのはここまでである．衝突後に p_A と p_B がどのような値をもつかという問題を解くには，玉を構成する物質の詳細に立ち入らなければならない．しかし，衝突の性質を分類することは，その詳細に立ち入らずとも

可能である．まず，次のようなパラメータ α を導入する．

$$\alpha = \frac{|v_A(t_f) - v_B(t_f)|}{|v_A(t_i) - v_B(t_i)|} = -\frac{v_A(t_f) - v_B(t_f)}{v_A(t_i) - v_B(t_i)} \tag{1.8}$$

これは，衝突前後における二つの物体の速度差の比であり，反発係数とよばれている．$\alpha = 1$ であれば，衝突は完全弾性的であるといい，$\alpha = 0$ であれば完全に非弾性的であるという．ゴムボールと粘土の玉の衝突がこれらに対応している．ここでは完全弾性衝突，すなわち，

$$-(v_A(t_f) - v_B(t_f)) = v_A(t_i) - v_B(t_i) \tag{1.9}$$

の場合に話を限定しよう．式 (1.7c) と式 (1.9) を連立させて，衝突後の速度について解くと，以下のようになる．

$$v_A(t_f) = \frac{m_A - m_B}{m_A + m_B} v_A(t_i) + \frac{2m_B}{m_A + m_B} v_B(t_i) \tag{1.10a}$$

$$v_B(t_f) = \frac{2m_A}{m_A + m_B} v_A(t_i) - \frac{m_A - m_B}{m_A + m_B} v_B(t_i) \tag{1.10b}$$

上の式の左辺から $m_A v_A(t_f)^2/2$ と $m_B v_B(t_f)^2/2$ を作り，これを足し合わせると，

$$\frac{1}{2} m_A v_A(t_f)^2 + \frac{1}{2} m_B v_B(t_f)^2 = \frac{1}{2} m_A v_A(t_i)^2 + \frac{1}{2} m_B v_B(t_i)^2 \tag{1.11}$$

が得られる．あるいは，運動量を用いてこの式を書き換えれば，

$$\frac{p_A(t_f)^2}{2m_A} + \frac{p_B(t_f)^2}{2m_B} = \frac{p_A(t_i)^2}{2m_A} + \frac{p_B(t_i)^2}{2m_B} \tag{1.12}$$

となる．この式は，式 (1.7c) と似た保存則を表しているが完全に同じではない．その証拠に，式 (1.7c) はすべての二体衝突に対して成立するのに対し，上の式は完全弾性衝突（ゴムボールの衝突）に対してのみ成立するのである．どうやら，運動量のほかにも保存される「何か」が存在しているようである．

1.1.2 エネルギー：形を変えて保存されるもの

もうお気づきのことと思うが，前項最後に述べた「何か」とは**エネルギー**のことである．そして，先の式に現れた $p^2/2m$ は**運動エネルギー**にほかならない．つまり，完全弾性衝突（ゴムボールの衝突）の場合には，運動エネルギーが保存されるのである．

あらゆる物理的概念の中でエネルギーほど重要なものはない．皆さんの中には「運動量はいかなる衝突でも保存される普遍性があるのに，エネルギーの保存は完全弾性衝突のときのみで限定的だ．したがって，運動量のほうが普遍的ではないか．」と考える人がいるかもしれない．しかし，非弾性衝突で運動エネルギーが保存されないのは，エネルギーが消えてなくなってしまったからではない．運動エネルギーが別の形のエネルギーに姿を変えただけなのだ．先ほどの粘土の玉の例で言えば，運動エネルギー

が粘土を変形させたり，粘土の温度を上昇させるために使われ，その分のエネルギーは粘土内部に蓄積されたということになる．

エネルギーという概念の重要性は，これが変換されることにあり，しかもその過程で「常に」保存されることにある．そして，物理的過程はすべて，ある状態から別の状態へとエネルギーが変換されていく過程にほかならない．エネルギー変換効率が低いとは，所望の形態のエネルギーへの変換が不十分であるということであり，エネルギーが消えてなくなってしまうことを意味しない．大低の場合，変換すべきエネルギーの一部が不可避的に熱エネルギーに変換されてしまうということである．この不完全変換もまた本質的である[†1]．本項では，運動に関する三つの法則とエネルギーの関係を明らかにしていこう．

運動量のときと同じように，第 2 法則（ニュートンの運動方程式）から始めよう．式 (1.4) の左辺は，運動エネルギーを用いて次のように書き表すことができる．

$$\frac{dp}{dt} = \frac{dp}{dx}\frac{dx}{dt} = \frac{dp}{dx}v = \frac{p}{m}\frac{dp}{dx} = \frac{d}{dx}\left(\frac{p^2}{2m}\right) \tag{1.13}$$

したがって，運動エネルギー $p^2/2m$ を K とおけば，運動方程式は

$$\text{運動エネルギーで記述した第 2 法則：} \frac{dK}{dx} = F \tag{1.14}$$

となる．この式の意味は，次のように書き換えるとわかりやすい．

$$dK = Fdx \tag{1.15}$$

つまり運動エネルギーは，力 F のもとに物体が変位した分だけ変化する．この式を，物体が時刻 t_i から t_f の間に動いた分だけ積分すると，

$$K_f = K_i + \int_{x_i}^{x_f} Fdx \tag{1.16}$$

が得られる．ここに，$x_i = x(t_i)$, $x_f = x(t_f)$, $K_i = K(t_i)$, $K_f = K(t_f)$ の意味である．K_i, K_f をきちんと書き下せば，

$$K_i = \frac{p(t_i)^2}{2m}, \qquad K_f = \frac{p(t_f)^2}{2m} \tag{1.17}$$

である．式 (1.16) は，運動量に対する式 (1.7b) と似ている．この式より，$F = 0$ の場合には，運動エネルギーも運動量同様に保存されることがわかるであろう．

ちなみに，式 (1.16) は次のような変形でも導ける．式 (1.4) の両辺に速度 v を掛ける．

$$\frac{p}{m}\frac{dp}{dt} = Fv \tag{1.18}$$

[†1] 熱とエネルギー散逸については，5.1.3 項，5.2.6 項，および 6.1 節で議論する．

ただし，左辺では $v=p/m$ の表式を用いている．これを時刻 t_i から t_f まで積分する．

$$\frac{1}{m}\int_{t_i}^{t_f} p\frac{dp}{dt}dt = \int_{t_i}^{t_f} Fv\,dt \tag{1.19}$$

ここで，左辺を p に変数変換する．一方，右辺は $vdt=(dx/dt)dt=dx$ と変形して，位置 x に変数変換する．このとき，$t=t_i$, $t=t_f$ に対する p と x の値 $p(t_i)$, $p(t_f)$, $x(t_i)$, $x(t_f)$ を，それぞれ p_i, p_f, x_i, x_f と表記する．すると上式は，

$$\frac{1}{m}\int_{p_i}^{p_f} p\,dp = \int_{x_i}^{x_f} F\,dx \tag{1.20}$$

となる．左辺を計算すると，

$$\frac{1}{m}\int_{p_i}^{p_f} p\,dp = \frac{p_f^2}{2m} - \frac{p_i^2}{2m} \tag{1.21}$$

となり，再び式 (1.16) を得ることができる．

次に，第 3 法則を見てみよう．式 (1.13) から式 (1.15) を導いたのと同じ要領で式 (1.5) を変形すれば，次式が得られる．

$$dK_A = F_{AB}dx_A, \qquad dK_B = F_{BA}dx_B \tag{1.22}$$

ここに，$K_A=p_A^2/2m_A$, $K_B=p_B^2/2m_B$ であり，x_A, x_B は物体 A,B の位置座標である．$F_{BA}=-F_{AB}$ に注意して上式を足し合わせると，

$$dK_A + dK_B = F_{AB}(dx_A - dx_B) = F_{AB}dx_{AB} \tag{1.23}$$

となる．最後の等式では，二つの物体の相対位置を表す変数 $x_{AB}=x_A-x_B$ を導入した．この式を，時刻 t_i の始状態から時刻 t_f の終状態まで積分する．このとき右辺は，時刻 t_i から t_f までの間に変わる相対位置 ($x_{ABi}=x_A(t_i)-x_B(t_i)$ から $x_{ABf}=x_A(t_f)-x_B(t_f)$) で実行すればよい．すると，

$$K_{Af} + K_{Bf} = K_{Ai} + K_{Bi} + \int_{x_{ABi}}^{x_{ABf}} F_{AB}dx_{AB} \tag{1.24}$$

が得られる[†1]．ここに，

$$K_{Ai} = \frac{p_A(t_i)^2}{2m_A}, \qquad K_{Af} = \frac{p_A(t_f)^2}{2m_A} \tag{1.25}$$

であり，物体 B についても同様である．

以上の結果をまとめておく．私たちは，運動の 3 法則を物体の位置に関して積分す

[†1] この式の右辺の積分変数の設定は，暗黙のうちに F_{AB} が x_{AB} の関数であることを要求している．このことを理解するために，二つの物体のみが存在する空間を思い浮かべてほしい．このとき，二つの物体をそっくりそのまま 1 km 先に平行移動させても，二つの物体の間にはたらく力 F_{AB} に何の変化もないだろう．つまり二つの物体にはたらく力に関しては，物体の絶対位置は重要ではなく相対位置のみが意味をもつ．ここでの積分変数の設定は，このような「空間の一様性」という物理的性質を利用したものである．

ることにより，運動エネルギーに関する次の三つの基本則を得た．

$$慣性の法則 \Rightarrow K_f = K_i \quad (F = 0) \tag{1.26a}$$

$$運動方程式 \Rightarrow K_f = K_i + \int_{x_i}^{x_f} F dx \tag{1.26b}$$

$$作用反作用の法則 \Rightarrow K_{Af} + K_{Bf} = K_{Ai} + K_{Bi} + \int_{x_{ABi}}^{x_{ABf}} F_{AB} dx_{AB} \tag{1.26c}$$

これらの式を運動量の式 (1.7a)〜(1.7c) と比べてみると，運動量の場合には，式 (1.26c) の積分項に対応する項が存在しないことに気づく．このことは，運動量とエネルギーの重要な違いの一つである．二つの相互作用する物体からなる系において，「作用反作用の法則が成立すれば」，その相互作用がどのような形であろうとも，運動量は保存される．しかし，運動エネルギーは保存されない．力 F_{AB} の積分で表される「何か別のもの」により，新しく運動エネルギーが生成され，また逆に運動エネルギーがこの別のものに変換されうるのである．

そしてこの違いは，力 F を外力[†1]として捉える第 2 法則（式 (1.7b) と式 (1.26b)）を比べているだけでは気がつかない．式 (1.7b) を見る限り，運動量も力の積分から作り出されるように見える．しかし，実はそうではない．運動量に関しては，一つの物体の運動量が F により増加すれば，その力の源になる物体の運動量は，$-F$ の力により必ず同じ量だけ減少する．式 (1.7c) がそれを保証してくれている．つまり運動量は，二つの物体の間で交換されているだけなのだ．

しかし，運動エネルギーはそうではない．二つの物体の運動エネルギーの総和は「本当に」増減するのである．この違いは，力の根源にさかのぼって物体の運動を二体問題としてとらえて初めて見えてくる．そして基本的な力は，重力やクーロン力のように，いつも何か二つのものの間にはたらくものなのだ．

では，式 (1.26c) の積分項は何を意味しているのだろうか．これを調べるには相互作用の力 F_{AB} の詳細に立ち入る必要があるが，ここでは，F_{AB} が x_{AB} 「のみ」の関数である場合に話を限定しよう．そのような場合，式 (1.26c) の積分は，積分区間が決まれば一意に決まることになる[†2]．そこで，F_{AB} の不定積分を用いて次の関数を定義する．

$$U_{AB}(x_{AB}) = -\int F_{AB}(x_{AB}) dx_{AB} + C \tag{1.27}$$

ここに，C は積分定数である．すると，式 (1.26c) の中の定積分は

[†1] 外部からはたらく力のこと．これに対して，相互作用の力は内力とよばれる．
[†2] 当たり前のことを言っているようであるが，そうではない．たとえば，摩擦力や磁気的な力などは，x_{AB} だけの関数ではなく物体の相対速度にも依存する．この場合，積分変数の始点と終点が決まっても積分は一意には決まらない．

$$\int_{x_{ABi}}^{x_{ABf}} F_{AB}(x_{AB})dx_{AB} = -U_{AB}(x_{ABf}) + U_{AB}(x_{ABi}) \quad (1.28)$$

となり，式 (1.26c) は

$$K_{Af} + K_{Bf} + U_{AB}(x_{ABf}) = K_{Ai} + K_{Bi} + U_{AB}(x_{ABi}) \quad (1.29)$$

となる．ここに U_{AB} を**ポテンシャルエネルギー**（または単にポテンシャル），あるいは位置エネルギーとよぶ．ポテンシャルとは「潜在的な」という意味であり，運動エネルギーに変換されるべく「蓄えられているエネルギー」という意味合いがある．このように，運動エネルギーはポテンシャルエネルギーに変換される．言い換えれば，運動エネルギーとポテンシャルエネルギーの和が保存される．

これまでの結果を重力に適用して，おなじみの形のエネルギー保存則を導いてみよう．A がリンゴで B が地球であるような場合を思い描いてほしい．この場合，地表に立つ私たちにとっては，地球は止まっているので，$K_{Bf} = K_{Bi} = 0$ である．また，積分変数 $x_{AB} = x_A - x_B$ に関しても，地表面を原点にとり $x_B = 0$ とする．すると式 (1.26c) は，

$$K_{Af} = K_{Ai} + \int_{x_{Ai}}^{x_{Af}} F_{AB}dx_A \quad (1.30)$$

となる．これは式 (1.26b) にほかならない．つまり上で行った変形は，A と B の二つの物体の間の相互作用をみんな物体 A（リンゴ）に押し付けて，一連の運動から物体 B（地球）の姿を覆い隠すという操作であり，これが力 F_{AB} を外力とみなすことの意味である．仮に，F_{AB} が定数 F であるとすると，

$$\int_{x_{Ai}}^{x_{Af}} F_{AB}(x)dx = Fx_{Af} - Fx_{Ai} \quad (1.31)$$

となる．ここで，重力加速度 g を用いて $F = -mg$ とおき，x_A も高さを表すために h と置き直す．K_A も速度を用いた表式に書き直すと，式 (1.30) は

$$\frac{1}{2}m_A v_{Af}^2 + mgh_f = \frac{1}{2}m_A v_{Ai}^2 + mgh_i \quad (1.32)$$

となる．このようにして，一定重力下における物体のエネルギー保存則が導かれる．

この式は，「リンゴ（物体 A）の運動エネルギーとポテンシャルエネルギーの和が保存される」と言っている．しかし，ポテンシャルエネルギーは本来リンゴだけのものではない．正確には，式 (1.29) が示すように，「地球の運動エネルギーと，リンゴの運動エネルギーと，リンゴと地球が『共有する』ポテンシャルエネルギーの和が保存される」ということを認識してほしい[†1]．

[†1] 式 (1.30), (1.32) のように，一つの物体に着目して運動を記述することを，「系を一体問題に帰着させる」と表現する．より厳密な取り扱いを演習問題 [1.4] に挙げたので参考にしてほしい．

1.1.3 運動量とエネルギーの比較：その違いの本質

　運動量とエネルギーの違いの一端は，すでに前項までに現れていた．それは，作用反作用の法則を前提として，

「運動量は運動量として保存され，エネルギーは運動エネルギーと
ポテンシャルエネルギーの和が保存される」

ということである．しかし，運動量とエネルギーの本当に重要な違いは別のところにある．その違いを明確にするために，3次元空間での運動を議論しよう．

　第2法則（ニュートンの運動方程式）は，3次元の空間について成立する方程式である．このことを，式 (1.4) と同じように運動量を用いて表すと，

$$\frac{dp_x}{dt} = F_x, \qquad \frac{dp_y}{dt} = F_y, \qquad \frac{dp_z}{dt} = F_z \tag{1.33}$$

となる．これらの方程式は，運動量ベクトルと力のベクトルを

$$\boldsymbol{p} = (p_x, p_y, p_z), \qquad \boldsymbol{F} = (F_x, F_y, F_z) \tag{1.34}$$

のように定義して，

$$\frac{d\boldsymbol{p}}{dt} = \boldsymbol{F} \tag{1.35}$$

と書くこともできる．これらの式は，x, y, z の3成分に対して，方程式が独立に成立するということを意味している．これは，これまでに説明していない新しい情報であることを強調しておこう．たとえば，F_x がゼロで F_y, F_z はゼロではないような力を考えよう．そのような場合，F_y, F_z により p_y, p_z がどんなに変化しても，p_x はまったく変わらない．どこかで p_y や p_z の成分が p_x に変換されて，p_x の値が変わるということは決して起こらない．

　第3法則（作用反作用の法則）も各成分について成立する．これをベクトル表記すれば，

$$\frac{d\boldsymbol{p}_A}{dt} = \boldsymbol{F}_{AB}, \qquad \frac{d\boldsymbol{p}_B}{dt} = \boldsymbol{F}_{BA} \tag{1.36}$$

となる．両式を足し合わせて時間に関して積分すれば，運動量はそれぞれの成分で独立に保存されることがわかる．これをベクトル表記すれば，以下のようになる．

$$\boldsymbol{p}_{Af} + \boldsymbol{p}_{Bf} = \boldsymbol{p}_{Ai} + \boldsymbol{p}_{Bi} \tag{1.37}$$

　次に，運動エネルギーを見てみよう．式 (1.33) の運動方程式を運動エネルギーを用いて書いてみる．

$$\frac{dK_x}{dx} = F_x, \qquad \frac{dK_y}{dy} = F_y, \qquad \frac{dK_z}{dz} = F_z \tag{1.38}$$

この式から，運動エネルギーも各成分ごとに，力の各成分により増減することがわかる．y 方向の力が x 方向の運動エネルギーを増減させることはないということだ．すると，エネルギーもベクトルなのだろうか．

作用反作用の法則を考えてみよう．式 (1.23) で行ったのと同様な手続きを踏めば，

$$dK_{Ax} + dK_{Bx} = F_{ABx} dx_{AB} \tag{1.39a}$$

$$dK_{Ay} + dK_{By} = F_{ABy} dy_{AB} \tag{1.39b}$$

$$dK_{Az} + dK_{Bz} = F_{ABz} dz_{AB} \tag{1.39c}$$

が得られる．ここに，$x_{AB} = x_A - x_B, y_{AB} = y_A - y_B, z_{AB} = z_A - z_B$ である．

問題は，x, y, z 方向に対してそれぞれ独立にポテンシャルエネルギー U_x, U_y, U_z を定義して，式 (1.23) から式 (1.24) を経て式 (1.29) を導いたときのように，各成分ごとにエネルギー保存則が作れるか，ということである．これには具体例を挙げてみるのがわかりやすい．重力を考えよう．重力も，その根源をたどれば二つの物体間にはたらく力であり，その力の大きさは二つの物体の距離 r_{AB} の 2 乗に反比例する[†1]．

$$F_{AB} = \frac{G m_A m_B}{r_{AB}^2} \tag{1.40}$$

ここに，$r_{AB} = \sqrt{x_{AB}^2 + y_{AB}^2 + z_{AB}^2}$ であり，G は万有引力定数（重力定数）である．しかし，力 F_{AB} は本当はベクトルであるので，

$$\boldsymbol{F}_{AB} = -\frac{G m_A m_B}{r_{AB}^2} \boldsymbol{e} \quad \left(\boldsymbol{e} = \frac{\boldsymbol{r}_{AB}}{r_{AB}} \right) \tag{1.41}$$

である．ここに，$\boldsymbol{r}_{AB} = (x_{AB}, y_{AB}, z_{AB})$ であり，$\boldsymbol{e}$ は $\boldsymbol{r}_{AB}$ 方向の単位ベクトルである．右辺のマイナス符号は，力が中心（物体 B）に向かっていることを表す（図 1.1 参照）．各成分を書き下せば，以下のようになる．

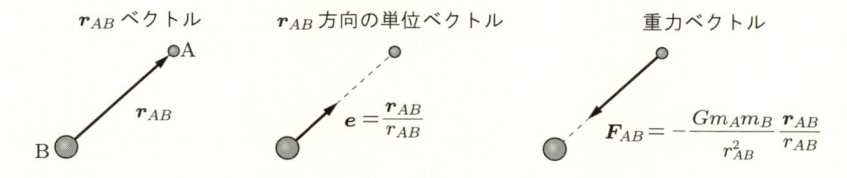

図 1.1　重力ベクトル

[†1] 地球の中心から地表までの距離を R として $r_{AB} = R$ をこの式に代入し，$g = Gm_B/R^2$ とおいたものが，前項で述べた重力加速度にほかならない．ここに，m_B は地球の質量である．正確に言えば，地表面から h だけ高い位置での重力加速度は $g = Gm_B/(R+h)^2$ であるが，$R \gg h$ であるので，通常はこの差を無視しているのだ．

$$F_{ABx} = -\frac{Gm_A m_B}{r_{AB}^2}\frac{x_{AB}}{r_{AB}}, \quad F_{ABy} = -\frac{Gm_A m_B}{r_{AB}^2}\frac{y_{AB}}{r_{AB}}, \quad F_{ABz} = -\frac{Gm_A m_B}{r_{AB}^2}\frac{z_{AB}}{r_{AB}} \tag{1.42}$$

さて，式 (1.27) にならい，これらの表式を用いて，$\int_{x_{ABi}}^{x_{ABf}} F_{ABx} dx_{AB}$ のような積分を実行するとしよう．この積分の値が x_{ABi} と x_{ABf} だけで決まり，x 方向のポテンシャルエネルギー，つまりポテンシャルエネルギーベクトルなるものの x 成分を定義することができるだろうか．式 (1.42) からわかるように，F_{ABx} は r_{AB} を通して y_{AB}, z_{AB} にも依存するので，そのようなものを定義できないことは明らかである．そしてこれができないのは，数学の問題ではなく物理の問題である．重力のような基本的な力から，ポテンシャルエネルギーベクトルなどといったものは構成することはできないのだ．したがって，エネルギーは各成分ごとには保存されない．

それでは何が保存されるのかというと，全エネルギーだけが保存されるのである．式 (1.39a)～(1.39c) をすべて足し合わせてみよう．

$$dK_A + dK_B = F_{ABx} dx_{AB} + F_{ABy} dy_{AB} + F_{ABz} dz_{AB} \tag{1.43}$$

ここに，$dK_A = dK_{Ax} + dK_{Ay} + dK_{Az}$ であり，dK_B についても同様である．この式はベクトルの内積を用いて，

$$dK_A + dK_B = \boldsymbol{F}_{AB} \cdot d\boldsymbol{r}_{AB} \tag{1.44}$$

のようにも書ける．これを始状態の相対位置 $\boldsymbol{r}_{ABi}$ から終状態の相対位置 $\boldsymbol{r}_{ABf}$ まで積分すると，

$$K_{Af} + K_{Bf} = K_{Ai} + K_{Bi} + \int_{\boldsymbol{r}_{ABi}}^{\boldsymbol{r}_{ABf}} \boldsymbol{F}_{AB} \cdot d\boldsymbol{r}_{AB} \tag{1.45}$$

が得られる．ここに現れた被積分項 $\boldsymbol{F}_{AB}$ が $\boldsymbol{r}_{AB}$ 「だけ」の関数になっていれば，ポテンシャルエネルギーを次のように定義することができる．

$$U_{AB}(\boldsymbol{r}_{AB}) = -\int \boldsymbol{F}_{AB}(\boldsymbol{r}_{AB}) \cdot d\boldsymbol{r}_{AB} + C \tag{1.46}$$

ここに，C は積分定数である．そして式 (1.45) を，

$$K_{Af} + K_{Bf} + U_{AB}(\boldsymbol{r}_{ABf}) = K_{Ai} + K_{Bi} + U_{AB}(\boldsymbol{r}_{ABi}) \tag{1.47}$$

といった具合に，ポテンシャルエネルギーを用いて表すことが可能となる．

式 (1.41) をもう一度眺めてみよう．確かに $\boldsymbol{r}_{AB}$ 「だけ」の関数になっている．だから重力は，重力ポテンシャルエネルギーというものを定義することができるのだ．$\boldsymbol{r}$ と $d\boldsymbol{r}$ は平行だから，その内積が $\boldsymbol{r}$ の絶対値 r を用いて $\boldsymbol{r} \cdot d\boldsymbol{r} = rdr$ となることに注意すると，以下のような重力ポテンシャルエネルギーの表式が得られる．

$$U_{AB}(r_{AB}) = Gm_A m_B \int \frac{dr_{AB}}{r_{AB}^2} + C = -\frac{Gm_A m_B}{r_{AB}} + C \qquad (1.48)$$

式 (1.48) や式 (1.27) が示すように，ポテンシャルエネルギーには積分定数の不確定性がある．しかし，式 (1.29) や式 (1.47) のエネルギー保存則が示すように，重要なのは始状態と終状態のポテンシャルエネルギーの差だけであり，その絶対値が議論にのぼることは決してない．したがって，積分定数 C はいくつにとっても構わない．重力，あるいは後で出てくるクーロン力の場合は，通常，二つの物体が無限遠に離れた場合 ($r_{AB} \to \infty$) にポテンシャルエネルギーがゼロとなるよう，$C = 0$ と設定する．

こうして，運動量とエネルギーの違いが明らかになった．

「運動量はベクトルとして，エネルギーはスカラーとして保存される」

この違いは本質的である．なぜ運動量はベクトルとして保存され，エネルギーはスカラーとして保存されるのだろうか．それは，空間と時間のもつ次元に関係している．ここでは詳しい説明は省略するが，以下の考察は示唆的であるので追記させてほしい．

物理量を議論するときには，その物理量のもつ次元（あるいは単位）に注意を払うことが重要である．たとえば，$10\,\mathrm{m}$ の長さと $10\,\mathrm{m}^2$ の面積の大小関係を議論することは意味がない．この物理学の原理原則に従って，運動量とエネルギーを結びつける物理量がもつべき次元を考察してみる．運動量とエネルギーは，力をそれぞれ時間と位置で積分したときに得られるものであったことを思い出そう．すると，これらの次元には以下の関係があることがわかる．

$$[p] = [F][t], \qquad [E] = [F][x] \qquad (1.49)$$

ここに，$[A]$ は物理量 A の次元を表す．この式から $[F]$ を消去すると，

$$[p][x] = [E][t] \qquad (1.50)$$

が得られる．すなわち，運動量と位置の積の次元は，エネルギーと時間の積の次元に等しい．運動量とエネルギーを比較するときには，この式が手掛かりとなる．この式は，運動量は空間と，エネルギーは時間とペアになって同じ物理を語るということを意味している．この次元をもつ物理量をエネルギーから構成しようと考えると，時間とのスカラー積でしか構成できない．しかし，運動量に関しては，位置ベクトルとペアになって，$\boldsymbol{r} \cdot \boldsymbol{p}$，$\boldsymbol{r} \times \boldsymbol{p}$ など，様々な物理量を構成することが可能であり，同時に運動量がベクトルであることが自然と現れてくる．つまり，運動量がベクトルでエネルギーがスカラーであるのは，空間が 3 次元で時間が 1 次元であるという事実を反映しているのである．ちなみに，$\boldsymbol{r} \times \boldsymbol{p}$ は角運動量とよばれるもので，運動量，エネルギーと並んで重要な物理量である．角運動量については，第 3 章で詳しく議論する．

1.1.4 エネルギーを用いた運動の記述：量子力学へのアプローチ

これまでの項で私たちは，運動の三つの法則から出発して運動量とエネルギーという概念を導き，これらと運動の法則との関係を考えてきた．しかし，このような説明の道筋を選んだのは，皆さんになじみ深い法則から話を始めたかったためであり，運動量保存則とエネルギー保存則が，運動の法則から「導かれるもの」であることを意味するものではない．

物理学を学んでいくと，運動の法則よりもこれらの保存則のほうが上位の概念であることがわかってくる[†1]．そして，とりわけ量子力学においては，物理量の保存則はきわめて重要な位置を占める．ある意味でニュートン力学は完全である．力が位置と時間の関数として $\boldsymbol{F}(\boldsymbol{r},t)$ の形で決定されていれば，物体の初期位置と初期速度が与えられることにより，その後の運動は完全に予測することができる．しかし，第2章以降に見るように，量子力学が支配するミクロの世界では，そのような完全な予測はできない．このため量子力学では，保存則をたよりに運動状態を以下のように記述する．

まず，考えている状況において，どのような物理量が保存されるのかに注目する．様々な物理的な系を扱う中で，様々な物理量が登場する．その中で，あるものは保存され，あるものは保存されない．もし保存される物理量が見つかれば，次にその物理量がどのような値で保存されているのかを調べる．そして，その保存量の値により物体の運動を「特徴付け」する．たとえば，物理量 A が保存され，その値が A_0 であるとき，「いま，物体は $A=A_0$ の状態にある」といった具合に表現して，物体の運動を記述する．

エネルギーはあらゆる物理量の中で最も基本的であり，その特徴は，形を変えながら常に保存されることにある．したがって，量子力学がまず行っていることは，エネルギーを用いた運動の「特徴付け」である．この詳細は次章で詳しく解説するが，本項ではその準備段階として，古典力学の範疇でこれを説明しよう．

これから行うことは，力ではなくエネルギーで運動を記述することである．簡単のために1次元の運動を考えると，基本となる式は式 (1.29) である．この二つの物体の運動に対するエネルギー保存則は，

$$E = \frac{p_A^2}{2m_A} + \frac{p_B^2}{2m_B} + U_{AB}(x_{AB}) \tag{1.51}$$

と書くこともできる．この式は，「始状態と終状態のエネルギーが等しい」という式

[†1] 空間の並進対称性（座標軸を平行移動しても運動を記述する方程式の形が変わらないこと）から，運動量保存則が導かれ，時間の並進対称性からエネルギー保存則が導かれる．ちなみに，空間の回転対称性から角運動量保存則が導かれ，「ゲージ対称性」という対称性から電荷保存則が導かれる．ほかにもいろいろな対称性があり，その対称性ごとに何がしかの物理量が保存される．「対称性」と「保存則」は現代物理学の中核をなす概念である．

(1.29) を，単に「エネルギーが E として保存される」という形式に書き換えたものである．したがって，左辺の E は時間的に変化しない定数であることに注意しよう．

　始めに，このエネルギー保存則から，運動の法則を「導き出す」ことができることを示しておこう．式 (1.51) を物体 A の位置座標 x_A で微分する．すると，左辺は定数であるのでゼロとなり，右辺第 2 項も物体 B に関するものなのでゼロである．右辺第 1 項は，式 (1.13) を逆にたどることにより dp_A/dt となる．右辺第 3 項は，式 (1.27) より，

$$\frac{\partial U_{AB}}{\partial x_A} = -F_{AB} \tag{1.52}$$

である．この式は，もし力の情報を知りたければ，ポテンシャルエネルギーに対して微分という操作を行えばよいということを示している．力に関する情報は，ポテンシャルエネルギーの中にすべて含まれているということだ．したがって，エネルギー保存則を物体 A の位置で微分することにより，次の式が得られる．

$$\frac{dp_A}{dt} = F_{AB} \tag{1.53}$$

これは，物体 A に関する運動方程式にほかならない．同様に，物体 B の位置座標 x_B で微分すれば，物体 B に対する運動方程式が得られる．その際，$x_{AB} = x_A - x_B$ に注意すると，

$$\frac{\partial U_{AB}}{\partial x_B}(=-F_{BA}) = -\frac{\partial U_{AB}}{\partial x_A} = F_{AB} \tag{1.54}$$

である．これは作用反作用の法則だ．つまり作用反作用の法則は，ポテンシャルエネルギーが二つの物体の相対位置 $x_{AB} = x_A - x_B$ のみの関数であることの直接的な帰結である．このように，エネルギー保存則には運動の法則のすべての情報が含まれているのである．

　次に，量子力学でよく使う作図による運動の解析方法を説明しよう．この方法では，一つの物体に注目し，力を外力として取り扱う．このため，基本となるエネルギー保存則は，式 (1.51) から一つの物体（たとえば物体 B）の姿を消し去った

$$E = \frac{p^2}{2m} + U(x) \tag{1.55}$$

である．ただし添字は省略してある．まず，座標軸は，横軸を物体の位置 x，縦軸を全エネルギー E とする．そして，このグラフに $E = U(x)$ の線を描きこむ．$U(x)$ の形は対象とする系により異なるが，図 1.2 には様々な物理系で現れる形状のポテンシャルエネルギーを示してある．最後に，全エネルギーを横線として描きこむ．図 1.2 では，$E_1(>0)$ と $E_2(<0)$ の二つの場合が示されている．

　位置 x における物体の運動量は，式 (1.55) により以下のように書ける．

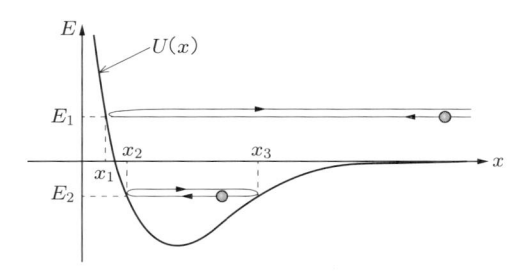

図 1.2　エネルギーによる運動状態の記述

$$p(x) = \pm\sqrt{2m(E - U(x))} \tag{1.56}$$

運動エネルギーは $E - U(x)$ で与えられるので，図面上では E の線と $U(x)$ の線の間隔で表されている．この値が決まれば，上式により，運動量，したがって速度を求めることができる．ただし，その向きまではわからないので，図面上では運動量の向きを表すために物体の進行方向に矢印を付ける．

では，$E = E_1 > 0$ の場合を考えてみよう．いま，物体は無限遠方から左に進行しているものとする．すると，しばらくは $E_1 - U(x)$ の値，すなわち運動エネルギーの値は変化しない．これは等速運動をすることにほかならない．しかし，ポテンシャルのくぼみに差し掛かると $E_1 - U(x)$ の値が大きくなるので物体は加速を始め，くぼみの底で運動エネルギーは最大となる．これを通り越すと，その後は減速を続け，$x = x_1$ の点で $E_1 - U(x)$ がゼロとなる．そして $x < x_1$ では，運動エネルギーが負となり，運動量は虚数になってしまう．これは，エネルギー E_1 をもつ物体は，$x = x_1$ で静止し $x < x_1$ の領域へは侵入できないことを意味している．では，その後物体はどうなるのかというと，向きを変えていま来た軌道を戻ることになる．一度止まった物体が，なぜまた動き出す（反転する）のだろうか．それは，$x = x_1$ では，ポテンシャルエネルギーの右下がりの勾配により，$F(x_1) = -[dU/dx]_{x=x_1}$ という物体を右に動かそうという力がはたらいているからである[†1]．

次に，$E = E_2 < 0$ の場合を見てみよう．この場合は運動の形態が大きく変わり，運動する範囲が $x_2 \leq x \leq x_3$ に限られる．したがって物体は，二つの折り返し点の間で永久に往復運動を繰り返すことになる．このような状態は，「物体はポテンシャルに束縛されている」というように表現され，**束縛状態**とよばれる．これに対し $E = E_1$

[†1] このように，物体の運動量は時間とともに変化する．しかしこれは，運動量保存則が成り立たないということを意味するものではない．物体の運動量が変化すれば，ポテンシャルエネルギーの源となっている物体（それは一つであるとは限らない）の運動量も変化するのである．しかし，ここで扱っている一体近似，すなわち力を外力として取り扱う場合には，このような運動量の交換が見えないようになっているのだ．

の状態は非束縛状態，あるいは**散乱状態**とよばれる[†1]．

以上が，作図による運動の解析方法の概要である．この方法は，その適用範囲が1次元運動に限定されるので万能というわけではないが[†2]，私たちに重要な示唆を与えてくれる．それは，物体の位置や運動量に言及することなしに，あるいは，位置や運動量を具体的に計算しなくても，保存量であるエネルギーを用いて（エネルギーの関数として）物体の運動状態を特徴付けできるということである．量子力学は，まさにこのような手法で運動を記述するのである．その詳細は第2章で説明しよう．

1.2 波の性質：量子力学的な波の理解に向けて

次章で見るように，量子力学では，電子の運動は波として記述される．しかし，あらためて考えると，波とは何だろう．ここでは，量子力学的な波を理解するために，波の性質について考えていこう．

1.2.1 時間の波と空間の波：波とは

皆さんは，波と言われて何を思い浮かべるだろうか．浜辺に打ち寄せる波や大海に広がる波など，まずは海の波を想像する人が多いのではないだろうか．しかし，波はほかにも電磁波，音波，脳波，地震波などたくさんある．「あの人は気分に波がある」「この選手は好不調の波が激しい」「波のように揺れる思い」などとも言う．これらに共通する特性は何だろう．それは，何かが大きくなったり小さくなったりすること，そしてそれが繰り返されることである．また，その繰り返しは大低時間に対してである．気分や揺れる思いは，時間に対する繰り返しだ．しかし，海の波などは空間に対しても繰り返しがあるし，「波線」などといったときには，時間に対する繰り返しはなく，空間の繰り返しがあるだけだ．このように見ていくと，波の本質は，時間と空間に対する周期性にありそうだということがわかる．

周期性があるものを数学的に表現するには，三角関数を用いる．

$$f(s) = \sin s \tag{1.57}$$

この式は，sが0から2πまで変化すると，変数fが$1, 0, -1$を経由して，再び最初の0に戻るという周期関数を表している．では，この関数を時間に対する周期関数，すなわち**振動**を表す関数にするにはどうすればよいだろうか．単にsを時刻tに置き換

[†1] ここでは$E < 0$が束縛状態に対応しているが，エネルギーの原点は自由に設定できるので，束縛状態が必ずしも負のエネルギーをもつわけではないことに注意してほしい．

[†2] ただし，3次元の運動に対しても，1次元の運動に還元できるような場合には有効である．3.2.2項（図3.6参照）にその説明がある．

1.2 波の性質：量子力学的な波の理解に向けて　17

えるようなことをしてはいけない．三角関数に用いられる引数は，無次元でなければならないのだ（演習問題 [1.1], [1.2] 参照）．したがって，

$$f(t) = \sin 2\pi \nu t \tag{1.58}$$

のように，t とペアになるある定数を付けて，sin の中を無次元の量に保っておく必要がある．ペアになる ν は，時間の逆数の次元 $[t^{-1}]$ をもつ量ということになる．ν は**振動数**（あるいは周波数），すなわち，単位時間あたり何回繰り返しがあるかを表す物理量である．t の単位が [s]（秒）であれば，振動数の単位は $[s^{-1}]$，すなわち [Hz]（ヘルツ）となる．上式において 2π が入っているのは，1秒で1周期，つまり 2π 変化するときの振動数を 1 Hz と定義したかったためである．ここで，$\omega = 2\pi\nu$ なる量を定義すると，前式は $f = \sin\omega t$ と書ける．ω は**角振動数**とよばれており，その次元は振動数の次元に等しい．あるいは，$f = \sin(2\pi t/T)$ のようなペアを考えることもできる．この式に $t = T$ を代入すると，sin の中はちょうど 2π となり，波は1周期変化したことになる．すなわち，T は振動の**周期**である．その次元はもちろん [t] である．

次に，空間的に繰り返しのある波を作ろう．そのやり方は時間の場合と同じだ．変数 t を位置を表す変数 x に置き換えてやる．その際，位置 x とペアになる定数を付ける．

$$f(x) = \sin kx \tag{1.59}$$

k は**波数**とよばれており，その次元は $[L^{-1}]$ である[†1]．ν と ω が単位時間あたりの繰り返しの回数であるのに対し，k は単位長さあたりの繰り返しの回数，すなわち波の数を表す．あるいは，$\lambda = 2\pi/k$ により新しい定数 λ を定義してやると，上式は $f = \sin(2\pi x/\lambda)$ となる．この式に $x = \lambda$ を代入すると sin の中はちょうど 2π となり，波は1周期変化したことになる．すなわち，λ は**波長**である．その次元はもちろん [L] である．

以上をまとめておこう．

$$\begin{aligned}
\text{時間の波：}\quad f(t) &= \sin 2\pi\nu t \quad (\nu : \text{振動数}) \\
&= \sin\omega t \quad (\omega = 2\pi\nu : \text{角振動数}) \\
&= \sin\left(2\pi\frac{t}{T}\right) \quad \left(T = \frac{1}{\nu} : \text{周期}\right) \\
\text{空間の波：}\quad f(x) &= \sin kx \quad (k : \text{波数}) \\
&= \sin\left(2\pi\frac{x}{\lambda}\right) \quad \left(\lambda = \frac{2\pi}{k} : \text{波長}\right)
\end{aligned} \tag{1.60}$$

これで，時間と空間に対して繰り返しのある「波」を数学的に表現することができた．

[†1] 長さの次元を [L] と表記した．ここに L は length の頭文字である．

もちろん実際の波は，時間に対しても空間に対しても，もっと複雑に変化する．しかし次項以降で見るように，「いかなる」複雑な波も，上の2種類の関数の組み合わせで表現することができる．

ここで記述された波は，まだ次元をもたない「抽象的な」波である．これらの波を

$$f(t) = f_0 \sin \omega t, \qquad f(x) = f_0 \sin kx \qquad (1.61)$$

と書き直せば，波 f は f_0 がもつ次元と同じ次元をもつ「物理的な」波になる．f_0 は波の**振幅**である．海の波であれば，振幅は海水面の変位の最大値を意味し，その単位は [m] である．音波であれば空気の圧力（音圧）となり，その単位は [Pa]（パスカル）となる．「気分の波」や「揺れる思い」の場合は難しいが，ある脳波の振幅（すなわち [V]（電圧））で表現できるかもしれない．

1.2.2 定在波と進行波：二つの重要な波と波の重ね合わせ

本項では，波の基本式（式 (1.60)）から，具体的にどのようにして実際の波を構成していくのかを見ていこう．その過程で，波の本質を垣間見ることができる．

たとえば海の波のように，波は一般的には時間に対しても空間に対しても繰り返しがある．このことを表すにはどうすればよいだろうか．まず考えられるのは，時間の波と空間の波を掛け算することである．

$$f(x, t) = \sin kx \cos \omega t \qquad (1.62)$$

この関数がどのようなふるまいをするのかは，位置 x をある値に固定して考えるとわかりやすい．たとえば，$x = \pi/2k$ とすると $\sin kx = 1$ なので，$f(\pi/2k, t) = \cos \omega t$ となる．したがって，この位置では t が変化すると，f は -1 から 1 まで振れる．しかし，$x = 0, \pi/k$ では $\sin kx = 0$ であるので，時間が変わっても f の値はゼロのままである．このような波は**定在波**，あるいは定常波とよばれる．また，時間が変わっても常に $f = 0$ となる位置 x を波の**節**とよぶ．定在波を図 1.3 に示した．

定在波は，ギターの弦の動きを記述するときなどに使われる．ギターの弦の長さを

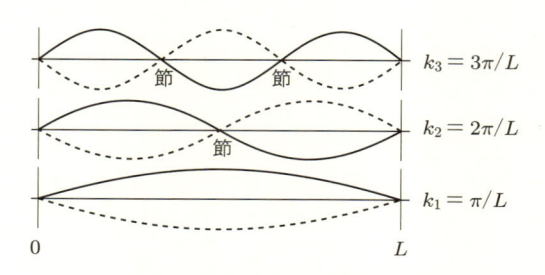

図 1.3 定在波の基準振動

L としよう．すると，$x = 0$ と $x = L$ では弦の振れ幅は常にゼロであり，このため波長 λ と波数 k は任意の値をとることができない．とりうる波長で一番長いものは，弦の長さ L の 2 倍である．その次に長いのは，その 1/2, 次はその 1/3, ... といった具合である．つまり，$\lambda = 2L, 2L/2 (= L), 2L/3, \ldots$ となる．これを波数 $k(= 2\pi/\lambda)$ で表すと，

$$k_n = \frac{n\pi}{L} \qquad (n = 1, 2, 3, \ldots) \tag{1.63}$$

となる．一般に，波数が異なるとその振動数も変化するので，n 番目の定在波の角振動数を ω_n とすれば，

$$f_n(x, t) = \sin k_n x \cos \omega_n t = \sin\left(\frac{n\pi}{L} x\right) \cos \omega_n t \tag{1.64}$$

と表すことができる．これらの定在波は，ギターの弦が安定状態にあるときに現れるものであり，**基準振動**とよばれる．

さて，これで定在波というものが作れることはわかったが，海の波のように波の山が時間とともに動く波はどうやって作ればよいのだろうか．そこで，式 (1.62) を三角関数の積和公式[†1]を使って変形してみる．

$$\sin kx \cos \omega t = \frac{1}{2} \sin(kx - \omega t) + \frac{1}{2} \sin(kx + \omega t) \tag{1.65}$$

三角関数が二つ現れた．これら二つも波の一種に違いない．そこで，右辺第 1 項をもってきて，

$$f(x, t) = \sin(kx - \omega t) \tag{1.66}$$

という関数を考えてみたい．定在波のときと同じように，適当に x を定めて f がどのような範囲の値をとるのかを考えてみる．すると，今度は x と t が同じ括弧の中に入っているので，適当に x を定めても t を変化させることで，括弧の中を 0 から 2π まで変化させることができる．したがって，この関数は x のいたるところで -1 から 1 まで振れる関数であることがわかる．そこでここでは，$f = 0$ となる位置がどこに来るのかを調べてみることにする．その条件は，たとえば括弧の中がゼロとなるときであるから，

$$x = \frac{\omega}{k} t \tag{1.67}$$

である．これは，$f = 0$ となる点が，時間とともに速度 ω/k で右に移動していることを表している．もちろん，この波の山も谷も同じ速度で移動する．つまり，式 (1.66) で表される関数は，速度 ω/k で右方向に移動している波を表しているのである．ω/k の次元を解析してみよう．ω の次元は $[\mathrm{t}^{-1}]$, k の次元は $[\mathrm{L}^{-1}]$, したがって ω/k の次元は $[\mathrm{L} \cdot \mathrm{t}^{-1}]$ となり，確かに速度の次元をもっている．

[†1] $\sin A \cos B = (1/2) \sin(A - B) + (1/2) \sin(A + B)$ である．

このような波は，大海を旅する波を表すものであり，**進行波**とよばれる（図 1.4）．また，進行波は速度をもつこともわかった．これは定在波にはない進行波特有の属性である．この速度には**位相速度**（phase velocity）という特別な名前がついている．なぜこのような名前が付いているのかというと，別の名前の速度があるからで，それは 1.2.4 項で登場する[†1]．

$$\text{位相速度：} \quad v_p = \frac{\omega}{k} \tag{1.68}$$

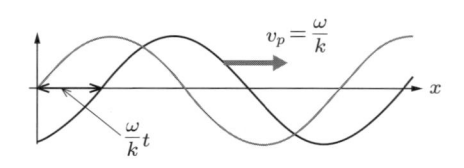

図 1.4　進行波

さて，進行波がわかったところで再び式 (1.65) を眺めてみると，右辺第 2 項は ωt の前の符号が正になっているので，これは $v_p = -\omega/k$ で負方向に進行する波を表していることがわかる．そして，定在波がなぜ「止まっている」のかもわかる．

「定在波は，互いに逆方向に動く同じ速度の進行波の重ね合わせである」

ということである．しかし，式 (1.65) はもっと重要なことを語っている．

「波は，重ね合わせても波である」

式 (1.65) は，数学的には三角関数の積和公式を表しているに過ぎない．しかし，これを物理の等式と見るならば，左辺は定在波という波であり，右辺は進行波という波の足し算である．つまりこの式は，「波は重ね合わせることができるもの」であると言っているのである．次項以降でわかるように，この**重ね合わせ**は，波を特徴付けるきわめて重要な概念である．

波の「重ね合わせ」という性質は，波が従う方程式と深い関係がある．そこで，定在波と進行波が満たす微分方程式を考えてみよう．進行波 $f = \sin(kx - \omega t)$ から考える．この式の両辺を x と t で微分すると，

$$\frac{\partial f}{\partial x} = k\cos(kx - \omega t), \qquad \frac{\partial f}{\partial t} = -\omega\cos(kx - \omega t) \tag{1.69}$$

となる．これらから，

$$\frac{\partial f}{\partial t} = -\frac{\omega}{k}\frac{\partial f}{\partial x} \tag{1.70}$$

[†1] なお，「位相」については，量子力学の説明に入った後に 2.2.2 項，2.3.1 項で説明を行う．

が得られる．これを進行波が満たす微分方程式としてよいだろうか．進行波には逆向きに進む $f = \sin(kx + \omega t)$ もある．この場合の方程式は

$$\frac{\partial f}{\partial t} = \frac{\omega}{k}\frac{\partial f}{\partial x} \tag{1.71}$$

となり，先ほどの結果と一致しない．しかし，x も t も2回ずつ微分すればうまくいく．すなわち

$$\frac{\partial^2 f}{\partial t^2} = \frac{\omega^2}{k^2}\frac{\partial^2 f}{\partial x^2} \tag{1.72}$$

は，どちらの場合の微分方程式にもなっている．これが進行波の**波動方程式**である．では，定在波もこの微分方程式を満たすだろうか．式 (1.65) の左辺を代入してみればわかるように，定在波もこの方程式を満たす．これはなぜだろうか．それは，波動方程式が**線形微分方程式**だからである．線形微分方程式は，以下のような大変よい性質をもっている．

「関数 g と h が微分方程式の解ならば，その線形結合 $c_1 g + c_2 h$ も解である」

このことが，波の重ね合わせという概念を生んでいるのである．

1.2.3　定在波の重ね合わせ：波束とフーリエ級数

　進行波の重ね合わせにより定在波を作ることができるように，重ね合わせにより，もとの波とは異なる形の波を作り出すことが可能である．そればかりか，一見すると波には見えないような形も作り出すことができる．本項では，波の重ね合わせについてもう少し掘り下げて考察を行ってみよう．

　ギターの弦の形を考えよう．ギターを奏でるとき，私たちは弦をつま弾く．つま弾く弦の最初の状態を図 1.5(a) に示した．この状態から指を離すと，弦は振動を始め，やがて調和のとれた振動モードに入る．このことから，最終的な弦の振動は，少数個の正弦波で記述できるような綺麗な波の形になることが予想できる．しかし，最初に三角形だった弦の形がどのようにして綺麗な周期的な形に変わるのであろうか．この

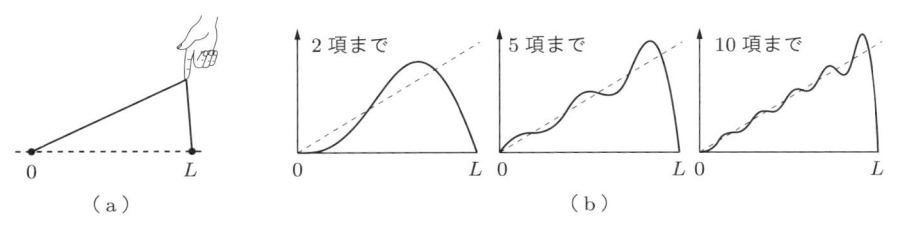

図 1.5　ギターの弦とフーリエ級数．(a) 弦をつま弾く前の状態．(b) 式 (1.76) の級数和を途中で止めた状態の関数形．

過程で何が起こっているのだろうか．

この過程を調べるためには，弦の形（時刻 t における位置 x での弦の振れ幅）$f(x,t)$ をどうやって表現するかが重要となる．結論から言えば，任意の弦の形は，以下のような基準振動の重ね合わせで表現することができる．

$$f(x,t) = \sum_{n=1}^{\infty} A_n \sin\left(\frac{n\pi}{L}x\right)\cos\omega_n t \quad (0 \leq x \leq L) \tag{1.73}$$

ここに A_n は，n 番目の基準振動の振幅である．初期状態の弦の形は，弦をつま弾く直前の時刻を $t=0$ として，

$$f(x,0) = \sum_{n=1}^{\infty} A_n \sin\left(\frac{n\pi}{L}x\right) \quad (0 \leq x \leq L) \tag{1.74}$$

と表現することができる．これは x だけの関数であり，その形状は A_n の値で決まる．

ここで，A_n について，

$$A_n = \frac{2L}{\pi}\frac{(-1)^{n+1}}{n} \tag{1.75}$$

という規則をもつ関数，すなわち，

$$f(x,0) = \frac{2L}{\pi}\left\{\sin\left(\frac{\pi}{L}x\right) - \frac{1}{2}\sin\left(\frac{2\pi}{L}x\right) + \frac{1}{3}\sin\left(\frac{3\pi}{L}x\right) - \frac{1}{4}\sin\left(\frac{4\pi}{L}x\right) + \cdots\right\} \tag{1.76}$$

という関数を考えてみよう．これがどのような形の関数になるのかを見るために，2 項，5 項，10 項までで和を止めた場合を図 1.5(b) に示した．10 項までとると，本来の初期の弦の形にかなり近い形が得られる．実は式 (1.76) は，$0 \leq x < L$ の範囲で $f(x) = x$ という関数になっているのである．このように，波の一つひとつは周期的な関数であるにもかかわらず，それぞれにある大きさの係数を掛けて足し合わせることにより，もはや波とは程遠い形の関数を作り上げることができるのだ．

今度は，cos を使ったもっと単純な式

$$g(x) = \cos\left(\frac{\pi}{L}x\right) + \cos\left(\frac{2\pi}{L}x\right) + \cos\left(\frac{3\pi}{L}x\right) + \cdots \quad (-L/2 \leq x \leq L/2) \tag{1.77}$$

つまり，振幅を同じにして重ね合わせた関数を考えよう．**図 1.6**(a) が示すように，波長の異なる波の重ね合わせにより，波が存在する場所が空間的に限定されてくる．これは，$x=0$ では波が重なり合いどんどん強めあうが，その他の場所では山と谷がずれて足し合わされるので，相殺して弱めあうためである．このように，空間的に狭い領域に限定されている波を**波束**とよぶ[†1]．図 1.6(b) には，関数 $f(x) = (1/N)\sum_{n=1}^{N}\cos nx$

[†1] 波の存在する場所が狭い領域に限定されている波形のものはすべて波束とよばれる．したがって，波束の形成には，必ずしも同じ振幅の正弦波の重ね合わせが必要というわけではない．

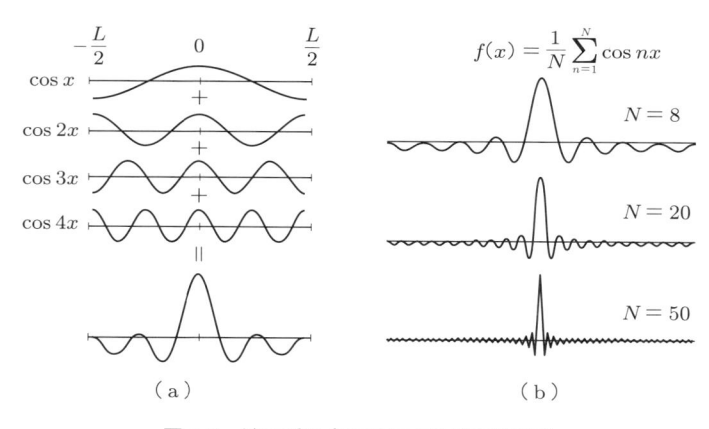

図 1.6　波の重ね合わせによる波束の形成

の形を示した．このように，重ね合わせの数 N を増やしていくと，波束の幅はどんどん狭くなる．1.3.3 項，2.3.2 項で見るように，波束は量子力学において重要な波の形態である．

ここでは単純な形を例にとったが，cos と sin を使い，「任意の」関数を表現することができる．これは波がもつ重要な性質であり，数学的には**フーリエ解析**とよばれる関数解析法の基礎となっている．また，式 (1.74) のように三角関数の和の形で表された関数は，**フーリエ級数**とよばれる．フーリエ解析は，物理学，電子工学，機械工学，建築学などに広く応用されている強力な数学的手法であり，量子力学においても重要な意味をもつ．その詳細は 2.5.3 項で説明しよう．

さて，話をギターの弦に戻そう．つま弾いた直後の弦は，きわめて複雑な動きをするが，やがては綺麗な安定した振動モードに落ち着く．フーリエ解析の力を借りれば，この過程は以下のように記述できる．仮に安定に振動している状態が，波長の一番長い波だけになっている状態だとしよう．すると，始状態（式 (1.74)）から終状態への弦の変化は，フーリエ級数の各項の係数が，次のような変化をしたことにほかならない．

$$A_1 \longrightarrow A_1'$$
$$A_2 \longrightarrow 0$$
$$A_3 \longrightarrow 0$$
$$A_4 \longrightarrow 0$$
$$\vdots$$

このように，複雑な波の変化も，各基準振動の振幅の変化として記述することにより，見通しのよいものにすることができる．

1.2.4 進行波の重ね合わせ：群速度とは

1.2.2項では，逆方向の進行波の重ね合わせにより定在波が形成されていることを説明した．本項では，別の形で二つの進行波を重ね合わせてみよう．どのように重ね合わせるかというと，振動数と波数がほんの少しだけずれた二つの波を重ね合わせるのである．以下の二つの波を考える．

$$f_1(x,t) = \sin(kx - \omega t), \qquad f_2(x,t) = \sin\{(k+\delta k)x - (\omega + \delta\omega)t\} \qquad (1.78)$$

それぞれの位相速度は，

$$v_{1p} = \frac{\omega}{k}, \qquad v_{2p} = \frac{\omega + \delta\omega}{k + \delta k} \qquad (1.79)$$

で与えられる．$\omega \gg \delta\omega$，$k \gg \delta k$ であるとすると，これら二つの位相速度はほとんど同じ値をとる．二つの波を足し合わせてみよう．三角関数の和積公式を用いると，

$$\begin{aligned} f(x,t) &= f_1(x,t) + f_2(x,t) \\ &= 2\cos\frac{\delta k}{2}\left(x - \frac{\delta\omega}{\delta k}t\right) \times \sin\left\{k\left(x - \frac{\omega}{k}t\right) + \frac{1}{2}(x\delta k - t\delta\omega)\right\} \\ &\simeq 2\cos\frac{\delta k}{2}\left(x - \frac{\delta\omega}{\delta k}t\right) \times \sin k\left(x - \frac{\omega}{k}t\right) \end{aligned} \qquad (1.80)$$

となる．波数 k の波に，$\delta k/2$ というそれよりもずっと小さい波数（ずっと長い波長）の波が掛け合わされている．つまりこの式は，似たような波を重ね合わせるとビート（うなり）が立つということを表している．その波形は図 1.7 のようになる．このビートも式の形を見ればわかるように進行波であるが，その速度はもともとの二つの波とは異なり $\delta\omega/\delta k$ で与えられる．このビートの速度は**群速度**（group velocity）とよばれ，数学的には以下の式で定義される．

$$群速度： \quad v_g = \frac{d\omega}{dk} \qquad (1.81)$$

群速度の意味を考えてみよう．$d\omega/dk$ とは「波数がほんの少し変化したときに角振動数がどれだけ変化するか」を表す量だ．とすると，これは波数に対する角振動数の関

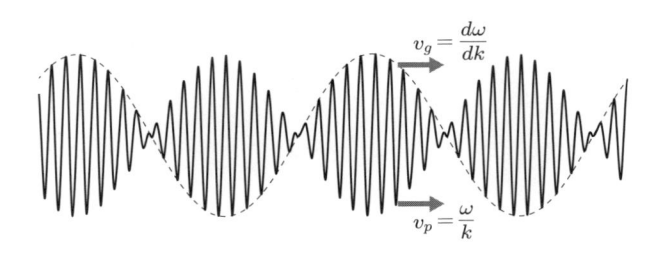

図 1.7 二つの進行波の重ね合わせによるビートの形成

数形がわからなければ求めることはできない．そう思っていままでの議論を振り返ってみると，時間的変動を特徴付ける ω と空間的変動を特徴付ける k の二つの重要な物理量の関係式は一度も出てこなかった．私たちはこれまで，これら二つの量の関係に立ち入る必要のない波の核の部分だけを議論してきたのであるが，ここではその具体的な関係式を求められているのである．

ω（あるいは ν）と k（あるいは λ）の関係は**分散関係**とよばれており，波がどのような物理的な状況を表すかによって異なってくる．一例を挙げると，真空中を伝搬する光の分散関係は以下のようになる．

$$\text{光の分散関係：} \quad \omega(k) = ck \quad \left(\text{または } \nu(\lambda) = \frac{c}{\lambda}\right) \tag{1.82}$$

ここに，c は光速である．このように ω と k の関係がわかると，$v_g = d\omega/dk = c$ と群速度が求められる．これは光速そのものである．つまり真空中の光は，位相速度と群速度が等しい．このような波は**非分散性**であると言われる．しかし，光はいつも非分散性であるとは限らない．一般に，物質中では，光の進む速度はその波長（すなわち波数）により異なっており，$\omega = \omega(k)$ は単純な比例関数にはならない．このような場合，波は**分散性**[†1]であるという．

さて，分散関係がいかに群速度にとって重要であるのかを例で示そう．仮に，次のような分散関係をもつ波があったとしよう．

$$\text{波 A：} \quad \omega(k) = ak^2, \quad \text{波 B：} \quad \omega(k) = \frac{b}{k} \tag{1.83}$$

ここに，a, b は定数とする．波 A の位相速度と群速度は，それぞれ式 (1.68) と式 (1.81) により，$v_p = ak, v_g = 2ak$ となる．すなわち，群速度は k の値にかかわらず位相速度の 2 倍になる．もととなる波よりもビートのほうが速く進むのである．波 B はどうであろうか．この場合，$v_p = b/k^2, v_g = -b/k^2$ となり，ビートはもとの波とは逆方向に進むことになる[†2]．

このように，たとえ位相速度が同じであっても分散関係が異なれば，群速度は（その方向さえも）異なったものになるのである．

[†1] この分散性は，光をプリズムに通すことにより確認できる．光をプリズムに通すと異なる波長の光は異なる方向へと振り分けられる．すなわち，分散する．これが分散関係の名前の由来になっている．

[†2] 第 2 章で見るように，量子力学では電子の運動は波動として記述される．そしてこの波動の群速度は，真空中では確かに位相速度の 2 倍となる．また，$\omega(k) = b/k$ のような単純な関係ではないが，物質中の光はある条件のもとで負の群速度をもつことが知られている．

1.2.5　波数ベクトル：進行方向と波長の情報を併せもつ物理量

海の波は2次元的な広がりをもつが，このような波をどのように記述すればよいだろうか．図1.8のような，第3象限から第1象限へ移動する二つの進行波を考えよう．これらの波は同じ波長 λ（あるいは波数 k）をもっており，その違いは進行方向だけである．この違いを記述するためには進行方向を特徴付けるベクトルを定義する必要があるが，波を記述する表式にこれをどのように組み込むかが問題である．波の進行方向と x 軸とのなす角を θ としよう．この θ を用いれば二つの波を区別することができるが，新しい変数を導入すると式が複雑になってしまうので，次のように考えてみる．

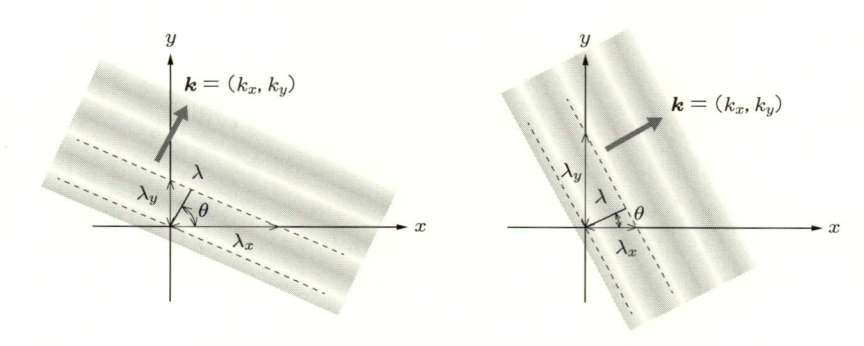

図 1.8　進行方向の異なる2次元平面波と波数ベクトル

θ が大きいときと小さいときの違いはどこに現れるであろうか．それは，波を x 軸と y 軸で切り出したときの波長の違いに現れる．これらを λ_x, λ_y とすれば，

$$\lambda_x = \frac{\lambda}{\cos\theta}, \qquad \lambda_y = \frac{\lambda}{\sin\theta} \tag{1.84}$$

と表すことができる．たとえば $0 \leq \theta \leq \pi/2$ の変域において，θ がゼロに近づけば λ_x は小さくなり，λ_y は大きくなる．θ が $\pi/2$ に近づけばその逆である．したがって，θ の代わりに λ_x と λ_y を用いれば，波の進行方向を表現できる．

さらに一歩進めて，波長の代わりに波数を用いてみるとどうだろうか．x 方向と y 方向の波数 k_x, k_y は

$$k_x = \frac{2\pi}{\lambda_x}, \qquad k_y = \frac{2\pi}{\lambda_y} \tag{1.85}$$

と書けるので，式 (1.84) を用いれば，$\sqrt{k_x^2 + k_y^2} = 2\pi/\lambda$ である．そこで，

$$k = \sqrt{k_x^2 + k_y^2} \left(= \frac{2\pi}{\lambda} \right) \tag{1.86}$$

を定義すれば，式 (1.84) は

$$k_x = k\cos\theta, \qquad k_y = k\sin\theta \tag{1.87}$$

と表現できる．これは 2 次元平面上のベクトル $\boldsymbol{A} = (A_x, A_y)$ が，$|\boldsymbol{A}| = A$ として，$A_x = A\cos\theta, A_y = A\sin\theta$ と表せることとよく似ている．そこで**波数ベクトル**を

$$\boldsymbol{k} = (k_x, k_y) \tag{1.88}$$

と定義する．この波数ベクトルを用いれば，波の進行方向をうまく表現することができそうだ．

そこで再び x 軸と y 軸で波面を切ってみると，そこでの波はそれぞれ，$\sin(k_x x - \omega t)$，$\sin(k_y y - \omega t)$ と表すことができる．では，波全体ではどうなるだろうか．$f(x,y,t) = \sin(k_x x - \omega t)\sin(k_y y - \omega t)$ となるであろうか．そうはならない．ためしに，この関数を $t = 0$ とおいて，x-y 平面上でグラフ化してみてほしい．正解は

$$f(x,y,t) = \sin(k_x x + k_y y - \omega t) = \sin(\boldsymbol{k}\cdot\boldsymbol{r} - \omega t) \tag{1.89}$$

である．波の山の位置は，たとえば $\sin$ の括弧の中が $\pi/2$ になるときであるから，$k_x x + k_y y - \omega t = \pi/2$ と表される．これは，$k_x x + k_y y = c$ という山の位置を表す直線が $c = \omega t + \pi/2$ で進行していることを表している．式 (1.89) に $y = 0$，または $x = 0$ を代入すれば，それぞれ x 軸，y 軸で切り出したときの波形が再現されることもわかるであろう．

3 次元の波の場合も同様に，

$$f(\boldsymbol{r},t) = \sin(\boldsymbol{k}\cdot\boldsymbol{r} - \omega t), \qquad \boldsymbol{k} = (k_x, k_y, k_z) \tag{1.90}$$

となる．この 3 次元の進行波は，その波面が波数ベクトルに垂直な $k_x x + k_y y + k_z z = \omega t$ という平面として進んでいくので，**平面波**とよばれている[†1]．平面波は，以下の 3 次元の波動方程式を満足する．

$$\frac{\partial^2}{\partial t^2}f(\boldsymbol{r},t) = \frac{\omega^2}{k^2}\nabla^2 f(\boldsymbol{r},t), \qquad \nabla^2 = \frac{\partial^2}{\partial x^2} + \frac{\partial^2}{\partial y^2} + \frac{\partial^2}{\partial z^2} \tag{1.91}$$

最後に，波数ベクトルの重要性を強調しておこう．1 次元の波の場合，波数は波長と同様に，空間的な波の密集度という意味しかもたない．しかし 2 次元，3 次元の波では，波数は波長以上の情報をもつ．それは，ベクトルとして波の方向も表しているのだ．

一方，角振動数 ω のほうはどうだろうか．これも波が 3 次元になるとベクトルになるのだろうか．そうはならない．これは，ω が時間 t とペアになる物理量だからであ

[†1] 一般には，$f = f(\boldsymbol{k}\cdot\boldsymbol{r} - \omega t)$ の形の波を平面波とよぶ．式 (1.90) で表される波は，平面波の特殊な場合であり正弦平面波という名前がついているが，正弦平面波も単に平面波とよばれることが多い．また，式 (1.66) や式 (1.89) の波は波面が「平面」ではないが，これらの波も平面波とよばれることがある．本書でも，これらの波を単に平面波とよぶことにする．

る．すなわち，波数がベクトルであり，角振動数がスカラーであるのは，空間と時間の次元性と深い関連があるのだ．このことは，運動量が空間と，エネルギーが時間とペアになることと似ていないだろうか[†1]．次節で見るように，波数と運動量，角振動数（振動数）とエネルギーは，量子力学により深く結びつくことになる．

1.3 粒子と波の二重性：量子の世界の幕開け

量子力学を表す物理定数を一つ挙げるとすれば，それは**プランク定数**である．

$$h = 6.62606957 \times 10^{-34} \text{ J} \cdot \text{s}$$

この定数は，電子が発見されてからわずか3年後，まだ原子の構造さえはっきりしていなかった1900年に，理論を実験結果に合わせるためのパラメータとして「控えめに」登場した．しかし次第に，物質の本質にかかわる普遍的な物理定数であることが明らかになっていく．そして，量子力学の本質を表す以下の関係式が導かれることになる．

$$E = \hbar\omega \ (= h\nu), \qquad \bm{p} = \hbar\bm{k} \tag{1.92}$$

ここに $\hbar = h/2\pi$ であり，換算プランク定数とよばれる[†2]．

量子力学により，物体の運動を特徴付けるエネルギーと運動量が，波の時間的，空間的変化を特徴付ける角振動数，波数と結びつく．しかもこの二つの関係式は，プランク定数という共通した比例定数をもつのである[†3]．

しかし，これらの式がほのめかす「波は粒子でもあり，粒子は波でもある」というメッセージの真の意味が理解され始めるのは，プランク定数が誕生してから20年以上も後のことである．1924年にボルンが初めて量子力学（Quantenmechanik）という言葉を用い，1925年にハイゼンベルクにより行列力学が，続いて1926年にシュレディンガーにより波動力学が創始されるにいたり[†4]，量子力学は本格的な発展期を迎える．しかし，そこにいたるまでには（そしてその後も），量子力学の確立と解釈をめぐって多くの格闘と紆余曲折があった．

ここでは，量子力学の基本となる式 (1.92) の意味をひも解く手がかりとして，前期量子論とよばれる量子力学黎明期（1900〜1925年）の理論を概観しよう．

[†1] 式 (1.50) の議論を参考にしてほしい．
[†2] 「エイチバー」と読む．本書では，とくに誤解の生じない限り，$\hbar$ もプランク定数とよぶことにする．
[†3] プランク定数の単位は $[\text{J} \cdot \text{s}]$ であるので，その次元は $[E][t]$ である．これは式 (1.50) により $[p][x]$ とも書ける．これらの二つの次元式から，式 (1.92) の両辺の次元が確かに等しいことを確認してほしい．
[†4] 行列力学と波動力学は，ともに量子力学を記述する力学体系であり，数学的にはほとんど等価であることがわかっている．ほかの入門書がそうであるように，本書でも，より直観的に理解できるシュレディンガーの波動力学を中心に量子力学を説明する．

1.3.1 光の粒子性：黒体輻射とアインシュタインの光量子

真夏の海のまばゆいほどのきらめき，厳寒の大地を灯すほのかな月明かり．この世界は光で満ちあふれ，私たちは光とともに生きている．しかし，光は私たちの目に見える可視光ばかりではない．赤外線，紫外線，X線，これらはすべて光の仲間であり，電磁波とよばれている．電磁波は，マクスウェル方程式という基本方程式に従い，光速 c という比例定数をもつ，以下の分散関係で特徴付けられる．

$$\nu = \frac{c}{\lambda} \text{ (あるいは } \omega = ck\text{)}, \quad c = 299792458\,\mathrm{m\cdot s^{-1}} \tag{1.93}$$

電磁波はまぎれもなく「波」であるが，私たちはこの事実にあまりにも慣れすぎている．17世紀，ニュートンとホイヘンスは，光が粒子であるか，波動であるかの激しい論争を繰り広げていたが，やがて干渉や回折といった現象が実験的に示され，勝利はホイヘンスの手にあるはずだった．しかし，その後の様々な実験やその検証の結果，光が粒子であるというニュートン流の光像が再び持ち上がってきたのである．

■ 黒体輻射とプランクの輻射公式

19世紀末，物理学はほぼ完成の域にあるという楽観論が支配的であった．森羅万象は，ニュートン力学，マクスウェル電磁気学，そしてギブス－ボルツマン統計力学という，三つの体系により説明可能だと考えられていたのである．未解明な問題は，ごく少数に限られており，その中の一つが「温度が T である物質はどんな振動数（波長）の光を発するか」というものであった．

光の反射がまったくなく，すべての光を吸収する物体を黒体とよぶ．黒体が内部から放つ光は**黒体輻射**とよばれ，そのスペクトルは物体（黒体）の温度だけで決まることが知られていた（図 1.9）．溶鉱炉や太陽からの輻射は黒体輻射である[†1]．しかし，黒体輻射スペクトルの実験結果は，当時の理論ではどうしても説明がつかないものであった．

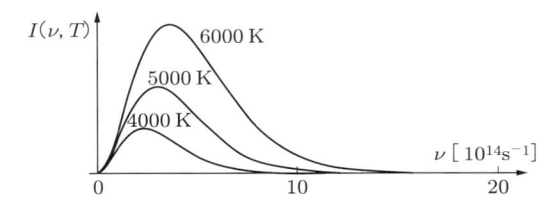

図 1.9　黒体輻射スペクトル $I(\nu, T)$

[†1] 黒体輻射のスペクトルの中心は，低温（室温）では赤外領域にあり，文字どおり「黒体」である．しかし，スペクトルは温度とともに変化し，2000～5000 K では赤からオレンジ，10000 K 程度では青い光の振動数にスペクトルの中心をもつようになる．

多くの科学者がこの難問に挑戦した中で，これを見事に説明する公式を発見し，量子世界への扉に初めて手をかけたのがプランクであった．彼は1900年に，黒体輻射スペクトル（光のエネルギー密度の周波数依存性）$I(\nu, T)$ を完全に再現できる以下の式を見出した．

$$I(\nu, T) = \frac{8\pi}{c^3}\nu^2 \frac{h\nu}{e^{h\nu/k_B T} - 1} \tag{1.94}$$

ここで，k_B はボルツマン定数[†1]，T は絶対温度，ν は光の振動数であり，h がプランク定数である．現在ではこの式は**プランクの輻射公式**（または単にプランク公式）とよばれている．しかし，この式を提案した当時のプランクにとって，「h」は実験結果に合わせるために用いたパラメータという意味しかもっていなかったようである[†2]．

輻射スペクトル $I(\nu, T)$ は，

$$I(\nu, T) = D(\nu)\bar{\epsilon}(\nu, T) \tag{1.95}$$

と表すことができる．ここに，$D(\nu)$ は単位振動数あたりの光の密度であり，電磁気学によれば，$D(\nu) = 8\pi\nu^2/c^3$ で与えられる．式 (1.94) 右辺の前半部分がこれに対応している．一方，$\bar{\epsilon}$ は振動数 ν の光がもつ平均エネルギーである．

統計力学によれば，温度 T の環境下で，振動数 ν の光がエネルギー ϵ をもつ確率は $e^{-\epsilon/k_B T}$ に比例する．したがって，古典電磁気学に基づいて，振動数 ν の光のエネルギー ϵ がゼロから無限大まで「連続的に」分布しているとすると，その平均エネルギー $\bar{\epsilon}$ は，以下で与えられることになる[†3]．

$$\bar{\epsilon}(\nu, T) = \frac{\int_0^\infty \epsilon e^{-\epsilon/k_B T} d\epsilon}{\int_0^\infty e^{-\epsilon/k_B T} d\epsilon} = k_B T \tag{1.96}$$

この式は，「振動数 ν の光に与えられる平均エネルギーは，振動数 ν には依存せず，皆 $k_B T$ になる」と言っている．しかし，ν はゼロから無限大まで広がっているので，すべての ν にエネルギー $k_B T$ が等しく分配されるとすると，光の合計のエネルギーが無限大になってしまう．これはつまり，黒体輻射（溶鉱炉や太陽からの光放射）が無限大のエネルギーをもつことを意味しており，明らかに矛盾がある．

プランクは次のようなことに気がついた．「もし振動数 ν の光のエネルギーが，何らかの理由で飛び飛びの値しかとることができないならば，（ν が無限大まで連続的に分布していても）実験結果をうまく説明できるのではないか．」プランクはエネルギーの

[†1] ボルツマン定数については，5.1.3 項に詳しい説明がある．
[†2] プランク自身は「h」をプランク定数とはよんでいなかった．
[†3] この式，および式 (1.98) の物理的な意味については，5.1 節で詳しく学ぶ．ここでは話の流れだけをつかんでもらえれば十分である．また，これらの式の導出については演習問題 [1.5] を参照のこと．

単位（エネルギー素量）として ϵ_ν を定義し，振動数 ν の光のエネルギーはその整数倍

$$\epsilon(\nu) = n\epsilon_\nu \qquad (n = 0, 1, 2, \ldots) \tag{1.97}$$

で与えられるとした．この仮定のもとに式 (1.96) の積分を級数和に置き換えると，

$$\bar{\epsilon}(\nu, T) = \frac{\sum_{n=0}^{\infty} n\epsilon_\nu e^{-n\epsilon_\nu/k_B T}}{\sum_{n=0}^{\infty} e^{-n\epsilon_\nu/k_B T}} = \frac{\epsilon_\nu}{e^{\epsilon_\nu/k_B T} - 1} \tag{1.98}$$

となる．プランクの輻射公式（式 (1.94)）は，上式において

$$\text{振動数}\nu\text{の光のエネルギー素量：} \quad \epsilon_\nu = h\nu \tag{1.99}$$

とおいたものである．この場合，$\nu \to \infty$ としても $\bar{\epsilon}(\nu, T)$ はゼロに収束し，無限大の問題は起こらない．つまりプランクの輻射公式は，振動数 ν の光のエネルギーが $h\nu$ の整数倍しかとりえないという仮定のもとに成立していると言える．式 (1.99) は**プランク–アインシュタインの関係式**とよばれている．

式 (1.97) と式 (1.99) は何を意味しているのだろうか．エネルギーとは，何かを動かしたり，温めたりする能力のことだ．それが飛び飛びの値をとり，しかもその間隔が「単位時間あたりに何回振動するか」を表す振動数に比例しているというのである．岩を砕く波を思い浮かべれば，そのイメージは何となくわかる．たくさん打ち寄せたほうが，たくさんのエネルギーをもっていそうだ．しかし，なぜ飛び飛びの値しか許されないのか．打ち寄せる波のように，1 周期ごとに分割して 1 個 2 個と数えてやればよいのだろうか．そうではない．経験的に知っているように，波とは「連続的に」空間に広がったものである．では，そのように連続的に広がっている波のエネルギーをどうやって分割することができるのであろうか．このように「波」という概念を考えると，エネルギーの分割がいかに不自然なことであるかが理解できるであろう．

■ 光量子仮説

プランク公式は，黒体輻射スペクトルを見事に再現してはいるが，この公式を受け入れるためには，自明のことと考えられている「エネルギーの連続性」を否定する必要がある．プランク自身，公式に現れるエネルギーの不連続性が何を意味するのかに苦悩した．そして，プランクの理論はそのまま消え去ってしまうかに思われた．

そのような状況の中，プランク公式の背後に潜むエネルギーと光の本質を見抜いたのが，まだ 26 歳の若きアインシュタインであった．彼はプランク公式を次のように解釈したのである．

「振動数 ν の光は，エネルギー $h\nu$ をもつ塊としてふるまう」

そして，この塊を**光量子**と命名した．現在では**光子**とよばれている．アインシュタイ

ンの考えはこういうことだ.「どうやって光を分割するかが問題なのではない. 光とはそもそもそれ以上は分割できないエネルギーの塊として存在しており, 1個2個と数えられるものなのである. 光とは, 本来的にそのような粒子的な側面をもつ「波」なのである[†1].」

アインシュタインがこの**光量子仮説**を発表した 1905 年当時, この仮説を示唆する実験結果はまだごく少数に限られていた. しかし, 以下に述べる光電効果に関するミリカンの実験 (1916 年) やコンプトン効果に関する実験 (1919〜1923 年) により, この仮説は真理として受け入れられることとなる[†2].

■ 光電効果

金属に紫外線や X 線を照射すると, 金属から電子が飛び出してくる. この現象は**光電効果**とよばれ, 飛び出してくる電子を**光電子** (photoelectron) とよぶ (**図 1.10**(a)). 金属中の電子は金属を構成する原子核の正電荷の引力のおかげで, 単独でいるときよりも安定な状態にある. このため, 金属中の電子が勝手に金属表面から飛び出してくることはない. 言い換えれば, 電子は外からエネルギーをもらわないと金属の外に飛び出すことができない. そのための最小のエネルギーは**仕事関数**とよばれる[†3].

「1 個の」電子が光から受け取るエネルギーを E_{pe}, 仕事関数を W としよう. すると, $E_{pe} > W$ であれば電子は金属の外に飛び出すことができる. そして, 金属中で最

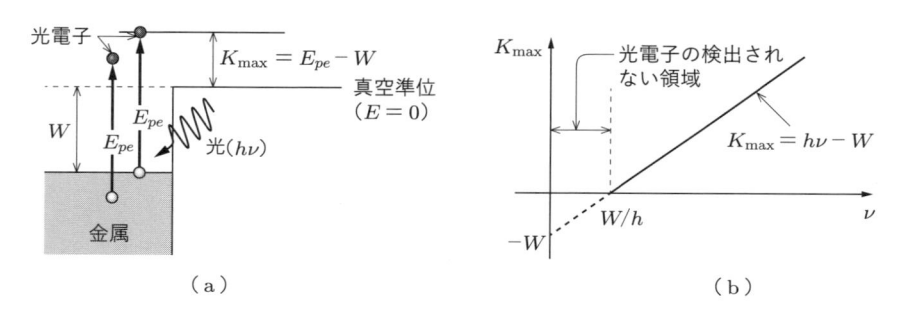

図 1.10 光電効果. (a) エネルギー図. (b) 光電子の最大運動エネルギー $K_{\max}$ の光の振動数 ν 依存性.

[†1] この言及に対して, 私たちは対応する物理的実体をイメージすることができない. このような概念の飛躍こそが, アインシュタインの傑出した洞察力の真骨頂である.

[†2] この年 (1905 年), アインシュタインは特殊相対性理論, ブラウン運動の理論, そして光電効果の理論, という物理科学史に残る三つの偉大な成果を発表しており, 奇跡の年とよばれている. ちなみに, アインシュタインのノーベル賞は光電効果の理論に対して贈られている.

[†3] 関数という名前が付いているが, 位置 x によって値が変わるようなものではなく, 金属の種類, 金属表面の構造や方位によって決まっている定数である.

もエネルギーの高い電子がエネルギーを受け取るとき，光電子の運動エネルギー K は最大となる．この最大運動エネルギー $K_{\max}$ は次式で与えられる（図 1.10(a) 参照）．

$$K_{\max} = E_{pe} - W \tag{1.100}$$

光電効果の実験結果を図 1.10(b) に示す．縦軸は出射してきた電子の最大エネルギー $K_{\max}$ である．横軸が入射する光の振動数 ν であることに注目してほしい．この実験結果は，$K_{\max}$ が次のように与えられることを示している．

$$K_{\max} = h\nu - W \tag{1.101}$$

ここで，h は実験結果から得られる直線の傾きである．この式から，$\nu < W/h$ では光が検出されないことがわかる．

この結果は，古典電磁気学からは説明がつかない．古典電磁気学によれば，電子が光から受け取るエネルギーは，光の強度（振幅）に依存する．したがって，光の強度を上げてやれば電子が受け取るエネルギーも増大し，やがては光電子が生成されるはずである．しかし，上述のように結果はそうはならず，$\nu < W/h$ である限り，どんなに光の強度を上げても光電子は検出されなかったのだ．

さらに驚くべきことに，$K_{\max}$ の直線の傾き h がプランク定数に一致したのである．この結果は，「1 個の光量子」が「1 個の電子」に「エネルギー $h\nu$」を与えている，すなわち

$$E_{pe} = h\nu \tag{1.102}$$

であることを意味しているのだ．つまり光電効果は，光がエネルギーの担い手として 1 個 2 個と数を数えられるものだということを示しているのである[†1]．

■ コンプトン効果

光が $E = h\nu$ というエネルギーの塊であるならば，このエネルギーの塊 $h\nu$ に相当する「運動量の塊」をもつのだろうか．このような「運動量を運ぶ光量子」という考え方は，1916 年にアインシュタインにより提案された．アインシュタインによれば，光量子は

$$p = \frac{h\nu}{c} \tag{1.103}$$

[†1] ただし，振動数は連続的に変化するので，エネルギーという概念自身が 1 個 2 個と数えられる「粒子」ではないことを認識しておくことは重要である．現在までのところ，エネルギーが連続量であるということを否定する実験結果はただの一つもない．

で与えられる運動量の塊をもつ[†1]．この式は，光の分散関係 $\nu = c/\lambda$ を用いると，

$$p = \frac{h}{\lambda} \ (= \hbar k) \tag{1.104}$$

と書くこともできる[†2]．この「運動量の塊」は，コンプトンによる 1919 年から 1923 年にかけての，X 線に関する一連の実験により確認された．

光が静止している電子と「衝突」する場合を考えよう．もし仮に，式 (1.104) が成立し，しかもこの衝突の前後で運動量が保存されるとすると，図 1.11(a) より，

$$\text{入射方向}: \frac{h}{\lambda_1} = \frac{h}{\lambda_2}\cos\theta + mv\cos\phi, \qquad \text{垂直方向}: 0 = \frac{h}{\lambda_2}\sin\theta - mv\sin\phi$$

という関係が成立するはずである．ここに λ_1, λ_2 は，それぞれ散乱前後の光の波長，mv は散乱後の電子の運動量である．これらの式から，$\cos^2\phi + \sin^2\phi = 1$ を用いて ϕ を消去すると，

$$h^2\left(\frac{1}{\lambda_1^2} - \frac{2}{\lambda_1\lambda_2}\cos\theta + \frac{1}{\lambda_2^2}\right) = m^2v^2 \tag{1.105}$$

が得られる．一方，エネルギー保存則から，

$$\frac{hc}{\lambda_1} = \frac{hc}{\lambda_2} + \frac{1}{2}mv^2 \tag{1.106}$$

が成り立つ．この式と式 (1.105) から v を消去し整理すると，

$$\lambda_2 - \lambda_1 = \frac{h}{2mc}\left(\frac{\lambda_2}{\lambda_1} - 2\cos\theta + \frac{\lambda_1}{\lambda_2}\right) \tag{1.107}$$

となり，散乱前後の光のエネルギー変化が小さいとして，$\lambda_1/\lambda_2 = \lambda_2/\lambda_1 = 1$ とおくと，

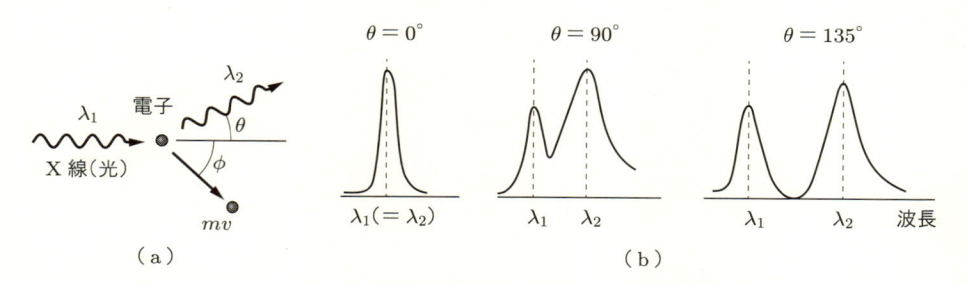

図 1.11　コンプトン効果．(a) X 線による電子の散乱の様子．(b) X 線強度の実験結果．検出角 θ を変化させると，散乱された X 線の波長 λ_2 が式 (1.108) に従って変化する．

[†1] この式は，アインシュタインの相対性理論から導き出される，光のエネルギーと運動量の関係式 $E = cp$ の E にエネルギーの塊 $h\nu$ を代入したものと解釈される．

[†2] 式 (1.50) から，プランク定数の次元 [E][t] は，[p][x]（あるいは [p][L]）のように書ける．したがって，プランク定数を波長で割り算したものは，運動量の次元をもつことを確認しておこう．

$$\lambda_2 - \lambda_1 = \frac{h}{mc}(1 - \cos\theta) \tag{1.108}$$

が得られる．コンプトンが観測した散乱後の X 線の波長は，まさにこの式に従ったのである（図 1.11(b)）．この結果は，光の運動量が「ベクトルとして」電子の運動量ベクトルとの間で保存則を満たしているということを意味している．すなわち光は，$\bm{p} = \hbar\bm{k}$ という運動量ベクトルをもつのである．

1.3.2　原子の理論：輝線スペクトルとボーアの原子模型

　原子どうしの衝突などにより原子がエネルギーを得たとき，原子は，その元素種特有の波長の光を放射する．このような光を輝線とよぶ．輝線は黒体輻射のような連続的なスペクトルをとらず，特定の波長だけに現れる．なぜ輝線は，飛び飛びの波長にしか現れないのだろうか．本項では，この輝線に関する難問を解決し，エネルギー準位や角運動量の量子化という，量子力学におけるきわめて重要な概念を生んだボーアの原子理論を紹介しよう．

■ 原子の輝線スペクトル

　図 1.12 に水素の輝線スペクトルの構造を示す．1885 年にバルマーは，水素の輝線スペクトルの可視部に現れる 4 本の線スペクトルの波長が

$$\lambda = 365\frac{n_1^2}{n_1^2 - 4}\,\text{nm} \qquad (n_1 = 3, 4, 5, \ldots) \tag{1.109}$$

と表されることを示した．この輝線スペクトルの組は，のちにバルマー系列とよばれるようになる．この式は，輝線スペクトルに何らかの法則性があることを示しているが，その本質を解き明かす鍵にはならなかった．重要な鍵は，1900 年にリュードベリによって発表された以下の関係式にある．

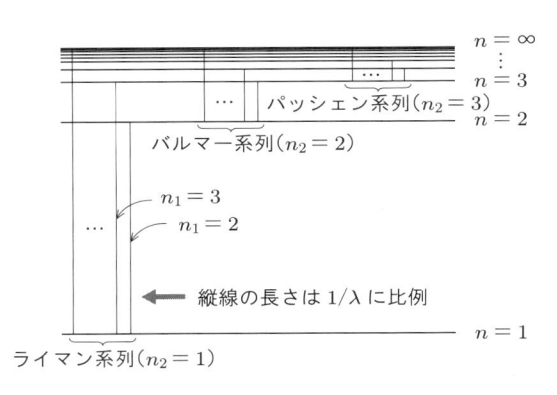

図 1.12　水素原子の輝線スペクトル

$$\frac{1}{\lambda} = R_H \left(\frac{1}{n_2^2} - \frac{1}{n_1^2} \right) \qquad (R_H = 109737\,\mathrm{cm}^{-1} : \text{実験値}) \qquad (1.110)$$

ここに，R_H は**リュードベリ定数**[†1]とよばれている．上式において，バルマー系列は $n_2 = 2$ に対応している．このほかにも $n_2 = 1$ のライマン系列，$n_2 = 3$ のパッシェン系列などがあり，これらは皆，式 (1.110) に従っている．

この関係式の重要な点は，波長 λ ではなく，波長の逆数 $1/\lambda$（すなわち振動数 $\nu = c/\lambda$）に規則性があり，しかもそれが二つの項の「差」で与えられるということである．この関係式が，のちにボーアの原子理論を導くことになる．

■ ラザフォードの原子模型

ここでは，ボーアの原子理論を理解するために，ボーア以前の原子模型とその模型における問題点を整理しておこう．19 世紀の終わりころまで，原子はそれ以上分割することのできない最小の構成要素であると考えられていた．しかし 1897 年，トムソンは，真空放電管内で高電圧を印加した負電極から放射される陰極線の正体が，電磁波ではなく負電荷をもった粒子の流れであることを突き止めた．電子の発見である．そして同時にこの実験は，電子がすべての原子に共通の構成要素であることを明らかにした．トムソンの実験では，陰極線に電場と磁場をかけたときの電子ビームの偏向を測定することで，電子の電荷（素電荷）e と質量 m の比が決定された．その後，ミリカンの油滴の実験（1909 年）で素電荷 e が決定され，現在では

$$e = 1.602176565 \times 10^{-19}\,\mathrm{C}$$

$$m = 9.10938291 \times 10^{-31}\,\mathrm{kg}$$

が用いられている．これらの結果から得られた電子の質量は，別の方法で調べられた原子全体の質量に比べ約 1/2000 と非常に小さく，このことは，原子が非常に軽い負電荷と非常に重い正電荷から構成されていることを示している．

一方，電子に対するこれらの実験と時を同じくして，様々な原子模型が提案されている．その中で，1901 年にペランが，そして 1903 年に長岡が，小さく重い正電荷の周りを負電荷である電子が取り巻く（周回する）という原子模型を提唱している．これらの原子模型に確かな実験的裏付けを与え，原子核を発見したのがラザフォードである．1909 年，ラザフォードの実験室でガイガーとマースデンによって行われた原子の散乱実験が，原子核を仮定した計算結果と見事な一致をみたのである．原子核の大

[†1] 見返しにある物理定数表のリュードベリ定数 R_∞ は，原子核の質量を無限大とした場合の値である．水素原子に対する実験値である R_H とは，$R_H = \{m_p/(m_p + m)\} R_\infty$ の関係にある．ここに m_p と m はそれぞれ陽子（proton）と電子の質量である．

きさは約 10 fm ($= 10 \times 10^{-15}$ m) 以下と見積もられ，これは別の方法で調べられた原子の大きさ，約 0.1 nm ($= 0.1 \times 10^{-9}$ m) に比べ極端に小さい．

きわめて小さい原子核の周りを電子が周回するというラザフォードの原子模型（図 1.13 には，円軌道の場合が示されている）は，実験結果が示す真実であり，現在の原子モデルの基礎をなすものである．しかし，当時の古典力学と古典電磁気学とに立脚する限り，説明困難な矛盾を招いてしまう．以下にその矛盾の概要を説明しよう．

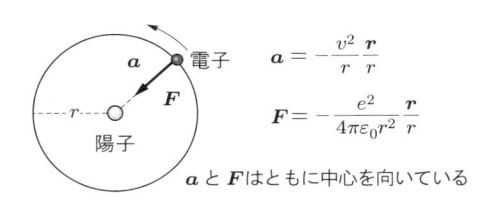

図 1.13 陽子に束縛された電子の円運動（ラザフォードの原子模型）

陽子が作るポテンシャルの中を運動する電子のエネルギーは，

$$E = \frac{p^2}{2m} - \frac{e^2}{4\pi\varepsilon_0 r} \tag{1.111}$$

で与えられる[†1]．ここに，第2項はクーロンポテンシャルエネルギーであり，r は陽子と電子の距離，ε_0 は真空の誘電率である．もし，電子が陽子の周りを円運動をしているとすると，上のエネルギーに対する表式は簡単な形に変形することができる．すなわち図 1.13 を参照して，運動の第2法則 $m\boldsymbol{a} = \boldsymbol{F}$ の絶対値をとると，

$$m\frac{v^2}{r} = \frac{e^2}{4\pi\varepsilon_0 r^2} \tag{1.112}$$

となるので，この式に $v = p/m$ を代入し，両辺に $r/2$ を掛けると，

$$\frac{p^2}{2m} = \frac{e^2}{8\pi\varepsilon_0 r} \tag{1.113}$$

となる．つまり，円運動という特別な場合には，運動エネルギーの大きさは，ポテンシャルエネルギーの大きさ（絶対値）の半分になるということだ．これを式 (1.111) に代入すると，円運動をする電子のエネルギーとして，

$$E = -\frac{e^2}{8\pi\varepsilon_0 r} \tag{1.114}$$

が得られる[†2]．この式の r は，電子の円運動の半径という意味をもつ．この式から，電子の半径 r が小さいほうがエネルギーが低く安定であることがわかる．一方，古典電

[†1] 厳密には，式中の m は陽子と電子の換算質量 m_r である．演習問題 [1.4] を参照してほしい．
[†2] このように運動エネルギーをもっていても，束縛状態の場合には（負のポテンシャルエネルギーのために）全エネルギーが負になることに注意しよう．

磁気学によれば，荷電粒子が円運動のような加速度運動をするときには，制動放射とよばれる連続的な光放射を行う．したがって，電子は光放射により徐々にエネルギーを失い，やがて陽子の深いポテンシャルに落ち込んでしまうことになる（図 1.14(a)）．しかしこれは，計測された原子の大きさ（約 0.1 nm）が原子核の大きさ（約 10 fm）に比べはるかに大きいことと矛盾する．

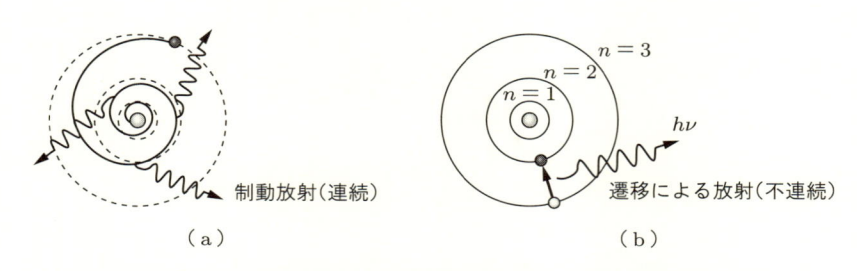

図 1.14　(a) 古典論による光の制動放射．(b) ボーアの原子模型．

■ ボーアの原子模型

このような困難があるにもかかわらず，ボーアはラザフォードの原子模型を受け入れ，これを基礎として 1913 年に輝線スペクトルを説明できる画期的な理論を打ち出した．ボーアは制動放射の困難を回避するために，原子核を回る電子のニュートン力学的なふるまいと，光子に対するプランク–アインシュタインの関係式 $\epsilon_\nu = h\nu$（式 (1.99)）とを結びつけることを考えた．そして，以下の二つの仮説を立てた（図 1.14(b)）．

仮説 1　電子は特定の条件で決まる軌道のみをとり，その軌道にいる間は古典電磁気学に反して光を放出しない．

仮説 2　光の放出が起こるのは，これらの特定の軌道間を電子が飛び移るときだけである．

仮説 1 は，式 (1.114) における軌道半径 r を不連続な値に制限することを意味する．つまり，電子のエネルギーは

$$E_1 = -\frac{e^2}{8\pi\varepsilon_0 r_1}, \quad E_2 = -\frac{e^2}{8\pi\varepsilon_0 r_2}, \quad \cdots \quad , E_n = -\frac{e^2}{8\pi\varepsilon_0 r_n}, \quad \cdots \quad (1.115)$$

というような飛び飛びの値をとることを意味する．これを**エネルギーの量子化**とよび，量子化されたエネルギーを**エネルギー準位**とよぶ．

仮説 2 は，光放射はこれらの状態の変化により起こり，そのときのエネルギーの差が光のエネルギー $h\nu$ に変換されることを意味する．つまり，変換前後の原子のエネルギーを E_i, E_f とすれば，

$$E_i - E_f = h\nu \left(= \frac{hc}{\lambda} \right) \tag{1.116}$$

である．このような二つのエネルギー準位間の飛び移りを**遷移**とよぶ．この式に式 (1.115) を用いれば，

$$\frac{hc}{\lambda} = E_i - E_f = \frac{e^2}{8\pi\varepsilon_0}\left(\frac{1}{r_f} - \frac{1}{r_i}\right) \tag{1.117}$$

となる．この式と式 (1.110) とを比べてみると，始状態と終状態の軌道半径 r_i, r_f がそれぞれ n_1^2, n_2^2 に比例するとすれば，整合することがわかる．そこで，この比例定数を a_B とおくと，

$$r_n = a_B n^2 \quad \left(n = 1, 2, 3, \ldots;\ a_B = \frac{e^2}{8\pi\varepsilon_0 hcR_H} \right) \tag{1.118}$$

と書ける．長さの次元をもつこの比例定数は**ボーア半径**とよばれ，軌道半径を制限する自然数 n は**量子数**とよばれる．ボーア半径 a_B を用いると，式 (1.115) からエネルギー準位は，以下で与えられることになる．

$$\text{水素原子のエネルギー準位：} E_n = -\frac{e^2}{8\pi\varepsilon_0 a_B}\frac{1}{n^2} \tag{1.119}$$

さて，上の表式をもとに量子数 $n+1$ と n におけるエネルギーの差 $E_{n+1} - E_n$ を考えると，n の増大とともにゼロに近づいていくことがわかる．ボーアはこの点に着目し，量子数 n の値が非常に大きいときには，量子化の効果が無視できるようになり，すべては古典力学に回帰するという**対応原理**を構築した．そしてこの原理をもとに，放射される光の振動数を解析することにより，ボーア半径に対する表式を導き出した．その計算過程は省略し，結果だけを示せば以下のようになる．

$$\text{ボーア半径：}\quad a_B = \frac{h^2\varepsilon_0}{\pi m e^2} \quad (= 0.0529\,\text{nm}) \tag{1.120}$$

ボーア半径が，基本物理定数のみで表されていることに注目してほしい．ボーア半径は，原子半径を特徴付ける長さの基本単位であり，このことは第 3 章で説明される．

上式に示されたボーア半径の値は，ほかの方法で調べられた原子半径の実測値とよい一致をみる．また，この値をもとに式 (1.118) にある a_B の表式を用いてリュードベリ定数 R_H を見積もると，実測値（式 (1.110)）とよい一致をみる．このことは，先に挙げた二つの仮説が，まぎれもなく原子がもつ特性であることを証明している．そして同時に，プランク定数の意義を確固たるものにしたのである．

水素原子における最も重要な状態は $n = 1$ の状態であり，これを**基底状態**とよぶ．これまでの結果から，基底状態のエネルギー E_s は以下のように与えられる．

水素原子の基底状態のエネルギー準位：
$$E_s = -\frac{e^2}{8\pi\varepsilon_0 a_B} = -\frac{me^4}{8\varepsilon_0^2 h^2} = -13.6\,\text{eV} \tag{1.121}$$

ここにいたり，原子は量子化されたエネルギー（エネルギー準位）をもち，エネルギー準位間の遷移により光が放射，吸収されるという，量子力学の核心に迫る原子模型が誕生した．

■ ボーアの量子条件

ボーアの原子模型は，輝線スペクトルがなぜ不連続になるのかという謎に対して一定の解釈を与えたが，その基礎となる原理，すなわち，電子は決まった軌道のみを周回する，ということに対する満足のいく説明を示したわけではなかった．ボーアは，なぜ電子の軌道が，そしてエネルギーが量子化されるのかに対するより根本的な原理を探索し，その解を角運動量 $L\,(= mvr = pr)$ に求めた[†1]．

円運動に関する式 (1.113) から，以下の式を導くことができる．

$$L^2 = (pr)^2 = \frac{me^2 r}{4\pi\varepsilon_0} \tag{1.122}$$

一方，ボーアの原子理論に関する式 (1.118) と式 (1.120) は，量子数 n の軌道半径 r_n に対して次式を与える．

$$r_n = a_B n^2 = \frac{h^2 \varepsilon_0}{\pi m e^2} n^2 \qquad (n = 1, 2, 3, \ldots) \tag{1.123}$$

式 (1.122) の r に上の r_n の表式を代入することにより，

$$L = n\hbar \qquad (n = 1, 2, 3, \ldots) \tag{1.124}$$

が得られる．この式は，

「角運動量は $\hbar$ を単位として量子化される」

と言っている．これがボーアの原子理論の核心である．これは，量子力学により説明される角運動量のきわめて重要な性質である．ただし，ボーアの理論は同時に「すべての状態は角運動量をもち，基底状態 ($n = 1$) の角運動量は $\hbar$ である」とも言っている．しかし，残念ながらこの言及は正しくなかった．原子軌道と角運動量に対する真の理解を得るには，量子論のさらなる発展が必要だったのである．その詳細は第3章で議論しよう．

[†1] 角運動量については 3.1 節で詳しく議論する．

1.3.3 粒子の波動性：ド・ブロイの物質波

黒体輻射や光電効果の実験から，光は $E = h\nu$ のエネルギー量子としてふるまうことが明らかになった．そして，「波である光がこのような粒子的な側面をもつのであれば，これまで粒子であると考えられていた電子や陽子も，本当は波なのではないか」という大胆な考えが，まだ博士課程の学生であったド・ブロイによって提案された．1924年のことである．ド・ブロイによるこの**物質波**の概念は，いかなる実験的事実にも論拠を置かない，まったく独創的なものである．1924年当時，物質波を支持する実験結果は何一つなかった．加えてこの概念は，物体が従う運動方程式と真っ向から対立するように思われた．

ド・ブロイの考察は以下のようなものである．彼はまず，光子に関するプランク–アインシュタインの関係式 $\epsilon_\nu = h\nu$ （式 (1.99)）と，特殊相対性理論による物体のエネルギーと速度の関係式 $E = mc^2/\sqrt{1-(v/c)^2}$ （演習問題 [1.3] 参照）とを結びつけ，$h\nu = mc^2/\sqrt{1-(v/c)^2}$ を満たす波がどのようにふるまうのかを解析してみた．詳細は省略するが，その解析によれば，速度 v をもつ粒子の波としての位相速度は c^2/v で与えられる．この位相速度は，光速以下の粒子の速度 $v < c$ に対して，光速を超えてしまう．このように，物体に波動の性質を加えると，矛盾を生じてしまうのである．

この困難に対して，ド・ブロイは次のように考えた．「単一の波長をもつ理想的な波など現実には存在しない．波は程度の差こそあれ，重ね合わされた波束として存在するはずだ．そして運動物体も，波束と同様に空間的に局在するという性質をもつ．ならば，物体には常に波束が付随するのではないか．」そして，重ね合わされた波がもつもう一つの速度，群速度を調べ，これが物体の速度 v とぴったり一致することを見出したのだ．このことは「物体の運動は，物体に付随する波束の運動とみなすことができる」ということを示唆している[†1]．そしてド・ブロイは大胆にも，これが「すべての」運動物体に適用できると予想したのである．

ド・ブロイの解析の結果は，以下の式に集約される．

$$\lambda = \frac{h}{p} \tag{1.125}$$

この式は，式 (1.104) の光に対する運動量と波長の関係と同じである．しかし，この式の読み方は式 (1.104) とは異なる．ド・ブロイによれば，この式は

「運動量 p をもつすべての物体は，h/p の波長の波を伴う」

ということを意味している．光だけでなく，あらゆる物体が波動でもあると言っているのだ．粒子性を表す運動量 p と波動性を表す波長 λ とが，プランク定数により再び

[†1] この言及が意味するところは，波束と群速度との関係も含めて，2.3.2 項で詳しく議論する．

結びつくのである．

物質波の波長は**ド・ブロイ波長**とよばれ，物質がもつエネルギーと運動量の関係式 $E = p^2/2m$ を適用すると，以下のように表すことができる．

$$\lambda = \frac{h}{\sqrt{2mE}} \tag{1.126}$$

この式を $E = 100$ eV の電子に適用してみると，その波長は 0.12 nm となり，これは X 線の波長と同程度である．したがって，X 線が示すものと類似の波動現象が電子線についても起こることになる．

ド・ブロイは博士論文の口頭試問で，この仮説はどのようにして実証できるのかと問われたとき，X 線が結晶に入射したときに起こる回折現象と同じことが電子線でも起こるはずだと答えたという．そしてこの回折現象は，すぐ翌年の 1925 年にデビソンとガーマーのニッケル結晶を用いた実験により観測されたのである．

X 線を結晶に入射すると，X 線は結晶の各原子により散乱される．このとき，原子が周期的に並んでいることを反映して干渉が起こり，ある特定の角度に強い強度の X 線が反射される．この現象は **X 線回折**とよばれる．X 線回折は，二つの結晶面で反射した X 線の光路差が波長の整数倍のときに起こる．デビソンとガーマーは図 1.15(a) に示されるような垂直入射で実験を行ったので，同じ垂直入射の場合の X 線の回折条件を示すと，

$$a \sin \phi = n\lambda \quad (n = 1, 2, 3, \ldots) \tag{1.127}$$

である（図 1.15(a)）．ここに，λ は X 線の波長，ϕ は散乱角，a は結晶表面の原子間隔である．この式を電子線に当てはめてみる．デビソンとガーマーの実験では 54 eV の電子線が用いられたので，この値を式 (1.126) に代入すると，ド・ブロイ波長は 0.166 nm と計算される．一方，ニッケル表面の原子間隔は $a = 0.215$ nm である．これを式 (1.127) に代入して $n = 1$ とすると，$\phi \simeq 50°$ と計算される．図 1.15(b) が示すように，デビ

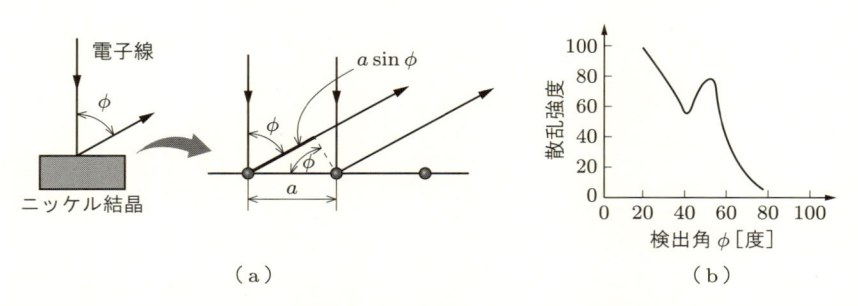

図 1.15 デビソンとガーマーによる電子線回折実験．(a) ニッケル表面での電子線の散乱の様子，(b) 実験結果．

ソンとガーマーは，まさにこの角度に電子線の強い反射を観測した．**電子線回折**の発見である．

この歴史的な発見がなされたとき，デビソンとガーマーはド・ブロイの理論を知らなかったようである．また，この発見が実験中に起こった失敗が生み出した偶然であるという事実も，興味深く印象的である．同じ年（1925年），ハイゼンベルグにより行列力学が，そして翌年にシュレディンガーにより波動力学が発表され，量子力学は大きく花開くことになるのである．

演習問題

1.1 関数 $f(s)$ を $s=0$ の周りでテーラー展開すると，以下のように書ける．

$$f(s) = f(0) + f^{(1)}(0)s + \frac{f^{(2)}(0)}{2!}s^2 + \frac{f^{(3)}(0)}{3!}s^3 + \ldots = \sum_{n=0}^{\infty} \frac{f^{(n)}(0)}{n!}s^n$$

ここに，$f^{(n)}$ は f の n 階微分である．この式を用いて，e^s, $\cos s$, $\sin s$ についてテーラー展開し，結果を7次の項まで示せ．これらの結果を眺め，なぜ指数関数や三角関数の引数 s が無次元でなければならないのかを考察せよ（64ページ脚注1も参照せよ）．

1.2 $\ln x$ と $\log x$ に関しては，x に次元をもつ物理量を用いる場合がある．たとえば，トランジスタ電流 I（電流はアンペアの次元をもつ）のゲート電圧 V_G 依存性 $I = I(V_G)$ については，$\log I(V_G)$ をグラフの縦軸に示すことが多い（たとえば図6.2(b)）．なぜそのようなグラフが意味をもつのかを考察せよ．

1.3 特殊相対性理論によると，物体のエネルギーは次式で与えられる．

$$E = \frac{m_0 c^2}{\sqrt{1-(v/c)^2}}$$

ここに，m_0 は物体の静止質量（本文中では m と表記）である．上式を $s = (v/c)^2$ として s でテーラー展開せよ．0次，および1次の項はそれぞれどのような意味をもつか．

1.4 互いに力を及ぼし合う二つの物体 A, B からなる系のエネルギー（式(1.51)）に関して，以下の問いに答えよ．
(1) 式(1.51) が，以下のように変形できることを確認せよ．

$$E = \frac{P^2}{2M} + \frac{p_{AB}^2}{2m_r} + U_{AB}(x_{AB}) \tag{1.128}$$

ここに，$M = m_A + m_B$, $P = p_A + p_B$ であり，p_{AB} は，AとBの相対距離を x_{AB} として $p_{AB} = m_r dx_{AB}/dt$ である．また，

44　第 1 章　粒子と波動 — 量子力学への序章

$$m_r = \frac{m_A m_B}{m_A + m_B} \quad \left(\frac{1}{m_r} = \frac{1}{m_A} + \frac{1}{m_B}\right)$$

は，**換算質量**（reduced mass）とよばれる（**ヒント**：式 (1.128) から式 (1.51) を導く）．
(2) 式 (1.128) の右辺第 1 項と 2 項の意味を考えるとともに，この式から一体問題に帰着された式 (1.55) を導くための条件を考察せよ．

1.5　式 (1.96), (1.98) の表式において，$\beta = 1/k_B T$ とおく．このとき，

$$-\frac{d}{d\beta} \ln \int_0^\infty e^{-\beta \epsilon} d\epsilon = \frac{\int_0^\infty \epsilon e^{-\beta \epsilon} d\epsilon}{\int_0^\infty e^{-\beta \epsilon} d\epsilon}, \quad -\frac{d}{d\beta} \ln \sum_{n=0}^\infty e^{-n\beta \epsilon} = \frac{\sum_{n=0}^\infty n\epsilon e^{-n\beta \epsilon}}{\sum_{n=0}^\infty e^{-n\beta \epsilon}}$$

を確認せよ（**ヒント**：$\ln \int_0^\infty e^{-\beta \epsilon} d\epsilon = F(\beta)$ とおいて式を書き直してみよ）．また，上式の左辺を具体的に計算することにより，式 (1.96), (1.98) の右辺を導け．

1.6　式 (1.98) に式 (1.99) を代入した式

$$\bar{\epsilon}(\nu, T) = \frac{h\nu}{e^{h\nu/k_B T} - 1}$$

を考える．$h\nu$, $k_B T$ がともにエネルギーの次元をもつことを確認せよ．また，$h\nu \ll k_B T$ であるとき，

$$\bar{\epsilon}(\nu, T) \simeq k_B T$$

と近似でき，古典論における表式（式 (1.96)）が得られることを確認せよ．

1.7　鉄の仕事関数は約 4.5 eV である．鉄に光を照射して光電子を得るために必要な最小の振動数 ν_c を求めよ．また，対応する波長 λ_c を求めよ．

1.8　陽子の周りを円運動する古典的な電子を考える．この電子の全エネルギー E が基底状態のエネルギー $E = -13.6$ eV（式 (1.121)）であったとする．このときの電子の運動エネルギー K とポテンシャルエネルギー U を求めよ（単位は eV のままでよい）．また，K の値から，電子の速度 v を求めよ．

1.9　演習問題 [1.1] において，テーラー展開した結果に $s = i\theta$（i は虚数単位）を代入する．このとき，オイラーの公式

$$e^{i\theta} = \cos\theta + i\sin\theta$$

が成立していることを確認せよ．

Chapter 2

波動関数とシュレディンガー方程式
― 電子の量子論

本章では，量子力学の基礎の部分を学んでいこう．2.1 節で電子が従う波動方程式を導入し，2.2 節で量子力学における基本状態である「定常状態」を議論する．2.3 節では，複数の定常状態の重ね合わせである「時間的に変化する状態」を説明する．これにより，量子力学と古典的な粒子の運動との対応が理解できるであろう．2.4 節では散乱問題を取り上げ，トンネル効果とよばれる量子力学的効果を定式化する．2.5 節では，前節までの内容を固有値問題という数学の枠組みで整理するとともに，量子力学の基本原理とその数学的基盤について考えていく．

2.1 シュレディンガー方程式：粒子の運動を記述する波動方程式

物質が波という性質をもつ以上，この波を記述する関数とこれが従う方程式が存在する．物質波を表す関数は**波動関数**とよばれ，歴史的な経緯からギリシャ文字の ψ を用いて表される．この波動関数の従う方程式は 1926 年にシュレディンガーにより見出され，彼の名を冠し**シュレディンガー方程式**とよばれている．

$$i\hbar\frac{\partial}{\partial t}\psi(\boldsymbol{r},t) = -\frac{\hbar^2}{2m}\nabla^2\psi(\boldsymbol{r},t) + U(\boldsymbol{r})\psi(\boldsymbol{r},t) \tag{2.1}$$

ここに，m は粒子の質量，$U(\boldsymbol{r})$ はポテンシャルエネルギーである[†1]．

シュレディンガー方程式は，ニュートンの運動方程式や古典的な波動方程式などから導き出されるような，二次的な方程式ではない．それは，電子や陽子などの量子力学的粒子が従う基本方程式である．

2.1.1 自由粒子のシュレディンガー方程式：古典的波動方程式との比較

シュレディンガー方程式と古典的な波動方程式とを比較してみよう．これにより，シュレディンガー方程式がどのような構造をもつものなのか，波動関数がいかなる形

[†1] 一般には，ポテンシャルエネルギーは時間に依存して $U = U(\boldsymbol{r},t)$ と書ける．ただし本書では，ポテンシャルエネルギーが時間に依存しない場合のみを取り扱う．

をもつべきものなのかが理解できると思う．簡単のために，本章の最終項（2.5.7項）までは1次元のシュレディンガー方程式を扱うことにする．

$$i\hbar\frac{\partial}{\partial t}\psi(x,t) = -\frac{\hbar^2}{2m}\frac{\partial^2}{\partial x^2}\psi(x,t) + U(x)\psi(x,t) \quad (2.2)$$

$U=0$，すなわち自由空間を運動する粒子を考えよう．このような粒子を**自由粒子**とよぶ[†1]．式 (2.2) で $U=0$ とおき，若干変形して古典的な波動方程式と比較してみる．

シュレディンガー方程式： $\quad\dfrac{\partial}{\partial t}\psi(x,t) = i\dfrac{\hbar}{2m}\dfrac{\partial^2}{\partial x^2}\psi(x,t) \quad (2.3a)$

古典的な波動方程式： $\quad\dfrac{\partial^2}{\partial t^2}f(x,t) = \dfrac{\omega^2}{k^2}\dfrac{\partial^2}{\partial x^2}f(x,t) \quad (2.3b)$

すると三つの違いに気づく．一つ目はシュレディンガー方程式が ω と k を含んでいないこと，二つ目は時間に対して1階の微分方程式であること，そして三つ目は虚数単位 i を含むことである．

ω と k の問題から考えてみよう．ω と k はそれぞれ，波の時間的，空間的ふるまいを特徴付ける重要な物理量だ．そして，波動方程式はまさに波動の時間的，空間的ふるまいを記述する方程式である．シュレディンガー方程式には，なぜこれらの重要な物理量が含まれていないのであろうか．

実は暗に含まれているのである．物質の粒子性を特徴付けるのは，エネルギーと運動量の関係式であり，これは自由粒子の場合

$$E = \frac{p^2}{2m} \quad (2.4)$$

である．一方，式 (1.92) に挙げたように，エネルギーと運動量は，プランク定数により，波動性を特徴付ける量である ω, k と，$E=\hbar\omega, \quad p=\hbar k$ のように結びついている．したがって，これらの関係式から，物質の波としての分散関係が導き出される．

物質波（電子波）の分散関係： $\quad\omega = \dfrac{\hbar}{2m}k^2 \quad (2.5)$

このように，物質波の分散関係は2次関数となる[†2]．この式を $\hbar/2m = \omega/k^2$ と変形して式 (2.3a) に代入する．そして再度，古典的波動方程式と比較してみる．

シュレディンガー方程式： $\quad\dfrac{1}{\omega}\dfrac{\partial}{\partial t}\psi(x,t) = i\dfrac{1}{k^2}\dfrac{\partial^2}{\partial x^2}\psi(x,t) \quad (2.6a)$

古典的な波動方程式： $\quad\dfrac{1}{\omega^2}\dfrac{\partial^2}{\partial t^2}f(x,t) = \dfrac{1}{k^2}\dfrac{\partial^2}{\partial x^2}f(x,t) \quad (2.6b)$

ただし，比較しやすいように，両式とも若干の変形を施してある．これで確かに，シュレディンガー方程式にも ω と k が含まれていたことがわかった．そして，両者の類似

[†1] 電子の場合は自由電子とよばれる．
[†2] この分散関係は 1.2.4 項で少し触れたことを思い出してほしい．

2.1 シュレディンガー方程式：粒子の運動を記述する波動方程式

点と相違点もはっきりしてきた．

式 (2.6a) をもとに，シュレディンガー方程式がなぜ時間に対して 1 階微分であるのかを説明しよう．物理学に登場する方程式には，右辺と左辺で次元が同じでなければならないという大原則がある．そう思って式 (2.6a) と式 (2.6b) を見直してみると，両式とも，左辺では ω と t がペアとなり，右辺では k と x がペアとなって，無次元の微分演算子を形成している．とすると，微分演算子の階数は ω と k の関係，すなわち分散関係を反映したものであるということになる．

古典的な波動方程式において，時間と空間の微分階数が等しくなるのは，分散関係が比例関係にあるからだ．光の分散関係 $\omega = ck$ がその例である[†1]．同様に，シュレディンガー方程式が時間に対しては 1 階で，空間に対しては 2 階の微分方程式となるのは，式 (2.5) の分散関係が 2 次関数であるためである．そして先に述べたとおり，その分散関係は物体の運動に関する関係式，$E = p^2/2m$ を基礎に置く．つまり，

「シュレディンガー方程式は，
物質の粒子的な性質を内包した波動方程式である」

ということである．

最後に残るのは虚数の問題である．この違いは本質的で決定的であり，この違いこそが，波動関数を古典的な波とはまったく異なる概念へと導く．ためしに，進行波 $\sin(kx - \omega t)$ を考えよう．この波が古典的波動方程式を満足することは，1.2.2 項で確認済である．一方，シュレディンガー方程式に代入してみると，

左辺： $\dfrac{1}{\omega}\dfrac{\partial}{\partial t}\sin(kx - \omega t) = -\cos(kx - \omega t)$

右辺： $i\dfrac{1}{k^2}\dfrac{\partial^2}{\partial x^2}\sin(kx - \omega t) = i\dfrac{1}{k}\dfrac{\partial}{\partial x}\cos(kx - \omega t) = -i\sin(kx - \omega t)$

となり，両辺は一致しない．左辺は時間に対して 1 階微分であるため sin に戻らないし，そもそも右辺には虚数がついているので，$\sin kx \cos \omega t$ などと定在波を代入してみても一致しない．では，次の関数はどうであろうか[†2]．

$$\psi(x, t) = \cos(kx - \omega t) + i\sin(kx - \omega t) = e^{i(kx - \omega t)} \tag{2.7}$$

これをシュレディンガー方程式に代入してみると，

左辺： $\dfrac{1}{\omega}\dfrac{\partial}{\partial t}e^{i(kx - \omega t)} = -ie^{i(kx - \omega t)}$

[†1] そして，これが 1 階ではなく 2 階の微分方程式となるのは，式 (1.72) のところで述べたとおり，右向きの波と左向きの波を考慮しなければならないためである．

[†2] 2 番目の等式には，オイラーの公式 $e^{i\theta} = \cos\theta + i\sin\theta$ を用いている．演習問題 [1.9] を参照してほしい．

右辺：$i\dfrac{1}{k^2}\dfrac{\partial^2}{\partial x^2}e^{i(kx-\omega t)} = -\dfrac{1}{k}\dfrac{\partial}{\partial x}e^{i(kx-\omega t)} = -ie^{i(kx-\omega t)}$

となり，両辺が一致することがわかる．したがって，$\psi(x,t) = e^{i(kx-\omega t)}$ はシュレディンガー方程式の解である．

ところで，式 (2.7) を古典的波動方程式に代入してみると，やはり方程式を満たすことがわかる．これは何を意味しているのだろうか．古典的波動方程式は，sin でも cos でも，その線形結合である複素平面上の波でも解になる．ただし，古典論においては，複素平面上の波自体は意味をもたない．複素数の波は電子回路理論でもしばしば用いられるが，これは計算を簡略化するための技法にすぎない．しかし，量子力学における波はそうではない．それは複素平面上の波で「なければならない」．そうでないとシュレディンガー方程式を満足しないのだ．

そして，この複素平面上の波（式 (2.7)）は，$p = \hbar k, E = \hbar\omega$ の関係により，運動量 p とエネルギー E をもつ物質波の波動関数となる．

$$\text{自由粒子（自由電子）の波動関数：}\quad \psi(x,t) = e^{i(px-Et)/\hbar} \qquad (2.8)$$

この式や式 (2.7) は，式 (1.66) の複素数版であるので，やはり平面波とよばれている．この複素平面波が，量子力学において最も基本となる波である．

2.1.2 シュレディンガー方程式の一般解：エネルギーは勝手に決められない

今度は，ポテンシャルエネルギーがゼロでなく，位置の関数になっている場合を考えよう．波の方程式にポテンシャルエネルギーが入っているのは奇異に感じられるかもしれない．しかし，これはそれほどおかしなことでもない．ギターの弦の場合も，音程を変えるために弦を手で押さえたときには，それより外側の弦の振幅はゼロである．これは指で押さえた部分のポテンシャルエネルギーが大きく，これが障壁としてはたらくためである．

ポテンシャルエネルギーが位置の関数である場合，波動関数は以下の形をとる．

$$U \text{ が位置の関数の場合：}\quad \psi(x,t) = \varphi(x)e^{-iEt/\hbar} \qquad (2.9)$$
$$U \text{ が一定の場合：}\quad \psi(x,t) = e^{ipx/\hbar}e^{-iEt/\hbar}\text{（平面波）}$$

比較のために平面波（自由粒子の波動関数）も並べてある．$\varphi(x)$ は U の形が決まらないと求めることはできないが，$\varphi(x)$ の満たす方程式は，式 (2.9) をシュレディンガー方程式（式 (2.2)）に代入すれば導出できる．

$$i\hbar\dfrac{\partial}{\partial t}\varphi(x)e^{-iEt/\hbar} = -\dfrac{\hbar^2}{2m}\dfrac{\partial^2}{\partial x^2}\varphi(x)e^{-iEt/\hbar} + U(x)\varphi(x)e^{-iEt/\hbar} \qquad (2.10)$$

左辺の微分を計算した後に両辺を $e^{-iEt/\hbar}$ で割り算をすれば，

$$-\frac{\hbar^2}{2m}\frac{d^2}{dx^2}\varphi(x) + U(x)\varphi(x) = E\varphi(x) \tag{2.11}$$

という方程式が得られる．この方程式は時間に関する微分を含んでいないので，**時間に依存しないシュレディンガー方程式**とよばれている[†1]．

この方程式を解いて φ を求めるには，E の値を設定する必要がある．しかし必ずしも，任意の E に対して方程式が解をもつとは限らない．つまりこの方程式は，単に φ を求めるためのものではなく，φ と E を同時に求めるためのものなのである．これが何を意味するのかおわかりであろうか．古典力学では，粒子のエネルギーを好きなように設定できた．そしてポテンシャルエネルギーの形が与えられれば，粒子がどのような運動をするのかを計算により求めることができた．しかし，量子力学ではそうはいかない．ポテンシャルエネルギーの形が決まると，粒子の運動状態を表す $\varphi(x)$ が求められるだけでなく，粒子のもつエネルギーも同時に制約を受けるのである．

ただし，可能なエネルギーは一つだけではない．$E = E_1$ のとき φ_1 が解となり，$E = E_2$ のとき φ_2 が解となる，といった具合にたくさんの解をもつことができる．このことはつまり，シュレディンガー方程式の解が $\varphi_1(x)e^{-iE_1t/\hbar}$，$\varphi_2(x)e^{-iE_2t/\hbar}$，$\varphi_3(x)e^{-iE_3t/\hbar}$，... のようにたくさん存在するということを意味している．したがって，シュレディンガー方程式の一般解は

$$\psi(x,t) = c_1\varphi_1(x)e^{-iE_1t/\hbar} + c_2\varphi_2(x)e^{-iE_2t/\hbar} + c_3\varphi_3(x)e^{-iE_3t/\hbar} + \cdots \tag{2.12}$$

といった具合に，これらの解の重ね合わせ（線形結合）で表すことができる．ここに，$c_1, c_2, c_3, \cdots$ は定数である．もし，ただ一つの係数 c_n を除いてすべて係数がゼロである場合，粒子の状態は次のように書け，エネルギーは E_n という確定値をもつことになる．このように，エネルギーが定まった状態を**エネルギー固有状態**とよぶ．

$$\text{エネルギー固有状態の波動関数：} \quad \psi_n(x,t) = c_n\varphi_n(x)e^{-iE_nt/\hbar} \tag{2.13}$$

ここに，$\varphi_n(x)$ を**エネルギー固有関数**，E_n を**エネルギー固有値**とよぶ．

一方，複数の係数がゼロでないような場合は，エネルギー固有状態の**重ね合わせの状態**とよばれている．このように波動関数の一般解が基本解（エネルギー固有状態）ψ_n の重ね合わせで書けるのは，シュレディンガー方程式が古典的な波動方程式同様に線形微分方程式であるためである．量子力学における重ね合わせの状態は，古典的な波の重ね合わせ以上に重要な意味をもつことがのちに明らかになる．

[†1] もとのシュレディンガー方程式と明に区別する必要のない場合，この方程式も単にシュレディンガー方程式とよぶことにする．

2.1.3 波動関数の確率解釈：後節へのプロローグとして

本項では，波動関数の物理的な解釈の説明を行うが，波動関数の意味を理解することは量子力学を学ぶうえで最も難しい点の一つであり，その解釈をめぐっては現在でも議論がなされている．したがって，この項を読んですべてを理解しようと思わないでほしい．本項はむしろ，以下の節へのプロローグである．

シュレディンガー方程式に従う波動関数が「波」という性質をもつ以上，それは空間的に広がりをもつものであるということになる．実際，自由粒子を表す平面波は，全空間に広がった波である．しかしこれは，私たちがもつ粒子像とあまりにもかけ離れている．ニュートン方程式に従う粒子は，大きさをもたない「点」として扱われるからである．

この疑問は，図 2.1 に示される実験により具現化できる．電子銃から打ち出された電子が，狭いスリットを通った後に，ある直線上に置かれた検出器でその位置を検出される場合を考えよう．電子がニュートンの運動方程式に従う古典的な粒子であるならば，うまい具合にスリットを通り抜けた後には，検出器の置かれた線上のどこかある一点で観測されるはずである．しかし電子が波であるならば，スリットを通り抜けた後には球面波となり[†1]，その波面はずっと遠くまで広がっていく（図 2.1(a)）．波の検出にはその強度が問題になるので，近くは強度が高く，遠くは低い．これはつまり，電子銃からたくさんの電子が出射されると，近くではたくさん検出され，遠くではあまり検出されない，ということを意味している．

問題は，「たった 1 個の電子を出射した場合，波動関数で表される電子はいったいどこで検出されるのか」ということである．何といってもシュレディンガー方程式は，たった 1 個の粒子に対する方程式である．電子はそれ以上分割することのできないものだから，近くには 0.8 個検出され，遠くには 0.2 個検出される，などということは

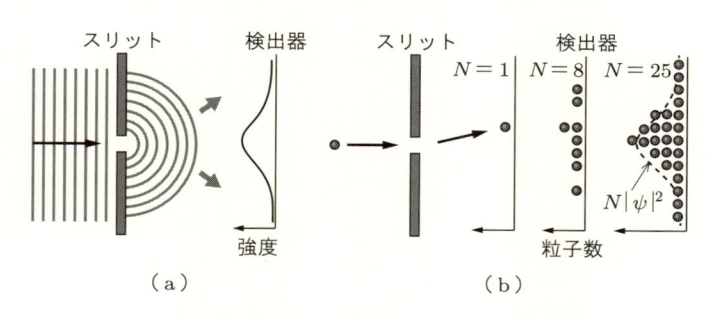

図 2.1 スリットによる散乱．(a) 波動の散乱．(b) 量子力学的粒子の散乱．

[†1] ここでは簡単のために，入射波の波長に対してスリット幅が非常に小さいとして，干渉効果は無視している．

2.1 シュレディンガー方程式：粒子の運動を記述する波動方程式

起こらない．

この問題は，1926年にボルンにより**波動関数の確率解釈**が提唱され，一応の解決をみた[†1]．これは，波動関数を「粒子そのもの」ではなく，「粒子が存在する場所の確率を与えるもの」とする考え方である．ただし，波動関数は複素数であり，一方，確率は実数で表現される概念であるので，波動関数自身が確率であると考えることはできない．ボルンによれば，波動関数には以下の解釈が与えられる．

$|\psi(x,t)|^2 dx$：粒子が時刻 t において，$[x, x+dx]$ の範囲に見出される確率

ここに，$|\psi(x,t)|^2$ を**確率密度**とよぶ．

この考えによれば，電子の存在する場所は確率的に知ることができるだけで，ニュートン方程式のように，完全な軌道を決めることはできないということになる．通常，確率というものは，本当はすべて解けるはずの問題が，ある情報が失われたために解くことができず，仕方なく導入するものである．たとえば，よくシャッフルされた52枚のトランプのカードを引くときに，どの札を引く確率も等しいと考えるのは，カードの並びの情報が失われているからだ．しかし，いまの場合はそうではない．ポテンシャルエネルギーが与えられ，波動関数を完全な形で求めることができたとしても，粒子の位置は「原理的に」確率的にしか求めることができないのである[†2]．

確率密度 $|\psi|^2$ は，図 2.1(b) に示す実験により観測することができる．電子銃が1個の電子を打つと，ある位置に電子が検出される．この実験を繰り返すと，始めはまったくランダムな位置に検出されるように見える．しかしさらに実験を繰り返し，検出された位置のヒストグラムを作ると，あるパターンが浮かび上がってくる．これが $|\psi|^2$ である．

「では結局，電子は波なのか粒子なのか」という問いはあまり意味がない．すべての被観測物が波か粒子かのどちらかでなければいけないという物理法則は存在しない．電子とは，量子力学的な波動方程式に従い，波動性と粒子性をもち合わせた「もの」なのである．しかしあえて言うならば，

「電子は粒子である．しかし，これに付随する存在位置を含めたすべての物理量は確率的にしか与えられず，その確率の変化は波としてふるまう」

[†1] 「一応の」解決と書いたのは，波動関数の確率解釈をめぐっては，その後も多くの論争があったためである．興味ある読者は 6.3.3 項も読んでみてほしい．

[†2] アインシュタインは「神はサイコロをふらない」と言って，波動関数の確率解釈を最後まで受け入れなかった．

ということになる†1.そして,この「確率波」が従う方程式がシュレディンガー方程式にほかならない.

さて,この確率密度の概念を,前項で導入したエネルギー固有状態と重ね合わせの状態に適用してみよう.まず,エネルギー固有状態（式 (2.13)）に対して絶対値の2乗をとると,以下のようになる.

$$|\psi_n(x,t)|^2 = \psi_n(x,t)^*\psi_n(x,t) = c_n^* c_n \varphi_n(x)^* \varphi_n(x) e^{iE_nt/\hbar} e^{-iE_nt/\hbar}$$
$$= |c_n|^2 |\varphi_n(x)|^2 \tag{2.14}$$

$e^{-iE_nt/\hbar}$ の複素共役は $e^{iE_nt/\hbar}$ であるので,$|e^{-iE_nt/\hbar}|^2 = 1$ となり,時間に関する項が消えている.これは,確率密度が時間によらず一定であることを意味している.このような状態を**定常状態**とよぶ.すなわち,エネルギー固有状態は定常状態である.

一方,重ね合わせの状態はどうであろうか.簡単のために,二つのエネルギー固有状態の重ね合わせの状態

$$\psi(x,t) = c_n\varphi_n(x)e^{-iE_nt/\hbar} + c_m\varphi_m(x)e^{-iE_mt/\hbar} \tag{2.15}$$

を考える.まず,この状態は「エネルギー E_n をもつ電子と E_m をもつ電子の2個の電子がある状態」ではないことを強調しておこう.この重ね合わせの状態も電子1個の状態なのである.これが何を意味するのかは,2.3節,2.5節で詳しく説明する.ここではとりあえず,この状態の絶対値の2乗をとってみよう.

$$|\psi(x,t)|^2 = |c_n|^2|\varphi_n|^2 + |c_m|^2|\varphi_m|^2$$
$$+ c_n^*c_m\varphi_n^*\varphi_m e^{i(E_n-E_m)t/\hbar} + c_n c_m^*\varphi_n\varphi_m^* e^{-i(E_n-E_m)t/\hbar} \tag{2.16}$$

となり,t が残る.すなわち,重ね合わせの状態では確率密度が時間とともに変化する.このような状態は**非定常状態**とよばれるが,ここでは,**時間的に変化する状態**とよぶことにしよう.定常状態の重要性もさることながら,この時間的に変化する状態もきわめて重要である.この状態により,古典的な粒子像と量子的な波動とが結びつくことになる.

2.2　定常状態：束縛状態とエネルギー準位を中心に

古典力学を学ぶとき,私たちは力の存在しない自由空間から議論を始める.しかし量子力学を学ぶときには,粒子が狭い領域に閉じ込められている状態,すなわち

---

†1　簡単に言っているが,このような物理学史上例のない概念の大変革が,先人たちの卓越した洞察力と多くの精密な実験事実の積み重ねによっていることを,私たちは忘れてはいけないだろう.なお,現在の素粒子論（標準理論）では,電子は大きさをもたない「点」であると考えられている.

束縛状態から議論を始めることが多い．これは，エネルギー固有状態，あるいは定常状態という，古典力学には登場しない概念を説明するのに，束縛状態が適しているためである．ここでは束縛状態を中心に，エネルギー固有状態を議論しよう．本節により，量子的な波動と古典的な波動との類似点，相違点が見えてくるだろう．

2.2.1 閉じ込められた粒子の状態：定在波がエネルギー準位を作る

束縛状態の簡単な例として，図 2.2 のようなポテンシャル障壁に閉じ込められた粒子を考える．ここでは図のようなポテンシャルを，**無限井戸ポテンシャル**とよぶことにしよう．

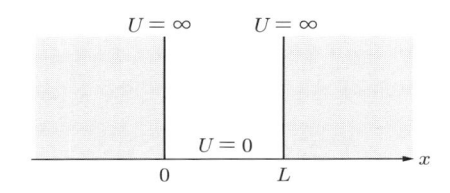

図 2.2 無限井戸ポテンシャル

無限井戸ポテンシャルに閉じ込められた粒子は，$x \leq 0$, $x \geq L$ には存在できないと考えてよい．波動という観点から見れば，ギターの弦のように両端が固定され，それより外には波動が伝わらないという状況である．この場合，$x \leq 0$, $x \geq L$ では波動関数はゼロとなり，したがって，$\psi(0,t) = \psi(L,t) = 0$ という境界条件を設定できる．ここで，エネルギー固有状態だけを考えることにすると，前節でエネルギー固有状態は $\psi(x,t) = \varphi(x)e^{-iEt/\hbar}$ と書けることを学んだので，この境界条件は

$$\varphi(0) = \varphi(L) = 0 \tag{2.17}$$

と表すことができる．さて，$0 \leq x \leq L$ の領域ではポテンシャルエネルギーはいたるところで 0 であるので，時間に依存しないシュレディンガー方程式は

$$-\frac{\hbar^2}{2m}\frac{d^2\varphi}{dx^2} = E\varphi \qquad (0 \leq x \leq L) \tag{2.18}$$

となる．これを，分散関係 $\omega = \hbar k^2/2m$（式 (2.5)）と $E = \hbar\omega$ の関係を用いて，

$$\frac{d^2\varphi}{dx^2} + k^2\varphi = 0 \qquad \left(k^2 = \frac{2mE}{\hbar^2}\right) \tag{2.19}$$

と変形しよう．この微分方程式の基本解の一つは $\varphi = e^{ikx}$ であり，ψ の解として $\psi = e^{ikx}e^{-iEt/\hbar}$，あるいは $p = \hbar k$ を用いて $\psi = e^{i(px-Et)/\hbar}$ が得られる．これは，式 (2.8) の自由粒子の波動関数にほかならない．

しかしこの基本解は，式 (2.17) の境界条件を満足しないことに注意しよう．確かに，$x = 0$ を代入しても $x = L$ を代入しても，波動関数はゼロにならない．式 (2.18) には $\varphi = e^{-ikx}$ という別の基本解もあるが，これも境界条件を満足しない．つまり，自由粒子の波動関数は無限井戸ポテンシャルに対する解にはなっていないのだ．そこで，方程式の一般解

$$\varphi(x) = c_1 e^{ikx} + c_2 e^{-ikx} \tag{2.20}$$

を考えよう．ここに，c_1, c_2 は定数である．$\varphi(0) = 0$ という境界条件により $c_2 = -c_1$ となるので，φ は

$$\varphi(x) = c_1(e^{ikx} - e^{-ikx}) = a \sin kx \qquad (a = 2ic_1) \tag{2.21}$$

と書ける．最後の等式にはオイラーの公式を用いた[†1]．さらに，$\varphi(L) = 0$ より $a \sin kL = 0$, したがって $kL = n\pi$ が得られる．このようにして，k は不連続な値に制限される．

$$k_n = \frac{n\pi}{L} \qquad (n = 1, 2, 3, \ldots) \tag{2.22}$$

この式は，ギターの弦のときの式 (1.63) と同じだ．しかしこの式と，量子論と古典論を結ぶ式 $p = \hbar k$ を，物体の運動状態を表す式 $E = p^2/2m$ に代入すると，以下の重要な結論が導かれる．

$$E_n = \frac{\hbar^2 k_n^2}{2m} = \frac{\hbar^2}{2m}\left(\frac{n\pi}{L}\right)^2 \qquad (n = 1, 2, 3, \ldots) \tag{2.23}$$

このように，波数の離散性（式 (2.22)）がエネルギーの離散性に継承される．エネルギーの離散化は，古典的な粒子を扱うニュートン力学では説明のつかないものであり，**エネルギーの量子化**とよばれている．また，離散化されたエネルギーは**エネルギー準位**とよばれる[†2]．

これで方程式が解けたことになる．すなわち，無限井戸ポテンシャルに閉じ込められた粒子のエネルギー固有関数は，以下のように与えられることがわかった．

$$\varphi_n(x) = \begin{cases} a_n \sin\left(\dfrac{n\pi}{L}x\right) & (0 \leq x \leq L) \\ 0 & (x < 0, \ x > L) \end{cases} \tag{2.24}$$

[†1] オイラーの公式（47 ページ脚注 2）において，θ を $-\theta$ に置き換えると $e^{-i\theta} = \cos\theta - i\sin\theta$ となる．これら 2 式から，以下の関係が得られる．これらの式は頻繁に現れるので，覚えておいたほうがよいだろう．

$$\cos\theta = \frac{1}{2}(e^{i\theta} + e^{-i\theta}), \qquad \sin\theta = \frac{1}{2i}(e^{i\theta} - e^{-i\theta})$$

[†2] 1.3.2 項のボーアの原子理論のところで導入された水素原子のエネルギーの量子化も，本質的には同じものである．詳しくは第 3 章で議論する．

上の表式にある指数 n は，異なるエネルギー固有状態を識別するもので，これを**量子数**とよぶ．また，エネルギーが最も低い $n=1$ の状態は**基底状態**，それ以外のエネルギーの高い状態は**励起状態**とよばれる．励起状態は，エネルギーの低いほうから第 1 励起状態 ($n=2$)，第 2 励起状態 ($n=3$), $\cdots$ とよばれる．$n=1,2,3$ のエネルギー準位とエネルギー固有関数を**図 2.3**(a) に示した．この図からわかるように，節の数が増えるに従い，エネルギーが高くなっていく．これは，ギターの弦の波数が増えると振動数も増え，したがって弦の運動エネルギーが増加することと類似している．

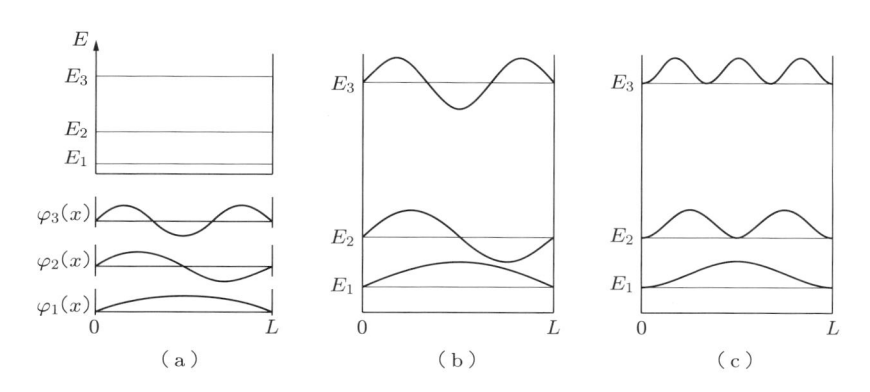

図 2.3 無限井戸ポテンシャルに閉じ込められた粒子の状態．(a) エネルギー準位とエネルギー固有関数．(b) エネルギー準位とエネルギー固有関数を合わせて示した粒子の状態図．(c) エネルギー準位と確率密度を合わせて示した粒子の状態図．

図 2.3(b) には，これらのエネルギー準位とエネルギー固有関数をまとめて示してある．以後もこのようなまとめた図を用いるが，縦軸のエネルギー軸はエネルギー準位のための軸であり，エネルギー固有関数の振幅とは無関係であるので注意してほしい．

2.2.2 古典的な定在波との比較：類似点と相異点

無限井戸ポテンシャルに閉じ込められた粒子のエネルギー固有状態は，古典的にはギターの弦の定在波の基準振動（式 (1.64)）に対応している．これらは何が同じで何が異なっているのであろうか．時間因子も合わせて書き下し，二つを並べて比較してみる．

$$\begin{aligned}
\text{無限井戸ポテンシャル（量子的）}: &\quad \psi_n(x,t) = a_n \sin\left(\frac{n\pi}{L}x\right) e^{-i\omega_n t} \\
\text{ギターの弦（古典的）}: &\quad f_n(x,t) = a_n \sin\left(\frac{n\pi}{L}x\right) \cos\omega_n t
\end{aligned} \quad (2.25)$$

ただし比較しやすいように，量子的な定在波については $E_n = \hbar\omega_n$ としてエネルギーを角振動数に書き換えてある．

まず，類似点から見ていこう．空間成分が同じだ．ここで，古典的な定在波は右向きと左向きの進行波の重ね合わせであったことを思い出そう（1.2.2項）．量子力学的な波もそうなっているのだろうか．オイラーの公式から，$\sin k_n x = (e^{ik_n x} - e^{-ik_n x})/2i$ であるので，式 (2.25) は

$$\text{無限井戸ポテンシャル：} \quad \psi_n(x,t) = \frac{a_n}{2i}\{e^{i(k_n x - \omega_n t)} - e^{i(-k_n x - \omega_n t)}\}$$

$$\text{ギターの弦：} \quad f_n(x,t) = \frac{a_n}{2}\{\sin(k_n x - \omega_n t) - \sin(-k_n x - \omega_n t)\}$$

となる．ただし，$k_n = n\pi/L$ としてあり，ギターの弦のほうも三角関数の積和公式を用いて変形してある．量子力学的な定在波は，$+k_n$ と $-k_n$ の波数をもつ複素数の波の重ね合わせになっていることがわかる．つまり，無限井戸ポテンシャルに束縛された状態もギターの弦の定在波と同じように，右向きと左向きの進行波の重ね合わせになっているのだ[1]．

次に，相違点を見てみよう．再び式 (2.25) に戻って，今度は時間成分を比べてみる．量子的な波は，複素平面上で振動している．これがギターの弦との本質的な違いと言ってよいだろう．図 2.4 に示すように，この量子的な波の振動は，複素平面における単位円上の回転と見ることができる．この回転の角度 θ は**位相**とよばれ[2]，エネルギー固有状態では $\theta = -\omega_n t = -E_n t/\hbar$ である．つまり，位相は時間とともに変化し，その変化の速さはエネルギーの大きさに比例する．

$$e^{i\theta} = \cos\theta + i\sin\theta$$
$$\theta = -\omega_n t = -E_n t/\hbar$$

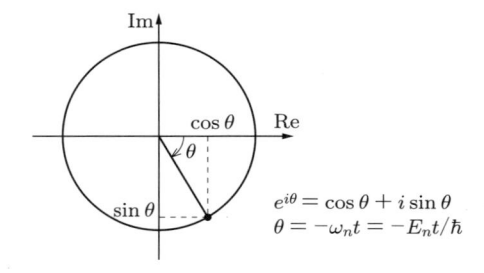

図 2.4　エネルギー固有状態の複素平面上の振動．Re と Im は，実軸（real axis）と虚軸（imaginary axis）を表す．

---

[1] ただし，ここでの波は $[0, L]$ の範囲に限られているので，全空間に広がりをもつ平面波の重ね合わせではない．

[2] 位相は実数の波でも定義できる．一般に，$\sin(\omega t + \delta)$ や $\sin(kx - \omega t + \delta)$ を $\sin\theta$ と書いたとき，あるいは，$e^{i(\omega t+\delta)}$ や $e^{i(kx-\omega t+\delta)}$ を $e^{i\theta}$ と書いたとき，θ を位相とよぶ．また，各式の中にある δ を**初期位相**とよぶ．なお，初期位相を単に位相とよぶ場合もある．

2.2 定常状態：束縛状態とエネルギー準位を中心に

これを踏まえて，もう一度空間成分を考えてみよう．実際に観測されるのは，波動関数 $\psi(x,t)$ ではなく，確率密度 $|\psi(x,t)|^2$ である．その意味は，「時刻 t において位置 x に粒子を見出す確率」であった．そこで $|\psi_n|^2$ を計算してみると，

$$|\psi_n(x,t)|^2 = |a_n|^2 \sin^2\left(\frac{n\pi}{L}x\right) \tag{2.26}$$

となる．この関数の形は図 2.3(c) に示してある．先に，空間成分は両者で同じであると述べたが，実際に観測される量子的な波の形は，古典的なギターの弦の振動とはかなり異なっているのである．しかし，より決定的な違いがある．式 (2.26) には時刻 t が含まれていないのだ．ギターの定在波は，弦が上に向いたり下に向いたり，確かに時間的に変動している．しかし量子力学における定在波は，時間的に何も変化しない．まったく静的な波なのだ．波動関数 ψ_n 自身は，複素平面上で位相を変化させながら脈動している．しかし実際の測定の際には，位相の情報は「すべて」失われ，脈動は跡形もなく消えてしまうのである．これが「定常状態」とよばれるゆえんである．

では，どうやったら式 (2.26) の波形を観測できるであろうか．この波は「確率の波」である．したがって，顕微鏡か何かでこの粒子を覗いたとしても，この波形が観察されるわけではない．この波形を得るには，次のような実験が必要である．

まず，粒子 1 個の入ったまったく同じ形のポテンシャルの箱を，別々にたくさん用意する．粒子のエネルギーはすべて揃えておく．そしてそれぞれの箱に対して，粒子がどの位置にいるのかを，たった 1 回だけ観測する[†1]．そしてその観測された位置を，同一のグラフ上に一つひとつプロットしていく．このような実験により得られるヒストグラムが $|\psi|^2$ である．

ここまで考えてくると，波動関数を $\psi_n = a_n \sin(n\pi x/L)e^{-i\omega_n t}$ と書いたときの振幅 a_n の意味もわかってくる．これはたとえば，粒子のエネルギーが大きくなると大きくなるようなものではない．また，粒子が 1 個，2 個，3 個と増えていくときに増えていく，といったものでもない．なぜなら，波動関数はたった 1 個の粒子の状態を記述するものだからである．a_n は，そのようなものではなく，次の式により「自動的に決まるもの」である．

$$\int_{-\infty}^{\infty} |\psi_n(x,t)|^2 dx = 1 \tag{2.27}$$

この式は，「粒子が存在しうるすべての領域において，その存在確率を積分すれば 1 になる」と言っている．すなわちこの式は，粒子はどこかで必ず見つけ出すことができ，しかも 2 個でも 3 個でもなく，たった 1 個だけである，という条件を課したものであ

[†1] なぜ，わざわざたくさんの箱を用意して，それぞれの箱に対してたった一度だけ観測する必要があるのだろうか．その理由は 2.5.6 項で説明しよう．

る．いまの場合，この式は次のように書き下すことができる．

$$|a_n|^2 \int_0^L \sin^2\left(\frac{n\pi}{L}x\right)dx = 1 \tag{2.28}$$

この積分の答えは $L/2$ であるので，$a_n = \sqrt{2/L}$ と求められる[†1]．このように，a_n を求めて波動関数を完全に決定することを**波動関数の規格化**とよぶ．また，その前に付く定数 a_n は振幅とはよばれず，**規格化因子**という名前がついている．

これで，無限井戸ポテンシャルに束縛された粒子のエネルギー固有状態を完全な形で求めることができた．

波動関数： $\psi_n(x,t) = \varphi_n(x)e^{-iE_nt/\hbar}$ （2.29a）

エネルギー固有関数： $\varphi_n(x) = \begin{cases} \sqrt{\dfrac{2}{L}}\sin\left(\dfrac{n\pi}{L}x\right) & (0 \le x \le L) \\ 0 & (x < 0,\ x > L) \end{cases}$ （2.29b）

エネルギー準位： $E_n = \dfrac{\hbar^2}{2m}\left(\dfrac{n\pi}{L}\right)^2 \quad (n = 1, 2, 3, \ldots)$ （2.29c）

2.2.3 エネルギー固有関数の一般的な性質：有限井戸ポテンシャルを例として

ここでは，エネルギー固有関数とエネルギー準位の一般的な性質を考えていこう．まず例題として，**図 2.5** のような有限な障壁高さ U_0 をもつポテンシャルに閉じ込められた粒子の状態 ($E < U_0$) を考える．これは，前項で取り扱ったポテンシャルよりも少しだけ現実のポテンシャルに近づけたモデルポテンシャルである．ここでは**有限井戸ポテンシャル**とよぶことにしよう．式 (2.19) にならって，この系のシュレディンガー方程式を以下の形に書いておく．

$$\frac{d^2\varphi}{dx^2} + k^2\varphi = 0, \qquad k^2 = \begin{cases} \dfrac{2m(E-U_0)}{\hbar^2} & \left(|x| > \dfrac{L}{2}\right) \\ \dfrac{2mE}{\hbar^2} & \left(|x| \le \dfrac{L}{2}\right) \end{cases} \tag{2.30}$$

この方程式の領域 II ($|x| \le L/2$) の部分を見てみると，それは無限井戸ポテンシャルの式 (2.19) とまったく同じ形である．したがって，その一般解は式 (2.20) で与えられる．無限井戸ポテンシャルのときは最終的な解が実数である三角関数になったので，ここでは先読みをして，この一般解を次のように書き直しておこう．

[†1] 正確には $a_n = \sqrt{2/L}e^{i\delta}$ であり，$e^{i\delta}$ の任意性が残るが，ここではこれを省略している．この部分を考慮すると，波動関数の時間成分は $e^{i(-E_nt/\hbar+\delta)}$ となるので，δ は初期位相に対応するものであることがわかる．初期位相 δ は可干渉性と結びつく重要な量であるが，初等量子力学を扱う本書においては，これが明に表れることはない．このため，以後も初期位相は省略して書くことにする．

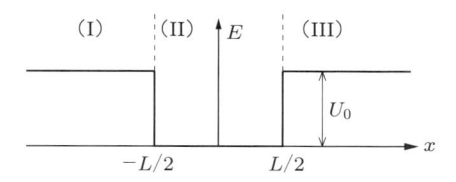

2.2 定常状態：束縛状態とエネルギー準位を中心に

図 2.5　有限井戸ポテンシャル

$$\varphi(x) = b_1 \cos kx + b_2 \sin kx \qquad \left(|x| \leq \frac{L}{2}\right) \tag{2.31}$$

この式は，式 (2.20) で $c_1 = (b_1 - ib_2)/2$, $c_2 = (b_1 + ib_2)/2$ と置き直してオイラーの公式を用いると導出できる．

一方，束縛状態では $E < U_0$ であるので，領域 I と III では式 (2.30) より k^2 が負になる．これは波数が虚数になることを意味している．そこで，

$$k = i\kappa \tag{2.32}$$

で表される新しい変数 κ を定義すると，

$$\kappa = \frac{\sqrt{2m(U_0 - E)}}{\hbar} \tag{2.33}$$

であり，この κ は領域 I, III で実数となる．ここで，次のような関数を考える．

$$\varphi_+(x) = e^{\kappa x}, \qquad \varphi_-(x) = e^{-\kappa x}$$

これらの式を式 (2.30) に代入し，どちらも方程式の解になっていることを確認してほしい．

領域 III ($x > L/2$) について，さらに詳しく考察してみよう．この領域の φ が仮に $\varphi_+ = e^{+\kappa x}$ で与えられるとすると，$x \to \infty$ で $\varphi \to \infty$ となり発散してしまう．定常状態における粒子の存在確率は $|\varphi^2|$ に比例するので，これでは物理的に意味のある解でなくなってしまう．一方，$e^{-\kappa x}$ であれば，$x \to \infty$ で $\varphi \to 0$ となる．これなら問題ない．したがって，領域 III では $\varphi = \varphi_-$ という形をとる．反対に，領域 I では $\varphi = \varphi_+$ が解となる．以上より，有限井戸ポテンシャルに対するエネルギー固有関数 $\varphi(x)$ は以下の形に書ける．

$$\varphi(x) = \begin{cases} c_1 e^{\kappa x} & \left(x < -\dfrac{L}{2}\right) \\ b_1 \cos kx + b_2 \sin kx & \left(|x| \leq \dfrac{L}{2}\right) \\ c_2 e^{-\kappa x} & \left(x > \dfrac{L}{2}\right) \end{cases} \tag{2.34}$$

ここに，b_1, b_2, c_1, c_2 は定数である．領域 I, III で $\varphi(x)$ がゼロでない値をとっているが，これは，古典的には侵入不可能な領域でも粒子を見出す確率がゼロとはならないことを意味している．この現象は井戸の外側（障壁内部）への**波動関数のしみ出し**とよばれ，量子力学的粒子の波動性の現れである．

そこで，κ の意味を考えてみよう．κ は波数 k と同じ次元 $[\mathrm{L}^{-1}]$ をもっているが，波数のように単位長さあたりの波の数を表しているわけではない．わかりやすくするために，

$$\ell = \frac{1}{\kappa} \tag{2.35}$$

として新しいパラメータ ℓ を定義しよう．すると，たとえば領域 III では，

$$\varphi(x) = c_2 e^{-x/\ell} \tag{2.36}$$

のように書ける．この式から $\varphi(L/2+\ell)/\varphi(L/2) = 1/e$ である．すなわち $\varphi(x)$ は，ポテンシャル障壁の境界 $x = L/2$ から ℓ だけ障壁の中に侵入すると，その大きさが $1/e$ に減衰する．このことから，ℓ は波動関数のしみ出しの大小を決める量であることがわかる．このため ℓ は**侵入長**，あるいは減衰長とよばれる．κ も同じ意味合いをもつ．つまり κ が大きいということは，$\varphi(x)$ のしみ出しの距離が短いということである．式 (2.33) を見るとわかるように，$U_0 \to \infty$ で $\kappa \to \infty$ ($\ell \to 0$) となり，この場合，$\varphi(x)$ は障壁へはしみ出さないことになる．これが，前項で扱った無限井戸ポテンシャルにおける波動関数が井戸の外側でゼロとなることの数学的な裏付けである[†1]．

領域 II の解は，無限井戸ポテンシャル同様に三角関数で表すことができるが，ここではポテンシャル井戸の端を $-L/2, L/2$ にとっているので，

$$\begin{aligned}
&\text{基底状態：} && \cos k_1 x && \text{（偶関数）} \\
&\text{第 1 励起状態：} && \sin k_2 x && \text{（奇関数）} \\
&\text{第 2 励起状態：} && \cos k_3 x && \text{（偶関数）} \\
& && \vdots &&
\end{aligned}$$

というように，cos（偶関数）と sin（奇関数）とを繰り返すことになる．これらの三角関数と領域 I, III における指数関数をうまくつなげると，有限井戸ポテンシャルにおける束縛状態のエネルギー固有関数が得られる．これを**図 2.6** にした．この図から，無限障壁井戸ポテンシャルのときと同じように，基底状態は節をもたず，エネルギーが増えるに従い節の数が増えていくことがわかるであろう．

[†1] 波動関数のしみ出しは，「粒子がエネルギーをもらって，ポテンシャル障壁を乗り越えて入り込んでいく」ということを意味するものではない．粒子は，エネルギー E ($< U_0$) のまま，障壁の中に入り込むのである．

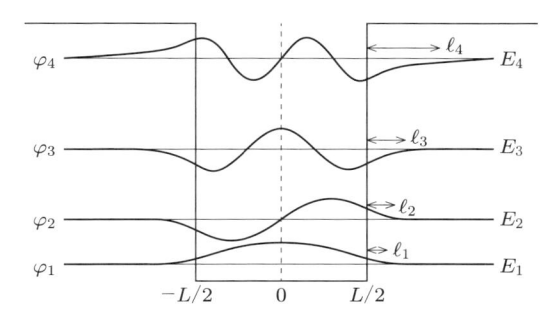

2.2 定常状態：束縛状態とエネルギー準位を中心に

図 2.6 有限井戸ポテンシャルに閉じ込められた粒子の状態

次に，エネルギー準位を考察しよう．有限井戸ポテンシャルの場合には，エネルギー固有関数がポテンシャル井戸の端でゼロになっていないので，波数は $k_n = n\pi/L$ とはならず，エネルギーも式 (2.23) のように簡単な形に表すことができない．しかし，大体の様子は調べることができる．まず，式 (2.22), (2.23) を再掲しよう．

$$k_{n(無限井戸)} = \frac{n\pi}{L}, \qquad E_{n(無限井戸)} = \frac{\hbar^2}{2m}\left(\frac{n\pi}{L}\right)^2$$

これらの式から，井戸幅 L が大きくなると波数が小さくなり，エネルギーの値も小さくなることが見てとれる．有限井戸ポテンシャルの場合には，エネルギー固有関数がポテンシャル障壁の中にしみ出している分だけ，実効的に井戸幅が広がっていると見ることができ，このため波数は無限井戸の場合と比べて小さくなる．すなわち，量子数 n の状態の侵入長を ℓ_n とすれば，

$$k_{n(有限井戸)} \simeq \frac{n\pi}{L + 2\ell_n}, \qquad E_{n(有限井戸)} \simeq \frac{\hbar^2}{2m}\left(\frac{n\pi}{L + 2\ell_n}\right)^2 \tag{2.37}$$

である．したがって，井戸幅 L が同じである場合，同じ量子数のエネルギー E_n を無限井戸と有限井戸とで比べると，有限井戸ポテンシャルのほうが低くなる．

$$E_{n(有限井戸)} < E_{n(無限井戸)} \tag{2.38}$$

そして，n が大きくなるほどポテンシャルの高さ $U_0 - E_n$ が低くなるので，κ が小さく（侵入長 ℓ が大きく）なる．つまり，$\ell_1 < \ell_2 < \ell_3 < \cdots$ である（図 2.6 参照）．したがって，n が大きいほど無限井戸ポテンシャルの場合とのエネルギー差が大きくなる．もちろん，束縛状態は $U_0 > E_n$ の場合に限られるので，有限井戸ポテンシャルの束縛状態の数は，ポテンシャル高さ U_0（と幅 L）に依存して有限個となる．

次に，以上の有限井戸ポテンシャルの結果をもとにして，束縛状態のエネルギー固有関数の一般的な性質を考えていこう．ポテンシャルの値が一定でなければ，もはやエネルギー固有関数を単純な三角関数で表すことはできない．しかし，以下の内容は

ポテンシャルの形状にかかわらず成立する．

まず，エネルギー準位とエネルギー固有関数の節の数の間には，常に次のような対応関係がある．

$$\begin{aligned}&\text{基底状態：} \quad \text{節をもたない} \\ &\text{第 1 励起状態：} \quad \text{節を 1 個もつ} \\ &\qquad\qquad\vdots \\ &\text{第 } n \text{ 励起状態：} \quad \text{節を } n \text{ 個もつ}\end{aligned} \tag{2.39}$$

また，ポテンシャルが原点に対して対称な場合には，節を偶数個もつ状態は偶関数に，奇数個もつ状態は奇関数になる．すなわち，

$$U(-x) = U(x) \Longrightarrow \varphi(-x) = \begin{cases} +\varphi(x) & \text{(節の数が偶数の場合)} \\ -\varphi(x) & \text{(節の数が奇数の場合)} \end{cases} \tag{2.40}$$

である．このようなエネルギー固有関数の対称性は**パリティー**とよばれ，偶関数，奇関数の場合はそれぞれ，偶のパリティー，奇のパリティーというような言い方をする．

また，領域 I, III（$E < U(x)$ となる領域）については，ポテンシャル障壁の形にかかわらず以下が成立する．

$$\varphi(x) \to 0 \qquad (|x| \to \infty) \tag{2.41}$$

最後に，波動関数の連続性について説明をしておこう．有限井戸ポテンシャルでは，領域 I, II，および領域 II, III の境界で，ポテンシャルが急峻に変化しているにもかかわらず，エネルギー固有関数（波動関数）は滑らかにつながっている（図 2.6 参照）．この「滑らかさ」は波動関数のもつ重要な性質である．仮に，波動関数に不連続な点があったとすると，それは粒子の存在確率が空間的に突然変化することを意味する．確かに，そのような状況は物理的に考えて不自然である．なぜそのような不自然なことが起こらないで済んでいるのかというと，それはシュレディンガー方程式が空間に対して 2 階微分方程式だからである．このあたりの数学的なからくりを見てみよう．

いまの場合，関数が $x = x_0$ で「滑らか」とは，$x = x_0$ で関数自身とその 1 階微分が連続であるということを意味する．つまり，

$$\text{関数の連続性：} \quad \varphi(x_0 + h) = \varphi(x_0 - h) \qquad (h \to 0) \tag{2.42a}$$

$$\text{1 階導関数の連続性：} \quad \left.\frac{d\varphi}{dx}\right|_{x=x_0+h} = \left.\frac{d\varphi}{dx}\right|_{x=x_0-h} \qquad (h \to 0) \tag{2.42b}$$

である．φ が確かにこの条件を満足していることを見るために，時間に依存しないシュレディンガー方程式を以下のように変形してみる．

$$\frac{d^2}{dx^2}\varphi(x) = \frac{2m}{\hbar^2}(U(x) - E)\varphi(x) \tag{2.43}$$

ここで，有限井戸ポテンシャルを想定して，$x = x_0$ で $U(x)$ が不連続であるとしよう．すると，上式右辺は $x = x_0$ で不連続となり，したがって左辺の 2 階導関数も不連続になってしまう．しかしこのような場合でも，$\varphi(x)$ とその 1 階導関数 $d\varphi/dx$ が連続となることを以下のように示すことができる．

式 (2.43) を，$x = x_0$ を含む微小区間 $[x_0 - h, x_0 + h]$ で積分してみる．すると，

$$\text{左辺：} \int_{x_0-h}^{x_0+h} \frac{d^2\varphi}{dx^2} dx = \left.\frac{d\varphi}{dx}\right|_{x=x_0+h} - \left.\frac{d\varphi}{dx}\right|_{x=x_0-h} \tag{2.44a}$$

$$\text{右辺：} \frac{2m}{\hbar^2} \int_{x_0-h}^{x_0+h} (U(x) - E)\varphi(x) dx \tag{2.44b}$$

となる．式 (2.44b) を見てほしい．この積分は，被積分関数 $U(x) - E$ が有限でありさえすれば（不連続な飛びがあったとしても），$h \to 0$ の極限でゼロになる．したがって，左辺の 1 階微分の差もゼロになる．これはつまり，式 (2.42b) が成立していることにほかならない．このように，$U(x)$ に不連続な飛びがあっても，$\varphi(x)$ の 1 階微分は連続関数となるのである．そして連続な 1 階導関数をもう 1 度積分すれば，その関数はやはり連続であるので，$\varphi(x)$ 自身も連続であるということになる[†1]．

2.2.4 調和振動子：最も重要な束縛状態

調和振動子（harmonic oscillator）とは，ばねにつながれた物体の運動を表すものである．古典力学では，ばね定数 k_H のばねにつながれた質点は

$$F = -k_H x \tag{2.45}$$

の力を受ける．これを**フックの法則**とよぶ．したがって，調和振動子の運動方程式は，$md^2x(t)/dt^2 = -k_H x(t)$ で与えられ，その基本解は $x(t) = c\sin\omega_0 t$，すなわち単振動となる．ここに，c は振動の振幅であり，単振動の角振動数 ω_0 は次式で与えられる．

$$\omega_0 = \sqrt{\frac{k_H}{m}} \tag{2.46}$$

調和振動子のポテンシャルエネルギー $U(x)$ は，式 (2.45) を式 (1.27) に代入することにより，

$$U(x) = \frac{1}{2}k_H x^2 = \frac{1}{2}m\omega_0^2 x^2 \tag{2.47}$$

と求められる．ただし，積分定数をゼロとした．よって，全エネルギー E は

[†1] ただし，$U(x)$ の飛びが無限大になると 1 階の導関数は不連続となり，この場合，波動関数は滑らかではなくなる（折れ曲がりが生じる）．無限井戸ポテンシャルがこの場合に対応している．

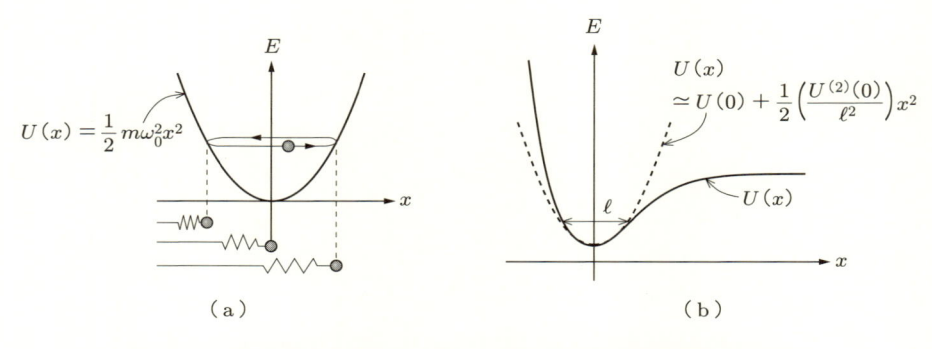

図 2.7 (a) 調和振動子ポテンシャル，(b) 平衡点近傍の調和振動子近似．

$$E = \frac{p^2}{2m} + \frac{1}{2}m\omega_0^2 x^2 \tag{2.48}$$

と表される．この式が示すように，調和振動子とは，ポテンシャルエネルギー $U(x) = m\omega_0^2 x^2/2$ の中で，行ったり来たりを繰り返す束縛状態にほかならない（**図 2.7**(a)）．

調和振動子は，量子力学において最も重要な状態の一つである．たとえば，ここでは取り扱わないが，電磁波（光）は調和振動子として記述でき，これを量子化することにより光子を表すことができる．それだけでなく，電子や原子核が平衡点の近傍で微小振動するような場合にも適用される．以下にその理由を説明しよう．

粒子の束縛状態を形成するポテンシャルは，一般には図 2.7(b) のように歪んだ形のものかもしれない．しかし，ポテンシャルの曲線が滑らか（微分可能）である限り，極小点の周りでテーラー展開をすることができる．いま，極小点の位置を $x=0$ にとり，歪みの生じ始める（2次関数からズレ始める）長さの目安を l として，

$$U(x) = U(0) + U^{(1)}(0)\left(\frac{x}{l}\right) + \frac{U^{(2)}(0)}{2!}\left(\frac{x}{l}\right)^2 + \frac{U^{(3)}(0)}{3!}\left(\frac{x}{l}\right)^3 + \cdots \tag{2.49}$$

と展開する．ここに，$U^{(n)}$ は変数 $s=x/l$ に対する U の n 階微分である．もし，束縛されている粒子のエネルギーが低く，粒子の存在する場所が極小点の近傍 $x \ll l$（$s \ll 1$）の範囲に限られるなら，上式の展開式において低次の項のみでポテンシャルを表して差し支えない[†1]．その際，下に凸の関数では，1次の項の係数 $U^{(1)}(0)$ は必ずゼロになる（そうでないと下に凸にならない）．したがって最低次の近似は 2 次となり，ポテンシャルエネルギーは

[†1] 関数をテーラー展開するときには，変数 s が無次元の量になっているかどうかを確認しよう．たとえば，関数の変数が位置 x であるならば，考えている系の特徴的な長さ l をもってきて，$s=x/l$ という無次元の量を定義し，関数の変数を s に書き換えてやる．そして，もし $s \ll 1$（$x \ll \ell$）の場合だけを対象にするのなら，テーラー展開の低次の項だけで関数を近似することができる．

$$U(x) \simeq U(0) + \frac{1}{2}\left(\frac{U^{(2)}(0)}{l^2}\right)x^2 \tag{2.50}$$

と表すことができる．このポテンシャルは，エネルギーの原点を $U(0)$ だけずらし，$U^{(2)}(0)/l^2 = m\omega_0^2$ とおけば，調和振動子ポテンシャルそのものである．つまり，滑らかなポテンシャルの極小点近傍の束縛状態は，いつでも調和振動子で近似できるのである．

調和振動子ポテンシャルに対する時間に依存しないシュレディンガー方程式は，式 (2.11) の $U(x)$ に式 (2.47) を代入して以下のようになる．

$$-\frac{\hbar^2}{2m}\frac{d^2}{dx^2}\varphi(x) + \frac{1}{2}m\omega_0^2 x^2 \varphi(x) = E\varphi(x) \tag{2.51}$$

この式は，式 (2.48) の古典的調和振動子のエネルギーの表式を想起させ，一見単純に見えるが，その解法は複雑である．ここではその解法を追うことはせず，エネルギー固有関数の解の形を予想し，その予想される関数をシュレディンガー方程式に代入することにより，エネルギーを求めるという方法をとろう．

まず，エネルギー固有関数の「しみ出し」部分，つまりポテンシャル障壁の中の関数形を考えよう．調和振動子でも，有限井戸ポテンシャルのときのように $\varphi \sim e^{-\kappa|x|}$（式 (2.34)）の形で減衰していくであろうか．そうはならない．調和振動子の場合にはポテンシャルが 2 次関数で増えていくので，奥にしみ込むほどポテンシャル障壁がどんどん高くなっていく．したがって固有関数は，有限井戸ポテンシャルの場合よりも急速に減衰する．

式 (2.33) の表式にある U_0 を調和振動子ポテンシャル $m\omega_0^2 x^2/2$ で置き換え，十分大きな $|x|$ だけを考えると，

$$\kappa = \frac{\sqrt{2m(m\omega_0^2 x^2/2 - E)}}{\hbar} \to \frac{m\omega_0}{\hbar}|x| \tag{2.52}$$

となるので，これを $e^{-\kappa|x|}$ に代入して，$\varphi(x) \sim e^{-m\omega_0 |x|^2/\hbar}$ と表せそうである．実際，厳密な計算によると，十分大きな $|x|$ に対して

$$\varphi(x) = e^{-m\omega_0 |x|^2/2\hbar} = e^{-x^2/2\alpha^2} \quad \left(\alpha^2 = \frac{\hbar}{m\omega_0}\right) \tag{2.53}$$

となり，因子 2 が付加されることが異なるだけである．

次に，中央付近の様子を見てみよう．簡単のために，基底状態と第 1 励起状態に絞って考える．束縛状態のエネルギー固有関数の一般的な性質として，基底状態は節をもたず，第 1 励起状態は節を一つだけもつ．また，ポテンシャルの対称性の議論（式 (2.40)）から基底状態は偶関数であり，第 1 励起状態は奇関数でなければならない．これらの条件を満たし，$e^{-x^2/2\alpha^2}$ に滑らかに接続する最も簡単な関数は

$$\text{基底状態：} \quad \varphi_0(x) = e^{-x^2/2\alpha^2} \tag{2.54a}$$

$$\text{第1励起状態：} \quad \varphi_1(x) = x e^{-x^2/2\alpha^2} \tag{2.54b}$$

である．調和振動子の慣例に従い，基底状態の量子数を $n=0$ で表し，これに伴いエネルギー固有関数の添字もそれぞれ 0 と 1 とした．対応するエネルギー固有値も E_0, E_1 と表すことにしよう．これらの式をシュレディンガー方程式（式 (2.51)）に代入し整理すると，以下のようになる．

$$\text{基底状態：} \quad E_0 = \frac{1}{2}\hbar\omega_0 \tag{2.55a}$$

$$\text{第1励起状態：} \quad E_1 = \frac{3}{2}\hbar\omega_0 \tag{2.55b}$$

$n=2$ 以上の場合の計算は省略するが，一般に調和振動子のエネルギー固有関数は，エルミート多項式 H_n とよばれる多項式を用いて表される．規格化因子も含めて始めの数個を示すと，**表 2.1** のようになる．また，時間因子を含めたエネルギー固有状態の完全な解とエネルギー準位（エネルギー固有値）を示すと，以下のようになる．

$$\text{波動関数：} \quad \psi_n(x,t) = \varphi_n(x) e^{-iE_n t/\hbar} \tag{2.56a}$$

$$\text{エネルギー固有関数：} \quad \varphi_n(x) = \left(\frac{1}{\sqrt{\pi}2^n n! \alpha}\right)^{1/2} H_n\left(\frac{x}{\alpha}\right) e^{-x^2/2\alpha^2} \tag{2.56b}$$

$$\text{エネルギー準位：} \quad E_n = \left(n + \frac{1}{2}\right)\hbar\omega_0 \quad (n=0, 1, 2, \ldots) \tag{2.56c}$$

上式より，エネルギーが基準振動 ω_0 を単位に等間隔に増加していくことがわかる．このように，無限井戸ポテンシャルの場合に比べてエネルギーの増え方が鈍いのは，準位が上がるごとに粒子の存在領域が広がり，閉じ込めの効果が緩和されるためである．φ_n と $|\varphi_n|^2$ の関数形を**図 2.8** に示した．

ここで，基底状態のエネルギー E_0 がゼロとなっていないことに注目しよう．古典

表 2.1 調和振動子のエネルギー固有値とエネルギー固有関数

量子数 n	エネルギー固有値 E_n	エネルギー固有関数 $\varphi_n(x)$
0	$\frac{1}{2}\hbar\omega_0$	$\left(\frac{1}{\alpha\sqrt{\pi}}\right)^{1/2} e^{-x^2/2\alpha^2}$
1	$\frac{3}{2}\hbar\omega_0$	$\left(\frac{1}{2\alpha\sqrt{\pi}}\right)^{1/2} 2\left(\frac{x}{\alpha}\right) e^{-x^2/2\alpha^2}$
2	$\frac{5}{2}\hbar\omega_0$	$\left(\frac{1}{8\alpha\sqrt{\pi}}\right)^{1/2} \left\{2 - 4\left(\frac{x}{\alpha}\right)^2\right\} e^{-x^2/2\alpha^2}$
3	$\frac{7}{2}\hbar\omega_0$	$\left(\frac{1}{48\alpha\sqrt{\pi}}\right)^{1/2} \left\{12\left(\frac{x}{\alpha}\right) - 8\left(\frac{x}{\alpha}\right)^3\right\} e^{-x^2/2\alpha^2}$

$\omega_0 = \sqrt{k_H/m}, \; \alpha = \sqrt{\hbar/m\omega_0}$

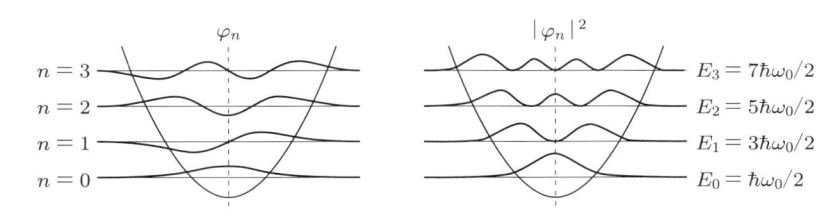

図 2.8 調和振動子のエネルギー固有関数 $\varphi_n(x)$ と確率密度 $|\varphi_n(x)|^2$

な粒子では，最低のエネルギーをもつ状態は，ポテンシャルエネルギーの底で止まった状態である．しかし量子力学では，粒子の運動は波としての性質をもつので，一点に局在するような状態はエネルギー固有状態とはなりえない．このため最低のエネルギー固有状態でも，節をもたないひとこぶの波が振動しており，これがゼロでないエネルギーを生んでいるのである．これを**ゼロ点振動**とよぶ．前項までに説明した井戸型ポテンシャルの $n=1$ の状態も，ゼロ点振動にほかならない．ゼロ点振動については，2.3.3 項で詳しく議論する．

ところで，ここで得られた量子力学的調和振動子のエネルギーは，運動エネルギーなのだろうか，それともポテンシャルエネルギーなのだろうか．図 2.7(a) を見てわかるように，古典的調和振動子のエネルギーは，端にいるときにはポテンシャルエネルギーで，真ん中にいるときには運動エネルギーである．つまり古典的調和振動子は，エネルギーを変換しながら振動している．ところが量子的な調和振動子は，これら二つのエネルギーの区別がつかなくなっている．これは量子力学におけるエネルギーの重要な性質である．量子力学では，運動エネルギーとポテンシャルエネルギーとの明確な分離はできないのである[†1]．

2.2.5 平面波：エネルギーを運べない進行波

平面波は本章の最初に登場した，量子力学における最も基本的な波である．しかし，本節で取り扱っている定常状態の説明に対しては，この基本波を最後の項に置いた．これは，平面波は数学的に取り扱いが難しく，概念的にも理解しづらい側面をもっているためである．しかし，平面波の性質を理解することにより，次節で説明する重ね合わせの状態の重要性も見えてくる．定常状態としての平面波を考察してみよう．

平面波の空間成分と時間成分を分離して書くと，

$$\psi(x,t) = ce^{ipx/\hbar}e^{-iEt/\hbar} \tag{2.57}$$

となることからわかるように，平面波も単一のエネルギーをもつ定常状態である．実

[†1] 運動エネルギーとポテンシャルエネルギーの関係については，2.5.5 項で詳しく説明する．

際，絶対値の2乗をとることにより，

$$|\psi(x,t)|^2 = |c|^2 |e^{ipx/\hbar}|^2 |e^{-iEt/\hbar}|^2 = |c|^2 \tag{2.58}$$

となるので，確かに時間的に確率が変動しないことが確認できる．ところが空間成分も一緒に消えてしまった．これは，空間的に一様な確率分布をもつことを意味しており，平面波が自由空間に対する解であることを考えると，もっともな結果である．

しかし，ここで立ち止まって考えてほしい．空間的に確率分布が一定とはどういうことであろうか．それは平面波に対してその位置を観測すると，まったくランダムな場所に観測されるということである．つまり平面波は，運動量をもっているのに前に進まないのである．確かに波動関数は，位相速度 $E/p\,(=\omega/k)$ で複素平面上を進行している．しかし，この進行は決して観測されることはない．運動量の値が大きくても小さくても，向きがどちらに向いていようとも，そんなことには一切関係なく，まったくランダムな位置に観測されてしまうのである．

これは重要な結果だ．なぜならこの事実は，平面波は自身がもっているエネルギーを，ある場所から別の場所に移動させるという能力をもち合わせていないことを意味するからである．私たちが普段の生活で享受している電子機器は，すべて電子の流れによるエネルギー輸送によっている．しかし，量子力学における最も基本的な波は，これを行うことができないのである．

さて，式 (2.27) に従い平面波を規格化しようと思うと，$\int_{-\infty}^{\infty} |\psi|^2 dx = |c|^2 \int_{-\infty}^{\infty} dx$ という式が現れ，このままでは規格化因子 c を決めることができない．このため，平面波の規格化に関しては注意が必要である．平面波の規格化の方法は2種類あるが，以下ではそのうちの一つを説明する[†1]．その方法では，空間自体が長さ L をもつと考える．すると，平面波も井戸型ポテンシャルの場合と同じように，次の式で規格化される．

$$\int_{-L/2}^{L/2} |\psi(x,t)|^2 dx = 1 \tag{2.59}$$

この式に式 (2.57) を代入すると $|c|^2 L = 1$ となるので，$\psi(x,t) = e^{i(px-Et)/\hbar}/\sqrt{L}$ と規格化できる．長さ L をもつので平面波のもつ波数も，定在波と同じように $k_n = n\pi/L$ と離散化される．したがって，運動量もエネルギーも離散化される．しかし，L がきわめて大きいと考えれば，これらの物理量も実質的に連続な値をとると考えて差し支えないということになる．

$$\text{平面波の規格化：}\quad \psi(x,t) = \frac{1}{\sqrt{L}} e^{i(px-Et)/\hbar} \quad (L \to \infty) \tag{2.60}$$

[†1] もう一つの方法では，デルタ関数という超関数を用いる．97ページ脚注1を参照してほしい．

2.3 時間的に変化する状態：重ね合わせに見る量子力学の本質

　平面波を含め，エネルギー固有状態では確率密度の分布は時間的に変化せず，したがってエネルギーを輸送することができない．確率密度を時間とともに変化させるには，エネルギー固有状態の重ね合わせの状態が必要である．本節では，量子力学における重ね合わせの状態を考えていこう．ここでの考察から，量子的な波と古典的な粒子像とが結びつき，波動力学としての量子力学の本質も見えてくる．

2.3.1　2状態の重ね合わせ：簡単な例から見えてくること

　ここでは，二つのエネルギー固有状態の重ね合わせを考察してみよう．例として，無限井戸ポテンシャルにおける基底状態と第1励起状態の重ね合わせの状態を考える．

$$\psi(x,t) = c\sin\left(\frac{\pi}{L}x\right)e^{-iE_1 t/\hbar} + c\sin\left(\frac{2\pi}{L}x\right)e^{-iE_2 t/\hbar} \quad (0 \leq x \leq L) \quad (2.61)$$

簡単のために，二つの状態の前に付く係数は等しいとし，これを c とした．2.2.1項で学んだように，エネルギー準位は $(\hbar^2/2m)(n\pi/L)^2$ で与えられる．基底状態と第1励起状態はそれぞれ $n=1, n=2$ の状態に対応するので，$E_2 = 4E_1$ であり，$E = \hbar\omega$ を用いると，角振動数 ω_1, ω_2 にも $\omega_2 = 4\omega_1$ の関係があることがわかる．つまり第1励起状態は，基底状態に比べ4倍速く振動している．あるいは，4倍速く位相が変化している，と言うこともできる．

　基底状態の周期 $T_1 (= 2\pi/\omega_1)$ の間に，式 (2.61) の波動関数がどのように変化するのかを見てみよう．簡単のために，式 (2.61) を次のような形に書き直しておく．

$$\psi(x,t) = g_1(x)e^{-i\omega_1 t} + g_2(x)e^{-i\omega_2 t} \quad (2.62)$$

$t = T_1/6$ ごとに波動関数を書き下せば，

$$\psi(x, 0) = g_1 + g_2$$
$$\psi(x, T_1/6) = (1 - \sqrt{3}i)g_1/2 + (-1 + \sqrt{3}i)g_2/2$$
$$\psi(x, 2T_1/6) = (-1 - \sqrt{3}i)g_1/2 + (-1 - \sqrt{3}i)g_2/2$$
$$\psi(x, 3T_1/6) = -g_1 + g_2$$
$$\psi(x, 4T_1/6) = (-1 + \sqrt{3}i)g_1/2 + (-1 + \sqrt{3}i)g_2/2$$
$$\psi(x, 5T_1/6) = (1 + \sqrt{3}i)g_1/2 + (-1 - \sqrt{3}i)g_2/2$$
$$\psi(x, 6T_1/6) = g_1 + g_2$$

となる．基底状態と励起状態で位相の変化の速さが異なるため，波動関数は複雑に変

化する．$t = T_1/6$ での基底状態と励起状態での位相 θ を図 2.9 に示した．また，$t = 0$ と $t = T_1/2$ について，波動関数の様子を図 2.10 の上段に示した．二つの波の重ね合わせにより，振幅が大きいところと小さいところが現れ，しかもピークの位置が動いている．さらに時間を追って眺めれば，このピークの位置は行ったり来たりを繰り返すに違いない．この行ったり来たりは，井戸型ポテンシャルに閉じ込められた古典的な粒子の動きを想起させないだろうか．

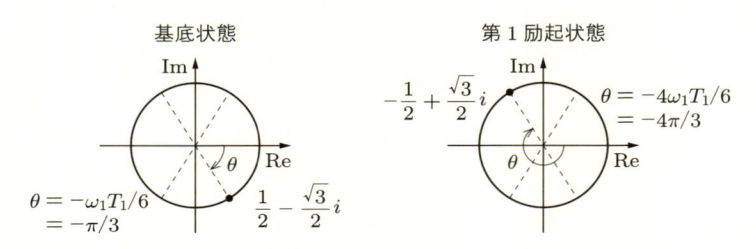

図 2.9　$t = T_1/6 = (1/6)(2\pi/\omega_1)$ における基底状態と第 1 励起状態の位相 θ

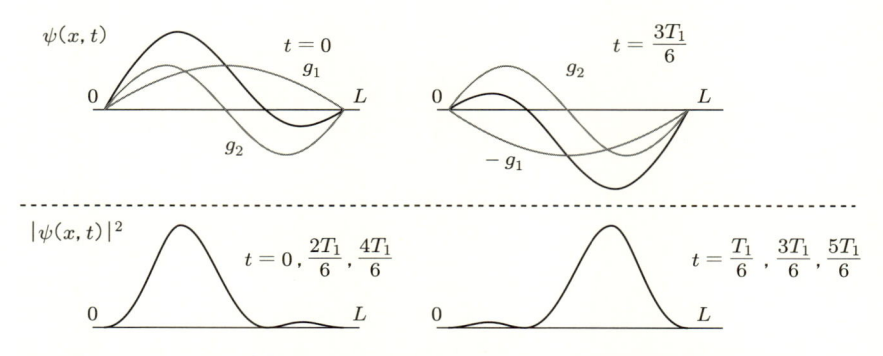

図 2.10　無限井戸ポテンシャルにおける二つのエネルギー固有状態の重ね合わせ

ただし，実際に観測されるのは波動関数の絶対値の 2 乗（確率密度）なので，もう少し注意深く考察する必要がありそうだ．そこで，これを計算してみると，

$$\begin{aligned}|\psi|^2 = \psi^*\psi &= (g_1 e^{i\omega_1 t} + g_2 e^{i\omega_2 t})(g_1 e^{-i\omega_1 t} + g_2 e^{-i\omega_2 t}) \\ &= g_1^2 + g_2^2 + g_1 g_2 \{e^{i(\omega_1-\omega_2)t} + e^{-i(\omega_1-\omega_2)t}\} \\ &= g_1^2 + g_2^2 + 2g_1 g_2 \cos(\omega_1 - \omega_2)t \end{aligned} \quad (2.63)$$

となり，粒子の存在確率分布が時間とともに振動していることが確認できる．$|\psi|^2$ を先の分割時間ごとに書き下してみると，

$$t=0,\ \frac{2T_1}{6},\ \frac{4T_1}{6}:\ |\psi|^2=(g_1+g_2)^2=|c|^2\left\{\sin\left(\frac{\pi}{L}x\right)+\sin\left(\frac{2\pi}{L}x\right)\right\}^2$$

$$t=\frac{T_1}{6},\ \frac{3T_1}{6},\ \frac{5T_1}{6}:\ |\psi|^2=(g_1-g_2)^2=|c|^2\left\{\sin\left(\frac{\pi}{L}x\right)-\sin\left(\frac{2\pi}{L}x\right)\right\}^2$$

となる．この様子を図 2.10 の下段に示してある．これからわかるように，実は $t=T_1/2$ までの間に，この行ったり来たりはすでに一往復半している．この行ったり来たりの周期 T は，式 (2.63) が示すように重ね合わせの状態の振動数の差で決まり，いまの場合 $T=2\pi/3\omega_1=T_1/3$ である．

このような確率密度 $|\psi|^2$ の時間的変動は，エネルギー固有状態（定常状態）にはない重ね合わせの状態の著しい特徴だ．エネルギー固有状態では，観測の際に位相の情報はすべて失われる（2.2.2 項）．しかし重ね合わせの状態では，位相の情報が干渉効果として残り，これが $|\psi|^2$ に時間的変動を与えるのである．

「重ね合わせの状態が，粒子に動きを与える」

ということだ．

ところで，このような重ね合わせの状態も，粒子 1 個に対する状態であることに注意しよう．エネルギー固有状態が 2 個あるからといって，粒子が 2 個に増えるわけではない．では，このような重ね合わせの状態にある粒子のエネルギーは，いったいいくつなのだろうか．$E=(E_1+E_2)/2$ となるのだろうか．これについては 2.5.2 節で議論することにして，ここでは先に進もう．

次に，平面波の重ね合わせを見てみよう．

$$\psi(x,t)=e^{ip_1x/\hbar}e^{-iE_1t/\hbar}+e^{ip_2x/\hbar}e^{-iE_2t/\hbar} \tag{2.64}$$

簡単のために，二つの状態の係数は等しく 1 とおいた．今度はエネルギー，したがって運動量も連続な値をとることができる．そこでここでは，エネルギー E_2 が E_1 に対してほんの少しだけ違う場合を考え，E_1 と E_2 の代わりに E と $E+\delta E$ ($E\gg\delta E$) を用いる．これに伴い運動量も $p_1=p,\ p_2=p+\delta p$ ($p\gg\delta p$) と置き換える．式を簡単にするために，$E=\hbar\omega,\ p=\hbar k$ を利用して k と ω を用いて表すと，上式は

$$\begin{aligned}\psi(x,t)&=e^{ikx}e^{-i\omega t}+e^{i(k+\delta k)x}e^{-i(\omega+\delta\omega)t}\\&=e^{i(kx-\omega t)}\{1+e^{i(\delta kx-\delta\omega t)}\}\\&=e^{ik(x-\frac{\omega}{k}t)}\{1+e^{i\delta k(x-\frac{\delta\omega}{\delta k}t)}\}\end{aligned}$$

と変形できる．第 1 章を読んでくれた読者はピンときたかもしれない．$\delta\omega/\delta k$ は群速度 v_g だ．これは，古典的な平面波の重ね合わせと比較するに値する．そこで式 (1.80)

を再掲しよう．

古典的平面波の重ね合わせ： $f(x,t) \simeq 2\cos\dfrac{\delta k}{2}\left(x - \dfrac{\delta\omega}{\delta k}t\right) \times \sin k\left(x - \dfrac{\omega}{k}t\right)$

この式から，波数 k のもとの波に波数 $\delta k/2$ のビートが立っていることがわかる．波動関数も同じように波数 δk のビートを立てているのだ（図2.11(a)）．ただし，複素平面上での話である．

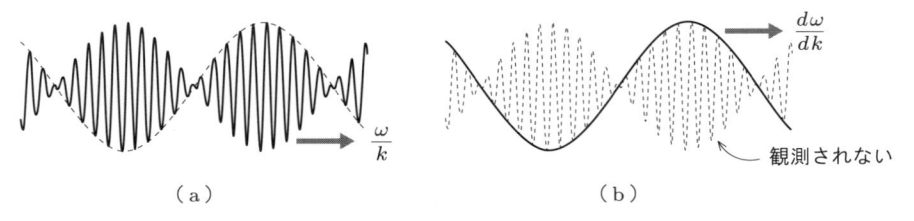

（a）　　　　　　　　　　　（b）

図 2.11　複素平面波の重ね合わせ．(a) 波動関数 ψ（複素数）．(b) 確率密度 $|\psi|^2$（実数）

では，確率密度はどうであろうか．波動関数の絶対値の2乗をとってみよう．

$$\begin{aligned}|\psi|^2 = \psi^*\psi &= e^{-ik(x-\frac{\omega}{k}t)}e^{ik(x-\frac{\omega}{k}t)}\{1+e^{-i(\delta kx-\delta\omega t)}\}\{1+e^{i(\delta kx-\delta\omega t)}\}\\ &= \{1+e^{-i(\delta kx-\delta\omega t)}\}\{1+e^{i(\delta kx-\delta\omega t)}\}\\ &= 2 + \{e^{i(\delta kx-\delta\omega t)} + e^{-i(\delta kx-\delta\omega t)}\}\\ &= 2 + 2\cos\left\{\delta k\left(x-\dfrac{\delta\omega}{\delta k}t\right)\right\}\end{aligned} \quad (2.65)$$

ビートを作るはずの包絡線だけが残り，波数 k のもとの波が消えてしまった（図2.11(b)）．これは前節の最後（2.2.5項）で説明したように，平面波の絶対値の2乗をとると，その振動が消失するためである（上式の1段目から2段目に移るときにその効果が現れている）．これは注目すべき結果だ．なぜなら，実際に観測にかかるのは，波動関数ではなく確率密度だからである．式 (2.65) は

「二つの量子力学的平面波を重ね合わせると，確率密度は正弦進行波になる」

と言っている．ビートではない．単一の波数 δk をもつ「本当の」進行波になると言っているのである．しかも，この進行波の「位相速度」は，もとの複素平面波の「群速度」で表されるというのである．では，この進行波の位相速度 $v_{p(|\psi|^2)}$（すなわち，もとの複素平面波の群速度 $v_{g(\psi)}$）は，具体的にどう書けるのであろうか．$E = \hbar\omega, p = \hbar k$ の関係と，粒子の運動状態を表す E と p の関係 $E(p) = p^2/2m$ を用いれば，

$$v_{p(|\psi|^2)} = v_{g(\psi)} = \dfrac{d\omega}{dk} = \dfrac{dE}{dp} = \dfrac{p}{m} \quad (2.66)$$

が得られる．これはニュートン力学における粒子の速度にほかならない．ここで初め

て，量子力学的な波動性と古典力学的な粒子性とが結びつくのである．

2.3.2 不確定性原理：そして古典的粒子像が見えてくる

今度は，もっとたくさんの平面波を重ね合わせてみよう．

$$\psi(x,t) = \int_{k_0-\Delta k}^{k_0+\Delta k} e^{i(kx-\omega t)} dk \tag{2.67}$$

これは，$k=k_0$ を中心に幅 $2\Delta k$ の範囲の波数をもつ平面波を重ね合わせた状態である．k が連続の値をとるので，平面波の重ね合わせはこのように k に対する積分で表される[†1]．前項と同様に，確率密度 $|\psi(x,t)|^2$ を計算してみよう．

まずは，$t=0$ の場合から考える．

$$\begin{aligned}\psi(x,0) &= \int_{k_0-\Delta k}^{k_0+\Delta k} e^{ikx} dk = \frac{1}{ix}[e^{ikx}]_{k_0-\Delta k}^{k_0+\Delta k} \\ &= \frac{e^{ik_0 x}}{ix}(e^{ix\Delta k} - e^{-ix\Delta k}) = e^{ik_0 x}\frac{\sin x\Delta k}{x\Delta k}(2\Delta k)\end{aligned} \tag{2.68}$$

したがって，確率密度 $|\psi(x,0)|^2$ は

$$|\psi(x,0)|^2 \sim \left|\frac{\sin x\Delta k}{x\Delta k}\right|^2 \tag{2.69}$$

となる．この関数を，異なる三つの Δk に対して図 2.12 に示した．確率密度は x とともに振動しながら減衰する．このように，多くの平面波を重ね合わせると波束が形成される．また，重ね合わせる平面波の波数の幅を広げていくと，確率密度（波束）の幅がどんどん狭くなっていく．この関数が初めにゼロとなる位置は $\pm\pi/\Delta k$ であるので，x の大まかな広がり幅 Δx は，$\Delta x \simeq \pi/\Delta k$ とできる．このことは，Δk と Δx が逆比例の関係にあることを意味している．

$$\Delta x \Delta k \simeq \pi \sim 1 \tag{2.70}$$

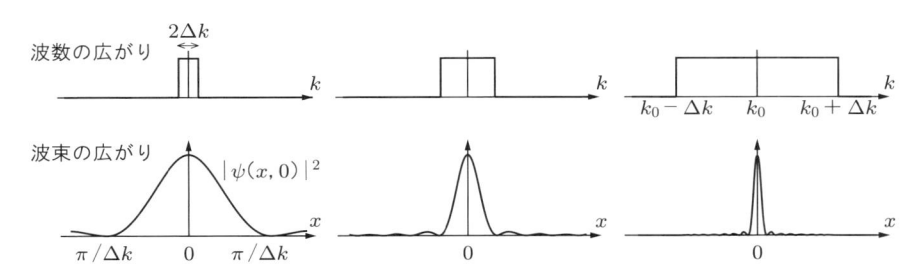

図 2.12 平面波の重ね合わせの状態の確率密度．重ね合わせる波数の幅 Δk を広くすると，確率密度の幅は狭くなる．

[†1] 簡単のために規格化因子は省略されているが，この関数も 1 個の粒子を記述していることを認識しよう．

この式は「波数の異なるたくさんの波を振幅を同じにして重ね合わせると，波が存在する領域がどんどん狭くなっていく」という事実を数学的に表現したものであり，三角関数のもつ純粋に数学的な性質のみから導かれるものである．つまり，この式の意味するところは図 1.6 と同じであり，この関係は量子力学的な波だけでなく，ギターの弦の振動や海の波，パソコン上で計算される抽象的な波に対してさえ成立する．

しかし，この関係式を量子力学的な波に関する言葉に焼き直すと，この宇宙で成り立つ物理の法則へと姿を変える．すなわち，$p=\hbar k$ の関係を用いると，

$$\Delta x \Delta p \sim \hbar \tag{2.71}$$

という式に変わる．この式の右辺が，次元をもつ量に変わったことに注目してほしい．この式は，「粒子を Δx の幅に閉じ込めたければ，あるいは Δx の精度で粒子の位置を決定したければ，その粒子のもつ運動量は $\hbar/\Delta x$ よりは精度よく絞ることが『原理的に』できない」と言っている．そして $\Delta x \Delta p$ の不確定性は，1 でも 100 でも 10^{-5} でもなく，10^{-34} J·s のオーダーであると言っているのだ．この値は数学的に三角関数をどういじっても出てこない．自然が決めたばらつき量なのである．

ただし，実際の系では，技術的な要因で位置と運動量はもっとずっと大きい不確定性をもっている．たとえば，運動量が正確に揃った電子ビームを作り出すのは，技術的に大変難しいものである．したがって式 (2.71) は，原理的に到達可能な不確定性の限界値を与えるものであると認識しておく必要があり，より一般的には

$$\Delta x \Delta p \gtrsim \hbar \tag{2.72}$$

と表される．この関係を位置と運動量の**不確定性関係（不確定性原理）**とよぶ[†1]．

続いて，確率密度の時間発展を見てみよう．今度は式 (2.67) をそのまま計算しないといけない．その際注意しなければいけないのは，ω は定数ではなく k の関数 $\omega = \hbar k^2/2m$（式 (2.5)）であるということである．ここでは簡単のために，$k_0 \gg \Delta k$ として波数のばらつきの幅が小さいとしよう．すると，

$$k = k_0 + k' \quad (-\Delta k \leq k' \leq \Delta k) \tag{2.73}$$

とおいて，

$$\omega = \frac{\hbar}{2m}(k_0+k')^2 \simeq \frac{\hbar}{2m}(k_0^2 + 2k_0 k') = \omega_0 + \frac{\hbar k_0}{m}k' \tag{2.74}$$

と近似できる．ここに $\omega_0 = \hbar k_0^2/2m$ である．さらに，$k=k_0$ における群速度

[†1] 位置と運動量の不確定性関係は，1927 年にハイゼンベルグにより提唱され，量子力学の発展に大きく寄与した．この不確定性関係は，Δx と Δp を数学的にきちんと定義すれば，厳密に成立する不等式として表すことができる．この点に関しては 2.5.5 項を参考にしてほしい．一方，不確定性原理は量子力学における観測問題（2.5.6 項参照）とも関連しており，その解釈については現在でも活発な議論がなされている．

$$v_g = \left.\frac{d\omega}{dk}\right|_{k=k_0} = \frac{\hbar k_0}{m} \tag{2.75}$$

を用いると，$\omega = \omega_0 + v_g k'$ と書ける．積分変数を k' に置き換えることにより，式 (2.67) は

$$\begin{aligned}
\psi(x,t) &= \int_{-\Delta k}^{\Delta k} \exp\{i(k_0+k')x - (\omega_0 + v_g k')t\}dk' \\
&= \exp\{i(k_0 x - \omega_0 t)\}\int_{-\Delta k}^{\Delta k} \exp\{ik'(x-v_g t)\}dk' \\
&= \exp\{i(k_0 x - \omega_0 t)\}\frac{\sin\{(x-v_g t)\Delta k\}}{(x-v_g t)\Delta k}(2\Delta k)
\end{aligned} \tag{2.76}$$

となる．最後の式を導くときに式 (2.68) の結果を利用した．これより，

$$|\psi(x,t)|^2 \sim \left|\frac{\sin\{(x-v_g t)\Delta k\}}{(x-v_g t)\Delta k}\right|^2 = |\psi(x-v_g t, 0)|^2 \tag{2.77}$$

が得られる．このように，確率密度の波束は群速度 v_g ($= p/m$) で移動していく（図 2.13）．

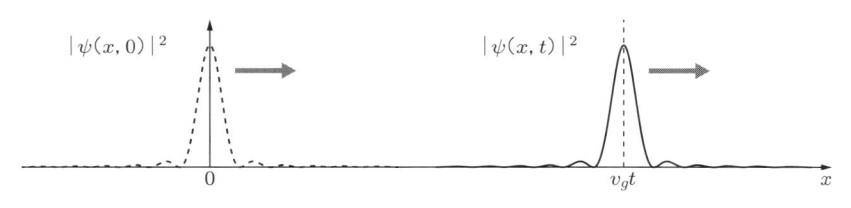

図 2.13　確率密度の運動

ここにいたり，古典的な粒子像が，どのようにして量子力学的な波から構成されるのかが判明した．

「古典的粒子の運動は，多くの量子力学的な平面波の重ね合わせ（波束）で記述され，その速度は，波束の群速度に等しい」

ということである．私たちは，空間的に局在した確率密度の時間変化を「古典的粒子の運動」と認識しているのである．

2.3.3　不確定性関係とゼロ点振動：束縛状態のエネルギーの見積もり

ここでは，前項までに説明した不確定性原理が，束縛状態のエネルギー準位と深く結びついていることを説明しよう．

幅 L の無限井戸ポテンシャルに閉じ込められた粒子の基底状態を考える（図 2.14 の

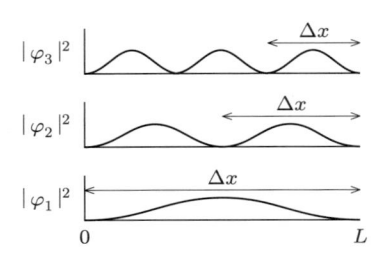

図 2.14 無限井戸ポテンシャルに束縛された粒子の確率密度 $|\varphi_n|^2$ の広がり Δx

$|\varphi_1|^2$ の図を参照).この状態の粒子は,有限な確率密度をもつ領域が,長さ L の範囲に限定されている.このような場合,粒子の位置の不確定性の程度は,$\Delta x \simeq L$ であると考えられる.したがって,位置と運動量の不確定性関係により,運動量は $\Delta p \simeq \hbar/L$ 程度のばらつきをもつことになる.この不確定性により,運動量は(したがってエネルギーも)正確にゼロになることは許されない.これがゼロ点振動の起源である.この運動量の不確定性により,ゼロ点振動(基底状態)のエネルギーは

$$E_1 \sim \frac{(\Delta p)^2}{2m} \simeq \frac{1}{2m}\left(\frac{\hbar}{\Delta x}\right)^2 \simeq \frac{\hbar^2}{2m}\left(\frac{1}{L}\right)^2 \tag{2.78}$$

程度の値をもつと考えることができる.実際この表式は,基底状態のエネルギー(式 (2.23) に $n=1$ を代入したもの)と比べると,因子 π^2 が異なるだけである.この式から,閉じ込めのサイズ L の減少とともに,エネルギーは上昇することがわかる.これは,狭い領域に閉じ込められるほどより多くの平面波の重ね合わせの状態となり,より大きな運動量をもつことができるためである.

この考え方は,励起状態にも適用できる.図 2.14 に示すように,励起状態では節をもつので,粒子は実効的により狭い領域に閉じ込められ,量子数 n に対して $\Delta x \simeq L/n$ とみなすことができる.したがって,$\Delta p \simeq \hbar n/L$ となり,

$$E_n \sim \frac{(\Delta p)^2}{2m} \simeq \frac{\hbar^2}{2m}\left(\frac{n}{L}\right)^2 \tag{2.79}$$

となる.このようにして,不確定性関係を利用することにより,エネルギーが n^2 に比例することが導ける.

ただしここでの見積もりは,無限井戸ポテンシャルに対してのみ適用可能であることに注意しよう.無限井戸ポテンシャルの場合には,波動関数は $U=0$ の領域でのみ,有限な値をもつ.このため,無限井戸ポテンシャルに閉じ込められた粒子のエネルギーは,そのすべてが運動エネルギーである.式 (2.78) や式 (2.79) は,このような特殊な場合にのみ適用できるのである.有限井戸ポテンシャルや調和振動子ポテンシャル,あるいは次章で扱うクーロンポテンシャル(水素原子)の場合には,粒子(電

子）のエネルギーにはポテンシャルエネルギーが含まれる．ポテンシャルエネルギーを含む場合のエネルギーの見積もりは，演習問題 [2.2], [3.4] を参照してほしい．

2.3.4 エネルギーと時間の不確定性関係：エネルギーが不確定であるとは

最後に，エネルギーと時間の不確定性関係について説明しておこう．空間的に広がりの大きい確率密度をもつ粒子が，エネルギーを測定する観測器に向かって進行している状況を思い浮かべてほしい．空間的な広がりが大きいということは，運動量の不確定性が小さいことを意味しており，したがってエネルギーの不確定性も小さい．この確率密度（波束）を完全な形で観測するためには，波束の先端が到着してからその末端が到着するまでの十分長い時間観測を続けなければならない．しかし，ここでその時間よりも短い時間で観測をやめてしまったら何が起こるだろうか．波がもっと長かったことなど知る由もない．その場合，観測時間を Δt，粒子の群速度を v_g とすれば，波束の長さは強制的に $\Delta x = v_g \Delta t$ に短くされてしまう．すると運動量は，不確定性関係より，

$$\Delta p \gtrsim \frac{\hbar}{\Delta x} = \frac{\hbar}{v_g \Delta t} = \frac{m}{p} \frac{\hbar}{\Delta t} \tag{2.80}$$

となる．ここに，$v_g = p/m$ を用いた．一方，

$$\Delta E = \Delta\left(\frac{p^2}{2m}\right) = \frac{p}{m} \Delta p \tag{2.81}$$

と書けるので，

$$\Delta E \Delta t \gtrsim \hbar \tag{2.82}$$

が得られる．これをエネルギーと時間の不確定性関係とよぶ．

エネルギーと時間の不確定性関係は，次のような場合にも起こる．井戸型ポテンシャルに閉じ込められた粒子が，エネルギー E_n ($n \geq 2$) の励起状態にあるとしよう．あるいは，水素原子が励起状態にある場合でもよい．これらの励起状態は，たとえば光を放出して，よりエネルギーの低い状態に遷移する．その遷移までの平均時間を Δt とすれば，これはエネルギー E_n をもつ状態が有限の寿命 Δt をもつことを意味する．このとき，この励起状態のエネルギーは E_n という確定値はもたず，上式で表される ΔE の不確定性が生じる．つまり，観測時間を十分長くとっても，その状態の寿命が有限であると，その寿命に逆比例してエネルギーの不確定性が生じるのである．

エネルギーの不確定性関係が，エネルギー保存則の破れを意味するものではないことに注意しよう．たとえば，励起状態からの遷移が光の放出を伴うものであれば，励起状態のエネルギーの不確定性 ΔE に応じて放出される光のエネルギーも変化する．

したがって，電子のエネルギーと光のエネルギーの総和は，この不確定性関係にかかわらず，常に保存されることになる．

2.4 散乱問題：「流れ」のある状態とトンネル効果

散乱とは，粒子，あるいは波束が遠くからやってきて，何がしかのエネルギー障壁に突き当たり，その運動の様子を変えて再び遠ざかっていくような現象である．本章の最初の節で示した図 2.1 は，まさにこの散乱現象の一例である．このスリットによる波束の散乱を，反射波も含めて描けば図 2.15(a) のようになる．量子力学における散乱問題は，多くのエネルギー固有状態の重ね合わせである波束を扱うので，一般にはシュレディンガー方程式に対するシミュレーションを行わないと，その様子を調べることができない．

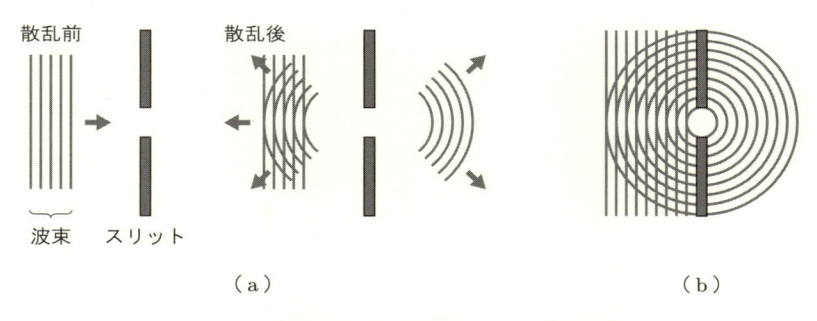

図 2.15 (a) 波束の散乱．(b) 定常的な散乱のパターン．

ところが，波が次から次へと連続的に侵入し散乱されていくような状況を考えると，一つの「定常的な」パターンが浮かび上がってくる（図 2.15(b)）．これは複雑な波束状態の散乱を，単純な定常状態（エネルギー固有状態）を用いて調べることができることを示唆している．実際，波束とは近接したエネルギーをもつ多くの固有状態の重ね合わせであるので，そのうちの一つの代表的なエネルギー固有状態を取り出して解析することは，理にかなった戦略と言える．ここでは 1 次元の散乱問題を，粒子のエネルギー固有状態（定常状態）を用いて記述する方法を説明しよう．

2.4.1 連続の方程式：「流れ」がある系の取り扱い方

2.2 節で説明した束縛状態と，ここで扱う散乱状態との大きな違いは，「流れ」の有無である．散乱状態には流れがあり，束縛状態には流れがない．散乱問題を考えるときには，常にこの「流れ」を意識しておく必要がある．流れを扱うときには，**連続の**

2.4 散乱問題:「流れ」のある状態とトンネル効果

方程式というものを考える.以下では,連続の方程式がどのような方程式であり,これがどのように量子力学の散乱問題に適用されるのかを見てみよう.

位置と時間により変化する物理量の「密度」$\rho(x,t)$ の流れを考えよう.ゴムホースの中を流れる気体(ガス)をイメージするとわかりやすい.この場合 $\rho(x,t)\delta x$ は,時刻 t における微小区間 $[x, x+\delta x]$ 内の気体分子の数ということになる.

さて,この気体の流れに対して,以下の保存則が成立する.

「入ってきた気体は,そこに貯まるか,そうでなければ必ず出ていく」

これが連続の条件であり,これを定式化したものが連続の方程式である.ゴムホースの微小区間 $[x, x+\delta x]$ について,このことを式にしてみよう(図 2.16 参照).時刻 t からほんの少し経過した時刻 $t+\delta t$ での気体分子の数 $\rho(x,t+\delta t)\delta x$ を考える.$\rho(x,t+\delta t)$ は,時刻 t での値 $\rho(x,t)$ からどれだけ変化するだろうか.位置 x を単位時間に横切る分子数を $j(x,t)$ としよう.すると,次の式が成り立つ.

$$\rho(x, t+\delta t)\delta x = \rho(x,t)\delta x + j(x,t)\delta t - j(x+\delta x, t)\delta t \tag{2.83}$$

この式をそのまま読めば,「時刻 $t+\delta t$ において $[x, x+\delta x]$ の中にある分子の数(左辺)は,時刻 t における数 $\rho(x,t)\delta x$ に,時間間隔 δt の間に位置 x から入ってくる数 $j(x,t)\delta t$ を足し,位置 $x+\delta x$ から出ていく数 $j(x+\delta x, t)\delta t$ を引いたもの(右辺)に等しい」ということになる.右辺の 3 項を移項し,両辺を $\delta x \delta t$ で割り算する.

$$\frac{\rho(x, t+\delta t) - \rho(x,t)}{\delta t} + \frac{j(x+\delta x, t) - j(x,t)}{\delta x} = 0 \tag{2.84}$$

微小量を偏微分に直せば,

$$\text{連続の方程式:} \quad \frac{\partial}{\partial t}\rho(x,t) + \frac{\partial}{\partial x}j(x,t) = 0 \tag{2.85}$$

が得られる.ここに $j(x,t)$ を**流束**とよぶ.

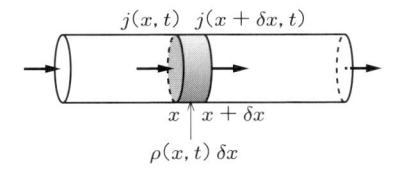

図 2.16 「流れ」のある状態

連続の方程式は「原因もなく物質が突然現れたり消えたりすることはない」という保存則を表している.たとえば,$\partial \rho(x,t)/\partial t = 0$ は,時刻 t における位置 x の気体分子の数に変化がないということであるが,これは位置 x で流れがないということではなく,入ってくる数と出ていく数が等しいこと(すなわち,$\partial j/\partial x = 0$)を意味して

いる．同様に，$\partial\rho/\partial t > 0$ であれば，これは出ていく数が少ないため気体がどんどん溜まっていく（密度が高くなっていく）という状況を表している．当たり前だとも思えるが，たとえば $[x, x+\delta x]$ の区間でゴムホースに穴が開いている場合には，この式は成立しない．そのような場合には，右辺に付加項が追加されることになる．

量子力学的な粒子の流れに対しても連続の方程式が使えそうだ．一つの粒子の流れを考えているときには，その粒子は消えてなくならないし，新しい粒子が生まれることもない．この場合，$\rho(x,t)$ に対応する量は何だろう．$|\psi(x,t)|^2$ は確率「密度」を表すから，これが対応する量に違いない．$j(x,t)$ に対応する量は何であろうか．これらを見るために，シュレディンガー方程式を少しいじってみる．

シュレディンガー方程式とその両辺の複素共役をとったものを並べてみる．

シュレディンガー方程式： $i\hbar\dfrac{\partial\psi}{\partial t} = -\dfrac{\hbar^2}{2m}\dfrac{\partial^2}{\partial x^2}\psi + U\psi$

シュレディンガー方程式の複素共役： $-i\hbar\dfrac{\partial\psi^*}{\partial t} = -\dfrac{\hbar^2}{2m}\dfrac{\partial^2}{\partial x^2}\psi^* + U\psi^*$

それぞれに ψ^* と ψ を掛ける．

$$i\hbar\psi^*\frac{\partial\psi}{\partial t} = -\frac{\hbar^2}{2m}\psi^*\frac{\partial^2}{\partial x^2}\psi + U\psi^*\psi \tag{2.86a}$$

$$-i\hbar\psi\frac{\partial\psi^*}{\partial t} = -\frac{\hbar^2}{2m}\psi\frac{\partial^2}{\partial x^2}\psi^* + U\psi\psi^* \tag{2.86b}$$

そして，上式から下式を引く．

$$i\hbar\left(\psi^*\frac{\partial\psi}{\partial t} + \frac{\partial\psi^*}{\partial t}\psi\right) = -\frac{\hbar^2}{2m}\left(\psi^*\frac{\partial^2}{\partial x^2}\psi - \psi\frac{\partial^2}{\partial x^2}\psi^*\right) \tag{2.87}$$

両辺を $i\hbar$ で割り算した後に変形すると，以下のようになる．

$$\frac{\partial}{\partial t}(\psi^*\psi) = -\frac{\hbar}{2mi}\frac{\partial}{\partial x}\left(\psi^*\frac{\partial\psi}{\partial x} - \psi\frac{\partial\psi^*}{\partial x}\right) \tag{2.88}$$

この式を式 (2.85) と比べて，

$$\rho(x,t) = |\psi(x,t)|^2, \qquad j(x,t) = \frac{\hbar}{2mi}\left(\psi^*\frac{\partial\psi}{\partial x} - \psi\frac{\partial\psi^*}{\partial x}\right) \tag{2.89}$$

と定義すれば連続の方程式と合致する．$j(x,t)$ は量子力学的粒子の流束に対応する量で，**確率流密度**とよばれている．これが確率の流れを表すものである．つまり，確率密度の時間変化は，確率流密度の出入りで表せるということである．

では，確率流密度を簡単な例について計算してみよう．自由粒子（平面波）と無限井戸型ポテンシャルに束縛された粒子の場合には，それぞれ

$$\text{平面波：} \quad ae^{ipx/\hbar}e^{-iEt/\hbar} \Rightarrow j(x,t) = |a|^2\frac{p}{m} = |a|^2 v_g \tag{2.90a}$$

$$\text{井戸型ポテンシャル：} \quad b\sin\left(\frac{p_n}{\hbar}x\right)e^{-iE_n t/\hbar} \Rightarrow j(x,t) = 0 \tag{2.90b}$$

となる．ここに，a, b は定数である．平面波は確率密度 $|\psi|^2$ が群速度 v_g で流れている．しかし，井戸型ポテンシャルの中の粒子にはこの流れがない．$\sin(p_n x/\hbar) = (e^{ip_n x/\hbar} - e^{-ip_n x/\hbar})/2i$ であるので，右向きと左向きの波が確率流密度を打ち消し合っているのだ．

2.4.2 階段型ポテンシャルによる散乱：連続の方程式を適用してみる

図 2.17 に示される高さ U_0 の階段型ポテンシャルによる散乱を考えよう．このエネルギー障壁に向かって，左からエネルギー E をもつ粒子がやってくるという問題を考える．古典的な粒子ならば，$E > U_0$ であれば何事もなく通過し，$E < U_0$ であるならば，壁で反射されてそのまま戻ってくる．このような散乱の過程を量子力学的に扱うとどうなるであろうか．本節の冒頭で述べたように，波束ではなくエネルギー E の固有状態 $\psi(x,t)$ についてこの問題を考えてみよう．

$$\psi(x,t) = \varphi(x)e^{-iEt/\hbar} \tag{2.91}$$

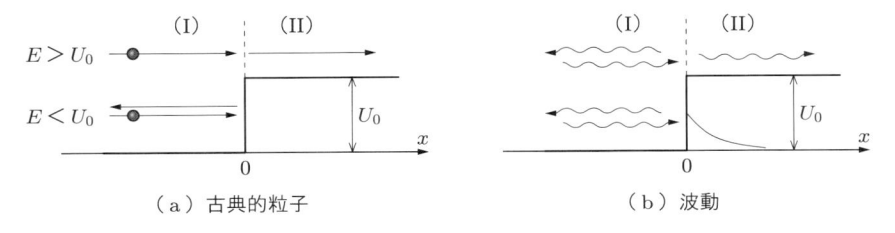

図 2.17 階段型ポテンシャル障壁による散乱

散乱問題を解くときには，エネルギー固有関数 $\varphi(x)$ の形を注意深く設定する必要がある．いまの場合，粒子は左側からやってくると考えているので，$x > 0$ の領域で左向きの流れは存在しない．したがって $\varphi(x)$ は，次のように表される．

$$\varphi(x) = \begin{cases} a_1 e^{ikx} + a_2 e^{-ikx} & \left(k = \dfrac{\sqrt{2mE}}{\hbar};\ x \leq 0\right) \\ b_1 e^{ik'x} & \left(k' = \dfrac{\sqrt{2m(E-U_0)}}{\hbar};\ x > 0\right) \end{cases} \tag{2.92}$$

$\varphi(x)$ を求めるためには，a_1, a_2, b_1 の三つの係数を決定する必要がある．ここで 2.2.3 項の解析が役に立つ．波動関数はいたるところで「滑らか」であるので，$x = 0$ の境界でも，φ と $d\varphi/dx$ が連続であるという境界条件を課すことができる．これにより，

$$\varphi(0) \text{ の連続条件}: \quad a_1 + a_2 = b_1 \tag{2.93a}$$

$$\left.\frac{d\varphi}{dx}\right|_{x=0} \text{ の連続条件}: \quad k(a_1 - a_2) = k'b_1 \tag{2.93b}$$

が得られる．これから，

$$\frac{a_2}{a_1} = \frac{k-k'}{k+k'}, \quad \frac{b_1}{a_1} = \frac{2k}{k+k'} \tag{2.94}$$

となる．これで問題が解けた．

$$\varphi(x) = \begin{cases} a_1 \left(e^{ikx} + \dfrac{k-k'}{k+k'} e^{-ikx} \right) & (x \leq 0) \\ a_1 \dfrac{2k}{k+k'} e^{ik'x} & (x > 0) \end{cases} \tag{2.95}$$

係数 a_1 は波動関数の規格化条件から決めることができるが，a_1 の決定は散乱問題ではあまり重要ではないので，立ち入らないことにする．

確率流密度を考えよう．始めに，$E > U_0$ の場合である．この場合は，領域 I では入射波と反射波，領域 II では透過波の成分がある．領域 I, II の確率流密度をそれぞれ $j_\mathrm{I}(x), j_\mathrm{II}(x)$ とすると，

$$j_\mathrm{I} = |a_1|^2 \frac{\hbar k}{m} - |a_1|^2 \frac{\hbar k}{m} \frac{(k-k')^2}{(k+k')^2} \quad (\equiv j_{in} + j_{re}) \tag{2.96a}$$

$$j_\mathrm{II} = |a_1|^2 \frac{\hbar k'}{m} \frac{(2k)^2}{(k+k')^2} \quad (\equiv j_{tr}) \tag{2.96b}$$

が得られる．括弧の中は各項の定義式で，添字の in, re, tr は，それぞれ入射 (incidence)，反射 (reflection)，および透過 (transmission) を意味している．j_I を変形することにより，$j_\mathrm{I} = j_\mathrm{II}$ となることを確認しておいてほしい．

ここで，次のような量を定義しよう．

$$R = \left|\frac{j_{re}}{j_{in}}\right| \left(= -\frac{j_{re}}{j_{in}}\right), \quad T = \left|\frac{j_{tr}}{j_{in}}\right| \left(= \frac{j_{tr}}{j_{in}}\right) \tag{2.97}$$

最初の式は，入射波の流れと反射波の流れの比であるので**反射率**，2番目の式は透過波との比であるので**透過率**とよばれている．これらの表式をここでの問題に当てはめてみると，

$$R = \frac{(k-k')^2}{(k+k')^2} = \frac{\left\{\left(\dfrac{E}{E-U_0}\right)^{1/2} - 1\right\}^2}{\left\{\left(\dfrac{E}{E-U_0}\right)^{1/2} + 1\right\}^2} \tag{2.98a}$$

$$T = \frac{4kk'}{(k+k')^2} = \frac{4\left(\dfrac{E}{E-U_0}\right)^{1/2}}{\left\{\left(\dfrac{E}{E-U_0}\right)^{1/2}+1\right\}^2} \tag{2.98b}$$

と計算される．これらの式から $R+T=1$ が成立していることが確認できる．また，$E \gg U_0$ の場合には，$R \simeq 0, T \simeq 1$ となる．これは，入射粒子のエネルギーが大きくなると，段差の影響をあまり感じなくなることを意味している．$E \simeq U_0$ の場合には，逆に $R \simeq 1, T \simeq 0$ となり，ほとんどが反射されてしまう．これは古典的な粒子には見られない，波動特有の現象である．

次に，$E < U_0$ の場合を計算してみよう．今度は領域 II の波数が虚数になるので，$k' = i\kappa$ として実数 κ に置き換える．

$$\kappa = \frac{\sqrt{2m(U_0-E)}}{\hbar} \tag{2.99}$$

この式が式 (2.33) と同じであることを確認しておいてほしい．式 (2.33) の説明で記したとおり，κ は波数ではなく，波動関数の侵入の度合いを表すパラメータである．この κ を用いると，式 (2.95) は

$$\varphi(x) = \begin{cases} a_1\left(e^{ikx} + \dfrac{k-i\kappa}{k+i\kappa}e^{-ikx}\right) & (x \leq 0) \\ a_1 \dfrac{2i\kappa}{k+i\kappa} e^{-\kappa x} & (x > 0) \end{cases} \tag{2.100}$$

となる．この式を用いて確率流密度を計算してみてほしい．結果は以下のようになる（演習問題 [2.3] 参照）．

$$j_{in} = -j_{re} = |a_1|^2 \frac{\hbar k}{m} = |a_1|^2 v_g, \qquad j_{tr}(x) = 0 \tag{2.101}$$

したがって，$R=1, T=0$，つまり 100% の反射が起こる．これを**全反射**とよぶ．領域 II では波動関数のしみ出しはあるが，確率の流れはないのである．

2.4.3 トンネル効果：デバイス動作に現れる量子現象

今度は図 2.18 のような高さ U_0，幅 d の方形ポテンシャルを考える．古典的な粒子の場合，$E < U_0$ であれば，そのまま反射する．しかし波動であれば，前項で見たように，ポテンシャル障壁の中へのしみ出しが生じる．したがって，障壁が有限な幅をもてば，波動が反対側に漏れ出すという現象が起こる．ここではこのような透過現象を考えていこう．

この問題に対するエネルギー固有関数は，以下のように書ける．

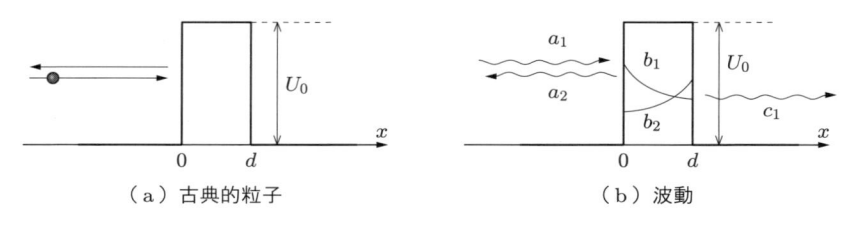

図 2.18 方形型ポテンシャル障壁による散乱．図 (b) における $a_1 \sim c_1$ は，式 (2.102) における $\varphi(x)$ の係数に対応している．

$$\varphi(x) = \begin{cases} a_1 e^{ikx} + a_2 e^{-ikx} & \left(k = \dfrac{\sqrt{2mE}}{\hbar};\ x < 0\right) \\ b_1 e^{-\kappa x} + b_2 e^{\kappa x} & \left(\kappa = \dfrac{\sqrt{2m(U_0-E)}}{\hbar};\ 0 \le x \le d\right) \\ c_1 e^{ikx} & (x > d) \end{cases} \quad (2.102)$$

この場合も入射波は左からやってくるとして，$x > d$ の領域では左向きの波はないという境界条件を設定した．$0 \le x \le d$ の領域では $E < U_0$ であるので，その解は $e^{\pm \kappa x}$ という形をとる．前項で説明した階段型ポテンシャルの場合と異なり $e^{\kappa x}$ という成分が入ってきているが，これは図 2.18(b) に示したように，$x = d$ での反射があるためである．

$x = 0$ と $x = d$ における境界条件は，φ と $d\varphi/dx$ の連続性より，

$x = 0:\quad a_1 + a_2 = b_1 + b_2, \qquad ik(a_1 - a_2) = -\kappa(b_1 - b_2) \quad (2.103\text{a})$

$x = d:\quad b_1 e^{-\kappa d} + b_2 e^{\kappa d} = c_1 e^{ikd}, \qquad -\kappa(b_1 e^{-\kappa d} - b_2 e^{\kappa d}) = ikc_1 e^{ikd} \quad (2.103\text{b})$

と書ける．$x = 0$ に関する二つの式から a_2 を消去すると，次の式が得られる．

$$2ika_1 = -(\kappa - ik)b_1 + (\kappa + ik)b_2 \quad (2.104)$$

また，$x = d$ に関する二つの式から b_1, b_2 を c_1 で表すと，

$$b_1 = \frac{\kappa - ik}{2\kappa} e^{(\kappa + ik)d} c_1, \qquad b_2 = \frac{\kappa + ik}{2\kappa} e^{-(\kappa - ik)d} c_1 \quad (2.105)$$

となる．上式の b_1 と b_2 の表式を式 (2.104) に代入すると，a_1 と c_1 の関係が得られる．

$$4ik\kappa a_1 = \left\{-(\kappa - ik)^2 e^{\kappa d} + (\kappa + ik)^2 e^{-\kappa d}\right\} e^{ikd} c_1 \quad (2.106)$$

$x < 0$ と $x > d$ の領域では，k は等しいので群速度も等しく，透過率 T は単純に

$$T = \frac{|c_1|^2 v_g}{|a_1|^2 v_g} = \frac{|c_1|^2}{|a_1|^2} \quad (2.107)$$

で与えられる．したがって，式 (2.106) を用いれば，透過率を完全な形で求めること

ができる.

　しかしここでは，$\kappa d > 1$ の場合に限って話を進めよう．κ は侵入長 ℓ を用いると $\kappa = 1/\ell$ であるから（式 (2.35)），この条件は $d > \ell$，すなわち，ポテンシャル障壁の幅が侵入長に比べて大きい（広い）場合に対応する[†1]．このとき，式 (2.106) の括弧 $\{\}$ の中の第 2 項（図 2.18(b) の $x = d$ における反射 b_2 の部分）は第 1 項に比べて小さいとして無視すると，透過確率は，以下のような比較的簡単な式で表すことができるようになる．

$$T \simeq \frac{16\kappa^2 k^2}{(\kappa^2 + k^2)^2} e^{-2\kappa d}$$
$$= 16\left(\frac{E}{U_0}\right)\left(1 - \frac{E}{U_0}\right)\exp\left\{-\frac{2d}{\hbar}\sqrt{2m(U_0 - E)}\right\} \quad (2.108)$$

この式は，古典的には通り抜けできないポテンシャル障壁をすり抜けて，粒子が反対側へ乗り移ることができるということを意味している．この透過現象は，波動関数の波動性に起因したものであり，**トンネル効果**とよばれている．また，この透過率は**トンネル確率**ともよばれる．

　トンネル効果とはどのような効果なのだろうか．これを考えるために，散乱問題の原点に立ち返って，トンネル効果を波束の散乱現象と捉えてみよう．いま，同じようなエネルギー（波数）をもった波を重ね合わせて波束を作り，これを左から障壁にぶつけるとする（図 2.19）．重ね合わされる前の波は，皆同じようなエネルギーをもっているので，その透過率も皆ほとんど同じである．そこで波束自身の透過率を，中心のエネルギー値をもつ波の透過率で代表させることにしよう．その透過率が 1/10 であるとして，$|\psi(x,t)|^2$ の動きをシミュレーションしたとする．すると，障壁にぶつかるや，その一部が「ちぎれて」障壁の中に入り込み，1/10 の部分が反対側に抜けていき，残りが跳ね返される，という計算結果が得られる[†2]．

　これはもちろん，粒子がちぎれてそのうち 0.1 個が反対側に抜ける，ということを

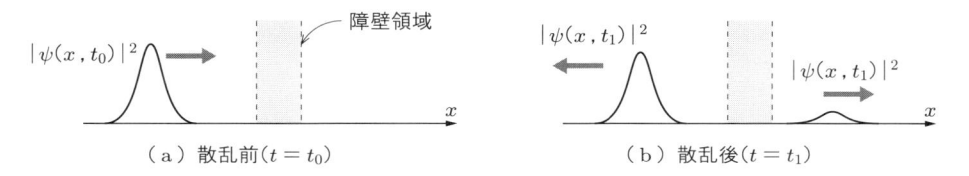

図 2.19　トンネル現象に伴う確率密度の変化

[†1] この条件は，現実に現れる多くの系で適用可能である．演習問題 [2.4] を参考にしてほしい．
[†2] 実際には，波束を形成する成分の中でエネルギーが高いもののほうが透過率が高いので，散乱後は波束の形が歪むことになる．

意味しているのではない．粒子の散乱実験を繰り返すと，10回に1回の割合で「粒子全体が」障壁をすり抜ける，ということを意味しているのである．ちぎれてしまうのは，粒子ではなく確率密度 $|\psi|^2$ である．「確率密度は，粒子の存在確率分布であり，粒子そのものではない」ということを再度強調しておこう[†1]．

　ここで重要なのは，この透過現象が何回目の衝突実験で起こるかを予測することが，「原理的に」できないということだ．私たちが知ることができるのは，トンネルの頻度のみであり，この頻度（確率）が式 (2.108) で与えられるということなのである．このような非決定論的な事象を**確率過程**とよぶ．トンネル現象は，確率過程の典型例であるとともに，量子力学がもつ不確定性の現れの一つである[†2]．量子力学における確率過程に関しては，次節で詳しく議論する．

　さて，トンネル効果は，量子の世界で起こる奇妙な現象のように思われるが，実はパソコンやタブレット端末，スマートフォンなどの電子機器の中で日常的に起こっている，ごくありふれた量子現象である．これらの電子機器の中の集積回路チップには，1億個を超える膨大な数のトランジスタが搭載されている[†3]．集積回路の性能はトランジスタを小型化して大規模に集積することにより向上してきた．しかし，トランジスタの微細化に伴い，ゲート絶縁膜（チャネルとよばれる電流経路と，ゲートとよばれる制御用電極を絶縁している薄膜）の膜厚も 1 nm ($= 10^{-9}$ m) 程度に薄くなってきている．これは原子 10 数個分の厚さにすぎない．このためトンネル効果が顕著になり，絶縁性が保てず，漏れ電流が発生する．

　その様子を**図 2.20** に示した．同図では，トランジスタの断面図とエネルギー図が示されている．トンネル効果による電流は**トンネル電流**とよばれる．トンネル電流も通常の電流と同じで，余計な熱を発生させてしまう．皆さんがお使いのノートパソコ

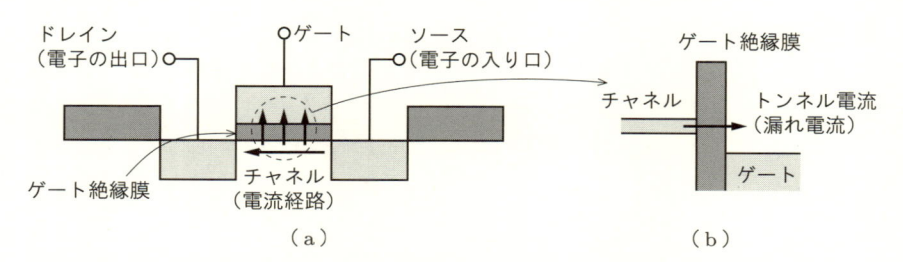

図 2.20 トンネル効果によるトランジスタの漏れ電流．(a) トランジスタの断面図．(b) エネルギー図．ゲート絶縁膜はチャネルの電子に対してポテンシャル障壁としてはたらくが，その膜厚が薄くなると，トンネル効果により漏れ電流が生じる．

[†1] 広がりをもつのは波動関数や確率密度であり，「本当の」電子は大きさをもたない「点」である．
[†2] 前項の階段型ポテンシャルによる散乱 ($E > U_0$) の場合も同様な確率過程である．
[†3] トランジスタについては，4.3.4 項，6.1.1 項で詳しく議論する．

ンも，裏を触ってみればかなり熱くなっていることはお気づきのことと思う．その熱の何10%かは，正にこのようなトンネル電流が原因なのである．トンネル電流による熱の発生は，集積回路発展の阻害要因の一つであり，この問題を解決するために，現在でも大変な規模の投資が行われている．

しかし，トンネル効果はこのように悪い影響をもたらすだけではない．江崎によりPN接合を用いたトンネルダイオード（エサキダイオード）が発明されて以来，トンネル効果を利用したデバイスが数多く考案されているのである[†1]．

2.5　量子力学の骨組み：数学的基盤とその解釈

本節では，量子力学という理論体系の核となる部分を説明する[†2]．まず，シュレディンガー方程式と波動関数を，固有値問題という数学的な枠組みの中で定義する．続いて，この固有値問題と物理量の観測値との関係を議論し，2.3節で説明した不確定性原理について再考する．また，「波動関数の収縮」とよばれる観測に伴う状態変化についても説明を行う．

2.5.1　演算子と固有方程式：固有方程式としてのシュレディンガー方程式

数学では，関数に何かを作用させることを演算とよんでいる．たとえば，関数を微分するということは，関数に「微分」という演算を施すということである．あるいは，定数 a を掛け算することも，「乗算」という演算をすることにほかならない．これらの演算は，ある関数 f を別の関数 $h = \hat{A}f$ に変換することに対応しており，$\hat{A}$ を**演算子**とよぶ．

関数 f に演算子 $\hat{A}$ を作用させた結果が f の定数倍になるとき，すなわち

$$\hat{A}f = Af \tag{2.109}$$

が成立するとき，関数 f を演算子 $\hat{A}$ の**固有関数**，定数 A を**固有値**とよぶ．また，この形の方程式を**固有方程式**とよび，固有方程式を解き，固有関数と固有値を求めることを「固有値問題を解く」という．

シュレディンガー方程式は，固有値問題と深く関係している．そのことを見るために，シュレディンガー方程式の一般解を導出してみよう．シュレディンガー方程式の一般解については，すでに2.1.2項（式(2.12)）で触れているが，ここではもう少し

[†1] トンネルダイオードの発明は同時に，トンネル効果の初めての実験的検証でもある．そしてこの検証こそが，日本のエレクトロニクスに初めてのノーベル賞をもたらしたのである．PN接合とトンネルダイオードについては，それぞれ4.3.3項と6.1.2項で議論しよう．

[†2] 量子力学の基本原理を本節の末尾にまとめてあるので参考にしてほしい．

数学的に立ち入った議論を行う．

シュレディンガー方程式

$$i\hbar\frac{\partial}{\partial t}\psi(x,t) = -\frac{\hbar^2}{2m}\frac{\partial^2}{\partial x^2}\psi(x,t) + U(x)\psi(x,t) \tag{2.110}$$

を眺めてみると，左辺は t のみに関する演算であり，右辺は x のみに関する演算であることがわかる．このようなときには，波動関数を

$$\psi(x,t) = \varphi(x)g(t) \tag{2.111}$$

というように，1 変数関数の積の形で表すことができる．この式をシュレディンガー方程式に代入すると，

$$i\hbar\varphi(x)\frac{\partial}{\partial t}g(t) = -\frac{\hbar^2}{2m}g(t)\frac{\partial^2}{\partial x^2}\varphi(x) + g(t)U(x)\varphi(x) \tag{2.112}$$

となり，さらに両辺を $\varphi(x)g(t)$ で割ると，

$$i\hbar\frac{1}{g(t)}\frac{\partial}{\partial t}g(t) = \frac{1}{\varphi(x)}\left(-\frac{\hbar^2}{2m}\frac{\partial^2}{\partial x^2}\varphi(x) + U(x)\varphi(x)\right) \tag{2.113}$$

となる．この式の変数は左辺が t のみであり，右辺が x のみである．このように変数の異なる両辺が常に等しいとき，すなわち恒等式であるとき，両辺は定数となる．この定数を E とおこう．すると，上式から次の二つの式ができる．

$$i\hbar\frac{d}{dt}g(t) = Eg(t) \tag{2.114a}$$

$$-\frac{\hbar^2}{2m}\frac{d^2}{dx^2}\varphi(x) + U(x)\varphi(x) = E\varphi(x) \tag{2.114b}$$

第 2 式は，時間に依存しないシュレディンガー方程式（式 (2.11)）にほかならない．したがって，たったいまおいた定数 E は，エネルギーを表していることがわかる．ここで，式 (2.114b) を次のように書こう．

$$\left(-\frac{\hbar^2}{2m}\frac{d^2}{dx^2} + U(x)\right)\varphi(x) = E\varphi(x) \tag{2.115}$$

この式は，左辺の括弧の中を一つの演算子と見立てた式である．つまり，この括弧の中は，「関数 φ を 2 階微分して $-\hbar^2/2m$ を掛けたものと U を掛けたものの二つを足し合わせる」という演算を行う演算子である．この演算子は**ハミルトニアン**とよばれており，$\hat{H}$ と表記する．一方，$i\hbar(d/dt)$ も一つの演算子とみなすことができ，これを**エネルギー演算子**とよぶ．ここではこれを $\hat{E}$ と表記しよう．すると，式 (2.114a), (2.114b) はこれらの演算子を用いて

$$\hat{E}g(t) = Eg(t) \tag{2.116a}$$

$$\hat{H}\varphi(x) = E\varphi(x) \tag{2.116b}$$

と書ける．ここに，

$$\text{エネルギー演算子：} \quad \hat{E} = i\hbar \frac{d}{dt} \tag{2.117a}$$

$$\text{ハミルトニアン：} \quad \hat{H} = -\frac{\hbar^2}{2m}\frac{d^2}{dx^2} + U(x) \tag{2.117b}$$

である．このように，関数 g と φ はそれぞれ演算子 $\hat{E}$ と $\hat{H}$ の固有関数であり，その固有値はともに E である．

式 (2.116a)，あるいは式 (2.114a) の基本解は

$$g(t) = ae^{-iEt/\hbar} \tag{2.118}$$

と求めることができる．ここに，a は定数である．一方ハミルトニアン $\hat{H}$ のほうは，ポテンシャルエネルギー $U(x)$ の形が決まらないと固有関数も決まらない．しかし私たちはすでに，様々な U に対してその解を知っている．無限井戸 (2.2.1 項)，有限井戸 (2.2.3 項)，調和振動子 (2.2.4 項)，段差型 (2.4.2 項)，方形 (2.4.3 項) の各ポテンシャルエネルギーに対して議論したことは，すべてハミルトニアン $\hat{H}$ に対する固有値問題だったのである．

$\hat{H}$ に対する固有関数を φ_n，固有値を E_n と記せば，式 (2.116a) に現れる E も E_n に等しくなければならない．したがって，シュレディンガー方程式の基本解は

$$\psi_n(x,t) = \varphi_n(x)e^{-iE_n t/\hbar} \tag{2.119}$$

となり，一般解は

$$\psi(x,t) = \sum_n c_n \psi_n(x,t) = \sum_n c_n \varphi_n(x)e^{-iE_n t/\hbar} \tag{2.120}$$

となる．ここに，c_n は定数である．このようにして，シュレディンガー方程式の解 (式 (2.12)) を得ることができる．

2.5.2 演算子と物理量：何が観測されるのか

本項と次項で，量子力学という理論体系の核となる部分を説明する．本項では，物理量の演算子と観測値とが密接に関係しているということを説明しよう．

まず，ハミルトニアン $\hat{H}$ の中にある微分演算子に注目しよう．いま，$\hat{p} = -i\hbar d/dx$ という微分演算子を定義すると，

$$\hat{p}^2 = \hat{p}\hat{p} = \left(-i\hbar \frac{d}{dx}\right)\left(-i\hbar \frac{d}{dx}\right) = -\hbar^2 \frac{d^2}{dx^2} \tag{2.121}$$

であるから，式 (2.117b) は

$$\text{ハミルトニアン：} \quad \hat{H} = \frac{\hat{p}^2}{2m} + U(x) \tag{2.122}$$

と書くことができる．この式が $E = p^2/2m + U$ を想起させるように，$\hat{p}$ は**運動量演算子**とよばれている．

$$運動量演算子： \hat{p} = -i\hbar \frac{d}{dx} \tag{2.123}$$

ここで，この運動量演算子を平面波の空間成分 $\varphi = e^{ipx/\hbar}$ に作用させてみよう．

$$\hat{p}\varphi = -i\hbar \frac{d}{dx} e^{ipx/\hbar} = p e^{ipx/\hbar} = p\varphi$$

$\hat{p}\varphi = p\varphi$ という固有方程式の形になった．したがって，$e^{ipx/\hbar}$ は運動量演算子の固有関数であり，その固有値は p である．

この結果と前項の結果から，古典力学と量子力学（シュレディンガー方程式）との対応関係が見えてくる．すなわち，古典力学におけるエネルギー保存則

$$E = \frac{p^2}{2m} + U(x) \tag{2.124}$$

において，

$$E \to \hat{E} \left(= i\hbar \frac{d}{dt}\right), \qquad p \to \hat{p} \left(= -i\hbar \frac{d}{dx}\right) \tag{2.125}$$

といった具合に物理量を対応する演算子に置き換える[†1]．そして，

$$i\hbar \frac{\partial}{\partial t} = -\frac{\hbar^2}{2m} \frac{\partial^2}{\partial x^2} + U(x) \tag{2.126}$$

という演算子の等式を作る[†2]．この演算子の等式を波動関数 $\psi(x, t)$ に作用させたものがシュレディンガー方程式にほかならない．このことは，

「量子力学では，物理量は演算子として表される」

ということを意味している[†3]．もちろん，粒子のもつ物理量（たとえば運動量やエネルギー）が実際にどのような値をもつのかは，粒子の置かれた状況により異なるのだが，そのような個別の問題は，波動関数の具体的な形を調べることにより知ることができる．

「物理量に関するすべての情報は波動関数がもっている」

ということである．そしてここが重要なのだが，量子力学には次の基本原理がある．

[†1] このようにしてエネルギーは時間と運動量は空間と結びつくのだ．1.1.3 項の終わりの部分の議論を思い出してほしい．

[†2] 変数が二つあるので，微分は偏微分の形に書き直してある．

[†3] 物体の位置座標 x も物理量であるが，位置座標の演算子 $\hat{x}$ は x そのものである．したがって，式 (2.126) において，x の関数である $U(x)$ も $U(x)$ のままとなっている．次項以降でも，位置演算子 $\hat{x}$ は単に x と表記することにする．なお，位置演算子 $\hat{x} = x$ の固有関数は，デルタ関数とよばれる超関数である．97 ページ脚注 1 を参照してほしい．

2.5 量子力学の骨組み：数学的基盤とその解釈

「物理量 A を観測すると，演算子 $\hat{A}$ の固有値 A_n のうちのどれかが観測される」

以上の内容を具体例で説明しよう．まず，$\psi(x,t) = e^{ip_1 x/\hbar} e^{-iE_1 t/\hbar}$ という平面波を考えてみる．先に述べたように，この平面波に運動量演算子 $\hat{p}$ を作用させると，

$$\hat{p}\psi(x,t) = p_1 \psi(x,t) \tag{2.127}$$

という固有方程式の形になる．これは，ψ が運動量 p_1 をもつ運動量固有状態だからである．つまり，運動量 p_1 をもつ波動関数に $\hat{p}$ を作用させ，「運動量の値は？」と問いかけると，波動関数は固有値としてその値を返してくれる．そして，この平面波に対して運動量を観測すると，p_1 という確定値が観測される．

ハミルトニアンとエネルギー演算子も作用させてみよう．平面波は自由空間 ($U = 0$) における解であるから，自由空間のハミルトニアン $\hat{H} = \hat{p}^2/2m$ を作用させると，

$$\begin{aligned}\hat{H}\psi(x,t) &= -\frac{\hbar^2}{2m}\frac{d^2}{dx^2} e^{ip_1 x/\hbar} e^{-iE_1 t/\hbar} \\ &= -\frac{\hbar^2}{2m}\left(\frac{ip_1}{\hbar}\right)^2 e^{ip_1 x/\hbar} e^{-iE_1 t/\hbar} = \frac{p_1^2}{2m}\psi(x,t)\end{aligned}$$

となる．一方，$\hat{E}$ を作用させると，

$$\begin{aligned}\hat{E}\psi(x,t) &= i\hbar\frac{d}{dt} e^{ip_1 x/\hbar} e^{-iE_1 t/\hbar} \\ &= E_1 e^{ip_1 x/\hbar} e^{-iE_1 t/\hbar} = E_1 \psi(x,t)\end{aligned}$$

となる．このように，ψ に $\hat{H}$ を作用させると $p_1^2/2m$ を返してくれる．また，$\hat{E}$ を作用させると E_1 を返してくれる．そしてこれらの値は，シュレディンガー方程式（式 (2.110)）が $\hat{E}\psi(x,t) = \hat{H}\psi(x,t)$ と書けることから，互いに等しいことが保証されている．このようにして，（自由空間における）エネルギー保存則 $E_1 = p_1^2/2m$ が再現される．そして，ψ という状態に対してエネルギーを観測すると，$E_1 = p_1^2/2m$ という値が観測される．

別の例として，以下のような波動関数を考えてみよう[1]．

$$\psi(x,t) = c\sin\left(\frac{p_1 x}{\hbar}\right) e^{-iE_1 t/\hbar} \qquad (-\infty < x < +\infty) \tag{2.128}$$

自由空間のハミルトニアン $\hat{H} = \hat{p}^2/2m$ を作用させてみると，平面波と同じく $\hat{H}\psi = (p_1^2/2m)\psi$ となることがわかる．したがってこの状態も，エネルギー E_1 の値は $p_1^2/2m$ であり，この値が観測値となる．

運動量も調べてみよう．この波動関数に運動量演算子を作用させてみる．

---

[1] この波動関数は，2.2.1 項で説明した無限井戸ポテンシャルに閉じ込められた粒子の波動関数に似ているが，全領域 $(-\infty, \infty)$ で sin となっているところが異なっているので注意してほしい．

$$\hat{p}\psi(x,t) = -i\hbar \frac{d}{dx} c\sin\left(\frac{p_1 x}{\hbar}\right) e^{-iE_1 t/\hbar} = -ip_1 c \cos\left(\frac{p_1 x}{\hbar}\right) e^{-iE_1 t/\hbar} \quad (2.129)$$

sin が cos に変わってしまったので，この波動関数は運動量演算子の固有関数ではないことがわかる．つまり，この波動関数で記述される粒子の運動量は，p_1 という確定値をとらないということだ．では，いったいいくつなのだろうか．

この状態がもつ運動量の値を知りたいときには，この波動関数を「複数の」運動量固有関数で表してやればよい．式 (2.128) は，オイラーの公式を用いることにより

$$\psi(x,t) = \left(\frac{c}{2i}\right) e^{ip_1 x/\hbar} e^{-iE_1 t/\hbar} + \left(\frac{-c}{2i}\right) e^{-ip_1 x/\hbar} e^{-iE_1 t/\hbar} \quad (2.130)$$

と変形できる．したがって，この状態には運動量 p_1 と $-p_1$ の二つの固有関数（平面波）が含まれていることがわかる．この状態は運動量が確定した状態ではないが，このように運動量の固有関数で表すことにより，観測結果を予測できる．それは，

「運動量 p_1 か $-p_1$ のどちらかが観測される」

ということである．重要なのは，p_1 と $-p_1$ 以外の運動量は決して観測されないということだ．なぜならこの状態は，運動量が p_1 である状態と $-p_1$ である状態の重ね合わせであり，その他の運動量をもつ状態は含まれていないからである．

第三の例として，エネルギー固有状態の重ね合わせの状態を考えよう．

$$\psi(x,t) = c\sin\left(\frac{p_1 x}{\hbar}\right) e^{-iE_1 t/\hbar} + c\sin\left(\frac{p_2 x}{\hbar}\right) e^{-iE_2 t/\hbar} \quad (-\infty < x < +\infty) \quad (2.131)$$

この状態に対してエネルギーを観測すると，それは $E_1 (= p_1^2/2m)$ か $E_2 (= p_2^2/2m)$ のどちらかが観測され，それ以外のエネルギーが観測されることはない．$(E_1 + E_2)/2$ などといった中間の値のエネルギーが観測されることは決してない[†1]．また，もし運動量を観測すれば，$p_1, -p_1, p_2, -p_2$ のうちのどれかが観測される．

このように，波動関数が対象としている物理量の固有関数になっていない場合には，その観測値は確定せず，複数の値が「ある確率をもって」現れるのである．以上が「物理量 A を観測すると，演算子 $\hat{A}$ の固有値 A_n のうちのどれかが観測される」ということの具体例である．

それでは，個々の固有値の値はどの程度の確率で現れるのだろうか．この確率を知りたいときには，波動関数を対象としている物理量の固有関数の線形結合で表してやる．たとえば，物理量 A の固有方程式が

$$\hat{A}\chi_m = A_m \chi_m \quad (m = 1, 2, 3, \ldots) \quad (2.132)$$

[†1] 71 ページで皆さんに投げかけた疑問の答えがこれで明らかになったわけだ．

であれば，波動関数を

$$\psi = C_1\chi_1 + C_2\chi_2 + \ldots + C_m\chi_m + \cdots \tag{2.133}$$

のような形に固有関数 χ_m を使って表す．このような変形操作は「波動関数 ψ を固有関数 χ_m で展開する」と表現される．そして物理量 A の観測を行えば，以下の結果が得られる．

$$\text{固有値 } A_n \text{ が観測される確率 } P_n: \quad P_n = |C_n|^2 \tag{2.134}$$

もちろん，固有値 $A_1, A_2, \ldots, A_m, \ldots$ のいずれかが観測されるわけであるから，

$$\text{規格化条件：} \quad |C_1|^2 + |C_2|^2 + \cdots + |C_m|^2 + \cdots = 1 \tag{2.135}$$

が成立する．

以上述べたことを，式 (2.128) に適用してみよう．この式を運動量演算子の固有関数で展開したものが式 (2.130) にほかならない．ここで，式 (2.130) と式 (2.133) を比べてみると，$\chi_1 = e^{ip_1x/\hbar}$, $\chi_2 = e^{-ip_1x/\hbar}$ であることがわかる．したがって，$C_1 = -C_2 = (c/2i)e^{-iE_1t/\hbar}$ であるので，$|C_1|^2 = |C_2|^2$ である．また，規格化条件は $|C_1|^2 + |C_2|^2 = 1$ となる．したがって，$|C_1|^2 = |C_2|^2 = 1/2$ である．これはすなわち，式 (2.128) で表される状態に対して運動量を観測すると，p_1 と $-p_1$ の運動量が等しく $1/2$ の確率で見出される，ということを意味している．同様に，式 (2.131) に適用すれば，$p_1, -p_1, p_2, -p_2$ が観測される確率は，皆等しく $1/4$ ということになる．

一方，式 (2.131) の状態でエネルギーを観測する場合には，この式をエネルギー固有関数で展開する必要があるが，式 (2.131) はもうすでにエネルギー固有関数で展開した形になっている．したがって，$\chi_1 = \sin(p_1x/\hbar)$, $\chi_2 = \sin(p_2x/\hbar)$ であるので，$C_1 = ce^{-iE_1t/\hbar}$, $C_2 = ce^{-iE_2t/\hbar}$ であり，$|C_1|^2 = |C_2|^2 = 1/2$ である．つまり，E_1 と E_2 のエネルギーが観測される確率も，等しく $1/2$ である．

なぜ，固有関数の係数で確率が決まるのだろうか．実は，これに対する答えはまだわかっていない．しかしとにかく，これが量子力学の基本原理なのである[†1]．

2.5.3 固有関数の完全直交性：エルミート演算子とブラケット表記

本項では，前項の内容をもう少し数学的に厳密に取り扱ってみよう．

物理量を表す演算子には共通した性質がある．それは，固有値が必ず実数であるということである．これは，物理的に意味のある演算子の固有値が必ず「観測できる量」になっていることを意味している．固有値が実数となる演算子は**エルミート演算子**とよばれる．ハミルトニアンも運動量演算子もエルミート演算子である．そしてエルミー

[†1] 式 (2.134) に対するさらに詳しい（より正確な）数学的表式が式 (2.156) にあるので参考にしてほしい．

ト演算子には，大変ありがたい次の性質がある．

「エルミート演算子の固有関数は完全直交系をなす」

この性質のおかげで，式 (2.133) のように「任意の」波動関数を「任意の」（観測可能な）物理量の固有関数で展開できることが保証されている．ここではこの証明は省略し，そもそもこれが何を意味するのかを説明しよう．

まず，「直交系をなす」とは，固有関数どうしが直交するということである．関数が直交するとはどういうことだろうか．それは，二つの異なる固有関数 χ_m, χ_n に対して

$$\int \chi_m^*(x)\chi_n(x)dx = 0 \qquad (m \neq n) \tag{2.136}$$

が成立することである．ただし，積分は関数が定義されている領域でとる．それでは，どうしてこの関係を「直交する」というのだろうか．ここから考えてみよう．

「直交」という言葉は，ベクトルに対してよく耳にする．ベクトル $\boldsymbol{A} = (a_1, a_2, a_3)$ と $\boldsymbol{B} = (b_1, b_2, b_3)$ が直交するとは，その内積がゼロであるということだから，

$$\boldsymbol{A} \cdot \boldsymbol{B} = \sum_{i=1}^{3} a_i^* b_i = a_1^* b_1 + a_2^* b_2 + a_3^* b_3 = 0 \tag{2.137}$$

と書ける[†1]．関数は x について連続であるが，これを仮に微小な区間に分割できるとして，積分を次のように書き換えてみる．

$$\int f^*(x)g(x)dx \longrightarrow \sum_i f^*(x_i)g(x_i)\Delta x_i \tag{2.138}$$

これがベクトルの内積の自然な拡張になっていることがおわかりいただけるであろうか．つまり「関数が直交する」とは，関数どうしの内積がゼロになるということだと言える．

無限井戸ポテンシャルに対する固有関数 $\varphi_n(x) = \sqrt{2/L}\sin(n\pi x/L)$ $(0 \leq x \leq L)$ （式 (2.29b)）について考えてみよう．この関数もエルミート演算子 $\hat{H}$ （ハミルトニアン）の固有関数（固有値は $(\hbar^2/2m)(\pi n/L)^2$）である．したがって，

$$\int_{-\infty}^{\infty} \varphi_m^*(x)\varphi_n(x)dx = \frac{2}{L}\int_0^L \sin\left(\frac{m\pi}{L}x\right)\sin\left(\frac{n\pi}{L}x\right)dx = 0 \qquad (m \neq n) \tag{2.139}$$

という直交性をもつ．簡単な例として，$m = 1, n = 2$ と $m = 2, n = 3$ の場合を図 2.21(a), (b) にそれぞれ示した．周期が異なる三角関数を掛け算すると，プラスの領

[†1] 複素ベクトルの内積では，片方のベクトルの成分が複素共役になることに注意しよう．内積をこのように定義することにより，ベクトルの絶対値を $|\boldsymbol{A}| = \sqrt{\boldsymbol{A}\cdot\boldsymbol{A}} = \sqrt{a_1^*a_1 + a_2^*a_2 + a_3^*a_3} = \sqrt{|a_1|^2 + |a_2|^2 + |a_3|^2}$ と表すことが可能となる．

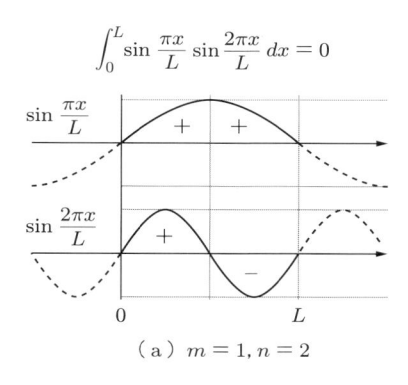

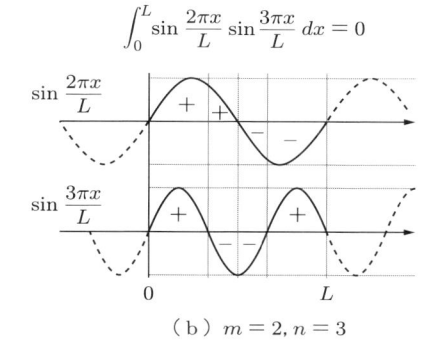

$$\int_0^L \sin\frac{\pi x}{L} \sin\frac{2\pi x}{L} dx = 0 \qquad \int_0^L \sin\frac{2\pi x}{L} \sin\frac{3\pi x}{L} dx = 0$$

(a) $m=1, n=2$ (b) $m=2, n=3$

図 2.21 三角関数の直交性

域とマイナスの領域が現れ，これらがうまく打ち消しあって積分するとゼロになるのである．その他の m, n の組についても同じことが言える．ただし，$m=n$ の場合はゼロにはならない．そのときには，関数を規格化することにより，積分の値を 1 とできる．

上の例が示すように，エルミート演算子の固有関数は次の関係を満足する[†1]．

$$\int \chi_m^*(x)\chi_n(x)dx = \delta_{mn} \tag{2.140}$$

ここに，δ_{mn} は**クロネッカーのデルタ**とよばれる数学記号であり，

$$\delta_{mn} = \begin{cases} 1 & (m=n) \\ 0 & (m \neq n) \end{cases} \tag{2.141}$$

を意味する．式 (2.140) の性質を，関数の**規格直交性**とよぶ．

次に，完全系の説明である．固有関数が完全系をなすとは，$\chi_1, \chi_2, \ldots, \chi_m, \ldots$ の組み合わせにより，どんな関数でも作り出すことができる，言い換えれば，任意の関数を固有関数列で展開できる，ということを意味する．つまり，任意の関数を $f(x)$ とすると，

$$f(x) = c_1\chi_1(x) + c_2\chi_2(x) + \cdots + c_m\chi_m(x) + \cdots \tag{2.142}$$

という形に展開でき，しかもすべての定数 c_m が一意に決まるということである．

この式の意味を考えるために，もう一度ベクトルと比較してみよう．$\boldsymbol{A} = (a_1, a_2, a_3)$ という表式は，本当は以下の意味をもつのであった．

$$\boldsymbol{A} = a_1\boldsymbol{e}_1 + a_2\boldsymbol{e}_2 + a_3\boldsymbol{e}_3 \tag{2.143}$$

[†1] ただし，χ_m, χ_n の固有値 A_m, A_n は異なる値をもつものとする．

ここに，$e_1 = (1,0,0), e_2 = (0,1,0), e_3 = (0,0,1)$ であり，これらは互いに直交する単位ベクトルである．この式と式 (2.142) を見比べてほしい．互いに直交する単位ベクトルの代わりに，互いに直交する固有関数が並んでいることに気付くであろう．「任意のベクトル」が互いに直交する単位ベクトルの係数で表されるのと同じように，「任意の関数」は互いに直交する（規格化された）関数の係数で表されるのである．つまり，任意の関数 $f(x)$ は，無限次元のベクトルであるとみなすことができ，

$$f(x) = (c_1, c_2, \ldots, c_m, \ldots) \tag{2.144}$$

と表記することも可能なのである[†1]．

では，どうやって c_m を決めればよいかというと，ここで直交性がものを言うわけだ．まず，式 (2.142) の両辺に χ_n^* を掛ける．

$$\chi_n^*(x) f(x) = c_1 \chi_n^*(x) \chi_1(x) + c_2 \chi_n^*(x) \chi_2(x) + \cdots + c_m \chi_n^*(x) \chi_m(x) + \cdots$$

そして両辺を積分する．右辺の添字の値が違う項は直交性によりすべてゼロとなり，残るのは固有関数の添字が n に等しい項だけである．したがって，積分を実行した後には，

$$\int \chi_n^*(x) f(x) dx = c_n \int \chi_n^*(x) \chi_n(x) dx = c_n \int |\chi_n(x)|^2 dx \tag{2.145}$$

となる．ここで固有関数が規格化されている（すなわち $\int |\chi_n(x)|^2 dx = 1$）とすると，

$$c_n = \int \chi_n^*(x) f(x) dx \tag{2.146}$$

となる．後はこの積分を実際に計算すれば，係数 c_n を決定することができる．

完全系をなす関数系はいくつもある．たとえば，関数列

$$\{1, \cos x, \cos 2x, \ldots, \sin x, \sin 2x, \ldots\} \tag{2.147}$$

は完全直交系であり，$-\pi \leq x \leq \pi$ の範囲における任意の関数をこれらの三角関数の線形結合で表すことができる．その他，調和振動子の固有関数（式 (2.56b)）や次章で取り扱う球面調和関数（式 (3.55)）の中にあるルジャンドルの陪関数 P_{l,m_l} なども完全直交系をなす．任意の関数は，これらのどの関数系でも展開が可能である．当然，異なる関数で展開すればその係数も異なってくるが，これはベクトルを極座標表示すると，その係数が変わることと同じである．そして，この完全直交系に式 (2.147) を用いるものが，1.2.3 項で少し説明したフーリエ展開ということになる[†2]．また，$\varphi(x) = e^{ikx}$

[†1] 展開係数 c_m の添字 m が実数の場合，（実数には番号付けができないので）式 (2.144) のような形には書けないが，そのような場合でも，関数をベクトルとして取り扱えることが数学的に証明されている．

[†2] 式 (2.147) において，x を $\pi x/L$ に置き換えれば，$-L \leq x \leq L$ の範囲の任意の関数を表現でき，さらに $L \to \infty$ とすれば，$-\infty \leq x \leq +\infty$ の範囲の任意の関数を表現できる．

（平面波）も完全直交性をもつ．ただしこの場合は，2.2.5 項で述べたように規格化の際に $\int_{-\infty}^{\infty} dx$ という積分が現れるので，**デルタ関数**という超関数（ほかの関数の助けを借りて定義される関数）を利用する[†1]．

さてここで，量子力学でよく使われる，波動関数，および波動関数の積分に関する表記方法を説明しよう．

関数 f を $|f\rangle$，その共役 f^* を $\langle f|$ と表記し，それぞれケットとブラとよぶ．

$$\text{ケット：} \quad f(x) = |f\rangle \qquad \text{ブラ：} \quad f^*(x) = \langle f| \qquad (2.148)$$

そして，関数 f と g^* との積分を

$$\int g^*(x)f(x)dx = \langle g|f\rangle \qquad (2.149)$$

と表記する．ブラとケットを掛けて積分すると**ブラケット**（bracket：英語で括弧の意味）になるという洒落た命名である．慣れると大変使い勝手がよい．しかし，単に使い勝手がよいだけではない．ブラケット表記は，量子力学の数学的な構造を私たちに端的に示してくれる．

このブラケット表記を用いると，式 (2.140) の規格直交性と式 (2.142) の関数の展開は以下のように書ける．

$$\text{規格直交性：} \quad \langle \chi_m | \chi_n \rangle = \delta_{mn} \qquad (2.150\text{a})$$

$$\text{関数の展開：} \quad |f\rangle = c_1|\chi_1\rangle + c_2|\chi_2\rangle + \cdots + c_m|\chi_m\rangle + \cdots \qquad (2.150\text{b})$$

ここで，式 (2.150b) に $\langle \chi_n |$（ブラ）を作用させると，

$$\langle \chi_n | f \rangle = c_1 \langle \chi_n | \chi_1 \rangle + c_2 \langle \chi_n | \chi_2 \rangle + \cdots + c_m \langle \chi_n | \chi_m \rangle + \cdots \qquad (2.151)$$

となる．この式に式 (2.150a) の規格直交性を適用すると，右辺で m が n に等しい項だけが残るので，

$$\langle \chi_n | f \rangle = c_n \langle \chi_n | \chi_n \rangle = c_n \qquad (2.152)$$

[†1] デルタ関数 $\delta(x)$ は「関数 $f(x)$ から $x = 0$ の値を抽出する」という演算を行う超関数であり $\int_{-\infty}^{\infty} f(x)\delta(x)dx = f(0)$ で定義される．この定義式から $x \neq 0$ で $\delta(x) = 0$ でなければならないが，それにもかかわらずゼロでない積分値を与えるので，

$$\delta(x) = \begin{cases} \infty & (x = 0) \\ 0 & (x \neq 0) \end{cases}$$

と表記される．したがってデルタ関数は，クロネッカーのデルタ（式 (2.141)）を拡張したものと見ることができる．また，定義式において $f(x) = 1$ とすることにより，$\int_{-\infty}^{\infty} \delta(x)dx = 1$ であることがわかる．デルタ関数は $\delta(x) = (1/2\pi)\int_{-\infty}^{\infty} e^{ikx}dk$ と表記することもできる．したがって，平面波は $\varphi(x) = (1/\sqrt{2\pi})e^{ikx}$ と規格化することにより，$\int_{-\infty}^{\infty} \varphi_1^* \varphi_2 dx = \int_{-\infty}^{\infty} e^{i(k_2-k_1)x}dx = \delta(k_2 - k_1)$ という規格直交性を満足する．なお，デルタ関数は位置演算子 $\hat{x} = x$ の固有関数でもある．定義式から $x\delta(x-a) = a\delta(x-a)$ という固有方程式を導くことができる．

が得られる．これは式 (2.146) にほかならない．この式を式 (2.150b) に代入してみると，

$$|f\rangle = |\chi_1\rangle\langle\chi_1|f\rangle + |\chi_2\rangle\langle\chi_2|f\rangle + \cdots + |\chi_m\rangle\langle\chi_m|f\rangle + \cdots$$
$$= \sum_m |\chi_m\rangle\langle\chi_m|f\rangle \tag{2.153}$$

という式が得られる．一見複雑な式に見えるが，この式は

$$\hat{I} = \sum_m |\chi_m\rangle\langle\chi_m| \tag{2.154}$$

という演算子を $|f\rangle$ に作用させると，$|f\rangle$ に戻るという形になっている．つまり，$\hat{I}$ は恒等変換である．関数 $|f\rangle$ を完全直交系 $|\chi_n\rangle$ で展開するとは，恒等変換の演算子 $\hat{I}$ を $|f\rangle$ に作用させることにほかならない．そのような演算により，係数 c_n の表式（式 (2.152)）が自然な形で現れてくるのである．

以下に，前項と本項で説明した内容をまとめておこう．

観測可能な物理量はエルミート演算子で表される．また，エルミート演算子の固有関数 $|\chi_m\rangle$ は完全直交系をなし，任意の波動関数 $|\psi\rangle$ は，任意のエルミート演算子の固有関数 $|\chi_m\rangle$ を用いて

$$|\psi\rangle = C_1|\chi_1\rangle + C_2|\chi_2\rangle + \cdots + C_m|\chi_m\rangle + \cdots \tag{2.155}$$

と展開できることが保証されている．そして展開係数 C_n は，$|\chi_n\rangle$ の固有値を A_n として，

$$\text{固有値 } A_n \text{が観測される確率 } P_n: \quad P_n = |C_n|^2 = |\langle\chi_n|\psi\rangle|^2 \tag{2.156}$$

という意味が与えられる．

このような数学的な枠組みの中で波動関数を眺めたとき，固有関数 $|\chi_n\rangle$ は**基底ベクトル**（あるいは単に基底），係数 C_n は**確率振幅**，そして波動関数自身は**状態ベクトル**とよばれる[†1]．

2.5.4 物理量の期待値：実験と対比できる量

量子力学では，物理量の測定値は確率的にしか求めることができない．しかしその期待値は，確定した値として求めることができる．ここでは，物理量の期待値につい

[†1] デルタ関数 $\delta(x'-x)$ を $|x'\rangle$ と表記すれば，97ページ脚注1に示したデルタ関数の定義式により，波動関数は $\psi(x,t) = \int_{-\infty}^{\infty} \psi(x',t)|x'\rangle dx'$ と表すことができる．この式が，波動関数 $\psi(x,t)$ を位置の固有関数 $|x'\rangle$（97ページ脚注1参照）で展開したものになっていることがおわかりいただけるであろうか．つまり，$\psi(x',t)$（波動関数 $\psi(x,t)$ の変数 x に特定の値 x' を代入したもの）は，位置の固有関数 $|x'\rangle$ の確率振幅になっているのである．したがって式 (2.156) により，$|\psi(x',t)|^2$ には「粒子を位置 x' に見出す確率」という意味が与えられるのである．

て議論しよう．

　期待値とは，たとえば次のようなものであった．合計 100 本のくじの賞金が 1 万円 10 本，5 千円 20 本，はずれ 70 本とすると，このくじの賞金 S の期待値 $\langle S \rangle$ は

$$\langle S \rangle = \frac{10}{100} \times 1\,\text{万円} + \frac{20}{100} \times 5\,\text{千円} + \frac{70}{100} \times 0\,\text{円} = 2\,\text{千円}$$

である．同様に，ある物理量 A の固有値 $A_1, A_2, \ldots, A_m, \ldots$ に対して，P_1 の確率で A_1，P_2 の確率で A_2，P_m の確率で A_m が見出されるとき，A の期待値 $\langle A \rangle$ は

期待値：　$\langle A \rangle = P_1 A_1 + P_2 A_2 + \cdots + P_m A_m + \cdots$ 　　(2.157a)

規格化条件：　$P_1 + P_2 + \cdots + P_m + \cdots = 1$ 　　(2.157b)

で与えられる．固有値 A_m が観測される確率は，波動関数を固有関数で展開したときの係数（すなわち確率振幅）C_m を用いて $|C_m|^2$ と書けるから，上式は以下のように書ける．

期待値：　$\langle A \rangle = |C_1|^2 A_1 + |C_2|^2 A_2 + \cdots + |C_m|^2 A_m + \cdots$ 　　(2.158a)

規格化条件：　$|C_1|^2 + |C_2|^2 + \cdots + |C_m|^2 + \cdots = 1$ 　　(2.158b)

　ここで，なぜ期待値を議論することが重要なのかを簡単に説明しておこう．たとえば，気体分子のエネルギーを測定するような場合を考えてみてほしい．この気体分子をたった 1 個だけ取り出して，その 1 個の分子のエネルギーを調べるには，非常に高い技術が要求される．このため多くの場合，同じ状態にあるとみなせる多数の分子のエネルギーを一度に計測するという手法がとられる．分子間の相互作用が弱く，個々の分子が互いに独立であるとみなせるような場合には，このような多数の分子からのエネルギーの計測値は，1 個 1 個の分子のエネルギーを個別に計測した場合の期待値（に分子数を掛け算したもの）に等しくなると考えてよいであろう．このような理由から，量子力学では，物理量の期待値を議論することが重要なのである．

　さて，期待値の表式（式 (2.158a), (2.158b)）は，次のような形にまとめることができる．この 2 式が本項の結論である．

期待値：　$\langle A \rangle = \int \psi(x,t)^* \hat{A} \psi(x,t) dx = \langle \psi | \hat{A} | \psi \rangle$ 　　(2.159a)

規格化条件：　$\int \psi(x,t)^* \psi(x,t) dx = \langle \psi | \psi \rangle = 1$ 　　(2.159b)

以下，このようになることを，エネルギー固有状態 φ_m の重ね合わせの状態について確認していこう．

$$\psi(x,t) = c_1 \varphi_1(x) e^{-iE_1 t/\hbar} + c_2 \varphi_2(x) e^{-iE_2 t/\hbar} + \cdots + c_m \varphi_m(x) e^{-iE_m t/\hbar} + \cdots$$

まず，これをブラケット表記しておく．

$$|\psi\rangle = C_1|\varphi_1\rangle + C_2|\varphi_2\rangle + \cdots + C_m|\varphi_m\rangle + \cdots \tag{2.160}$$

ここに，$C_m = c_m e^{-iE_m t/\hbar}$ である[†1]．ここでは簡単のために，二つのエネルギー固有状態の重ね合わせの状態

$$|\psi\rangle = C_1|\varphi_1\rangle + C_2|\varphi_2\rangle \tag{2.161}$$

の計算例を示す．

では，式 (2.159b) の規格化条件から考えよう．$|\psi\rangle$（ケット）に対するブラは $\langle\psi| = C_1^*\langle\varphi_1| + C_2^*\langle\varphi_2|$ であるので，式 (2.159b) は

$$\begin{aligned}\langle\psi|\psi\rangle &= (C_1^*\langle\varphi_1| + C_2^*\langle\varphi_2|)\,(C_1|\varphi_1\rangle + C_2|\varphi_2\rangle) \\ &= |C_1|^2\langle\varphi_1|\varphi_1\rangle + |C_2|^2\langle\varphi_2|\varphi_2\rangle + C_1^*C_2\langle\varphi_1|\varphi_2\rangle + C_2^*C_1\langle\varphi_2|\varphi_1\rangle \\ &= |C_1|^2 + |C_2|^2 = 1\end{aligned} \tag{2.162}$$

となる．最後の行では，式 (2.150a) の規格直交性を用いた．この規格化条件を一般化したものが式 (2.158b) である．

次に，$\hat{A}$ がハミルトニアン $\hat{H}$ の場合について期待値（式 (2.159a)）を計算してみよう．式 (2.161) の両辺に $\hat{H}$ を作用させると，次のようになる．

$$\hat{H}|\psi\rangle = C_1\hat{H}|\varphi_1\rangle + C_2\hat{H}|\varphi_2\rangle = C_1E_1|\varphi_1\rangle + C_2E_2|\varphi_2\rangle \tag{2.163}$$

最後の等号には，時間に依存しないシュレディンガー方程式 $\hat{H}|\varphi_m\rangle = E_m|\varphi_m\rangle$ を用いている．したがって，式 (2.162) と同様，規格直交性を用いると，

$$\langle E\rangle = \langle\psi|\hat{H}|\psi\rangle = |C_1|^2 E_1 + |C_2|^2 E_2 \tag{2.164}$$

が得られる．この式を期待値の定義式（式 (2.158a)）と比べると，確かに期待値の表式になっていることがわかる．そして，ハミルトニアンの期待値はエネルギーの期待値であることもわかった．

最後に，式 (2.159a) の期待値の表式を位置演算子に適用してみよう．位置演算子 $\hat{x}$ は x そのものであることを 2.5.2 項（90 ページ脚注 3）に記した．そこで，式 (2.159a) に $\hat{A} = x$ を代入すると，

[†1] このように，波動関数（状態ベクトル）を固有関数（基底ベクトル）で展開したときのケットの前に付く係数（確率振幅）C_m は，一般には t の関数となることに注意してほしい．たとえば，エネルギー固有状態 $\varphi_n(x)$（つまり，$\hat{H}\varphi_n = E_n\varphi_n$ の解）から，時間に依存しないただの複素数 c_n を用いて，$\varphi = c_1\varphi_1 + c_2\varphi_2 + \ldots$ といった具合にエネルギー固有関数の線形結合を作ったとしても，これはシュレディンガー方程式の一般解にはなっていない．

$$\langle x \rangle = \int \psi(x,t)^* x \psi(x,t) dx = \int x |\psi(x,t)|^2 dx \qquad (2.165)$$

となる．$|\psi(x,t)|^2$ は，粒子を位置 x に見出す確率であるので，上式右辺の表式は確かに「位置」の期待値になっている．このように，式 (2.159a) は，位置演算子 $\hat{x} = x$ についても成立するものである．

2.5.5 演算子の交換関係：再び不確定性関係について

ここでは，二つの物理量の関係性について議論する．これまでに，量子力学では物理量は演算子として表されるということを学んだ．したがって，二つの物理量の関係を議論したいのなら，これに対応する演算子の関係を調べることが重要である．ここでは，二つの演算子の関係性が物理量の観測にどのように反映されるのかを見ていこう．

二つの演算子 $\hat{A}, \hat{B}$ を考える．$\hat{A}$ により関数 ζ が ξ に，$\hat{B}$ により ξ が χ に変換されるとする．すなわち，$\hat{A}\zeta = \xi, \hat{B}\xi = \chi$ となるとき，$\hat{B}(\hat{A}\zeta) = \hat{B}\xi = \chi$ を

$$\hat{B}\hat{A}\zeta = \chi \qquad (2.166)$$

と表記する．このとき，演算子を作用させる順番を入れ替えた $\hat{A}\hat{B}\zeta = \chi$ が必ずしも成立するとは限らない．「任意の」関数 ζ に対して $\hat{A}\hat{B}\zeta = \hat{B}\hat{A}\zeta$ が成立するとき，$\hat{A}\hat{B} = \hat{B}\hat{A}$，あるいは

$$[\hat{A}, \hat{B}] = \hat{A}\hat{B} - \hat{B}\hat{A} = 0 \qquad (2.167)$$

と書き，演算子 $\hat{A}, \hat{B}$ は，互いに**交換可能**（あるいは可換）であるという．また，$[\hat{A}, \hat{B}]$ は $\hat{A}\hat{B} - \hat{B}\hat{A}$ の略記号であり，**交換子**とよばれている．

演算子には，互いに交換可能なものとそうでないものが存在する．そして演算子の可換性と観測量には，以下のような密接な関係がある．

$\hat{A}, \hat{B}$ が可換 $\iff$ 物理量 A, B は観測により同時に確定できる

$\hat{A}, \hat{B}$ が非可換 $\iff$ 物理量 A, B は観測により同時に確定できない

（すなわち，不確定性関係がある）

ここではこれらの証明には立ち入らず，具体的な演算子を例にとり，この対応関係が何を意味しているのかを見ていこう．

始めに，$U = 0$（自由空間）のハミルトニアン $\hat{H} = \hat{p}^2/2m$ を $\hat{K}$ と表記し，運動エネルギー演算子を定義しておこう．

$$\text{運動エネルギー演算子：} \quad \hat{K} = \frac{\hat{p}^2}{2m} = -\frac{\hbar^2}{2m}\frac{d^2}{dx^2} \qquad (2.168)$$

そして，$\hat{p}$ と $\hat{K}$ の交換関係を調べてみる．すると，

$$\hat{p}\hat{K} = \left(-i\hbar\frac{d}{dx}\right)\left(-\frac{\hbar^2}{2m}\frac{d^2}{dx^2}\right) = \frac{i\hbar^3}{2m}\frac{d^3}{dx^3}$$

$$\hat{K}\hat{p} = \left(-\frac{\hbar^2}{2m}\frac{d^2}{dx^2}\right)\left(-i\hbar\frac{d}{dx}\right) = \frac{i\hbar^3}{2m}\frac{d^3}{dx^3}$$

となるので,任意の関数 ζ に対して $(\hat{p}\hat{K} - \hat{K}\hat{p})\zeta = 0$ であることがわかる.したがって,$\hat{p}$ と $\hat{K}$ は交換可能である.一方,これら二つの演算子は共通の固有関数 $\varphi = e^{ipx/\hbar}$ をもつ.

$$\hat{p}\varphi = -i\hbar\frac{d}{dx}e^{ipx/\hbar} = pe^{ipx/\hbar} = p\varphi \tag{2.169a}$$

$$\hat{K}\varphi = -\frac{\hbar^2}{2m}\frac{d^2}{dx^2}e^{ipx/\hbar} = \frac{p^2}{2m}e^{ipx/\hbar} = \frac{p^2}{2m}\varphi \tag{2.169b}$$

このような場合,$\varphi = e^{ipx/\hbar}$ は運動量演算子と運動エネルギー演算子の**同時固有関数**であるという.もし,粒子の状態がこの同時固有関数で記述されるものであれば,運動量と運動エネルギー,両方とも観測により確定値を得ることができる.このように,演算子(いまの場合,運動量演算子 $\hat{p}$ と運動エネルギー演算子 $\hat{K}$)が交換可能なら,対応する物理量(いまの場合,p と $p^2/2m$)は同時に確定できる.

ただし,どのような場合でも同時に確定値が得られるわけではない.たとえば,式(2.128)の状態は,エネルギーは確定できるが,運動量は p_1 か $-p_1$ のどちらかであるので,確定することはできない(確率的にしかわからない).したがって正確には,「演算子が交換可能なら,両方とも確定値が得られる状態が存在する」ということであり,そのような状態が同時固有関数で記述できるということである.

運動量と位置の場合はどうであろうか.2.3.2項で説明したように,運動量と位置の間には不確定性関係が存在する.したがって,この二つの物理量は「いかなる場合にも」同時に確定させることができない.そこで,運動量演算子と位置演算子の関係を調べてみると,

$$x\hat{p}\zeta = x\left(-i\hbar\frac{d}{dx}\right)\zeta = -i\hbar x\frac{d\zeta}{dx} \tag{2.170a}$$

$$\hat{p}x\zeta = \left(-i\hbar\frac{d}{dx}\right)x\zeta = -i\hbar\zeta - i\hbar x\frac{d\zeta}{dx} \tag{2.170b}$$

である.したがって,$(x\hat{p} - \hat{p}x)\zeta = i\hbar\zeta$ の関係があることがわかる.この計算で関数 ζ には(x に関して微分可能ということ以外には)何の制約もないので,演算子そのものの関係として

$$[x, \hat{p}] = x\hat{p} - \hat{p}x = i\hbar \tag{2.171}$$

が得られる.つまり,x と $\hat{p}$ とは交換しない.このように,演算子(いまの場合,位

置演算子 x と運動量演算子 $\hat{p}$）が交換可能でないということは，対応する物理量（いまの場合，x と p）に不確定性関係が存在し，「いかなる場合にも」同時に確定させることができないということを意味している．

x と $\hat{p}$ とが交換しなければ，x^2 と $\hat{p}$ も交換しない．このため，調和振動子のポテンシャルエネルギー $U(x) = (k_H/2)x^2$ は $\hat{p}$ と交換しない．より一般には，U が x の関数であれば，U は $\hat{p}$ と交換しない．また，x と $\hat{p}^2$ も交換しないので，x と $\hat{K} = \hat{p}^2/2m$ も交換しない．したがって，

$$[\hat{K}, \hat{U}] = \hat{K}U(x) - U(x)\hat{K} \neq 0 \qquad (2.172)$$

である．つまり，

「運動エネルギーとポテンシャルエネルギーは同時に確定できない」

ということだ[†1]．

位置と運動量の不確定性は，波動関数の波としての性質によるものだ．しかし演算子の交換関係には，波のかけらも見当たらない．なぜ，不確定性関係と演算子の非可換性が結びついているのだろう．実は，量子力学的粒子が波としての特性をもつという事実は，運動量演算子の表式そのものに反映されている．運動量演算子が位置に関する1階の微分で表されるのは，まさに平面波という空間的に無限に広がった波が運動量演算子の固有関数になるという事実を反映しているのだ．

さて，物理量の観測値のばらつきと演算子の交換関係には，厳密な数学的結びつきがある．二つの物理量の標準偏差を $\Delta A, \Delta B$ とすれば，これらは

$$(\Delta A)^2 \equiv \langle A^2 \rangle - \langle A \rangle^2, \qquad (\Delta B)^2 \equiv \langle B^2 \rangle - \langle B \rangle^2 \qquad (2.173)$$

と定義される．ここに，$\langle A^2 \rangle = \langle \psi | \hat{A}\hat{A} | \psi \rangle$，$\langle A \rangle = \langle \psi | \hat{A} | \psi \rangle$ であり，B についても同様である．これらの表式から，以下の関係を数学的に証明できる．

$$\Delta A \Delta B \geq \frac{1}{2} |\langle \varphi | [\hat{A}, \hat{B}] | \varphi \rangle| \qquad (2.174)$$

この式は，観測にかかる量（左辺）と演算子の交換関係に関する量（右辺）の間には，厳密な大小関係が存在することを示している．$\hat{A}$ と $\hat{B}$ にそれぞれ $\hat{x} = x, \hat{p} = -i\hbar d/dx$ を代入すれば，$[x, \hat{p}] = i\hbar$ であるので，以下の関係が得られる．

$$\Delta x \Delta p \geq \frac{1}{2}\hbar \qquad (2.175)$$

ここに，

$$(\Delta x)^2 = \langle x^2 \rangle - \langle x \rangle^2, \qquad (\Delta p)^2 = \langle p^2 \rangle - \langle p \rangle^2 \qquad (2.176)$$

[†1] 2.2.5項の最後で，量子力学的調和振動子の運動エネルギーとポテンシャルエネルギーは切り分けができないことを記したが，式 (2.172) がその数学的な裏づけとなるわけだ．

である．式 (2.175) は，物理的には式 (2.72) と同じ意味をもっている．しかし，ここでの Δx と Δp は，式 (2.176) により厳密に定義された量であるため，この不等式も厳密に成立する．また，$\hbar$ の前に付く係数も $1/2$ という決まった値をとるのである．

2.5.6 観測による状態変化：波動関数の収縮

量子力学には，これまで説明してきた物理量の演算子や波動関数が従う原理とは別の，以下のような基本原理が存在する．

「物理量を測定してその値を確定させると，

その後何度同じ測定をしてもその確定値しか得られない」

この原理が何を意味するのかを見るために，まず，次の波動関数を考えよう．

$$\psi(x,t) = c\sin\left(\frac{p_1 x}{\hbar}\right)e^{-iE_1 t/\hbar} \quad (-\infty < x < +\infty) \quad (2.177)$$

2.5.2 項で説明したように，この波動関数に対して運動量を観測すると，p_1 か $-p_1$ のどちらかが観測される．そこで，観測結果が $-p_1$ であったとしよう．問題は，もう一度運動量を計測したら結果はどうなるか，ということである．

先の基本原理によれば，一度運動量が $-p_1$ と確定してしまうと，その後はずっと $-p_1$ が観測される．これは観測という行為により，波動関数に

$$\psi(x,t) = \sin\left(\frac{p_1 x}{\hbar}\right)e^{-iE_1 t/\hbar} \xrightarrow{観測} \psi(x,t) = e^{-ip_1 x/\hbar}e^{-iE_1 t/\hbar} \quad (2.178)$$

という変化が起こったことを意味している．このような観測による波動関数の突然の変化を，**波動関数の収縮**とよぶ．量子力学的な状態は非常に「デリケート」であり，ちょっとした観測行為でも，もとの状態がすぐに壊れてしまうのである．

ただし，式 (2.177) の波動関数の場合には，運動量の観測により波動関数の収縮が起こっても，エネルギーの値には何の影響も及ぼさない．なぜなら，観測結果が p_1 であっても $-p_1$ であっても，どちらの状態に波動関数が収縮しても，$E_1 = p_1^2/2m$ というエネルギーを与えてくれるからである．

では，運動量の代わりに「位置」を観測した後に，エネルギーを観測したらどうだろうか．今度も $E_1 = p_1^2/2m$ が観測されるだろうか．そうはならない．粒子の位置を観測すると，波動関数は**図 2.22** のような収縮を起こす．この変化は，位置の不確定性 Δx が非常に小さくなったことを意味する．したがって，不確定性関係 $\Delta x \Delta p \geq \hbar/2$ により，運動量の不確定性が大きくなり，エネルギーの不確定性も大きくなる．このため，位置を観測した後にエネルギーを観測すると，$E_1 = p_1^2/2m$ 以外にもいろいろな値が観測されてしまう．位置の観測により，波動関数はもはやエネルギー固有状態

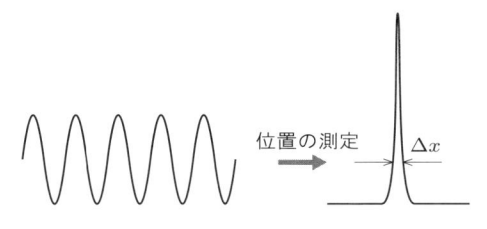

図 2.22　位置の観測による波動関数の変化

ではなくなってしまうのである[†1]．

　このように，観測による波動関数の収縮は，物理量の同時観測可能性や不確定性関係と深く関連した現象である．しかしこの現象は，前項までに議論してきた内容とは，別次元のものであることを強調したい．なぜなら波動関数の収縮は，シュレディンガー方程式からは導き出せない現象だからである．

　シュレディンガー方程式を解いて波動関数を求めることにより，物理量（運動量やエネルギー）のどのような値がどの程度の確率で観測されるのかを予測することはできる．しかし，観測の後，波動関数がどうなってしまうのか（状態が壊れずに何度でも同じ確率が得られるのか，それとも壊れてしまうのか）に関しては，シュレディンガー方程式はまったく無力であり，何一つ私たちに有益な情報を与えてくれない．シュレディンガー方程式だけでなく，量子力学のどんな方程式も波動関数の収縮を記述できない．波動関数の収縮は，まぎれもない量子力学の基本原理である．しかしそれにもかかわらず，現在でもその完全な理解にはいたっていないのである．

　ただしこのことは，量子力学が「使い物にならない」ことを意味するものではない．むしろ量子力学は「万能」であり，ミクロの世界で起こるあらゆる現象をきわめて正確に予測してくれる．つまり量子力学は，実用的にはまったく問題のない理論なのである．したがって，「実用上問題がないならそれで十分ではないか」という意見もありこれには一理ある．しかし一般には，波動関数の収縮は，量子力学における未解決問題として認識されている．その大きな理由の一つは，波動関数の収縮，および観測という行為を記述する「数式」がない，ということである．多くの物理学者は，この世界の森羅万象は数式（数学）により記述されるべきである，と考えているのである．

2.5.7　3次元のシュレディンガー方程式と基本原理のまとめ：次章へのステップのために

　本章では，これまで話を 1 次元問題に限定してきた．次章では，3 次元問題の典型と

[†1] この場合，エネルギー保存則はどうなってしまうのだろう．考えてみてほしい．

して水素原子を詳しく考察するが，そこでは3次元ならではの特徴的な効果がいくつも現れてくる．本項ではその前段として，これまで学んできた内容を3次元版としてまとめるとともに，3次元化することにより新たに加わる情報を追記する．また，本節で説明された重要事項を「量子力学の基本原理」としてまとめておく．

本章の冒頭に記した3次元のシュレディンガー方程式（式 (2.1)）が示すように，波動関数 ψ はその変数が $\boldsymbol{r} = (x, y, z)$ に変わる．波動関数に対する規格化条件，固有関数の規格直交性などに現れる積分は，x, y, z に対する三重積分 $dxdydz = d\boldsymbol{r}$ となる．

$$\langle \psi | \psi \rangle = \int \psi(\boldsymbol{r}, t)^* \psi(\boldsymbol{r}, t) d\boldsymbol{r} = 1 \tag{2.179a}$$

$$\langle \varphi_m | \varphi_n \rangle = \int \varphi_m(\boldsymbol{r})^* \varphi_n(\boldsymbol{r}) d\boldsymbol{r} = \delta_{mn} \tag{2.179b}$$

3次元の運動では運動量はベクトルとなるので，対応する演算子もベクトルとなる．

$$\hat{\boldsymbol{p}} = (\hat{p}_x, \hat{p}_y, \hat{p}_z) = \left(-i\hbar\frac{\partial}{\partial x}, -i\hbar\frac{\partial}{\partial y}, -i\hbar\frac{\partial}{\partial z}\right) \tag{2.180}$$

一方，エネルギーはスカラーのままであり，上の運動量演算子を用いると運動エネルギー演算子 $\hat{K}$ は

$$\hat{K} = \frac{\hat{p}^2}{2m} = \frac{1}{2m}(\hat{p}_x^2 + \hat{p}_y^2 + \hat{p}_z^2)$$
$$= -\frac{\hbar^2}{2m}\left(\frac{\partial^2}{\partial x^2} + \frac{\partial^2}{\partial y^2} + \frac{\partial^2}{\partial z^2}\right) = -\frac{\hbar^2}{2m}\nabla^2 \tag{2.181}$$

となる．ハミルトニアンは

$$\hat{H} = \frac{\hat{p}^2}{2m} + U = -\frac{\hbar^2}{2m}\nabla^2 + U(\boldsymbol{r}) \tag{2.182}$$

である．運動量と位置の演算子は，各成分で個別に次の関係が成り立っている．

$$[x, \hat{p}_x] = [y, \hat{p}_y] = [z, \hat{p}_z] = i\hbar \tag{2.183}$$

これはつまり，次の不確定性関係があることを意味する．

$$\Delta x \Delta p_x \geq \frac{1}{2}\hbar, \quad \Delta y \Delta p_y \geq \frac{1}{2}\hbar, \quad \Delta z \Delta p_z \geq \frac{1}{2}\hbar \tag{2.184}$$

一方，方向が異なる演算子に対しては交換関係が成立し，したがって同時に確定できる．たとえば以下のとおりである．

$$[y, \hat{p}_x] = [z, \hat{p}_x] = 0, \quad [\hat{p}_x, \hat{p}_y] = [\hat{p}_x, \hat{p}_z] = 0, \quad [x, y] = [x, z] = 0 \tag{2.185}$$

上記のうち，方向の異なる運動量どうしが交換可能であることから，運動量ベクトルと運動エネルギーの演算子も交換する．

$$[\hat{p}_x, \hat{K}] = 0, \quad [\hat{p}_y, \hat{K}] = 0, \quad [\hat{p}_z, \hat{K}] = 0 \tag{2.186}$$

このことは，運動量ベクトル演算子と運動エネルギー演算子の同時固有関数が存在することを意味する．その同時固有関数は，3次元空間における平面波

$$\psi(\boldsymbol{r},t) = ae^{i(p_xx+p_yy+p_zz)/\hbar}e^{-iEt/\hbar} = ae^{i(\boldsymbol{p}\cdot\boldsymbol{r}-Et)/\hbar} \tag{2.187}$$

である．ここに，a は定数である．

さて，粒子の運動が 1 次元から 2,3 次元へと変わると，新たに二つの概念が登場する．それは**回転**と**エネルギー縮退**である．エネルギー縮退とは，異なるエネルギー固有関数であるにもかかわらず，エネルギー固有値が等しいことを意味する．1 次元の運動の場合，エネルギー縮退を示す事例はただ一つしかない．それは自由空間における右向きの運動量 p をもつ状態と左向きの運動量 $-p$ をもつ状態であり，これらはともにエネルギー $E = p^2/2m$ をもつ．

空間が高次元化すると，回転運動に起因して様々なエネルギー縮退が起こる．回転とエネルギー縮退は，私たちを構成する物質の成り立ちを理解するうえで，非常に重要な概念である．そして，これらの概念の本質は，次章で見る水素原子に集約されている．

最後に，量子力学の基本原理をまとめておこう．

●量子力学の基本原理

量子力学とは，粒子の運動を記述するための理論体系であり，以下の三つの原理に従うものである．

(1) 状態ベクトル（波動関数）
 粒子の状態は状態ベクトルで記述され，その時間変化はシュレディンガー方程式に従う[†1]．⇒ 式 (2.1)
(2) 観測可能な物理量
 観測可能な物理量はエルミート演算子で表され，その観測値はエルミート演算子の固有値で与えられる．また，ある固有値が観測される確率は，その固有関数（基底ベクトル）を χ_n，状態ベクトルを ψ として，$|\langle\chi_n|\psi\rangle|^2$ で与えられる．⇒ 式 (2.156)
(3) 観測による状態変化（波動関数の収縮）
 ある物理量を観測しその物理量の値が確定すると，粒子の状態はその物理量の固有状態に変化する．⇒ 2.5.6 項

[†1] 波動関数の時間発展は，ユニタリー変換で記述される．6.3.2 項を参照してほしい．

演習問題

2.1 調和振動子の $n=2$ に対するエネルギー固有関数 φ_2 は偶関数となる．そこで，
$$\varphi_2(x) = (1+bx^2)e^{-x^2/2\alpha^2}$$
の形に解を求める．この式をシュレディンガー方程式（式 (2.51)）に代入することにより b を求め，かつ，$E_2 = 5\hbar\omega_0/2$ となることを確認せよ．

2.2 不確定性関係を $\Delta x \Delta p \sim \hbar$ とし，これを古典的調和振動子のエネルギー（式 (2.48)）に適用して，
$$E(\Delta x) = \frac{\hbar^2}{2m}\left(\frac{1}{\Delta x}\right)^2 + \frac{1}{2}m\omega_0^2(\Delta x)^2$$
という式を考える．横軸を Δx にとり $E(\Delta x)$ をグラフ化し，このグラフが極小点をもつことを確認せよ．また，極小点 $x_{\min}$ を与える Δx と，そのときのエネルギー $E_{\min}$ の値を求めよ．さらに，この $E_{\min}$ の値を調和振動子のゼロ点振動のエネルギーと比較せよ．

2.3 式 (2.101) を確認せよ．

2.4 トランジスタのゲート絶縁膜に使われるシリコン酸化物 SiO_2 の電子に対するエネルギー障壁の高さは約 $3\,\mathrm{eV}$ である．そこで式 (2.108) において，$U_0 = 3.1\,\mathrm{eV}$, $E = 0.1\,\mathrm{eV}$ とする．このとき，減衰長 ℓ（式 (2.35)）の値を求めよ．また，絶縁膜の膜厚が $d = 1\,\mathrm{nm}$, $5\,\mathrm{nm}$ のときの透過率 T を求めよ．

2.5 井戸型ポテンシャル（図 2.6），調和振動子ポテンシャル（図 2.8）に対するエネルギー固有状態に関して，位置と運動量の期待値がいくつになるか考えよ．また，エネルギー固有状態の重ね合わせの場合はどうか．

2.6 調和振動子の基底状態と第 1 励起状態の重ね合わせの状態を考える．
$$\psi(x,t) = \sqrt{3}\psi_0(x,t) + \psi_1(x,t)$$

(1) この状態を規格化せよ．ただし，$\langle\psi_0|\psi_0\rangle = \langle\psi_1|\psi_1\rangle = 1$ とする．
(2) 規格化された状態を具体的に書き下せ．その際，固有関数とエネルギー固有値は α と ω_0 を用いて表せ．
(3) この状態にある調和振動子を 100 個用意し，それぞれ個別に 1 回ずつエネルギーを測定する．予想される結果を述べよ．
(4) この状態にある調和振動子をただ一つ用意し，これに対してエネルギーを 100 回測定する．予想される結果を述べよ．

Chapter 3 角運動量と水素原子
― 物質形成の源泉

　角運動量，とりわけ「量子化された角運動量」は，物理学における難解な概念の一つであり，その理解は容易ではない．そこで本章では，まず，3.1 節で古典力学における角運動量について説明を行った後に，3.2 節で，量子力学における角運動量について議論する．3.3 節では，量子化された角運動量を用いて，水素原子の構造を詳しく議論する．また，水素原子の理論を基礎にして，周期表に沿って実際に元素を組み上げてみる．これらの過程で，角運動量が元素や物質の形成に重要な物理量であることが見えてくるだろう．

3.1　古典力学における角運動量：回転の勢いを表す物理量

　角運動量は，2, 3 次元に特徴的な運動形態である回転運動と結びついた物理量である．本節では，角運動量と回転運動との関係を議論し，重力やクーロン力が作用する空間において，角運動量が保存されることを示す．また，角運動量が磁石の性質とも関係していることを説明する．

3.1.1　角運動量：1 次元運動では現れない物理量

　角運動量は運動量と何が違うのだろうか．まずは，これら二つの物理量について考えてみよう．

　始めに，図 3.1(a) のような衝突問題を考えてみる．質点 A を空間のある位置に置き，これに左右から二つの質点を同時に衝突させる．衝突後に質点 A がどちらに動くかというと，これはぶつける側の質点の運動量 $p(=mv)$ の大きさで決まる．もし二つの質点が，大きさが同じで逆向きの運動量をもっていたとすると，質点 A は衝突後も止まったままである．ぶつける質点の速さが n 倍であっても質量が $1/n$ であれば，並進運動の「勢い」は同じであるということである．つまり運動量とは，「並進運動の勢いを表す物理量」である．

　次に，図 3.1(b) のように，中心を原点（基準点）に固定した棒 A に，二つの質点

110   第 3 章　角運動量と水素原子 — 物質形成の源泉

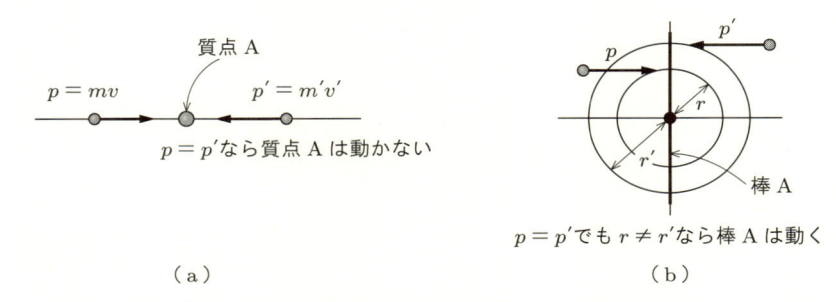

図 3.1　(a) 直線上（1 次元）での質点の衝突．(b) 2 次元平面での質点の棒への衝突．

をぶつける場合を考えてみよう．先ほどと同じように，二つの質点は大きさが同じで逆向きの運動量をもつとする．ただしここでは，その並進運動の軌道を平行に少しずらしておこう．さて，この棒は先ほどの質点 A のように，止まったままだろうか．今度は動き出す．図の場合，右側の質点のほうが棒の外側に当たるので，棒は反時計回りに回転を始める．これは，たとえ運動量の大きさが同じでも，ある基準点からの距離が異なると，質点の「棒を回転させようとする勢い」が異なることを意味している．したがって，運動量だけでは質点の運動をうまく記述できない．

このような場合には，運動量に基準点からの距離を掛けた量を考える．

$$L = rmv = rp \tag{3.1}$$

すると，たとえば「外側の質点が内側の質点より n 倍遠くにあっても，その運動量の大きさが $1/n$ であれば，棒は衝突後も止まったままである」という事象は，「二つの質点の基準点に対する L は，その総和がゼロである」と簡潔に表現できる．式 (3.1) で表される量が**角運動量**である．すなわち角運動量とは，「回転の勢いを表す物理量」なのである．

以上の考察からわかるように，角運動量は，2 次元以上の空間で定義される物理量である．そこで次に，2 次元の運動に関して角運動量をどのように構成すればよいかを見てみよう．**図 3.2**(a) は，y 軸に平行に運動する，軌道の異なる 3 種類の質点の様子を表している．これらのうち，原点より右側にあるものは，棒を反時計回りに回そうとする「勢い」がある．いま，反時計回りの方向を正の回転方向と定義する．すると角運動量は，y 方向に動く質点に対して，

$$L = xp_y \tag{3.2}$$

と書けそうである．ここに，x は質点の x 座標，p_y は y 方向の運動量である．この表式は大変都合がよい．なぜなら，その符号も含めて，位置座標と運動量により角運動量を表現できるからである．確かに，原点で衝突する場合は棒は回転せず，負の x に

図 3.2 (a) y 方向の運動 $L = xp_y$

(b) x 方向の運動 $L = -yp_x$

(c) 等速直線運動 $L = xp_y - yp_x$

(d) 円運動 $L = xp_y - yp_x = rp$

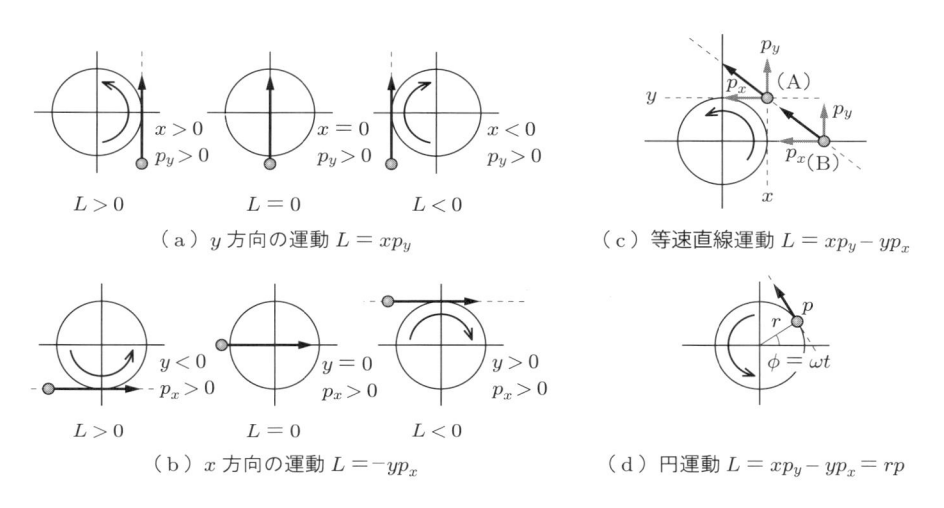

図 3.2 質点の運動方向と角運動量との関係

対しては回転方向が負（時計回り）になることをうまく表現できている．運動量の符号が逆転すると，回転が反転することとも合致している．

図 3.2(b) のように，x 軸に平行に運動する場合はどうであろうか．今度はこれではうまくいかない．正の角運動量を与えるのは，y 座標が負の質点のほうである．したがって，x 方向に動く質点に対しては，

$$L = -yp_x \tag{3.3}$$

としてやることにより，つじつまを合わせることができる．

角運動量という一つの物理量を表すのに，x 方向と y 方向でその表式に現れる符号が変わってしまうのは具合が悪そうであるが，そうではない．x-y 平面上を直進運動する任意の質点に対して，角運動量は以下のように表現できる．

$$L = xp_y - yp_x \tag{3.4}$$

たとえば，図 3.2(c) のような等速直線運動をする質点の点 A での角運動量は，x 方向と y 方向とに分解することにより，p_x も p_y も正の角運動量（反時計回りの運動）の生成に寄与していることがわかる．一方，点 B での角運動量を考えてみると，p_x に関しては質点が x 軸上にあるため回転には寄与しないが，p_y に関しては y 軸からの距離が点 A のそれよりも離れているため，より大きく寄与することになる．このようにして，結局点 A と点 B での角運動量は等しくなる．それだけでなく，この質点の運動軌道上のどの座標においても，その角運動量の値は変わらない．等速直線運動する質点

の角運動量は保存されるのである(演習問題 [3.1] 参照).

もちろん,角運動量は並進運動に対してのみ定義されるものではない.質点が時刻 t において位置 $(x(t), y(t))$,運動量 $(p_x(t), p_y(t))$ をもつ場合,これらを式 (3.4) に当てはめれば,時刻 t における角運動量 $L(t)$ を求めることができる.そこで,図 3.2(d) のように,一定の角速度(角振動数)ω で円運動している場合を考えよう.この場合,位置座標と運動量ベクトルは以下のように表される.

$$(x, y) = (r\cos\omega t, r\sin\omega t), \qquad (p_x, p_y) = (-p\sin\omega t, p\cos\omega t) \qquad (3.5)$$

これを式 (3.4) に代入してみると,

$$xp_y - yp_x = (r\cos\omega t)(p\cos\omega t) - (r\sin\omega t)(-p\sin\omega t)$$
$$= rp(\cos^2\omega t + \sin^2\omega t) = rp$$

となり,時間にかかわる因子 ωt は現れず,再び式 (3.1) が得られる.このように等速円運動では,運動量ベクトルは時々刻々変化するが,角運動量は一定の値をとるのである.これは,次項で説明する中心力場での運動の特徴であり,水素原子における電子の運動にも当てはめることができる.このことからも,角運動量が回転運動を特徴付ける物理量として,運動量よりも適していることがわかるであろう.

ここで,角運動量の定義に関する注意点を述べておこう.これまでの議論からわかるように,角運動量は直線運動でも円運動でもどんな運動でも定義することができる.しかし,その大きさと符号は基準点をどこにとるのかに依存する.直線運動であれば,基準点を直線上にとればゼロになり,直線から離れれば大きくなる.円運動でも同じである.円の外側に基準点をとれば,この円運動の角運動量は複雑な時間変化を示すはずだ.しかし,円運動には特別な点が存在する.それは円の中心である.先の議論で角運動量が定数になったのは,基準点を円の中心にとったためである.そして,回転運動の角運動量を議論するときには,この特別な基準点を採用することが暗黙のうちに了解されている.この特別な基準点となるのは,次項で出てくる「力の中心」である.

次に,3次元の運動の角運動量を考えよう.平面内(2次元)における運動の場合,角運動量はその大きさと回転の向きを指定するだけでよく,これらは正負の実数を用いてスカラーとして表現することができた.しかし,3次元の場合,x-y, y-z, z-x の3個の基準面をもつので,これらの基準面にかかわる運動を区別する必要がある.このため,角運動量は必然的にベクトルとなる.y-z, z-x 平面内での運動に対する角運動量は,x-y 平面の場合(式 (3.4))と同様に,それぞれ $yp_z - zp_y$, $zp_x - xp_z$ のように定義できる.そして,一般の運動に対する角運動量ベクトルを構成するには,これ

らの 3 成分を並べてやればよい．その際，x-y, y-z, z-x 面のそれぞれの表式をこの順番どおりに並べてもいいかもしれない．しかし，x-y 平面内の回転の勢いを x 方向のベクトルで表現するというのはどうにも居心地が悪い．それよりも，x-y 平面に垂直な方向のベクトル，すなわち，z 方向のベクトルを用いて表したほうがすっきりしそうである．つまり，x-y 平面内の正の回転を z 軸上の正方向のベクトルで，負の回転を負方向のベクトルで，そして，角運動量の絶対値をこれらベクトルの長さで表すのがよさそうである．そこで，角運動量ベクトル $\bm{L}$ を以下のように定義する．

$$\bm{L} = (L_x, L_y, L_z) = (yp_z - zp_y, zp_x - xp_z, xp_y - yp_x)$$
$$= \bm{r} \times \bm{p} \tag{3.6}$$

この式は，角運動量の x 成分 L_x は x 方向の運動とはまったく関係がなく，x 軸に垂直な y-z 平面内での運動に関係していることを意味している．y, z 成分についても同様である．図 3.3 にその様子を示した．このように，角運動量ベクトルは位置ベクトルと運動量ベクトルの外積で表され，回転運動に関しては角運動量ベクトルの方向は回転面に垂直になる．

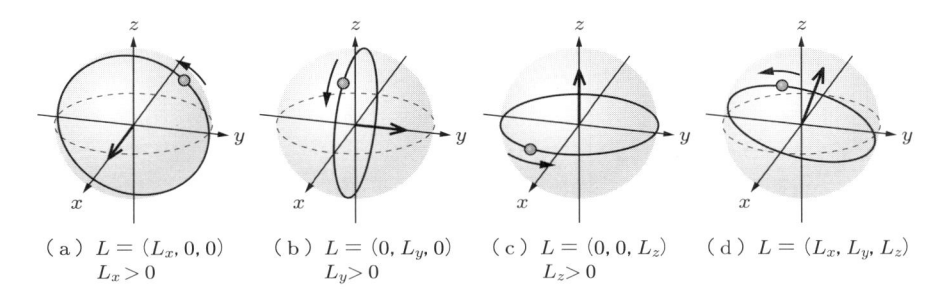

(a) $L = (L_x, 0, 0)$
$L_x > 0$

(b) $L = (0, L_y, 0)$
$L_y > 0$

(c) $L = (0, 0, L_z)$
$L_z > 0$

(d) $L = (L_x, L_y, L_z)$

図 3.3 3 次元空間における回転運動と角運動量の関係

外積が現れたので，外積により生成されるベクトルの絶対値の性質を復習しておこう．内積はもともとスカラーなので，これとの対比で考えるとわかりやすい．

$$\bm{A} \cdot \bm{B} = |\bm{A}||\bm{B}| \cos \theta \tag{3.7a}$$

$$|\bm{A} \times \bm{B}| = |\bm{A}||\bm{B}| \sin \theta \tag{3.7b}$$

ここに，θ は二つのベクトルのなす角度である．またこれらから，以下のような関係式も成り立つことがわかる．

$$(|\bm{A}||\bm{B}|)^2 = (\bm{A} \cdot \bm{B})^2 + |\bm{A} \times \bm{B}|^2 \tag{3.8}$$

式 (3.7b) に $\theta = 0$ を代入すれば，外積の重要な性質が導ける．

「互いに平行なベクトルの外積はゼロである」

これは，ベクトルの内積が直交するときにゼロになることと対照的である．この性質を図3.2(a),(b)に当てはめてみよう．これらの図に位置ベクトルrを描き込んでほしい．rは，原点から質点に向かって線を引き，終点に矢印を付ければよい．質点が原点を通る運動の場合にのみ，位置ベクトルと運動量ベクトル（図中の矢印）が平行になることがわかるであろう．このとき，角運動量はゼロになるのである．

最後に，後の議論のために，角運動量を用いてニュートンの運動方程式を表しておこう．古典力学の枠組みでは，これまでと同様の議論を，質点にはたらく力Fに対して行い，**力のモーメント**（またはトルク）を次式で定義する．

$$N = (N_x, N_y, N_z) = r \times F \tag{3.9}$$

そして，ニュートンの運動方程式$dp/dt = F$（式(1.35)）を力のモーメントを用いて表現するために，位置ベクトルとの外積をとる．

$$r \times \frac{dp}{dt} = r \times F \tag{3.10}$$

ここで，

$$\frac{d(r \times p)}{dt} = \frac{dr}{dt} \times p + r \times \frac{dp}{dt} \tag{3.11}$$

において，速度$v(= dr/dt)$と運動量pは平行であるので，右辺第1項は外積の性質によりゼロである．よって，

$$\frac{d(r \times p)}{dt} = r \times \frac{dp}{dt} = r \times F \tag{3.12}$$

あるいは，

$$\frac{dL}{dt} = N \tag{3.13}$$

が得られる．この式は，ニュートンの運動方程式を変形しただけで，その物理的意味になんら変わりはない．ただ基準点を設定し，質点の運動をこの基準点における回転という立場で表現したに過ぎない．しかしこのような変形において，角運動量という物理量が自然な形で表れてくるのである．すなわち，「角運動量は運動量のモーメントである」ということであり，力のモーメントの存在により変化するものなのである．

3.1.2 中心力場における運動：保存される角運動量

1.1.3項で議論した重力は，**力の中心**とよばれる点から放射状にはたらき，その力の大きさは，中心からの距離rのみに依存し，方向には依存しないという性質をもっている．このような力は，様々な力の中でも最も重要なものであり，**中心力**とよばれている．また，中心力のはたらいている空間を**中心力場**とよぶ．クーロン力は中心力のも

う一つの代表例であり，その力とポテンシャルエネルギーを示すと以下のようになる．

$$\boldsymbol{F}(r) = \frac{q_1 q_2}{4\pi\varepsilon_0 r^2}\frac{\boldsymbol{r}}{r} \tag{3.14a}$$

$$U(r) = \frac{q_1 q_2}{4\pi\varepsilon_0 r} \tag{3.14b}$$

ここに，$r = |\boldsymbol{r}|$ は二つの質点の距離であり，q_1, q_2 は二つの質点の電荷量である．陽子（電荷 $+e$）と電子（$-e$）が作るクーロンポテンシャルエネルギーの形を図 3.4 に示した（ただし，図は 2 次元の場合であり，陽子の位置を原点に固定している）．このポテンシャルに電子をそっと置いてみれば，電子はどの位置に置いても，まっすぐに陽子（力の中心）に向かって進むはずだ．

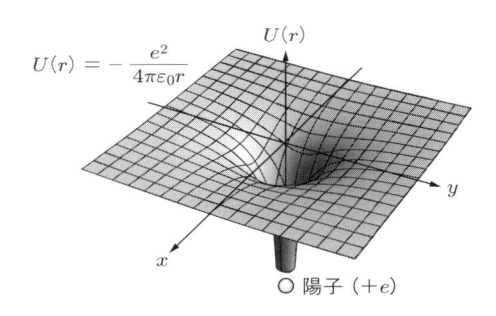

図 3.4 陽子と電子が作るクーロンポテンシャルエネルギー

ここで，式 (3.14a) のクーロン力 $\boldsymbol{F}(r)$ を用いて中心力場における力のモーメントを計算してみると，以下に示すようにゼロになる．

$$\boldsymbol{N} = \boldsymbol{r} \times \boldsymbol{F} = \frac{q_1 q_2}{4\pi\varepsilon_0 r^3}\boldsymbol{r} \times \boldsymbol{r} = 0 \tag{3.15}$$

したがって，式 (3.13) により，

$$\frac{d\boldsymbol{L}}{dt} = 0 \quad \text{あるいは} \quad \boldsymbol{L} = 一定 \tag{3.16}$$

となる．つまり，

「中心力場では角運動量は保存される」

ということである．これは，角運動量という物理量がもつ重要な性質である．しかし，式 (3.15) をもう一度眺めてみよう．単純に $\boldsymbol{F} = 0$ でも $\boldsymbol{N} = 0$ となる．これは，

「自由空間では角運動量は保存される」

ということを意味している．自由空間で物体が自転していれば，その回転運動は永久

に続くということだ[†1]．自由空間とは，運動量やエネルギーだけでなく，角運動量も保存される空間なのである．このことからもわかるように，角運動量は，運動量，エネルギーと並んで力学の中心をなす物理量である．

さて，中心力場での運動を考える場合，運動量を動径方向成分 p_r と回転方向成分 p_θ に分解して（図 3.5），エネルギー保存則を次のように書いておくと便利である[†2]．

$$E = \frac{p_r^2}{2m} + \frac{p_\theta^2}{2m} + U(r) \tag{3.17}$$

ここで式 (3.8) を用いると，

$$r^2 p^2 = (|\boldsymbol{r}||\boldsymbol{p}|)^2 = (\boldsymbol{r}\cdot\boldsymbol{p})^2 + |\boldsymbol{r}\times\boldsymbol{p}|^2 = (\boldsymbol{r}\cdot\boldsymbol{p})^2 + L^2 \tag{3.18}$$

となり，

$$\frac{p^2}{2m} = \frac{(\boldsymbol{r}\cdot\boldsymbol{p})^2}{2mr^2} + \frac{L^2}{2mr^2} \tag{3.19}$$

が得られる．この式の右辺第 2 項を式 (3.17) に採用すると，式 (3.17) の保存則は

中心力場における保存則：

エネルギー保存： $\quad E = \dfrac{p_r^2}{2m} + \dfrac{L^2}{2mr^2} + U(r) \qquad$ (3.20a)

角運動量保存： $\quad \boldsymbol{L} = $ 一定 $\qquad$ (3.20b)

と書ける．ここに，中心力場での角運動量保存を強調するために，これを併記した．また，図 3.5 の下式から，

$$|\boldsymbol{L}| = L = rp_\theta \tag{3.21}$$

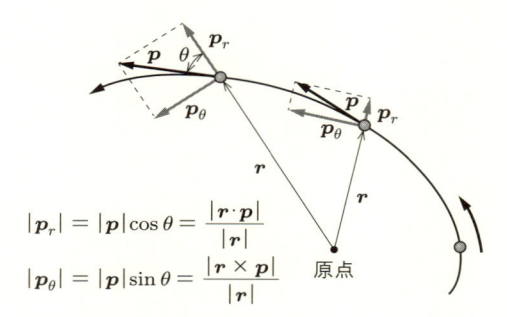

図 3.5　運動量の動径方向と回転方向への分解

[†1] ただし，大きさをもたない質点に関しては，自転運動を定義することができず，自由空間で許されるのは等速直線運動だけである．しかし，等速直線運動においても角運動量が保存されることは，前項で述べたとおりである．

[†2] 動径方向と回転方向は，それぞれ位置ベクトル $\boldsymbol{r}$（基準点から質点へ向かうベクトル）に並行，および垂直な方向を指す．このため，一般にこれらの方向は，時間とともに変化することに注意してほしい．

と書けることもわかるであろう．つまり，角運動量に寄与するのは，r に垂直な運動量成分だけだということである．本節の冒頭で示した式 (3.1) の p は，p_θ のことだったのだ．

さて，式 (3.20a) の右辺第 2 項は**遠心力ポテンシャル**とよばれることがある．これまでの議論からわかるように，この項は回転方向の運動エネルギーであり，ポテンシャルエネルギーではなかったはずだ．したがって，なぜこの項が遠心力ポテンシャルとよばれるかについては，説明が必要である．

式 (3.20a) を p_r に対する方程式と見た場合，右辺第 2 項は第 3 項の中心力ポテンシャルとともに p_r を決定するエネルギー項であると解釈できる．なぜ遠心力とよばれるのかについては，質点と一緒に運動する回転座標系を使うとわかりやすい．

原子核の周りを円運動をする電子を想定し，この電子の動きを電子の上に乗って眺めてみよう．電子は静止して見えるはずだ．これは遠心力というものが存在し，この遠心力が中心力とつり合っているからだと解釈できる．あるいは，この状態で突然原子核が消失したらこの電子の動きはどう見えるだろうか．観測者には，力の中心（原子核）と電子を結ぶ線に沿って，電子が勢いよく外側に弾き飛ばされたように見えるはずである．いままであった中心力が消えたために遠心力だけが残り，この遠心力が物体を外側に弾き飛ばしたのである．確かに遠心力は存在している．しかし実際に起こっていることは，電子が円軌道を外れ，円の接線方向に飛び出すということである．

このように遠心力ポテンシャルは，動径方向に対する運動という視点で，つまり力の中心からの距離 r「だけに」注目して，方程式を見た場合の呼び名である．しかしその起源が，回転方向の運動エネルギーにあったことを認識しておいてほしい．

動径方向の運動にのみ着目して方程式を見る場合，式 (3.20a) を次のように書いておくと便利である．

$$E = \frac{p_r^2(r)}{2m} + U_{\text{eff}}(r) \qquad \left(U_{\text{eff}}(r) = \frac{L^2}{2mr^2} + U(r)\right) \qquad (3.22)$$

ここに U_{eff} は，動径方向の運動に対する**実効ポテンシャル** (effective potential) とよばれる．

原子核（陽子）と電子を想定して，遠心力ポテンシャルとクーロンポテンシャルを図 3.6(a) に示した．クーロンポテンシャルと遠心力ポテンシャルは，それぞれ r^{-1}，r^{-2} に比例するので，r が大きいところではクーロンポテンシャルが，小さいところでは遠心力ポテンシャルが支配的となる．図 3.6(b)〜(d) には，3 種類の角運動量に対する実効ポテンシャルが示されている．これらのポテンシャル図と電子のもつエネルギー E が与えられれば，1.1.4 項で行ったのと同じ方法（図 1.2）によって，電子の運動の詳細を知ることができる．図では，$E = E_0 < 0$ の束縛状態が示されている．

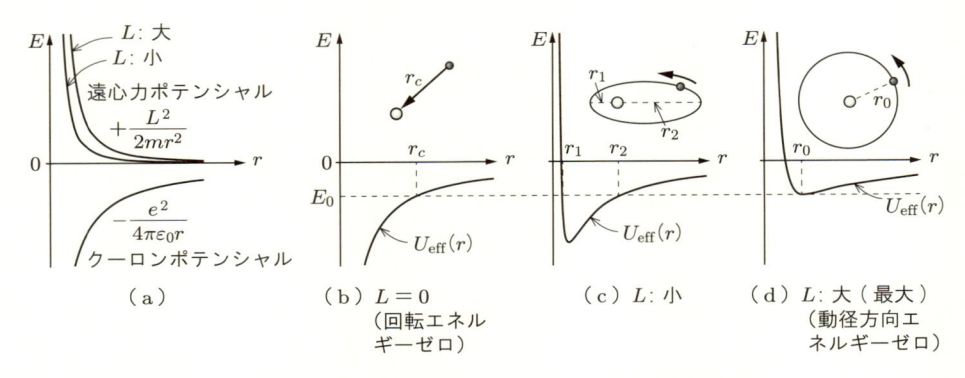

図 3.6 (a) 遠心力ポテンシャルとクーロンポテンシャル．(b)～(d) 実効ポテンシャル U_{eff} による束縛状態の分類．

図 3.6(b) は，角運動量がゼロの状態，すなわち回転運動をしていない状態を表す．この場合，実効ポテンシャルは原点（力の中心）に向かって単調に減少する．電子は $r = r_c$ で静止状態にあり，そこから真っ逆さまに原子核に落ち込んでいく．

電子がゼロでない角運動量をもつと，様相は一変する．この場合，遠心力ポテンシャルは原点で正に発散するので，実効ポテンシャルは極小点をもつことになる．そして角運動量の増大とともに，この極小点は原点から遠ざかっていく．図 3.6(c) に示すように，角運動量が小さいときには，動径 r は r_1 と r_2 の間で周期的に変化するが，これは楕円軌道に対応している[†1]．角運動量が大きくなると r_1 と r_2 の差が小さくなっていき，あるところまで角運動量が大きくなると両者は等しくなり，半径 r_0 の円運動をするようになる (3.6(d))．

このように，中心力場中の運動は，二つの保存量，エネルギーと角運動量を与えることにより，完全に記述することができる．

3.1.3 角運動量と磁気モーメント：電子は小さな磁石

角運動量という物理量をより深く理解するためには，磁石との関係を理解することが重要である．ここでは，磁石と円運動をする古典的な電子との関係を議論しよう．この議論を始めるためには，まず，「磁石とは何か」ということを理解しておくことが必要であろう．磁石には次の性質がある．

(1) 磁場を発生させる
(2) N 極と S 極がある

[†1] 楕円運動では，物体の速度は時々刻々変化するが，角運動量は軌道上のどの点においても同じ値となる．中心力場では，物体の角運動量は「その運動形態にかかわらず」「常に」保存されるということを認識してほしい．

(3) 外部磁場を加えると，安定な方向とそうでない方向が生じる

(1) は，電荷が電場を発生させることと似ている．しかし，(2) は電荷と違う．これが磁石の特徴と言ってよいだろう．磁石は，極性の異なる二つの極がいつもペアになっており，これは**磁気双極子**とよばれている．磁気双極子では，N極から出た磁力線はS極に戻ろうとするので，図3.7のような磁場の分布を作り出す．

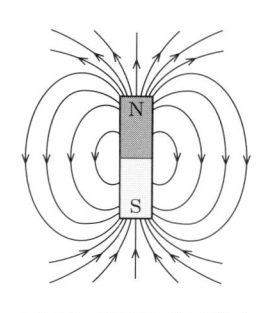

図 3.7 磁石の作る磁場

次に，(3) の外部磁場に対する応答である．磁石の外部磁場への応答の仕方を理解することは，磁石そのものを理解するうえで非常に重要なので，ここでは少し深く考えてみることにしよう．

巨大で強力なディスク状の磁石の真ん中あたりに，小さな棒磁石をそっと置いた場合に何が起こるかを考えてみる（図3.8(a)）．この棒磁石は，ディスク状磁石からの引力を感じて，これに引き寄せられるだろうか．そのようなことは起こらない．ディスク状磁石の真ん中では一様な垂直磁場が生じるので，棒磁石の二つの極には互いに方向が反対で「大きさが等しい」力がはたらく．だから，力のつり合いにより棒磁石は動かない．その向きを磁場方向に変えようとするだけだ．つまり，棒磁石には向きを変えようとする強大なトルクははたらくが，大きい磁石のほうに引き寄せるための引

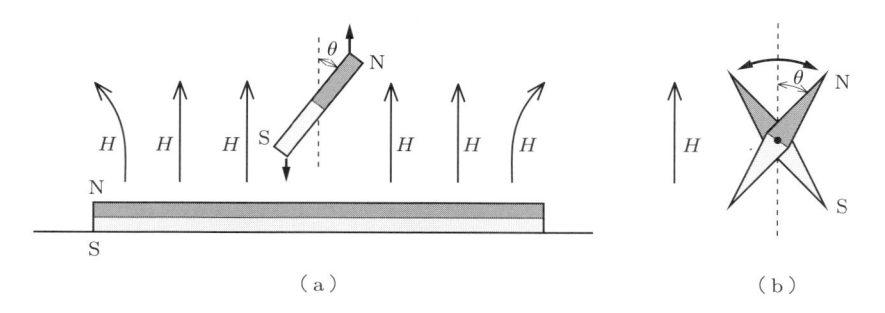

図 3.8 外部磁場中での磁石の動き．(a) ディスク状磁石の直上に置かれた棒磁石．(b) 外部磁場 H を印加したときの方位磁針の振動．

力は生じないのである．このことは，磁石が互いに引き合うためには，「不均一磁場」が必要であることを意味している．不均一磁場があって初めて，N極とS極の受ける力の総和がゼロでなくなり，磁石は動ける（並進運動をすることができる）のである．

さて，上の記述で「向きを変える」ではなく「向きを変えようとする」と回りくどい言い方をしているのにも重要な意味がある．皆さんは，方位磁針は外部磁場（たとえば地磁気）の方向を向くものと思っていないだろうか．これは正しいことは正しいのであるが，その理由はきちんと理解しておかないといけない．

外部磁場が発生したときの磁石の動きを考えよう（図3.8(b)）．もし磁石の方向が，外部磁場の方向と異なっていれば，磁石は磁場の方向に向きを変えようとして動き始めるだろう．しかし，磁石は磁場の方向で止まることはなく，これを勢いよく通り越して反対側に触れてしまう．つまり磁石は，始状態の方向が外部磁場の方向と違っていれば，本質的には磁石の方向に向きを変えることはない．振り子のように振動を始めるだけなのだ．この振動のエネルギーは，磁石が外部磁場に置かれたために生じるエネルギーである．もし磁石が初めから外部磁場のほうに向いていれば，このような振動は起こらない．これは，そのような状態が磁石のエネルギーが最も低いからである．つまり，方位磁針が外部磁場のほうを向くのは，摩擦によりエネルギーを失うためである．磁石はエネルギーを失う過程が存在して初めて，安定な方向（外部磁場の方向）に向きを変えることができるのである．

以上のような磁石の性質は，ただ一つの物理量で言い表すことができる．それが**磁気モーメント**である．少し大胆に言えば，磁気モーメントとは磁石そのものである．磁気モーメントは，磁石がどの方向を指しているのかを表し（したがって，磁気モーメントはベクトルである），磁石がどの方向にどのくらい強い磁場を作り，どのくらい強く磁場に応答するのかのすべての情報をもっている．

磁気モーメントは次の形で与えられる．

$$\boldsymbol{\mu} = \mu \boldsymbol{e} \tag{3.23}$$

ここに，μ は磁気モーメントの大きさを表し，$\boldsymbol{e}$ は磁気モーメントの方向，すなわち磁石が向いている方向の単位ベクトルである．

たとえば，少し複雑な式になるが，磁石の長さ l よりも十分離れた場所 $\boldsymbol{r}$（$|\boldsymbol{r}| = r \gg l$）で磁石の作る磁場は，以下の式で与えられる[†1]．

$$\boldsymbol{H}(\boldsymbol{r}) = \frac{\mu}{4\pi}\left(-\frac{\boldsymbol{e}}{r^3} + \frac{3(\boldsymbol{e}\cdot\boldsymbol{r})\boldsymbol{r}}{r^5}\right) \tag{3.24}$$

[†1] この式が表す分布が図3.7の分布にほかならない．

また，外部磁場 $\boldsymbol{H}$ があるときの磁石のエネルギー E_M は，磁束密度 $\boldsymbol{B}\,(=\mu_0\boldsymbol{H})$[†1] を用いて以下のように与えられる．

$$E_M = -\boldsymbol{\mu}\cdot\boldsymbol{B} \tag{3.25}$$

磁石の作る磁場も磁石のエネルギーも，磁気モーメントが支配していることがわかるであろう．また，上式は次のように変形できる．

$$E_M = -\mu B\cos\theta = -\mu_z B \qquad (\mu_z = \mu\cos\theta) \tag{3.26}$$

ここに，θ は磁石と磁場とのなす角度である（図 3.8 参照）．また，μ_z は $\boldsymbol{\mu}$ の z 成分であり，磁場の方向を z 方向にとってある．この式からわかるように，磁石の安定な方向は，磁気モーメントの方向だけで決まり，そのエネルギーは磁気モーメントの z 成分（磁場方向成分）だけで決まる．磁石が最も安定な状態は $\theta = 0$ のときであり，このとき，磁石は磁場に対して**平行**であるという．一方，最もエネルギーが高い状態は $\theta = \pi$ のときであり，この場合は**反平行**であるという言い方をする．

以上の磁石の特性と電子の運動との関係を調べてみよう．電子の流れ，すなわち電流も，磁石と同じように磁場を作り出すことができる．アンペールの法則によれば，直線電流の周りには，**図 3.9**(a) のような円形の磁場が発生する．この直線電流をくねっと曲げて円電流にすると，そのときの磁場は図 3.9(b) のようになり，磁石が作る磁場とそっくりな形になる．実際，円の半径 a よりも十分離れた領域（$r \gg a$）の磁場の様子は

$$\boldsymbol{H}(\boldsymbol{r}) = \frac{a^2 I}{4}\left(-\frac{\boldsymbol{e}}{r^3} + \frac{3(\boldsymbol{e}\cdot\boldsymbol{r})\boldsymbol{r}}{r^5}\right) \tag{3.27}$$

で与えられ，係数を除いて式 (3.24) と全く同じである．ここに，I は円電流の値，$\boldsymbol{e}$ は円に垂直な方向の単位ベクトルである．つまり，円電流の作り出す磁場は，円の中

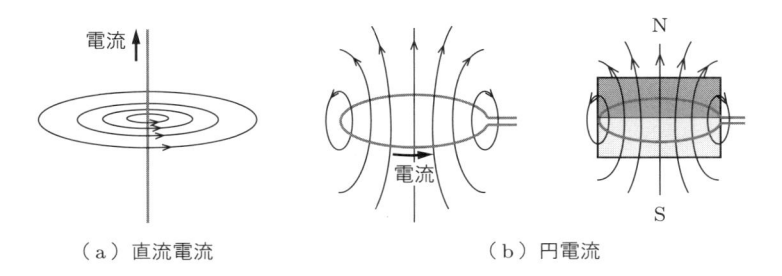

（a）直流電流　　　　　　　　（b）円電流

図 3.9　電流が作る磁場．図 (b) の円電流が作る磁場は，磁石の作る磁場に一致する．

[†1] μ_0 は真空の透磁率である．磁気モーメントの μ と似た記号で紛らわしいが，別物なので注意してほしい．

心に磁石が垂直に置かれたときの磁場と同じなのである（図 3.9(b) の右図参照）．そこで以下では，式 (3.24), (3.27) に現れる係数に注目して議論を進めよう．

原子核の周りを円を描いて周回する電子は，まさにこの円電流にほかならない．速さ v で半径 a の円運動をする電子は，時間間隔 $t = 2\pi a/v$ で 1 周する．言い換えれば，時間間隔 $t = 2\pi a/v$ で，素電荷 $-e$ $(e > 0)$ が空間の一点を繰り返し通過する．したがって，原子核を周回する電子は

$$I = \frac{(-e)}{t} = -\frac{ev}{2\pi a} \tag{3.28}$$

の電流をもつ円電流であるとみなすことができる．この電子の角運動量は $L = mva$ であるので，上式は次のように変形することができる．

$$I = -\frac{ev}{2\pi a} = -\frac{emva}{2\pi a^2 m} = -\frac{1}{2\pi a^2}\frac{e}{m}L \tag{3.29}$$

この式を式 (3.27) の係数に代入すると，

$$\boldsymbol{H}(\boldsymbol{r}) = -\frac{eL}{8\pi m}\left(-\frac{\boldsymbol{e}}{r^3} + \frac{3(\boldsymbol{e}\cdot\boldsymbol{r})\boldsymbol{r}}{r^5}\right) \tag{3.30}$$

となる．この式を式 (3.24) と比べると，角運動量と磁気モーメントには $\mu = -(e/2m)L$ の関係があることがわかる．しかし，それだけではない．式 (3.27) における $\boldsymbol{e}$ は円に垂直なベクトル，つまり角運動量の方向のベクトルである．したがって，角運動量と磁気モーメントは方向も揃っており，ベクトルとして以下の関係がある．

$$\boldsymbol{\mu} = \frac{(-e)}{2m}\boldsymbol{L} \tag{3.31}$$

つまり，円運動をする電子の角運動量は，係数を除けば磁気モーメントそのものだということだ[†1]．

上の議論は磁石と電子が作り出す磁場の比較であったが，今度は外部磁場に対する応答の仕方を比べてみよう．速度 v で運動する電子には，$(-e)\boldsymbol{v}\times\boldsymbol{B}$ の**ローレンツ力**がはたらく．このローレンツ力により，電子はその角運動量の方向を磁場の方向に揃えようとする．しかし，電子には円運動の源となる原子核からの引力（クーロン力）もはたらいているので，簡単にはその回転面を変えることができない．結局，角運動量をもつ電子の磁場中の運動は，コマの首振り運動のようなものになる（図 3.10）．この運動は**歳差運動**とよばれている．

歳差運動は，磁場の中に置かれた磁石が，勢い余って振動運動をするときの様子によく似ている．角運動量をもつ電子も磁石と同じように，簡単には角運動量の方向（す

[†1] マイナス符号が示すとおり，電子の磁気モーメントと角運動量は反対向きである．これは電子が負の電荷をもっているためである．原子核も角運動量と磁気モーメントをもつが，原子核は正の電荷をもつので，角運動量と磁気モーメントは同じ向きになる．

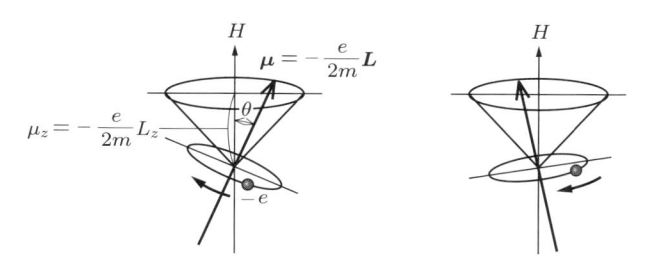

図 3.10 磁気モーメントの歳差運動．磁場中で回転運動をする電子は，その磁気モーメントの z 成分 μ_z を一定に保ちながら，回転面を変化させる．

なわち，磁気モーメントの方向）を磁場の方向に揃えることはできないのである．

さて，磁場中の電子のエネルギーは，式 (3.25) に式 (3.31) を代入することにより，

$$E_M = \frac{e}{2m}\boldsymbol{L}\cdot\boldsymbol{B} = \frac{e}{2m}LB\cos\theta$$
$$= \frac{e}{2m}L_z B \qquad (L_z = L\cos\theta) \tag{3.32}$$

と書ける．このエネルギーは，方位磁針が外部磁場に置かれたときの振動のエネルギーに対応している．この式から，エネルギー E_M の保存に伴い，L_z も保存されることがわかる．つまり歳差運動では，角運動量の方向は時々刻々変わるが，その z 方向の成分は常に一定なのだ．このことは図 3.10 を見てもわかるであろう．

もし何かの過程で電子がエネルギー E_M を失えば，それにより L_z が変化し，角運動量の方向が磁場の方向に揃うように円運動の回転面が変化する．言い換えれば，電子はエネルギーを失う過程が存在して初めて，角運動量の z 成分を変化させ，磁場の方向に向きを変えることができるのである．そして角運動量の方向が，磁場の方向と完全に一致すると，この歳差運動も停止するのである．このような電子の動きは，磁場中に置かれた磁石の動き（図 3.8(b)）にそっくりである．

なぜこれほどまでに，磁石と電子は似ているのであろうか．それは磁石の起源が電子の角運動量にあるためである．

「電子の回転は，磁石そのものである」

ということだ．この事情は 3.2.5 項で説明しよう．

3.2 量子力学における角運動量：周期表を支配するもの

角運動量という物理量を量子力学で取り扱うときには，角運動量演算子を定義する．本節では，角運動量演算子がどのように表され，その結果得られる角運動量の固有状

態がどのような状態であるのかを見ていこう．

角運動量の次元を思い出してみよう．$L = mvr$ なので，その次元は [運動量] × [距離] である．つまり，

「角運動量の次元は，プランク定数の次元に等しい」

ということだ．この事実は，角運動量を古典論から量子論へと移行する際に重要な意味をもってくる．本節と次節により，角運動量が原子の成り立ちを支配している重要な物理量であることを学んでほしい．

3.2.1 角運動量演算子と角運動量の量子化：回転する波動関数

前節で説明したように，3次元空間の角運動量はベクトルとして取り扱われる．しかし，量子力学における角運動量ベクトルを理解することはそれほど容易なことではない．そこで本項では，話を2次元の運動に限定する．これにより，角運動量をベクトルとしてではなく，極性と大きさのみが指定されたスカラーとして取り扱うことができる．このようなスカラー量としての角運動量からも，多くのことを学ぶことができる．

2次元平面での角運動量の定義式 $L = xp_y - yp_x$ に，運動量演算子（式 (2.180)）を代入しよう．

$$\hat{L} = x\hat{p}_y - y\hat{p}_x = -i\hbar\left(x\frac{\partial}{\partial y} - y\frac{\partial}{\partial x}\right) \tag{3.33}$$

これが角運動量演算子とよぶにふさわしいことを見るために，この演算子の固有関数を調べてみよう．まず，この演算子を2次元の極座標表示

$$x = r\cos\phi, \qquad y = r\sin\phi \tag{3.34}$$

を用いて書き換えてみる．ϕ は x と y の関数であるから，

$$\frac{\partial}{\partial \phi} = \frac{\partial x}{\partial \phi}\frac{\partial}{\partial x} + \frac{\partial y}{\partial \phi}\frac{\partial}{\partial y} \tag{3.35}$$

である．一方，式 (3.34) を ϕ で微分すれば，

$$\frac{\partial x}{\partial \phi} = -r\sin\phi = -y, \qquad \frac{\partial y}{\partial \phi} = r\cos\phi = x \tag{3.36}$$

となる．これを式 (3.35) に代入し，式 (3.33) と比べれば，

$$\hat{L} = -i\hbar\frac{\partial}{\partial \phi} \tag{3.37}$$

であることがわかる．この演算子の固有関数を $\varphi(\phi)$ とすると，固有方程式は

$$\hat{L}\varphi(\phi) = L\varphi(\phi) \tag{3.38}$$

と書ける．ここに，L は演算子 $\hat{L}$ の固有値である．この固有方程式の基本解（固有関数）は

$$\varphi(\phi) = e^{iL\phi/\hbar} \tag{3.39}$$

となる．この関数は何やら平面波に似ている．そこで，上式で表される関数がエネルギー固有関数でもあると仮定して（実際，そのような状況を 3.3 節で見ることになる），エネルギー因子も加えて二つの式を並べてみる．

$$\text{式 (3.37) の固有関数：} \psi(\phi, t) = e^{i(L\phi - Et)/\hbar} \tag{3.40a}$$

$$\text{平面波：} \psi(x, t) = e^{i(px - Et)/\hbar} \tag{3.40b}$$

この 2 式を比べてみると，L が p と，ϕ が x と対応関係にあるように見える．そして平面波の表式が，運動量 p で x の方向に進む進行波を表していたことを思い出せば，この固有関数が，角運動量 L で ϕ の（回転）方向に進む「回転波」を表していることがわかる．すなわち，ここで扱った演算子の固有関数は，放射状に広がるさざ波が基準点の周りをくるくると回っている状態を表しているのである（図 3.11）．

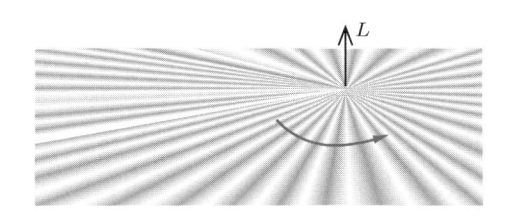

図 3.11　角運動量の固有状態

そして，平面波の波の数（波数）が運動量に比例している（$k = p/\hbar$）ように，このさざ波の数は角運動量 L に比例している．また，平面波がそうであったように，この脈動する波は，絶対値の 2 乗をとることにより跡形もなく消失し，したがって，この粒子の見出される確率は空間内で一様となる．以上の考察から，式 (3.33) は，角運動量演算子とよぶにふさわしいものだということがわかる．

ほかに平面波との類似性はないだろうか．平面波は，運動量が確定している代わりに，位置がまったく不確定な状態であった．これに対し回転波は，角運動量が確定している代わりに，回転角，すなわち，粒子がどの回転角度に存在しているのかがまったく不確定な状態であると言うことができる．では，角運動量と回転角の不確定性関係はどうなっているかというと，条件付きではあるが，次式が成り立つことが知られ

ている[†1].

$$\Delta L \Delta \phi \geq \frac{\hbar}{2} \tag{3.41}$$

そこで，たくさんの異なる L の重ね合わせの状態 $\psi(\phi,t) = \sum_L e^{i(L\phi - E_L t)/\hbar}$ を考えてみよう．この状態は，角運動量が不確定になっている代わりに，粒子がどの方向に存在するのかが定まった状態であると言える．つまりこの状態は，夜の海を照らす灯台の光のように，基準点を中心に方向を変えながらくるくる回っているような状態なのである．このことは，平面波の重ね合わせにより形成される波束（図 2.12）の回転版だと思えば理解できるであろう．

さて，平面波との類似性はわかったが，何か違いはないのだろうか．ここで，変数 x と ϕ の変域に注目してみよう．x も ϕ も正負の任意の実数をとりうる．そしてもちろん x に関しては，異なる x の値に対して空間の異なる領域が対応している．しかし，ϕ についてはそうはならない．$\phi = 0$ と $\phi = 2\pi$ は，2 次元空間の同じ領域を指定しているからである．したがって，固有関数に対して

$$\varphi(2\pi) = \varphi(0) \tag{3.42}$$

が成立すると考えてよいであろう．この考えを式 (3.39) に当てはめると，

$$e^{2\pi i L/\hbar} = 1 \tag{3.43}$$

となる．したがって，$2\pi L/\hbar = 2\pi m$，すなわち

$$L = m\hbar \quad (m = 0, \pm 1, \pm 2, \ldots) \tag{3.44}$$

が得られる．このように，角運動量演算子 $\hat{L}$（式 (3.33) または式 (3.37)）の固有値として与えられる角運動量 L は，連続の値をとることができない．これを**角運動量の量子化**とよぶ．前章までに見てきたように，並進運動を特徴付ける物理量である運動量（あるいは波数）が量子化されるのは，粒子が空間内のある特定の領域に閉じ込められたときだけである．一方，角運動量は空間自身がもつ「1 周するともとに戻る」という性質により必然的に量子化される．しかも角運動量の量子化は，プランク定数を単位としているのである．

この式が，ボーアの量子条件（式 (1.124)）に対応していることに注目してほしい．ボーアの量子条件は，このような空間の性質と密接に関連していたのである．

[†1] ϕ の変域を $[0, 2\pi]$ にとった場合，数学的には $\Delta L \to 0$ の場合でも，ϕ は無限大に発散するわけではない．したがって，正確には $\Delta L \Delta \phi \geq 0$ である．しかし，L が確定したときに ϕ がとりうる変域の中でまったく不確定になるという意味で，物理的には運動量と位置に対する不確定性関係と同等である．実際，$\Delta \phi \to 0$ のほうの極限では，L は発散し $\Delta L \Delta \phi \geq \hbar/2$ が成立する．

3.2.2 中心力場のシュレディンガー方程式：角運動量の本質をひも解く鍵

ここでは，中心力場におけるシュレディンガー方程式を考えよう．

$$\left(-\frac{\hbar^2}{2m}\nabla^2 + U(r)\right)\varphi(\boldsymbol{r}) = E\varphi(\boldsymbol{r}) \tag{3.45}$$

この方程式をいろいろといじって解析してみると，角運動量の本質を解き明かす鍵が隠されていることがわかる．中心力場における運動は，古典的には式 (3.20a),(3.20b) で表される二つの保存則で特徴付けられるものであった．本項では，式 (3.45) から出発して，これらの保存則の「量子力学版」を作ってみたいと思う．

中心力場のエネルギーは，式 (3.20a) のように動径成分と回転成分に分け，回転成分を角運動量を用いて表すことができた．同様に，中心力場のハミルトニアンに対しても

$$\hat{H} = \frac{\hat{p}_r^2}{2m} + \frac{\hat{L}^2}{2mr^2} + U(r) \tag{3.46}$$

というように，動径方向と回転方向に分けて表記することができそうである．この表式は実際に正しい．詳しい計算は省略するが，式 (3.45) における $\nabla^2 (= \partial^2/\partial x^2 + \partial^2/\partial y^2 + \partial^2/\partial z^2)$ の部分を，図 3.12 の 3 次元極座標表示を用いて変形することにより，

$$\hat{p}_r^2 = -\hbar^2 \frac{1}{r^2}\frac{\partial}{\partial r}\left(r^2\frac{\partial}{\partial r}\right) \tag{3.47a}$$

$$\hat{L}^2 = \hat{L}_x^2 + \hat{L}_y^2 + \hat{L}_z^2 = -\hbar^2\left\{\frac{1}{\sin\theta}\frac{\partial}{\partial\theta}\left(\sin\theta\frac{\partial}{\partial\theta}\right) + \frac{1}{\sin^2\theta}\frac{\partial^2}{\partial\phi^2}\right\} \tag{3.47b}$$

が得られる．ここに，θ は極角，ϕ は方位角である．また，角運動量の各成分は

$$\hat{L}_x = y\hat{p}_z - z\hat{p}_y = -i\hbar\left(y\frac{\partial}{\partial z} - z\frac{\partial}{\partial y}\right) = i\hbar\left(\sin\phi\frac{\partial}{\partial\theta} + \cot\theta\cos\phi\frac{\partial}{\partial\phi}\right) \tag{3.48a}$$

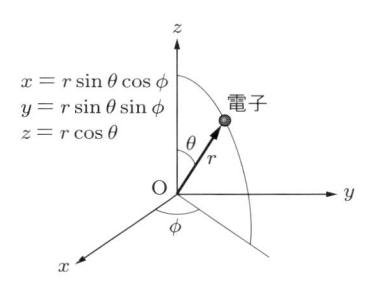

図 3.12　3 次元極座標

$$\hat{L}_y = z\hat{p}_x - x\hat{p}_z = -i\hbar\left(z\frac{\partial}{\partial x} - x\frac{\partial}{\partial z}\right) = -i\hbar\left(\cos\phi\frac{\partial}{\partial\theta} - \cot\theta\sin\phi\frac{\partial}{\partial\phi}\right) \tag{3.48b}$$

$$\hat{L}_z = x\hat{p}_y - y\hat{p}_x = -i\hbar\left(x\frac{\partial}{\partial y} - y\frac{\partial}{\partial x}\right) = -i\hbar\frac{\partial}{\partial\phi} \tag{3.48c}$$

で与えられる．$\hat{L}_x$ と $\hat{L}_y$ は，$\hat{L}_z$ に比べてかなり複雑な式になった．このように $\hat{L}_z$ だけが特殊に見えるのは，3次元極座標表示の特性であり，極角 θ の基準を z 軸にとっているためである．このために，前項での角運動量演算子の表式（式 (3.37)）が，z 方向の角運動量成分だけに継承されているのである．しかし，物理的にこれら3方向の角運動量に何か違いがあるというわけではない．

中心力場のシュレディンガー方程式を，極座標の変数も含めて書き下すと，

$$\left(\frac{\hat{p}_r^2(r)}{2m} + \frac{\hat{L}^2(\theta,\phi)}{2mr^2} + U(r)\right)\varphi(r,\theta,\phi) = E\varphi(r,\theta,\phi) \tag{3.49}$$

となる．この式を次のように変形しよう．まず，両辺に $2mr^2$ を掛けて，

$$\{r^2\hat{p}_r^2(r) + 2mr^2(U(r) - E)\}\varphi(r,\theta,\phi) = -\hat{L}^2(\theta,\phi)\varphi(r,\theta,\phi) \tag{3.50}$$

のように変形する．左辺と右辺の演算子は，それぞれ r と角度（θ と ϕ）の変数のみを含む．このようなときには，エネルギー固有関数を

$$\varphi(r,\theta,\phi) = R(r)Y(\theta,\phi) \tag{3.51}$$

と変数分離することができる．すると，

$$Y(\theta,\phi)\{(r^2\hat{p}_r^2(r) + 2mr^2(U(r) - E)\}R(r) = -R(r)\hat{L}^2(\theta,\phi)Y(\theta,\phi) \tag{3.52}$$

となり，さらに両辺を $-R(r)Y(\theta,\phi)$ で割ることにより，

$$-\frac{\{(r^2\hat{p}_r^2(r) + 2mr^2(U(r) - E)\}R(r)}{R(r)} = \frac{\hat{L}^2(\theta,\phi)Y(\theta,\phi)}{Y(\theta,\phi)} = L^2 \tag{3.53}$$

となる．等号で結ばれた二つの式は，片方は r だけの関数であり，もう片方は角度（θ と ϕ）だけの関数である．このような二つの式が常に等しい場合，つまり恒等式の場合，これらは定数でなければならない．そこでこれを L^2 とした．これより，シュレディンガー方程式は以下の2式に分離できる．ただし第1式は，先の手続きと反対に $2mr^2$ で割り，さらに移項してもとの形に戻してある．

中心力場におけるシュレディンガー方程式：

エネルギー固有方程式： $\left(\dfrac{\hat{p}_r^2(r)}{2m} + \dfrac{L^2}{2mr^2} + U(r)\right)R(r) = ER(r)$ (3.54a)

角運動量固有方程式： $\hat{L}^2(\theta,\phi)Y(\theta,\phi) = L^2Y(\theta,\phi)$ (3.54b)

これが中心力場の保存則（式 (3.20a), (3.20b)）の量子力学版である．この式をじっくり眺めてみよう．まず，式 (3.54a) ともとのシュレディンガー方程式（式 (3.49)）とを比較してみると，遠心力ポテンシャル項の $\hat{L}^2$ 演算子が L^2 に置き換わっていることに気づく．そしてその L^2 は，式 (3.54b) の固有方程式の固有値だ．したがって，まず式 (3.54b) を解いて得られた固有値 L^2 の値を式 (3.54a) に代入し，この解を求めればすべてが解けたことになる．

次に，これら 2 式を古典論における保存則（式 (3.20a), (3.20b)）と比べてみよう．式 (3.54a) はエネルギー保存則（式 (3.20a)）に対応している．古典論におけるエネルギー保存則が，量子力学ではエネルギーの固有方程式になるわけだ．一方，式 (3.20b) の角運動量保存則は角運動量の固有方程式になる．しかし，式 (3.54b) はあまり素直な対応関係になっていない．量子力学の方程式のほうは，$\hat{L}$ でなく $\hat{L}^2$ の固有方程式になっている．なぜ $\hat{L}^2$ なのだろう．$\hat{L}$ の固有方程式，すなわち式 (3.38) であれば，より直接的に L が保存量であることと対応付けられそうにも思える．実はこの微妙な違いが，量子力学における角運動量「ベクトル」の本質を表している．続く二つの項で式 (3.54b) の解を詳しく解析して，その意味を考えていこう．

3.2.3　角運動量の固有関数：回転が方向を生む

始めに，シュレディンガー方程式（式 (3.49)）が式 (3.54a), (3.54b) のように二つの式に分離できるのは，U が中心力ポテンシャルの場合に限られるということを指摘しておく．ポテンシャルが角度に依存する場合は，このように変数分離はできない．しかし，中心力ポテンシャルでありさえすれば，式 (3.54b) は U の形にかかわらず必ず成立する．これはすなわち，すべての座標で $U = 0$ という一様な空間に対しても，式 (3.54b) は成立するということである．これは非常に重要なことだ．私たちは式 (3.54b) の解を詳しく調べることにより，量子力学における角運動量の全貌を知ることができるのである．

式 (3.54b) の解は，**球面調和関数** $Y_{l,m_l}(\theta, \phi)$ として知られている[†1]．

$$Y_{l,m_l}(\theta, \phi) = (-1)^{(m_l + |m_l|)/2} \sqrt{\frac{2l+1}{4\pi} \frac{(l-|m_l|)!}{(l+|m_l|)!}} P_{l,m_l}(\cos \theta) e^{im_l \phi} \quad (3.55)$$

この関数の固有値が，量子力学における角運動量ベクトルの全貌を教えてくれる．

上の表式を見てわかるように，球面調和関数には $e^{im_l \phi}$ が含まれている．これは式 (3.39) と同じように，この関数が $\hat{L}_z = -i\hbar \partial/\partial \phi$ の固有関数でもあることを示している．つまり，球面調和関数は $\hat{L}^2$ と $\hat{L}_z$ の同時固有関数になっている．その二つの固有

[†1]　式中の P_{l,m_l} は，ルジャンドルの陪関数とよばれる特殊関数である．

方程式を書き下せば，

$$\hat{L}^2 Y_{l,m_l}(\theta, \phi) = l(l+1)\hbar^2 Y_{l,m_l}(\theta, \phi) \quad (l = 0, 1, 2, 3, \ldots) \quad (3.56a)$$

$$\hat{L}_z Y_{l,m_l}(\theta, \phi) = m_l \hbar Y_{l,m_l}(\theta, \phi) \quad (m_l = 0, \pm 1, \pm 2, \ldots, \pm l) \quad (3.56b)$$

である．ここに，l を**方位量子数**，m_l を**磁気量子数**とよぶ．磁気量子数に添字 l が付いているのは，そのとりうる範囲が l により制限を受けているからである．このように，球面調和関数の固有値（したがって，量子力学における角運動量ベクトル）は，二つの量子数 l, m_l により規定される．

球面調和関数の固有値として与えられる角運動量がどのようなものであるのかを，簡単な例で説明しよう．方位量子数 $l = 1$ の場合を考える．このとき，$\hat{L}^2$ の固有値は式 (3.56a) より $2\hbar^2$ である．これはつまり，角運動量の絶対値 $|L|$ が $|L| = \sqrt{2}\hbar$ であることを意味している．一方，磁気量子数 m_l は，$l = 1$ に対して $m_l = 0, \pm 1$ のいずれかをとることができ，これらは角運動量の z 成分が $L_z = 0, \pm \hbar$ であることを意味している．

つまり，方位量子数 $l = 1$ をもつ状態は，$Y_{1,0}, Y_{1,\pm 1}$ の 3 種類があり，それぞれの状態がもつ角運動量は，その絶対値が $|L| = \sqrt{2}\hbar$ であり，z 成分は $L_z = 0, \pm \hbar$ である．これら 3 状態の角運動量を図 3.13 に示した．

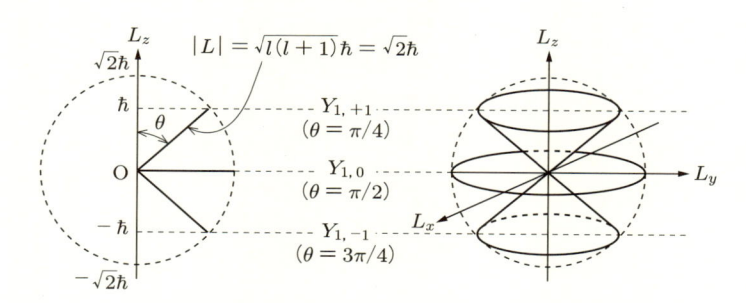

図 3.13 方位量子数 $l = 1$ に対する角運動量ベクトル

このように，方位量子数 l が決まると，角運動量の絶対値が決まるだけでなく，その z 成分も制約を受ける．すなわち，角運動量は勝手な方向を向くことができず，その極角は

$$\theta = \cos^{-1} \frac{m_l}{\sqrt{l(l+1)}} \quad (3.57)$$

に制限される．先の $l = 1$ の場合には，$\theta = \pi/4, \pi/2, 3\pi/4$ の 3 種類に制限される．これを**方向の量子化**，または空間の量子化とよぶ．この量子化は，角運動量の絶対値と z 成分の二つがともに量子化されていれば必然的に起こるものである．3.2.1 項で議

論した2次元平面での角運動量の量子化が，空間が3次元に拡張されたことにより，方向の量子化に形を変えて現れているのだ．

さて，球面調和関数の最初の数個を実際に書き下せば，表3.1のようになる．これらの状態は $Y_{0,0}$ を除きすべてゼロでない角運動量をもつが，それがなぜなのかを考えてみよう．まず，$e^{\pm i\phi}, e^{\pm 2i\phi}$ の項がある関数はそれぞれ $m_l = \pm 1, \pm 2$ ということだから，ゼロでない L_z をもつ．$Y_{1,0}$ や $Y_{2,0}$ にはこの項がないが，これは $m_l = 0$ なので，$e^{im_l\phi} = 1$ ということである．

表3.1 球面調和関数

	$l=0$	$l=1$	$l=2$
$m_l = 0$	$Y_{0,0} = \dfrac{1}{\sqrt{4\pi}}$	$Y_{1,0} = \sqrt{\dfrac{3}{4\pi}}\cos\theta$	$Y_{2,0} = \sqrt{\dfrac{5}{64\pi}}(1 + 3\cos 2\theta)$
± 1		$Y_{1,\pm 1} = \mp\sqrt{\dfrac{3}{8\pi}}\sin\theta e^{\pm i\phi}$	$Y_{2,\pm 1} = \mp\sqrt{\dfrac{15}{32\pi}}\sin 2\theta e^{\pm i\phi}$
± 2			$Y_{2,\pm 2} = \sqrt{\dfrac{15}{128\pi}}(1 - \cos 2\theta)e^{\pm 2i\phi}$

$m_l = 0$ の関数がなぜ角運動量をもっているのか疑問に思われるかもしれない．そこで，$Y_{1,0} = \sqrt{3/4\pi}\cos\theta$ を例にとって説明しよう．$\cos\theta$ という関数形に角運動量に関するすべての情報が含まれているはずだ．$\cos\theta$ をオイラーの公式を用いて変形し，さらに式 (3.40a) のときのように，時間成分まで考えてこの関数を眺めてみる．

$$\cos\theta e^{-iEt/\hbar} = \frac{1}{2}\{e^{i(\hbar\theta - Et)/\hbar} + e^{i(-\hbar\theta - Et)/\hbar}\} \tag{3.58}$$

上式からこの関数は，角度 θ を変えながら互いに逆向きに回っている二つの回転波（式 (3.40a)）から構成されていることがわかる．この関数は θ を変えながら回転しているのだ．そして，この回転が角運動量を生んでいるのである[†1]．

さて，互いに逆向きの回転波が内在しているということは，この状態が「定在波」を立てていることを意味している．そしてこの定在波のために，電子には見出されやすい方向とそうでない方向が生じている．粒子の存在確率（確率密度）は波動関数の絶対値の2乗で与えられるので，$Y_{1,0}$ の例で言えば，$|\varphi|^2 \propto |Y_{1,0}|^2 = (3/4\pi)\cos^2\theta$ となる．つまり，電子は $\theta = 0, \pi$ の方向に見出されやすく，$\theta = \pi/2, 3\pi/2$ の方向には見出されにくい．$Y_{2,0}$ についても同様であり，これらの様子を図3.14に示した．

量子化された角運動量に起因するこの方向依存性こそが，原子どうしの多様な結合を可能にしてくれる．

「回転が方向を生む」

[†1] $l = 2$ である $Y_{2,0}, Y_{2,\pm 1}, Y_{2,\pm 2}$ は，すべて 2θ の回転成分をもつことにも注目してほしい．

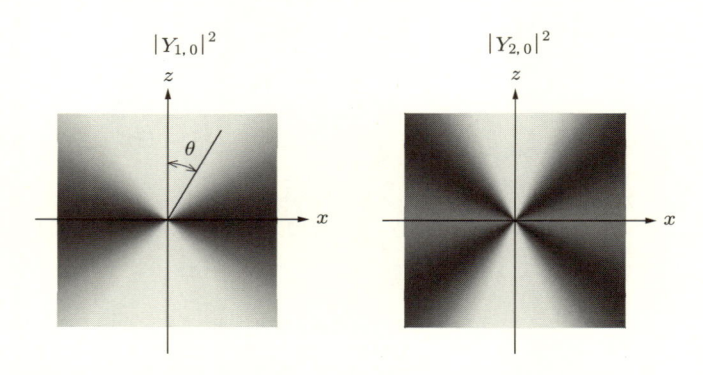

図 3.14 角運動量の固有状態の確率密度．図は x-z 平面における値を示しており，明るいところが確率密度が高い領域を表している．

ということだ．電子のもつ角運動量が物質形成の源泉なのである[†1]．

3.2.4 角運動量ベクトルの不確定性：何が不確定なのか

それにしても，なぜ $\hat{L}^2$ の固有値は $(l\hbar)^2$ でなく $l(l+1)\hbar^2$ なのであろうか．これには重要な意味がある．仮に，$\hat{L}^2$ の固有値が $(l\hbar)^2$ で与えられるとしよう．すると，$m_l = \pm l$ となる場合には $L_z (= m_l \hbar) = \pm l\hbar$ となるので，$L_x = L_y = 0$ となる．この場合，真に z 方向を向いた角運動量，すなわち回転面が x-y 平面である状態が得られる．$\hat{L}^2$ の固有値が $l(l+1)\hbar^2$ で与えられるということは，このような状態は許されず，$\sqrt{L_x^2 + L_y^2}$ が決してゼロにならないことを意味している．

ただし，L_x, L_y の値がわかったわけではない．この二つの成分はどうなっているのだろうか．再び $Y_{1,0}$ を例にとって考えてみよう．この関数は，$|L| = \sqrt{2}\hbar,\ L_z = 0$ という状態を表している．$|L| = \sqrt{2}\hbar,\ L_z = 0$ という状態は，古典的にはどのような状態であったか．その例を図 3.15 に示した．これらは角運動量ベクトルが x-y 平面上にあるので，確かに $L_z = 0$ だ．図からわかるように，このようなベクトルは，方位角 ϕ の値を変えてやればいくらでも作り出すことができる．これら無数の $L_z = 0$ のベクトルは，対応する回転面が必ず z 軸を含んでいる．

さて前項において，$Y_{1,0} = \sqrt{3/4\pi} \cos\theta$ という状態は，極角 θ を変えながら回転していることを説明した．しかし，図 3.12 の極座標表示をもう一度眺めてほしい．θ を変えながら回転するとは，いったいどの回転面で回転しているのだろうか．図 3.15 が示すように，回転面を確定するには ϕ を確定しなければならない．しかし，この関数

[†1] 4.2.5 項ではダイヤモンドやシリコンの結晶構造を議論する．そこで，角運動量の重要性を再認識してほしい．

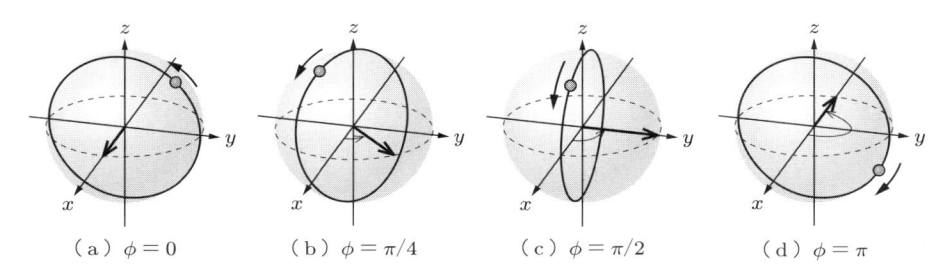

3.2 量子力学における角運動量：周期表を支配するもの   133

(a) $\phi = 0$　　(b) $\phi = \pi/4$　　(c) $\phi = \pi/2$　　(d) $\phi = \pi$

図 3.15　$|L| = \sqrt{2}\hbar$, $L_z = 0$ である古典的な角運動量ベクトルと対応する回転面．球の半径は $\sqrt{2}\hbar$ であり，矢印の長さは皆 $\sqrt{2}\hbar$ になっている．

には ϕ の情報がまったく含まれていない．したがって，$Y_{1,0}$ という状態の電子の運動に関して，回転面を決定することはできないということになる．これはすなわち，L_x と L_y を決定できないということである．

$Y_{1,0}$ に $\hat{L}_x$ 演算子と $\hat{L}_y$ 演算子を作用させたらどうなるか，計算してみてほしい．関数の形が変わるはずだ．したがって $Y_{1,0}$ という関数は，確かに $\hat{L}_x$, $\hat{L}_y$ の固有関数ではない．つまり，$Y_{1,0}$ という状態で L_x や L_y を観測しても，確定した値が得られないのだ．

以上の結果は「量子力学における角運動量ベクトルは，その絶対値 $|L|$ と z 方向成分 L_z のみを確定できる」ということを意味している．ただし，3.2.2 項で記したように，z 方向が特別な方向に見えるのは，極座標の設定の仕方に過ぎない．したがって，角運動量ベクトルに関する記述は，より一般的には

「角運動量の絶対値と，どこかある一方向の成分のみを確定することができる」

ということになる．これは，次のようにも言い換えられる．「角運動量ベクトルの方向を確定することはできない」．すなわち，

「量子力学における角運動量ベクトルは，矢印で表すことができない」

ということである[†1]．たとえば，$Y_{1,0}$ という状態は，図 3.15 で示されるような $L_z = 0$ であり，「かつ」L_x, L_y も定まっている矢印（古典的な角運動量ベクトル）のどれにも対応していない．そればかりか，これらたくさんの矢印の重ね合わせの状態ですらない．すべての角運動量成分が同時に確定した状態を見出す確率は，唯一の例外を除けば，いかなる場合もゼロなのである．

唯一の例外とは，関数 $Y_{0,0}$ で表される状態である．この状態は $\hat{L}^2$ の固有値が 0 なの

[†1] つまり，量子力学における角運動量ベクトルは，図 3.13 で表されるような，円錐や円盤のようなものだということである．しかし，それではあまりイメージが湧かないので，量子力学における角運動量ベクトルも，便宜的に矢印を用いて表される場合が多い．

で，まったく回転していない状態を表している．その特殊性ゆえに，$L_x = L_y = L_z = 0$ という形ですべての角運動量成分を決定できる．角運動量が 0 ということは，ϕ も θ も確定させる必要がないということである．

では，なぜ角運動量は 1 成分しか決定できないのであろうか．運動量は 3 成分を同時に決定することができたではないか（ただしその場合は，位置の 3 成分はすべて不確定となる）．この差はいったいどこから来るのだろうか．

$\hat{L}_x$ と $\hat{L}_y$ の交換関係（2.5.5 項参照）を見てみよう．$\hat{L}_x$ と $\hat{L}_y$ の交換関係は，以下のように計算される（演習問題 [3.3] 参照）．

$$[\hat{L}_x, \hat{L}_y] = \hat{L}_x\hat{L}_y - \hat{L}_y\hat{L}_x = [z, \hat{p}_z](x\hat{p}_y - y\hat{p}_x) = i\hbar\hat{L}_z \tag{3.59}$$

このように，$\hat{L}_x$ と $\hat{L}_y$ は $[z, \hat{p}_z] = i\hbar$ という不確定性関係のために交換しない．そしてこのことが起こるのは，$\hat{L}_x$ と $\hat{L}_y$ がその定義式の中に z と $\hat{p}_z$ を共有しているためである．すなわち，角運動量ベクトルの 3 成分が同時に決定できない理由は，各成分が二つの次元にまたがる位置と運動量から構成される角運動量の定義そのものにある[†1]．ほかの組み合わせについても同様であり，まとめると以下のようになる．

$$[\hat{L}_x, \hat{L}_y] = i\hbar\hat{L}_z, \qquad [\hat{L}_y, \hat{L}_z] = i\hbar\hat{L}_x, \qquad [\hat{L}_z, \hat{L}_x] = i\hbar\hat{L}_y \tag{3.60}$$

各成分が同時に決定できないというここでの不確定性関係が，式 (3.41) の不確定性関係とは異なるものであることに注意しよう．角運動量スカラーについても成立する式 (3.41) は，L を確定させると粒子がどの角度にいるのかがわからなくなるというものであり，位置と運動量の不確定性関係（式 (2.175), (2.184)）と同質である．一方，ここでの角運動量ベクトルに関する不確定性は，L_z が確定すると粒子がどの方位角にいるのかがわからなくなるだけでなく，その回転面すらわからなくなるということあり，これは角運動量という物理量自身のもつ特性なのである．

次項では，別の種類の角運動量を説明する．この別種の角運動量と区別する必要があるとき，これまで扱ってきた角運動量は**軌道角運動量**とよばれる．

3.2.5 スピン角運動量：古典物理に存在しないもの

電子は，これまで説明してきた角運動量とは別の角運動量をもっており，それは**スピン角運動量**，あるいは単にスピンとよばれている．この名称は，フィギュアスケートのスピンや地球の自転運動を想起させるが，スピン角運動量は純粋に量子力学的な物理量であり，対応する古典的モデルが存在しない．ここではその発見の歴史的経緯

[†1] $m_l = 0$ のとき $L_z = 0$ である．この場合，式 (3.59) によると $[\hat{L}_x, \hat{L}_y] = 0$ となる．だからといって，「$m_l = 0$ の場合に限れば，L_x, L_y が同時に確定できる」と考えてはいけない．二つの演算子が「交換可能」とは，「任意の」関数に対して交換子がゼロになるということである．

を踏まえながら，スピン角運動量がいかなるものであるのかを見ていこう．

前項までに，角運動量は空間の性質を反映して，$\hbar$ を単位として量子化されることを学んだ．これはすなわち，電子の磁石としての性能も量子化され，これには最小の単位が存在するということである．この最小単位は，式 (3.31) の磁場方向（z 方向）成分に関する式 $\mu_z = -(e/2m)L_z$ に $L_z = \hbar$ を代入し，絶対値をとることにより，

$$\mu_B = \frac{e\hbar}{2m} \tag{3.61}$$

と求めることができる．この基本物理定数は磁気モーメントの最小単位を表すものであり，**ボーア磁子**とよばれている．磁気モーメントが量子化されるということは，外部磁場が存在するときの電子のエネルギーもまた量子化されることを意味している．外部磁場があるときの電子のエネルギーの表式（式 (3.32)）に $L_z = m_l \hbar$ を代入すれば，

$$E_M = \frac{e}{2m} L_z B = \frac{e\hbar}{2m} m_l B = m_l \mu_B B \tag{3.62}$$

となる．ここに，$m_l (= 0, \pm 1, \pm 2, \ldots, \pm l)$ は磁気量子数である．このように磁場中の電子は，磁気量子数により異なるエネルギーをもつことになり，これが磁気量子数の名前の由来にもなっている．

磁気モーメントの量子化に関する実験は，シュテルンとゲルラッハによって行われた．3.1.3 項で触れたように，磁気モーメントをもつ電子を磁場を用いて動かすためには，その磁場は「不均一」である必要がある．不均一磁場は，式 (3.62) で与えられるエネルギーに勾配を与え，それが力としてはたらくのである．すなわち，z 方向に変化する不均一磁場 $H_{ex}(z)$ に対して，次の式で与えられる力が電子にはたらく．

$$F_z = \frac{dE_M(z)}{dz} = m_l \mu_B \frac{dB_{ex}(z)}{dz} \tag{3.63}$$

ここに $B_{ex}(z) = \mu_0 H_{ex}(z)$ である．シュテルンとゲルラッハは，不均一磁場中を通過してきた原子の軌道を調べ，これが分裂することを発見した．そしてその分裂幅は，ボーア磁子 μ_B を単位として変化するという予測と見事に一致したのである．

彼らの実験でとくに重要な点は，角運動量の量子化を証明しただけでなく，軌道角運動量とは別種の角運動量の存在をも示したことにある．彼らは銀についても実験を行っているが，銀原子の軌道角運動量の総和はゼロであるので，原子は直進すると予想されていた．しかし結果は，中央部にピークは現れず，上下 2 本に分離したのである（図 3.16）．

磁気量子数 m_l は方位量子数 l に対して $2l + 1$ 個あり，これは状態の数が必ず奇数であることを意味する．また，この中には必ず $m_l = 0$ が含まれている．したがって，軌道が上下 2 本に分離するという結果は，軌道角運動量ではまったく説明のつかないものである．この現象を説明するために，ウーレンベックとハウスシュミットは，新

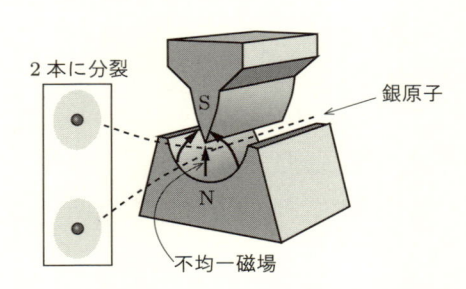

図 3.16 シュテルン–ゲルラッハの実験．上下に非対称な磁場を通過した銀原子は，そのスピンの値に応じて上下 2 本に分裂する．

しい角運動量のモデルを提唱し，これをスピンと命名した．

　正確には，シュテルンとゲルラッハの実験は磁気モーメントを計測したものであり，角運動量を直接測定しているものではない．したがって，この新しい磁気モーメントの性質から新しい角運動量の存在を結論付けるのは，理論の飛躍があることに注意しなければならない．しかし，この新種の磁気モーメントが，確かに新種の角運動量によるものであることが，別の実験により証明できる．

　たとえば，糸で吊るした（磁化していない）静止している鉄心に垂直方向に突然磁場を掛ける場合を考えよう（**図 3.17**）．このとき，バラバラな方向を向いていた鉄の中の電子の磁気モーメントは，エネルギー散逸過程を経てその方向（すなわち角運動量ベクトルの方向）を揃える[†1]．したがって，磁場印加後は電子系はゼロでない角運動量をもつことになる．しかし，この過程で全角運動量は保存されなければならないので，新たに生じた角運動量と，大きさが同じで逆向きの角運動量が何らかの形で補充されなければならない．そしてこの補充は，鉄棒自身が回転を始めることにより達成される．この効果は，**アインシュタイン–ド・ハース効果**とよばれるものである．

　この効果に基づき，磁場印加後の鉄棒の回転速度と鉄棒の半径，および鉄棒に含ま

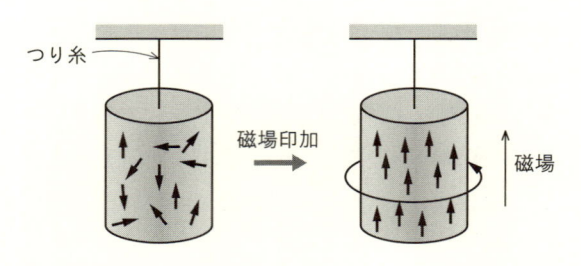

図 3.17 アインシュタイン–ド・ハース効果

[†1] 正確には方向の期待値を揃えるということである．

れる電子の数を調べることにより，電子1個あたりの角運動量を求めることができる．その結果，電子1個のもつ角運動量は，$\hbar/2$ を単位とすることが判明したのである．確かに，軌道角運動量では説明のつかない新しい角運動量は存在していた．そして同時に，鉄のような磁性をもつ物質の磁気モーメントの起源が，軌道角運動量ではなくスピン角運動量であることも示されたのである．

先のシュテルンとゲルラッハの実験と合わせると，電子のスピン角運動量は，次の性質をもつことになる[†1]．

スピン角運動量：　$s_z = \pm \dfrac{\hbar}{2}\,(= m_s \hbar)$　　（磁気モーメント：$\mu_z = \mp \mu_B$）

軌道角運動量：　$L_z = m_l \hbar$　　（磁気モーメント：$\mu_z = -m_l \mu_B$）

比較のために，軌道角運動量も併記した．ここに，角運動量と磁気モーメントは磁場方向成分を表しており，$m_s (= \pm 1/2)$ を**スピン量子数**とよぶ．一方，$m_l (= 0, \pm 1, \pm 2, \ldots, \pm l)$ は磁気量子数である．

このように，スピン角運動量はただ二つの状態しかもたない．これらは，**上向きスピン**，**下向きスピン**とよばれる．その大きさは，軌道角運動量の最小単位 $\hbar$ の半分である．一方，磁気モーメントはボーア磁子に等しく，これは軌道角運動量のもつ磁気モーメントの最小単位と一致する．ここでは，スピンに対するこれらの結果を示すにとどめるが，このようなスピンの性質が非常に「不自然」であることは認識しておいてほしい．

角運動量とは回転の勢いであり，回転の勢いが決まれば磁石としての性能も決まる．角運動量と磁気モーメントの関係式（式 (3.31)）によれば，角運動量が $\hbar/2$ と半分になったならば，磁気モーメントも $\mu_B/2\,(= e\hbar/4m)$ になるはずである．しかし，スピン角運動量はそうはなっていない．角運動量が $\hbar/2$ であるにもかかわらず，磁気モーメントは μ_B に等しいのである．つまりスピンの回転は，軌道の回転に比べ2倍効率的に磁場を生成でき，2倍の感度で磁場に応答する．この性質は円電流に基づく理論では説明できない．スピンに対する古典的モデルは存在しないのである[†2]．

スピンが純粋に量子力学的な物理量であるとしても，いや，純粋に量子力学的な物理量であればなおさら不自然である．そもそも軌道角運動量が $\hbar$ を単位に量子化されるのは式 (3.42) に基づいており，「1周すればもとに戻る」という空間の性質を反映し

[†1] 軌道角運動量と区別するために，スピン角運動量は s を用いて表される．また，磁場方向を z 方向にとるという慣例がある．磁気モーメントのマイナス符号は，電子の負電荷によるものである．

[†2] 高効率の磁気モーメントは，質量の分布と電荷の分布が異なる物体が自転している場合には起こりうる．たとえば，表面だけに電荷分布がある円柱が回転すると，磁気モーメントと角運動量の比は，確かに点電荷が円運動する場合の2倍になる．ただし，古典力学に基づきそのような自転運動を計算すると，「プランク定数程度の角運動量をもつためには，物体表面の速度が光速を超えなければならない」という矛盾が生じる．

たものであった．なぜスピン角運動量は，プランク定数の半分の値に量子化されるのだろうか．アインシュタイン–ド・ハース効果が示すように，スピン角運動量は確かに実空間の回転運動に変換される．スピンもどこかで回転しているのだ．しかし，いったいどこをどのように回転しているのであろうか．

現在では，「スピン」という物理量は，質量や電荷と同様，素粒子が本来的にもつ属性であることがわかっている．そして，電子という素粒子のスピンは $\pm\hbar/2$ という値をもつのだ．質量 m，電荷 $-e$ 同様，この値は決して変わらない[†1]．スピンの回転は止まることがないのである．

このように，スピン角運動量は私たちの直観ではとらえきれない物理量であるが，数学的には軌道角運動量と似た性質をもち，対応する演算子 $\hat{s}$ は式 (3.60) と同じ交換関係を満たす．

$$[\hat{s}_x, \hat{s}_y] = i\hbar\hat{s}_z, \qquad [\hat{s}_y, \hat{s}_z] = i\hbar\hat{s}_x, \qquad [\hat{s}_z, \hat{s}_x] = i\hbar\hat{s}_y \qquad (3.64)$$

私たちはこれまでに，角運動量を電子の回転運動と結びつけながら考えてきた．しかし量子力学においては，上式，あるいは式 (3.60) を満足する物理量をあらためて「角運動量」と定義している．ただこれは，これまで見てきた回転運動と角運動量との関係のイメージ付けが無駄であったことを意味するものではない．角運動量と回転の関係を理解することは，この難解な概念を応用するうえで大きな助けになるし，数学的にも空間の回転操作という観点から，やはり回転運動と深い関係があるのである[†2]．

3.3　水素原子と周期表：原子の成り立ち

ここでは，クーロン力による動径方向の運動を議論しよう．そして前節までの回転運動の結果と合わせて，水素原子の状態，および周期表について考えていこう．

3.3.1　動径成分の解：ボーア理論の限界を見極める

水素原子のシュレディンガー方程式は，式 (3.14b) のクーロンポテンシャルの表式に陽子と電子の電荷 $q_1 = e$, $q_2 = -e$ を代入し，これを式 (3.45) に適用したものである．

$$\left(-\frac{\hbar^2}{2m}\nabla^2 - \frac{e^2}{4\pi\varepsilon_0 r}\right)\varphi(\boldsymbol{r}) = E\varphi(\boldsymbol{r}) \qquad (3.65)$$

[†1]　ただし，1 個の電子のスピンの状態が $\hbar/2$ から $-\hbar/2$ に，あるいは逆に $-\hbar/2$ から $\hbar/2$ に変化するということは起こる．

[†2]　電子のスピンを表す関数は，空間の回転操作に対して，1 周回で符号が反転し 2 周回でもとに戻るという性質をもっている．このことから，スピン角運動量が $\hbar/2$ となることが導かれる．

その解は $\varphi(\boldsymbol{r}) = R(r)Y(\theta,\phi)$ の形に書け，$R(r)$ と $Y(\theta,\phi)$ が従う方程式はそれぞれ式 (3.54a), (3.54b) で与えられる．このうち式 (3.54b) に関しては，その固有関数 $Y_{l,m_l}(\theta,\phi)$ について詳しく解析を行った．本項では，式 (3.54a) にクーロンポテンシャルを代入したときの $R(r)$ の解を考察していこう．これからは，中心力場に対する一般論ではなく，クーロンポテンシャルという特別な場合を議論するということである．

式 (3.54a) に対して，式 (3.54b) の固有値 $L^2 = l(l+1)\hbar^2$ を代入し，$\hat{p}_r^2/2m$ についても式 (3.47a) の微分形に書き直しておくと，

$$\left\{-\frac{\hbar^2}{2m}\frac{1}{r^2}\frac{d}{dr}\left(r^2\frac{d}{dr}\right) + \frac{l(l+1)\hbar^2}{2mr^2} - \frac{e^2}{4\pi\varepsilon_0 r}\right\}R(r) = ER(r) \qquad (3.66)$$

となる．これが解くべき方程式である．

$l=0$ の簡単な場合から始めよう．これは，水素原子のエネルギー固有関数を $\varphi = R(r)Y_{0,0} = R(r)/\sqrt{4\pi}$ の形に求めるということであり，簡単ではあるが，等方的で回転していないという興味ある状態を表す．回転していないということは，古典的には図 3.6(a) で示されるような，まっさかさまに原子核に落ち込んでしまう状態である．このような状態に対する量子力学的な解は存在するのだろうか．

第 1 章で示したボーア半径 a_B の表式（式 (1.120)）と水素原子の基底状態のエネルギー E_s に対する表式（式 (1.121)）を利用すると，$l=0$ に対して式 (3.66) は

$$\left\{\left(\frac{a_B}{r}\right)^2\frac{d}{dr}\left(r^2\frac{d}{dr}\right) + 2\left(\frac{a_B}{r}\right)\right\}R(r) = \left(\frac{E}{E_s}\right)R(r) \qquad (3.67)$$

と変形できる．この式からわかるように，$R(r)$ の解は，そのエネルギーは E_s を単位として，その長さは a_B を単位として表すことができる．その解は多項式を用いて表すことができ，これを書き下せば，

$$R(r) = \frac{1}{a_B^{3/2}}e^{-\alpha(r/a_B)}\left\{1 + \frac{2(\alpha-1)}{1\cdot 2}\left(\frac{r}{a_B}\right)\right.$$
$$+ \frac{2^2(\alpha-1)}{1\cdot 2}\frac{(2\alpha-1)}{2\cdot 3}\left(\frac{r}{a_B}\right)^2$$
$$\left. + \frac{2^3(\alpha-1)}{1\cdot 2}\frac{(2\alpha-1)}{2\cdot 3}\frac{(3\alpha-1)}{3\cdot 4}\left(\frac{r}{a_B}\right)^3 + \cdots\right\}$$
$$\alpha = \sqrt{E/E_s} \qquad (3.68)$$

である．括弧 {} の中は r のべき級数であり，このことから，r が大きくなるといくらでも大きくなりそうである．実際，右辺は何の制約もない場合には発散することがわかっている．そのような場合，解は物理的に意味をなさない．やはり，回転していない状態に対する解は存在しないのだろうか．

実は存在する．うまいことに，ある特別な条件のもとには，意味のある解を得ることができるのだ．たとえば $\alpha = 1$ を代入してみよう．すると，右辺の括弧 {} 内第 2 項以下はすべてゼロになる．この場合，解は r が大きいところで発散しない．このような解はほかにもある．$\alpha = 1/2$ であれば，第 3 項以下はすべてゼロになり，$\alpha = 1/n$ であれば，第 $n + 1$ 項以下はすべてゼロになる．これらは皆意味のある解となり，その条件は $\alpha = \sqrt{E/E_s} = 1/n$，あるいは

$$E = \frac{1}{n^2}E_s = -\frac{e^2}{8\pi\varepsilon_0 a_B}\frac{1}{n^2} \qquad (n = 1, 2, 3, \ldots) \tag{3.69}$$

で与えられる．このようにして，再び水素原子のエネルギーの式（式 (1.119)）が得られた[†1]．ここに，n は**主量子数**とよばれる．そして，それぞれのエネルギー固有値に対応したエネルギー固有関数も同時に決定された．

これらの最初の 3 個を**表3.2** の上段 3 行に示してある．この表にある $R_{1,0}, R_{2,0}, R_{3,0}$ の指数部分に注目すると，$e^{-r/a_B}, e^{-r/2a_B}, e^{-r/3a_B}$ というように，ボーア半径 a_B の前の係数が主量子数 n に一致して大きくなっていることがわかる．これは，n の増大とともに波動関数の空間的な広がりが大きくなっていくことを表している．

これらの関数の形を，**図 3.18** の上段（$l = 0$ の段）に示した．これを左から順番に見ていくと，n が大きくなるに従い，節の数が増えていることがわかる．これは，井戸型ポテンシャルや調和振動子ポテンシャルの場合と同じで，エネルギーの増大を意味している．

表 3.2 水素原子のエネルギー固有関数の動径方向成分 $R_{n,l}(r)$

主量子数 n	方位量子数 l ($l \leq n-1$)	$R_{n,l}(r)$
1	0	$R_{1,0} = \dfrac{1}{a_B^{3/2}} 2 e^{-r/a_B}$
2	0	$R_{2,0} = \dfrac{1}{a_B^{3/2}} \dfrac{1}{\sqrt{2}} \left(1 - \dfrac{1}{2}\dfrac{r}{a_B}\right) e^{-r/2a_B}$
3	0	$R_{3,0} = \dfrac{1}{a_B^{3/2}} \dfrac{2}{3\sqrt{3}} \left\{1 - \dfrac{2}{3}\dfrac{r}{a_B} + \dfrac{2}{27}\left(\dfrac{r}{a_B}\right)^2\right\} e^{-r/3a_B}$
2	1	$R_{2,1} = \dfrac{1}{a_B^{3/2}} \dfrac{1}{2\sqrt{6}} \left(\dfrac{r}{a_B}\right) e^{-r/2a_B}$
3	1	$R_{3,1} = \dfrac{1}{a_B^{3/2}} \dfrac{8}{27\sqrt{6}} \left(\dfrac{r}{a_B}\right)\left(1 - \dfrac{1}{6}\dfrac{r}{a_B}\right) e^{-r/3a_B}$
3	2	$R_{3,2} = \dfrac{1}{a_B^{3/2}} \dfrac{4}{81\sqrt{30}} \left(\dfrac{r}{a_B}\right)^2 e^{-r/3a_B}$

$R_{n,l}(r)$ は，$\int_0^\infty R_{n,l}(r) r^2 dr = 1$ として規格化されている．

[†1] そしてこの一致こそが，シュレディンガー方程式に最初の成功をもたらしたのである．

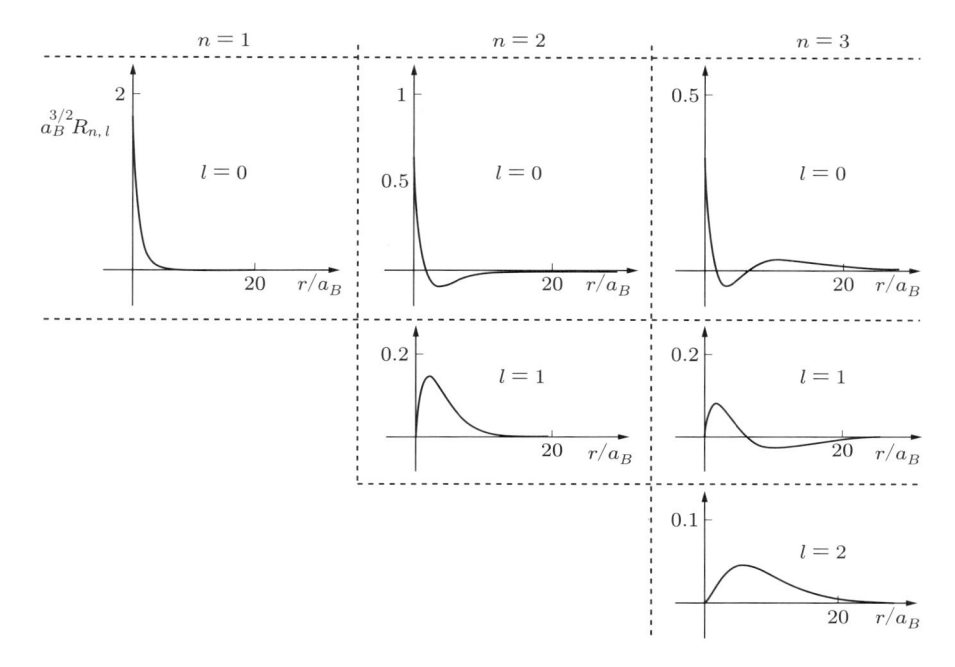

図 3.18　水素原子のエネルギー固有関数の動径方向成分 $R_{n,l}(r)$

次に，$l \neq 0$ を含めた一般の場合を議論しよう．詳しい計算は省略するが，式 (3.66) は，$n - 1 \geq l$ を満たす場合にのみ解をもち，その解は以下のように与えられる．

$$R(r) = \frac{1}{a_B^{3/2}} e^{-\alpha(r/a_B)} \left(\frac{r}{a_B}\right)^l \sum_{m=0}^{\infty} b_m \left(\frac{r}{a_B}\right)^m \tag{3.70}$$

ここに，べき項 $(r/a_B)^m$ の係数 b_m は，積の記号 $\prod$ を用いて

$$b_0 = 1, \qquad b_m = \prod_{k=l+1}^{m+l} \frac{2(k\alpha - 1)}{k(k+1) - l(l+1)} \quad (m \geq 1) \tag{3.71}$$

と表すことができる．これらの式に $l = 0$ を代入することにより，式 (3.68) が得られることを確認しておいてほしい．ここで，式 (3.71) に注目しよう．この式から，発散せず意味のある解が得られるのは，$l = 0$ のときと同じで $k\alpha = 1$，すなわち式 (3.69) が成立するときであることがわかる．これは，水素原子のエネルギー準位が方位量子数 l には依存せず，主量子数 n により決まっていることを意味している．

$l = 1, 2$ に対する例を，表 3.2 の下 3 行と図 3.18 の下 2 段に示してある．これらの関数は，$l = 0$ の場合と比べて著しい特徴をもっている．原点でその値がゼロになっているのだ．この違いの原因は，図 3.6 を見るとわかる．角運動量をもっている場合，

すなわち遠心力ポテンシャルがある場合には，実効ポテンシャルは原点に向かって増大する．このため動径方向成分 $R_{n,l}(r)$ は，原子核に向かって減衰するような形になるのである．次項で見るように，これらの関数の形は元素の成り立ちに大きな影響を及ぼすことになる．

図 3.18 をもう少し別の角度から眺めてみよう．右列の $n=3$ について，上から順番に眺めてほしい．l が増大するに従い，節の数が減っていることがわかるであろう．これら 3 個の状態は皆，$n=3$ で規定される同じエネルギーをもっている．一方，l の増大は角運動量の増大を意味し，節の減少は動径方向のエネルギーの減少を意味している．つまり n が一定での l の増大は，全エネルギー一定のまま，動径方向のエネルギーが回転方向のエネルギーへと変化していることを表しているのである．

そしてこれら 3 個の状態は，古典的には，ちょうど図 3.6 の 3 個の状態に対応している．$l=2$ の状態，あるいはより一般的には $l=n-1$（l：最大）の状態は，古典的には円軌道に対応した状態である．$l=1$ は楕円軌道に対応している．そして $l=0$，すなわち回転エネルギーをもたない状態は，古典的にはまっさかさまに原子核に落ち込む状態に対応しているのである．

ラザフォードの原子模型（図 1.13）に従えば，クーロン力につり合っているのは回転運動に起因する遠心力である．しかし，$l=0$ では遠心力はゼロである．なぜ，$l=0$ の状態が安定なのだろうか．いったい何がクーロン力に打ち勝って，電子を原子核に落ち込まないようにしているのだろうか．

この理由は，動径方向の運動量 p_r に対する不確定性関係を考えると理解できる．つまりこういうことだ．電子が原子核の正電荷に引かれてその存在領域が小さくなると，ポテンシャルエネルギーが減少する．しかし存在領域が小さくなると，同時に動径方向の運動量の不確定性が増大する．したがって，電子は大きな運動エネルギーをもつことを許されるようになる．この運動エネルギーの増大が落ち込みを阻止しているのだ．つまり，ポテンシャルエネルギーと動径方向の運動エネルギーが競合し，その折り合いの結果，電子の波動関数はボーア半径程度の広がりをもつわけである（演習問題 [3.4] 参照）．

もし，$l=0$ の状態の古典的描像を要求されれば，それは「原子核にぶつからずにすり抜けて行う往復運動」ということにでもなろうか．この運動は原子核（原点を）通る運動なので，確かに角運動量をもたない．そして，この振動運動の中で最低のエネルギーをもつ状態が，ゼロ点振動の状態（基底状態）ということになる．

さて，以上の考察をもとにボーアの原子理論を再考してみよう．ボーアの理論では，量子条件（式 (1.124)）とエネルギーの表式（式 (1.119)）に現れる量子数 n は同じものであった．それを再掲すれば，

3.3 水素原子と周期表：原子の成り立ち

$$L = \hbar n, \qquad E_n = -\frac{e^2}{8\pi\varepsilon_0 a_B}\frac{1}{n^2} \tag{3.72}$$

である．ボーアは，角運動量を量子化する量子数とエネルギーを量子化する量子数を同じものと見ていたのである．そして，その量子数の最小値を $n=1$ としたのだ．しかし，実際には角運動量の量子化を支配しているのは方位量子数 l であり，方位量子数は $l=0$ とできる．この状態，すなわちクーロンポテンシャルにおける「角運動量をもたない束縛状態」は，古典力学にもボーア理論にも存在しない．それは真に量子力学的な状態である．そして，水素原子における最も重要な状態である基底状態は，まさにこの $l=0$ の状態なのである．

最後に，$l=0$ の状態の確率密度について議論しよう．基底状態

$$\varphi_{1,0,0}(\boldsymbol{r}) = R_{1,0}(r)Y_{0,0} = \frac{1}{\sqrt{\pi}a_B{}^{3/2}}e^{-r/a_B} \tag{3.73}$$

の電子は，どこに見出される確率が一番大きいであろうか．位置 $\boldsymbol{r}$ に見出される確率は $|\varphi_{1,0,0}(\boldsymbol{r})|^2$ で与えられるので，上式より，$r=0$（原子核の位置）付近に見出される確率が一番高いことがわかる．では，少し言い回しを変えて，「原点からどの程度の距離離れたところに一番見出されやすいか」という問題はどうであろうか．今度は答えが違ってくる．原点から距離 r 離れた領域の広さは，半径 r の球の表面積 $4\pi r^2$ に比例する．したがって，原点から距離 r に電子を見出す確率 $P(r)$ は

$$P(r) = 4\pi r^2|\varphi_{1,0,0}|^2 = \frac{1}{a_B}\left(\frac{2r}{a_B}\right)^2 e^{-2r/a_B} \tag{3.74}$$

で与えられる．$P(r)$ の分布を $\varphi_{1,0,0}(\boldsymbol{r})$ とともに図 3.19 に示した（ただし $\varphi_{1,0,0}$ については，簡単のために 2 次元平面で示してある）．このように，$P(r)$ は原点から離れたところで極大値をもつ．この極大値を与える r は，$dP(r)/dr = 0$ により与えられるので，これを計算してみると答えは $r = a_B$ となる．このように，ボーア半径は

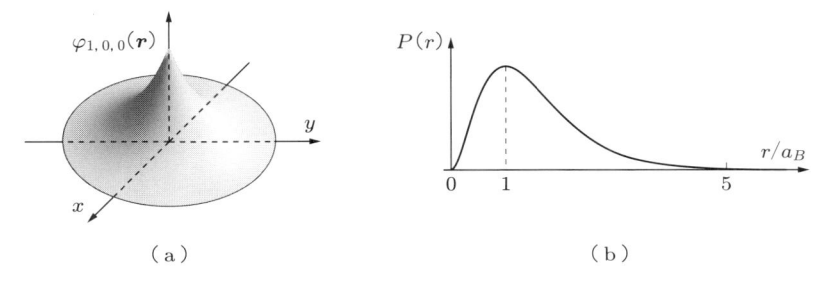

図 3.19 (a) 水素原子の基底状態のエネルギー固有関数 $\varphi_{1,0,0}(\boldsymbol{r})$．(b) 動径方向の確率密度分布 $P(r)$．

電子が最も見出されやすい，原点からの距離を与えてくれるのである[†1]．

3.3.2 エネルギー縮退と電子軌道：波動関数の分類学

これまでの結果をまとめると，水素原子の固有関数 φ は，スピン量子数を除いて

$$\varphi_{n,l,m_l}(r,\theta,\phi) = R_{n,l}(r) Y_{l,m_l}(\theta,\phi) \tag{3.75}$$

で与えられる．これは，エネルギー，角運動量の 2 乗，および，任意の 1 方向（通常この方向を z 方向にとる）の角運動量成分に対する同時固有関数である．

$$\begin{aligned}
\hat{H}\varphi_{n,l,m_l} &= E\varphi_{n,l,m_l} & \left(E = \frac{1}{n^2}E_s;\ n = 1,2,3,\dots\right) \\
\hat{L}^2\varphi_{n,l,m_l} &= L^2\varphi_{n,l,m_l} & (L^2 = l(l+1)\hbar^2;\ l = 0,1,2,\dots,n-1) \\
\hat{L}_z\varphi_{n,l,m_l} &= L_z\varphi_{n,l,m_l} & (L_z = m_l\hbar;\ m_l = 0,\pm1,\pm2,\dots,\pm l)
\end{aligned} \tag{3.76}$$

ここに，E_s は基底状態のエネルギー（式 (1.121)），n, l, m_l は，それぞれ主量子数，方位量子数，磁気量子数である．スピン角運動量 s_z を考慮すると，上記の状態はさらに $s_z = m_s\hbar$ ($m_s = \pm 1/2$) の二つに区別される．ここに，m_s はスピン量子数である．水素原子の固有状態は，これら 4 個の量子数により完全に指定され，これを変数 r_H で表せば，

$$\text{水素原子の固有状態の指定：}\quad r_H = (n, l, m_l, m_s) \tag{3.77}$$

と記述することができる．

さて，式 (3.76) からわかるように，エネルギー状態を支配しているのは主量子数 n であり，主量子数が同じであれば，その他の量子数が異なっていてもエネルギーは皆同じである．これは，第 2 章の最後で予告した**エネルギー縮退**である．決まった n の値で，何個の状態があるのかを数えてみよう．エネルギーが同じ状態の個数を**縮退度**，あるいは縮重度とよぶ．まず，それぞれの l に対して異なった m_l をもつ状態は $2l+1$ 個ある．そして，l は $0 \leq l \leq n-1$ を満たす整数が許される．さらに，スピン量子数により 2 重に縮退しているので，

$$\text{エネルギー } E_n \text{ をもつ状態の数（縮退度）：} 2 \times \sum_{l=0}^{n-1}(2l+1) = 2n^2 \tag{3.78}$$

となる．ただし，これらの状態はいつも縮退しているわけではなく，3.2.5 項で触れたように，磁場を印加することにより磁気量子数 m_l，スピン量子数 m_s の値に従ってエネルギー分裂を起こす．このような分裂は，「縮退が解ける」と表現される．

[†1] 図 3.19 の $P(r)$ の分布を見て，電子は原点には存在しないと考えてはいけない．$\varphi_{1,0,0}$ の図が示すように，「単位体積あたり」の存在確率は，原点で最大となる．また，$P(r)$ の分布を $P(r)$ 軸を中心に回転させて，「波動関数がドーナッツ状になっている」などと考えてもいけないので注意しよう．

しかし，原子の状態を n だけで区別するのでは不便であるので，方位量子数 l で状態を区別する方法がある．この分類法は，分光学の分野で形成され，以下のような記号が用いられている．

$$\text{方位量子数 } l: \quad 0, 1, 2, 3, \ldots$$
$$\text{記号}: \quad s, p, d, f, \ldots \tag{3.79}$$

これらの記号は，sharp, principal, diffuse, fundamental の略で，その命名は歴史的な経緯によっている．このように，方位量子数 l で分類される状態を**軌道**（あるいは電子軌道，原子軌道）とよび，それぞれの l に対応して s 軌道，p 軌道，d 軌道などとよばれる．主量子数 n の違いを区別するときには，$1s$，$2p$ のように軌道の記号の前に n の値を付ける．

量子力学における軌道は，古典的な軌道，すなわち物体の運動の「軌跡」に対応するもので，簡単に言えば「エネルギー固有関数の形状」を区別するためのものである[†1]．これを見るために，s 軌道と p 軌道の「形状」を比べてみよう．その前に，p 軌道には少し細工を加えておく必要がある．

$2p$ 軌道（$n=2, l=1$）を例にとろう．$n=2, l=1$ で指定される状態は $\varphi_{2,1,0}$，$\varphi_{2,1,\pm 1}$ の3個（スピン量子数を考慮すれば6個）であり，これらは動径方向は皆同じ $R_{2,1}$ で，角度成分 Y_{1,m_l} のみが異なっている．表3.1 に示されているように，$Y_{1,0}$ は実数であるが，$Y_{1,\pm 1}$ は複素数である．この差は，水素原子のエネルギー固有関数を z 方向の角運動量の固有関数を基にして構成していることに起因している．

しかし，空間の対称性から z 軸を特別視する理由は何もない．したがって，たとえばこれまで x 軸としていた軸をあらためて z' 軸としてシュレディンガー方程式を解き直せば，今度は z' 軸（もとの x 軸）の方向に実数となる固有関数が現れることになる．この新しい関数が，古い座標系での関数以上の情報をもっているはずはない．したがって，この新しい関数は，もとの関数を組み合わせることにより表現できるはずである．実際，以下のような組み合わせにより，二つの新しい実数関数を作ることができる．

$$\varphi_{2p_x} = \frac{1}{\sqrt{2}}(Y_{1,-1} - Y_{1,1})R_{2,1} \propto \sin\theta\cos\phi\, re^{-r/2a_B} = xe^{-r/2a_B} \tag{3.80a}$$

$$\varphi_{2p_y} = \frac{i}{\sqrt{2}}(Y_{1,-1} + Y_{1,1})R_{2,1} \propto \sin\theta\sin\phi\, re^{-r/2a_B} = ye^{-r/2a_B} \tag{3.80b}$$

$$\varphi_{2p_z} = Y_{1,0}R_{2,1} \qquad\qquad \propto \cos\theta\, re^{-r/2a_B} \qquad = ze^{-r/2a_B} \tag{3.80c}$$

[†1] 英語では，古典的な軌道を orbit とよぶのに対し，量子力学的な軌道は orbital（orbit のようなもの）として区別されている．

ここに $Y_{1,0}R_{2,1}$ も併記し，それぞれ $\varphi_{2p_x}, \varphi_{2p_y}, \varphi_{2p_z}$ と表記した．これら3式において，最後の等号の変形には図 3.12 の極座標表示の表式を用いている．

新しい関数は，もとの関数の線形結合で表されているので，これらもシュレディンガー方程式の解である．$\varphi_{2p_x}, \varphi_{2p_y}, \varphi_{2p_z}$ は，$2p_x$ 軌道，$2p_y$ 軌道，$2p_z$ 軌道とよばれ，それぞれ $\hat{L}_x, \hat{L}_y, \hat{L}_z$ の固有関数になっている．このように，s 軌道以外の軌道（$l \geq 1$ の状態）には方向性があり，これを指定することにより互いに区別される．

$1s$ 軌道と $2p$ 軌道のエネルギー固有関数を図 3.20 に示した．$2p$ 軌道の形が「串に刺さったお団子」のような形をしているのは，図 3.14 左図の方向依存性と図 3.18 の動径方向の分布（$n=2, l=1$ の図）から理解できると思う．また，二つのお団子の極性が異なっていることは，4.2.4 項，4.2.5 項の議論で重要となるので認識しておいてほしい．

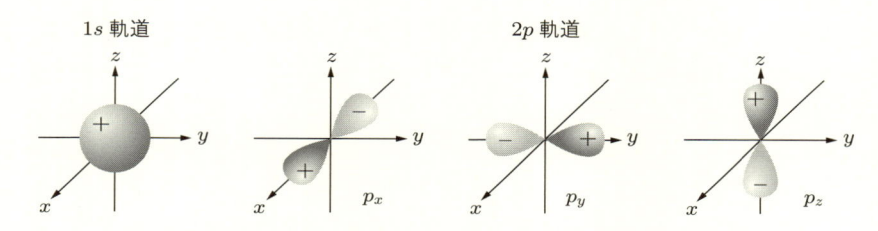

図 3.20　$1s$ 軌道と $2p$ 軌道のエネルギー固有関数

$n = 1, \ldots, 4$ について，電子軌道の例を図 3.21 に示した．同図では，x-y 平面上での $|\varphi_{n,l,m_l}|^2$ の値が示されている[†1]．図の上段は $l=0$ の状態（s 軌道）を表している．これらは皆，回転のエネルギーがゼロであり，エネルギー固有関数は原子核上で有限な値をもつ．n の増大とともに節の数が増えているが，これは動径方向のエネルギーが増大している様子を表している．一方下段は，l と $|m_l|$ が最大の状態であり，古典的には円軌道に対応している．花びらのような模様は，角運動量の量子化に起因しており，花びらの枚数は方位量子数の増大とともに増えていく．これらの模様は，互いに逆方向に回転している回転波により形成された定在波によるものと解釈できる．

[†1] x 軸と y 軸のスケールは，図ごとに異なっているので注意してほしい．実際に n が大きいほど，$|\varphi_{n,l,m_l}|^2$ の広がりも大きい．

$n=1$　　　$n=2$　　　$n=3$　　　$n=4$

動径方向の
エネルギー最大
($l=0$)

1s　　　2s　　　3s　　　4s

回転方向の
エネルギー最大
($l=|m_l|=n-1$)

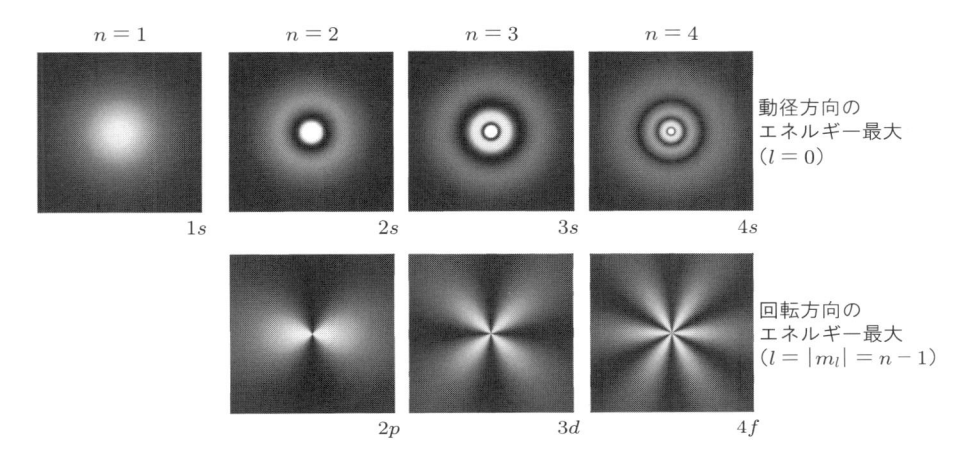

2p　　　3d　　　4f

図 3.21　水素原子における電子軌道の確率密度 $|\varphi_{n,l,m_l}|^2$

3.3.3　元素の電子配置：周期表を眺めてみよう

ここでは，元素の電子配置について考えてみよう．表 3.3 には，これまで学んできた水素原子の状態が，左の 5 列にまとめられている．この表の 5 列目に示した状態数と，見返しにある周期表の各行の元素の数とを比べてみてほしい．両者には，きれいな対応関係があることがわかるであろう．たとえば，周期表の第 1 周期の元素の数は 2 であるが，これは 1s 軌道の状態数に一致している．同様に，第 2 周期の元素数 8 は 2s, 2p 軌道の状態数に，第 3 周期の元素数 8 は 3s, 3p 軌道の状態数に，そして第 4 周期の元素数 18 は，3d と 4s, 4p 軌道の状態数に一致している[†1]．

この対応関係は，すべての元素が水素原子と同じように n, l, m_l という 3 個の量子

表 3.3　水素原子の状態と元素の電子配置

主量子数 n	軌道	方位量子数 l	磁気量子数 m_l	状態数	周期表	殻の名称
1	1s	0	0	2	第 1 周期	K 殻
2	2s	0	0	2	第 2 周期	L 殻
	2p	1	0, ±1	6	第 2 周期	
3	3s	0	0	2	第 3 周期	M 殻
	3p	1	0, ±1	6	第 3 周期	
	3d	2	0, ±1, ±2	10	第 4 周期	
4	4s	0	0	2	第 4 周期	N 殻
	4p	1	0, ±1	6	第 4 周期	
	4d	2	0, ±1, ±2	10	第 5 周期	
	4f	3	0, ±1, ±2, ±3	14	第 6 周期	

[†1]　ただし第 5 周期以降は，電子間の相互作用のために，このような対応関係が必ずしも成立しなくなる．

数で規定される軌道をスピンに応じて 2 個ずつもち，各元素は，これらの状態に電子が 1 個ずつ詰まっていくことにより成り立っていることを示している．

この事実は，一つのエネルギー固有状態（いま扱っている原子の場合には，$r_H = (n, l, m_l, m_s)$ で指定される状態）には，ただ一つの電子しか入ることができないという原理によっている．この原理は，**パウリの排他律**とよばれている．周期表にあるような元素の並びは，パウリの排他律に従って，エネルギーの低い状態から電子を 1 個ずつ詰めていった結果なのである．

電子を 1 個ずつ詰めていくときには，いくつかの「区切り」が存在し，この区切りは原子の**殻**とよばれている．この殻構造は，主量子数 n と 1 対 1 の関係にある．すべての軌道において，そのエネルギー固有関数には，e^{-r/na_B} という主量子数 n に依存した因子が含まれている．したがって，同じ主量子数 n をもつ軌道の確率密度分布は，原子からの距離が同程度のところに集中している．そのような確率密度分布が「殻」を形成するのである．これらの殻は，内側から（n の小さいほうから）順番に，K 殻，L 殻，M 殻，… とよばれている．以上の内容も表に示してある．

では周期表に沿って，各元素を順番に組み上げてみよう．周期表の元素は，**原子番号**順に並べられている．原子番号とは，原子核中の陽子の数のことである．したがって中性の原子では，その電子数は原子番号に等しい．

■ K 殻

ヘリウム（He）から始めよう．このために水素原子に電子を一つ加えるが，その前に陽子も一つ追加しておく必要がある．水素原子に陽子を一つ加えることにより，ヘリウムの正イオン He$^+$ ができる．

さて，原子番号 Z の原子核（核電荷 $+Ze$）に電子が 1 個束縛される場合，電子は強い正電荷に引き付けられ，その軌道半径 a は a_B/Z となる．つまり，水素原子のボーア半径に比べ $1/Z$ に減少する．また，基底状態のエネルギーは

$$E = -\frac{(Ze)e}{8\pi\varepsilon_0 a} = -\frac{Z^2 e^2}{8\pi\varepsilon_0 a_B} = Z^2 E_s \tag{3.81}$$

で与えられる．ここに，$E_s\,(=-13.6\,\mathrm{eV})$ は水素原子の基底状態のエネルギーである．このように電子のエネルギーは，核電荷の増大効果と半径が小さくなる効果により，Z^2 倍されることになる．ヘリウムの正イオン He$^+$ の基底状態のエネルギーは，上式に $Z = 2$ を代入することにより，$E_{\mathrm{He}^+} = 4E_s = -54.4\,\mathrm{eV}$ となる．

このヘリウムイオンに電子を 1 個加えると，ヘリウム原子になる．2 個目の電子は，一番エネルギーの低い $1s$ 軌道に入る．このとき，パウリの排他律により同じ状態には入ることができないので，スピンを逆向きにして入ることになる．

3.3 水素原子と周期表：原子の成り立ち

　ヘリウム原子は 2 個の電子をもつので，そのエネルギーもヘリウムイオンの 2 倍になりそうであるが，そうはならない．電子が複数個の場合，電子どうしの反発力によるクーロンエネルギー E_{e-e} を考慮する必要がある．ヘリウム原子における電子間のクーロンエネルギーは，最も単純には，2 個の電子が陽子を挟んで互いに反対側に距離 a_B 離れて存在するとして見積もることができる（図 3.22）．この単純モデルを用いると，

$$E_{e-e} \simeq +\frac{e^2}{4\pi\varepsilon_0 a_B} = -2E_s \qquad (E_s = -13.6\,\text{eV}) \tag{3.82}$$

となるので，He の基底状態のエネルギー E_{He} は，$E_{\text{He}} = 2E_{\text{He}^+} + E_{e-e} \simeq -81.6\,\text{eV}$ となる．ここでの単純モデルを用いた見積もりによれば，イオン化エネルギー，すなわち，水素分子イオンを生成するのに必要なエネルギー $E_{\text{ion}}\,(= E_{\text{He}^+} - E_{\text{He}})$ は，27.2 eV ということになる[†1]．この値は，実測値の 24.6 eV とそれほど大きくずれていない．

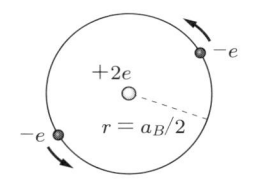

図 3.22　ヘリウム原子の最も簡単なモデル

　ヘリウム核に関するエネルギー（実測値）を，水素原子とともにまとめておこう．

　　H の基底状態のエネルギー： $E_s = -13.6\,\text{eV}$

　　He$^+$ の基底状態のエネルギー： $E_{\text{He}^+} = -54.4\,\text{eV}\ (= 4E_s)$

　　He の基底状態のエネルギー： $E_{\text{He}} = -79.0\,\text{eV}\ (\simeq 2E_{\text{He}^+} + E_{e-e})$

　　He の（第 1）イオン化エネルギー： $E_{\text{ion}} = 24.6\,\text{eV}\ (= E_{\text{He}^+} - E_{\text{He}})$

He 原子には電子が 2 個あるので，電子 1 個あたりのエネルギーは $-39.5\,\text{eV}$ ということになる．この値の絶対値がイオン化エネルギーの値 24.6 eV と一致しないことに注意しよう．電子 1 個あたりのエネルギーには，電子間のクーロンエネルギーの半分が割り当てられるが，電子を 1 個取り去るときには，そのクーロンエネルギーのすべてが取り去られるのである．また，H, He$^+$, He の基底状態の電子は，皆 1s 軌道の電子であるが，これら 1s 軌道のエネルギーは，核電荷と電子間のクーロンエネルギーの

[†1] 正確には，第 1 イオン化エネルギーとよばれる．第 2 イオン化エネルギーは，He$^+$ から電子を引き抜き裸のヘリウム核を作るためのエネルギーで，その値は $|E_{\text{He}^+}| = 54.4\,\text{eV}$ である．

違いにより，すべて異なる値になることにも注意しよう．

元素の電子配置は，軌道の右上に電子数を書いて表され，ヘリウムの場合は $(1s)^2$ と表記される．ヘリウム原子をもって，K 殻は閉殻となる．

■ L 殻

リチウム（Li）原子を作るために，再び陽子と電子を 1 個ずつ追加しよう．3 個目の電子を入れる場合，$1s$ 軌道はすでに埋まっているので，$2s$ 軌道，または $2p$ 軌道が候補になるが，電子はどちらに入るであろうか．水素原子の理論によれば，$2s$ と $2p$ の状態はエネルギーは同じである．しかしリチウム原子の場合には，すでに詰まっている $1s$ 軌道の電子の効果により，$2s$ 軌道と $2p$ 軌道のエネルギーは異なってくる．

Li 原子における $2s$ 軌道と $2p$ 軌道のエネルギー差は，二つの軌道の確率密度の形を比較すると理解できる．図 3.23 には，動径方向の確率密度分布を比較するために $r^2 R_{n,l}^2$ が示されている．$2s$ 軌道は，$1s$ 軌道のピークよりも内側にピークを一つもつ．このため $2s$ 軌道の電子は，$1s$ 軌道の電子の中をかいくぐって原子核の正電荷を感じることができる．一方 $2p$ 軌道では，$1s$ 軌道の内側にはほとんど確率密度が存在しないので，原子核の正電荷が $1s$ 軌道の電子で覆い隠されてされてしまう．結果として，$2p$ 軌道の電子は原子核の正電荷を感じることができず，そのエネルギーは $2s$ 軌道のエネルギーよりも高くなる．このような理由により，3 個目の電子は $2s$ 軌道に入ることになる．リチウムの電子配置は $(1s)^2(2s)^1$ である．

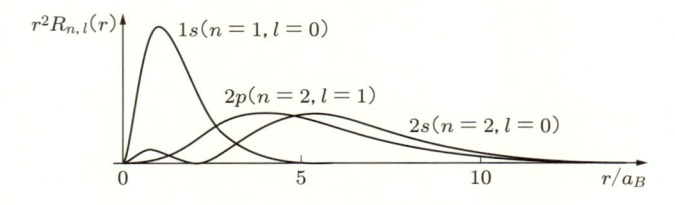

図 3.23 $1s$ 軌道，$2s$ 軌道，$2p$ 軌道の確率密度分布の比較

ベリリウム（Be）では，ヘリウムの場合と同様に，$2s$ 軌道にスピンを逆向きにして 2 個目の電子が入る．電子配置は $(1s)^2(2s)^2$ となる．

ホウ素（B）では，追加される電子は次にエネルギーの低い $2p$ 軌道に入り，原子配置は $(1s)^2(2s)^2(2p)^1$ となる．$2p$ 軌道は 3 個あるが，これらのどれに入るのかという疑問は意味がない．空間が等方的であれば，特別な方向を指定する必要はない．したがって，ホウ素の $2p$ 軌道の電子の方向（お団子の串の方向）を観測すれば，まったくランダムな方向に見出されることになる．

炭素（C）の場合はそうはいかない．なぜなら，すでに占有されている $2p$ 軌道とその他の $2p$ 軌道のどちらに入るのかは違った状態を表すからだ．同じ $2p$ 軌道に入る場合は，スピンを逆向きにする必要があるが，別の $2p$ 軌道に入る場合は，スピンはどちらの可能性も考えられる．このとき，「互いにスピンを揃えて，異なる軌道に入る」という**フントの規則**というものがある．電子はこの規則に従い，異なる $2p$ 軌道に入る．原子配置は $(1s)^2(2s)^2(2p)^2$ となる．**窒素**（N）の場合も同じ規則に従って，電子は3番目の $2p$ 軌道にスピンを揃えて入る．**酸素**（O）と**フッ素**（F）では，スピンを逆向きにして残りの p 軌道に電子が詰まっていく．

ネオン（Ne）をもって $n=2$ のすべての状態が占有され，L殻は閉殻となる．ネオンの電子配置は $(1s)^2(2s)^2(2p)^6$ である．

以上の結果を図3.24にまとめた[†1]．

図 3.24　元素の電子配置

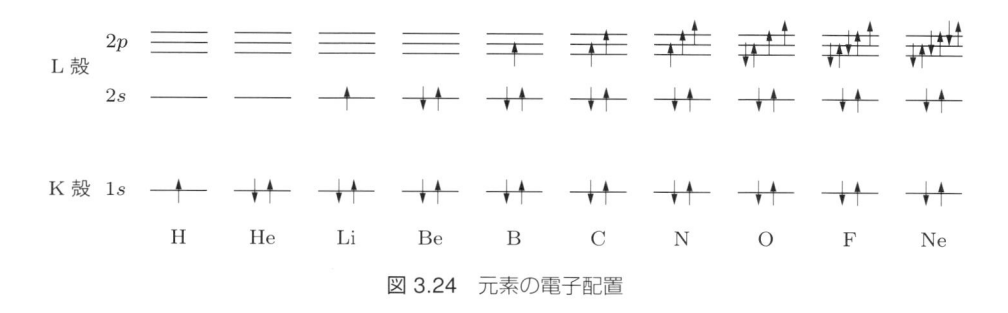

演習問題

3.1 2次元平面の等速直線運動に対して，角運動量が保存されることを示せ．

3.2 2次元平面上の運動を考える．2次元の平面波 $\psi(x,y,t) = ce^{i(k_x x + k_y y)}e^{-iEt/\hbar}$ は角運動量演算子（式 (3.33)）の固有関数か．固有関数であれば固有値を，固有関数でなければ期待値を計算に頼らず推定せよ．

3.3 式 (3.59) を証明せよ．

3.4 演習問題 [2.2] と同様な見積もりを水素原子の基底状態について行う．水素原子中の電子の動径方向の運動量 p と原子核からの距離 r との不確定性を $\Delta p \Delta r \sim \hbar$ とする．水素

[†1] 同図において，3個の p 軌道のエネルギー準位をずらして描いているが，これは図を見やすくするためで，実際は3個（スピンを考慮すると6個）の p 軌道は，縮退している（エネルギーが等しい）ので注意してほしい．

原子の基底状態のエネルギーは，式 (1.111) にこの関係を代入して，

$$E(\Delta r) = \frac{\hbar^2}{2m}\left(\frac{1}{\Delta r}\right)^2 - \frac{e^2}{4\pi\varepsilon_0}\left(\frac{1}{\Delta r}\right)$$

で評価することができる．$E(\Delta r)$ を Δr の関数として図示せよ．また，そのグラフに現れる極小点を与える距離 $r_{\min}$ とそのときのエネルギー $E_{\min}$ を，ボーア半径 a_B（式 (1.120)）と水素原子の基底状態のエネルギー E_s（式 (1.121)）と比較せよ．

3.5 水素原子の $2s$ 軌道と $2p_z$ 軌道の重ね合わせの状態を考える．

$$\psi(\boldsymbol{r},t) = 2\psi_{2s}(\boldsymbol{r},t) + \psi_{2p_z}(\boldsymbol{r},t)$$

(1) この状態を規格化せよ．ただし，$\langle\psi_{2s}|\psi_{2s}\rangle = \langle\psi_{2p_z}|\psi_{2p_z}\rangle = 1$ とする．
(2) 規格化された状態を，エネルギー固有関数を用いて具体的に書き下せ．その際，エネルギー固有値には，基底状態のエネルギー E_s を用いてよい．
(3) この状態はエネルギー固有状態か．そうならばエネルギーの値を，そうでないならば期待値を求めよ．答えには基底状態のエネルギー E_s を用いてよい．
(4) この状態は角運動量の z 成分 $\hat{L}_z$ の固有状態か．そうならばその固有値を，そうでないならば，その期待値を求めよ．
(5) この状態は角運動量の絶対値の2乗 $\hat{L}^2$ の固有状態か．そうならばその固有値を，そうでないならば，その期待値を求めよ．

Chapter 4 原子からデバイスまで
— 源流からたどる大海原への流れ

　本章では，現代のエレクトロニクスを支える半導体デバイスの成り立ちを源流からたどってみる．4.1 節は，このような「原子からデバイスまで」の流れの出発点であり，前章で議論した水素原子の理論を基礎として，分子の成り立ちを議論する．4.2 節では，4.1 節の理論を応用して結晶を組み上げる．4.3 節では，半導体の性質，および半導体を用いて作製される PN 接合と電界効果トランジスタについて説明を行う．

4.1 原子から分子へ：往復運動によりエネルギーを減らす電子

　原子核（陽子）を一つ増やし，電子 1 個に対し 2 個の陽子が存在する場合を考えよう．その場合の電子に対するシュレディンガー方程式は，以下のようになる．

$$i\hbar \frac{\partial}{\partial t}\psi(\bm{r},t) = \hat{H}\psi(\bm{r},t) \tag{4.1}$$

$$\hat{H} = -\frac{\hbar^2}{2m}\nabla^2 - \frac{e^2}{4\pi\varepsilon_0|\bm{r}|} - \frac{e^2}{4\pi\varepsilon_0|\bm{r}-\bm{b}|}$$

ここに，一つの陽子を $\bm{r}=0$ に，もう一つを $\bm{r}=\bm{b}$ に置いた．この方程式を解けば，エネルギー固有状態の完全な解を得ることができる．しかしここでは，そのような正確な解を求めることはしない．むしろ，同種の核が 2 個あるという対称性だけから，どのようなことが言えるのかを明らかにしていこう[†1]．

4.1.1 二つの原子核と一つの電子：複雑な系を単純化して考える

　ここでは簡単のために，水素原子を単純化し，$1s$ 軌道のみが許されるような原子模型を用いる．スピンも考えない．この原子に，遠方から裸の原子核（陽子）が近づいてきたときに何が起こるのかを考えよう．

　まず，原子核間の距離が，電子の波動関数の広がり，すなわちボーア半径 a_B に比べ

[†1] 本節で扱うのは，電子が 1 個だけの状態であるので，水素分子ではなく，水素分子の正イオンを議論するということになる．

て十分大きい場合を考える（図 4.1(a)）．この場合，遠方の原子核の影響は無視することができ，電子は定常状態にあると考えてよい．したがって，時刻 t における電子の状態は，$1s$ 軌道のエネルギーを E_s，エネルギー固有関数を $\varphi_s(=\pi^{-1/2}a_B^{-3/2}e^{-r/a_B})$ として，

$$\psi(\bm{r},t) = c_0 \varphi_s(\bm{r}) e^{-iE_s t/\hbar} \tag{4.2}$$

と書ける．ここに，c_0 は定数である．この式をあえて

$$\psi(\bm{r},t) = C(t)\varphi_s(\bm{r}) \tag{4.3}$$

と書けば，$C(t)$ に対して

$$\text{エネルギー } E_s \text{ の定常状態：} \quad C(t) = C(0)e^{-iE_s t/\hbar} \tag{4.4}$$

と表現することができる．ここに，$C(0)(=c_0)$ は時刻 $t=0$ における C の値である．

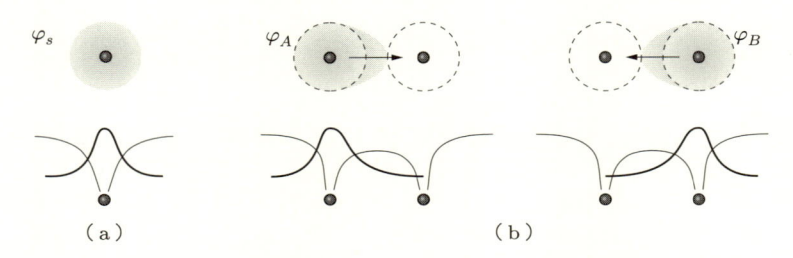

図 4.1 (a) 一つの原子核に束縛された状態 φ_s．(b) 二つの原子核に束縛された状態 φ_A, φ_B．これらの状態にある電子は，もう一方の原子核に飛び移ろうとする．

さて，原子核がボーア半径程度に近づいてくると様子が変わってくる．いままでポテンシャル障壁により閉じ込められて定常状態にあった電子が，トンネル効果によりもう一つの原子核に飛び移るという現象が起こる．そして，いったん飛び移った電子は，今度は同じポテンシャル障壁を通り抜けて，もとの原子核に戻ろうとする．その様子を図 4.1(b) に示した．このような往復運動を記述するために，電子の波動関数を以下のように表そう．

$$\psi(\bm{r},t) = C_A(t)\varphi_A(\bm{r}) + C_B(t)\varphi_B(\bm{r}) \tag{4.5}$$

ここに φ_A と φ_B は，電子がそれぞれ左（もとの原子核）と右（近づいてきた原子核）にいる状態を表す．たとえば，電子が初期状態として左側にいるという条件は，$|C_A(0)|=1, |C_B(0)|=0$ と表すことができる．また，その後の時刻 t_1 に $|C_A(t_1)|=0$, $|C_B(t_1)|=1$ であれば，これは右側に移った状態ということになる．したがって，C_A と C_B の時間依存性を明らかにすれば，この問題は解けたということになる．

ところで，詳しい説明は 4.1.2 項の最後で行うが，φ_A と φ_B は以下の規格直交性を

4.1 原子から分子へ：往復運動によりエネルギーを減らす電子

満足することを記しておこう．

$$\langle \varphi_i | \varphi_j \rangle = \int_{-\infty}^{\infty} \varphi_i^*(\boldsymbol{r}) \varphi_j(\boldsymbol{r}) \, d\boldsymbol{r} = \delta_{ij} \qquad (i, j = A \text{ または } B) \tag{4.6}$$

このことから，式 (4.5) は，波動関数 ψ を規格直交関数 φ_A, φ_B で展開したものであり，$C_A(t)$ と $C_B(t)$ は，時刻 t において電子をそれぞれ φ_A と φ_B の状態に見出す確率の確率振幅になっているということがわかる[†1]．

C_A と C_B の時間変化を調べるには，式 (4.5) をシュレディンガー方程式（式 (4.1)）に代入し，これを C_A と C_B に関する方程式と見て解けばよい．時間に関する微分は C_A, C_B だけに作用し，空間に関する微分は φ_A, φ_B だけに作用することに注意すれば，

$$i\hbar \left(\varphi_A \frac{\partial C_A}{\partial t} + \varphi_B \frac{\partial C_B}{\partial t} \right) = C_A \hat{H} \varphi_A + C_B \hat{H} \varphi_B \tag{4.7}$$

となる．この式に，左から φ_A^* と φ_B^* を掛けた式を作る．

$$i\hbar \left(\varphi_A^* \varphi_A \frac{\partial C_A}{\partial t} + \varphi_A^* \varphi_B \frac{\partial C_B}{\partial t} \right) = C_A \varphi_A^* \hat{H} \varphi_A + C_B \varphi_A^* \hat{H} \varphi_B \tag{4.8a}$$

$$i\hbar \left(\varphi_B^* \psi_A \frac{\partial C_A}{\partial t} + \varphi_B^* \varphi_B \frac{\partial C_B}{\partial t} \right) = C_A \varphi_B^* \hat{H} \varphi_A + C_B \varphi_B^* \hat{H} \varphi_B \tag{4.8b}$$

そして，これらの式の両辺を空間積分する．このとき先の規格直交性を用いると，上式左辺の $\varphi_A^* \varphi_B$ と $\varphi_B^* \varphi_A$ の部分は 0 となり，$\varphi_A^* \varphi_A$ と $\varphi_B^* \varphi_B$ の部分は 1 になるので，

$$i\hbar \frac{dC_A}{dt} = H_{AA} C_A + H_{AB} C_B, \qquad i\hbar \frac{dC_B}{dt} = H_{BA} C_A + H_{BB} C_B \tag{4.9}$$

が得られる．ここに，

$$\begin{aligned} H_{AA} = \langle \varphi_A | \hat{H} | \varphi_A \rangle, & \qquad H_{AB} = \langle \varphi_A | \hat{H} | \varphi_B \rangle \\ H_{BA} = \langle \varphi_B | \hat{H} | \varphi_A \rangle, & \qquad H_{BB} = \langle \varphi_B | \hat{H} | \varphi_B \rangle \end{aligned} \tag{4.10}$$

である[†2]．式 (4.9) は，シュレディンガー方程式を確率振幅 C_A, C_B を用いて表したものであり，そこに含まれている情報はシュレディンガー方程式と同じである．

この変形版シュレディンガー方程式を解く前に，まず式 (4.10) で表される四つの係数の意味を考えよう．始めに，とりあえず $H_{AB} = H_{BA} = 0$ と仮定してみる．すると，以下の簡単な二つの独立した方程式が得られる．

$$i\hbar \frac{dC_A}{dt} = H_{AA} C_A, \qquad i\hbar \frac{dC_B}{dt} = H_{BB} C_B \tag{4.11}$$

これらの方程式の基本解は，

$$C_A(t) = C_A(0) e^{-i H_{AA} t / \hbar}, \qquad C_B(t) = C_B(0) e^{-i H_{BB} t / \hbar} \tag{4.12}$$

[†1] 規格直交性と確率振幅については，2.5.3 項を参照してほしい．
[†2] 積分のブラケット表記に関しては，2.5.3 項，2.5.4 項を参照のこと．

と書ける．これは，式 (4.4) に示した定常状態を表す式と同じ形だ．ということは，H_{AA} と H_{BB} は，$H_{AB} = H_{BA} = 0$ という条件付きではあるが，φ_A と φ_B のエネルギー固有値を表しているということになる．そしてこの二つのエネルギーは，系の対称性から考えて等しいはずだ．そこで，H_{AA} と H_{BB} を E_0 と表記しよう[†1]．すると上式の解は，

$$C_A(t) = C_A(0)e^{-iE_0t/\hbar}, \qquad C_B(t) = C_B(0)e^{-iE_0t/\hbar} \qquad (4.13)$$

と書ける．したがって，もし $|C_A(0)| = 1, |C_B(0)| = 0$ であれば，すなわち時刻 $t = 0$ において電子が左側にいれば，この電子はずっと左側にいることになる．このように考えると，たったいまゼロとおいた H_{AB} と H_{BA} は，他方へのトンネル遷移を誘発する因子であることがわかる．実際，式 (4.9) を見てわかるように，C_A と C_B はこの二つの係数を通して結びついている．そして，トンネル遷移の強さも系の対称性から等しいはずであるので，H_{AB} と H_{BA} も等しいと考えてよいだろう．そこで，これを $-J$ とおくことにする[†2]．このようにして，この系のシュレディンガー方程式は以下のように書けることがわかった．

$$i\hbar \frac{dC_A}{dt} = E_0 C_A - J C_B, \qquad i\hbar \frac{dC_B}{dt} = -J C_A + E_0 C_B \qquad (4.14)$$

4.1.2 結合状態と反結合状態：往復運動とエネルギー分裂

式 (4.14) を解くために，二つの式に対して足し算と引き算を行い，以下の二つの式を作ってみる．

$$i\hbar \frac{d}{dt}(C_A + C_B) = (E_0 - J)(C_A + C_B) \qquad (4.15a)$$

$$i\hbar \frac{d}{dt}(C_A - C_B) = (E_0 + J)(C_A - C_B) \qquad (4.15b)$$

すると，再び式 (4.11) と同じ形の微分方程式になったので，これらの解は

$$C_A(t) + C_B(t) = a e^{-i(E_0-J)t/\hbar} \qquad (4.16a)$$

$$C_A(t) - C_B(t) = b e^{-i(E_0+J)t/\hbar} \qquad (4.16b)$$

となる．ここに，a と b は定数である．これらの式から，C_A と C_B は

$$C_A(t) = \frac{1}{2}\{a e^{-i(E_0-J)t/\hbar} + b e^{-i(E_0+J)t/\hbar}\} \qquad (4.17a)$$

[†1] 図 4.1 が示すように，φ_s は球対称なポテンシャルに閉じ込められた電子を表すのに対し，φ_A と φ_B はそれぞれ右側と左側が少しくぼんだ形のポテンシャルに閉じ込められた電子を表している．したがって，φ_s と φ_A, φ_B は，それぞれ似てはいるが完全に同じ関数形ではない．このため E_0 も，$1s$ 軌道のエネルギー E_s とは等しくはならないことに注意してほしい．

[†2] なぜマイナス符号を付けたかについては，4.1.4 項で説明を行う．

4.1 原子から分子へ：往復運動によりエネルギーを減らす電子

$$C_B(t) = \frac{1}{2}\{ae^{-i(E_0-J)t/\hbar} - be^{-i(E_0+J)t/\hbar}\} \qquad (4.17b)$$

と求められる．

これで一般解が得られたので，いくつかの典型的な初期条件について，この解がどのような状態を表しているのかを調べてみよう．まず，上式に $t=0$ を代入しておく．

$$C_A(0) = \frac{a+b}{2}, \qquad C_B(0) = \frac{a-b}{2} \qquad (4.18)$$

初期条件は，a と b に具体的な数値を与えることにより得られる．そこで，$a=b=1$ としてみよう．すると $C_A(0)=1, C_B(0)=0$ となり，これは $t=0$ で左側に電子がいる状態である．$a=b=1$ を式 (4.17a), (4.17b) に代入すれば，

$$C_A(t) = \frac{1}{2}\{e^{-i(E_0-J)t/\hbar} + e^{-i(E_0+J)t/\hbar}\} = \cos\left(\frac{J}{\hbar}t\right)e^{-iE_0t/\hbar} \quad (4.19a)$$

$$C_B(t) = \frac{1}{2}\{e^{-i(E_0-J)t/\hbar} - e^{-i(E_0+J)t/\hbar}\} = i\sin\left(\frac{J}{\hbar}t\right)e^{-iE_0t/\hbar} \quad (4.19b)$$

が得られる．電子が左に見出される確率 P_A と右に見出される確率 P_B は，それぞれの確率振幅の絶対値の2乗で表されるので，

$$P_A = |C_A(t)|^2 = \cos^2\frac{J}{\hbar}t, \qquad P_B = |C_B(t)|^2 = \sin^2\frac{J}{\hbar}t \qquad (4.20)$$

となる．もちろん $P_A + P_B = 1$ である．上式より，電子は予想どおり往復運動を繰り返すことがわかる．その様子を図 4.2 に示した．この往復運動の 1/2 周期分の時間 t_T は，

$$t_T = \frac{\pi}{2}\frac{\hbar}{J} \qquad (4.21)$$

で与えられる．t_T は，飛び移るまでの平均時間を表しており，**遷移時間** (transition time) とよばれる．あらわには現れていないが，t_T と J は二つの原子核の距離の関数であることは容易に想像される．ずっと遠くに離れていれば遷移までの時間は長くなり，したがって J は小さくなる．逆に，近接していれば頻繁に遷移を繰り返すはずなので，J は大きな値をとる．このように，J は飛び移り頻度の指標となる量である．そ

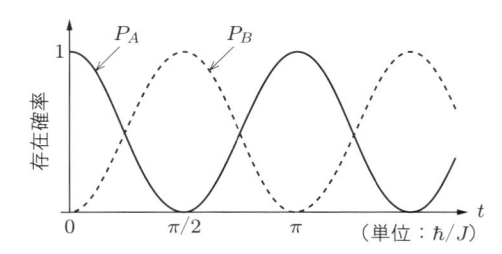

図 4.2 左 (A) と右 (B) の原子核上に電子を見出す確率 P_A, P_B の時間変化

して，プランク定数の次元が [エネルギー]×[時間] であることを再度確認して式 (4.21) を眺めれば，J がエネルギーの次元をもつことがわかる．

ほかの初期条件も調べてみよう．$a = -b = 1$ としてみると，今度は $t = 0$ で右側にいる状態となる．このときも，上の結果と同じように往復運動を繰り返す．では，$b = 0$ としてみるとどうであろうか．a には後の規格化のために $\sqrt{2}$ を入れておこう．式 (4.17a), (4.17b) にこの条件を代入してみると，

$$C_A(t) = C_B(t) = \frac{1}{\sqrt{2}} e^{-i(E_0-J)t/\hbar} \tag{4.22}$$

が得られる．これを式 (4.5) に代入すると，

$$\psi = \frac{1}{\sqrt{2}}(\varphi_A + \varphi_B) e^{-i(E_0-J)t/\hbar} \tag{4.23}$$

となる．この状態は，エネルギー固有値 $E_0 - J$ をもつエネルギー固有状態であり，**結合状態**とよばれる．式 (4.18) に $b = 0$ を代入してみればわかるように，結合状態にある電子は，時刻 $t = 0$ において右にも左にも等しい確率で存在している．したがって，その後の時刻においても，右にも左にも等しい確率で見出される．

$a = 0, b = \sqrt{2}$ の場合はどうであろうか．式 (4.17a), (4.17b) にこの条件を代入してみると，

$$C_A(t) = -C_B(t) = \frac{1}{\sqrt{2}} e^{-i(E_0+J)t/\hbar} \tag{4.24}$$

が得られる．これを式 (4.5) に代入すると，

$$\psi = \frac{1}{\sqrt{2}}(\varphi_A - \varphi_B) e^{-i(E_0+J)t/\hbar} \tag{4.25}$$

が得られる．今度もまた，電子は両方に等しい確率で見出されるが，そのエネルギーは結合状態に比べ $2J$ だけ高くなっている．この状態は，**反結合状態**とよばれている．

以上の結果をまとめておこう．

・$t = 0$ で左右どちらかに見出される確率が 1 である状態

$t = 0$ で左： $\psi_\alpha(\boldsymbol{r}, t) = \left(\varphi_A(\boldsymbol{r}) \cos \dfrac{J}{\hbar} t + i \varphi_B(\boldsymbol{r}) \sin \dfrac{J}{\hbar} t\right) e^{-iE_0 t/\hbar}$ (4.26a)

$t = 0$ で右： $\psi_\beta(\boldsymbol{r}, t) = \left(\varphi_B(\boldsymbol{r}) \cos \dfrac{J}{\hbar} t + i \varphi_A(\boldsymbol{r}) \sin \dfrac{J}{\hbar} t\right) e^{-iE_0 t/\hbar}$ (4.26b)

・$t = 0$ で左右に見出される確率が等しい状態

結合状態： $\psi_1(\boldsymbol{r}, t) = \varphi_1(\boldsymbol{r}) e^{-iE_1 t/\hbar}, \quad \varphi_1 = \dfrac{1}{\sqrt{2}}(\varphi_A + \varphi_B)$ (4.27a)

反結合状態： $\psi_2(\boldsymbol{r}, t) = \varphi_2(\boldsymbol{r}) e^{-iE_2 t/\hbar}, \quad \varphi_2 = \dfrac{1}{\sqrt{2}}(\varphi_A - \varphi_B)$ (4.27b)

4.1 原子から分子へ：往復運動によりエネルギーを減らす電子

これらのうち下の二つの状態が，シュレディンガー方程式をエネルギー固有値問題として解いたときの解であり，そのエネルギー固有値は

$$結合状態： E_1 = E_0 - J \tag{4.28a}$$

$$反結合状態： E_2 = E_0 + J \tag{4.28b}$$

である．このように，電子が 2 個の原子核にまたがって存在できるようになると，**エネルギー分裂**が生じ，その値が $2J$ だけ異なる二つのエネルギー固有状態が形成される．私たちは，ハミルトニアンの詳細に立ち入ることなく，対称性の議論だけでシュレディンガー方程式の解に到達したのだ[†1]．

以上の結果から，シュレディンガー方程式の一般解は，以下のように書ける．

$$\psi = c_1 \psi_1 + c_2 \psi_2 \tag{4.29}$$

ここに，c_1, c_2 は時間の関数ではなく定数である．それにしても，なぜ私たちはシュレディンガー方程式の解にたどり着くことができたのだろうか．もともとはどちらかの原子核に局在している状態から出発して，これがトンネル効果により反対側に飛び移るというモデルを立てたはずである．電子が行ったり来たりするという解 ψ_α, ψ_β はどうなってしまったのだろうか．

実はシュレディンガー方程式の一般解は，次のようにも書ける．

$$\psi = c_\alpha \psi_\alpha + c_\beta \psi_\beta \tag{4.30}$$

式 (4.27a) と式 (4.27b) の足し算と引き算をしてみてほしい．次の関係が得られるはずだ．行ったり来たりの状態は，結合状態と反結合状態から作られているのである．

$$\psi_\alpha = \frac{1}{\sqrt{2}}(\psi_1 + \psi_2), \qquad \psi_\beta = \frac{1}{\sqrt{2}}(\psi_1 - \psi_2) \tag{4.31}$$

最後に，ここで扱った波動関数の規格直交性について議論しよう．私たちがこの章の最初で行った $1s$ 軌道だけを考えるというモデル化により，この系はエネルギー固有状態がたった二つであるという **2 準位系**になっている[†2]．そのような場合，式 (4.27a) と式 (4.27b) の二つのエネルギー固有状態は，この 2 準位系の基底ベクトルであるので，以下の規格直交性を満足することになる．

$$\langle \psi_i | \psi_j \rangle = \langle \varphi_i | \varphi_j \rangle = \delta_{ij} \qquad (i, j = 1 \text{ または } 2) \tag{4.32}$$

ここで式 (4.31) を用いると，上の規格直交性から，

$$\langle \psi_i | \psi_j \rangle = \delta_{ij} \qquad (i, j = \alpha \text{ または } \beta) \tag{4.33}$$

[†1] もちろん，E_0 と J の具体的な表式がわかったわけではない．また，なぜ $2J$ のエネルギー分裂が起こるのかも説明していない．これらについては，続く 4.1.3 項，4.1.4 項で考えよう．

[†2] 2 準位系は，最終章で触れる量子コンピュータにおいて重要な系となる．

を示すことができる（演習問題 [4.1] 参照）．このように，式 (4.31) の変換において関数の規格直交性は保たれ，ψ_α, ψ_β に対しても規格直交性が成立するのである．そして，式 (4.26a), (4.26b) に $t=0$ を代入し，上の規格直交性を用いれば，φ_A と φ_B に関する規格直交性（式 (4.6)）も導けることがわかるであろう．

4.1.3 エネルギー分裂の起源：何がエネルギーを決めているのか

前 2 項では，二つの核をもつ電子に対して，往復運動する状態から出発して，結合状態，反結合状態という二つのエネルギー固有状態を導いた．そして，縮退していた二つの水素原子のエネルギー準位が分裂することを示した．ここでは，このエネルギー分裂について考察してみよう．

この系のポテンシャルエネルギーと，結合状態，反結合状態のエネルギー固有関数 φ_1, φ_2 を図 4.3(a) に示した．この図を見て，ピンときた方もいるかもしれない．ここでのポテンシャルエネルギーは，原子核が並んだ方向に関して左右対称である．一方，結合状態は同じ方向に関して節をもたない偶関数であり，反結合状態は節を一つもつ奇関数である．このように，結合状態と反結合状態は，左右対称なポテンシャルに対するエネルギー固有関数がもつべき性質（式 (2.39),(2.40)）を兼ね備えている．そう，結合状態と反結合状態は，二つの原子核が作るポテンシャルに束縛された電子

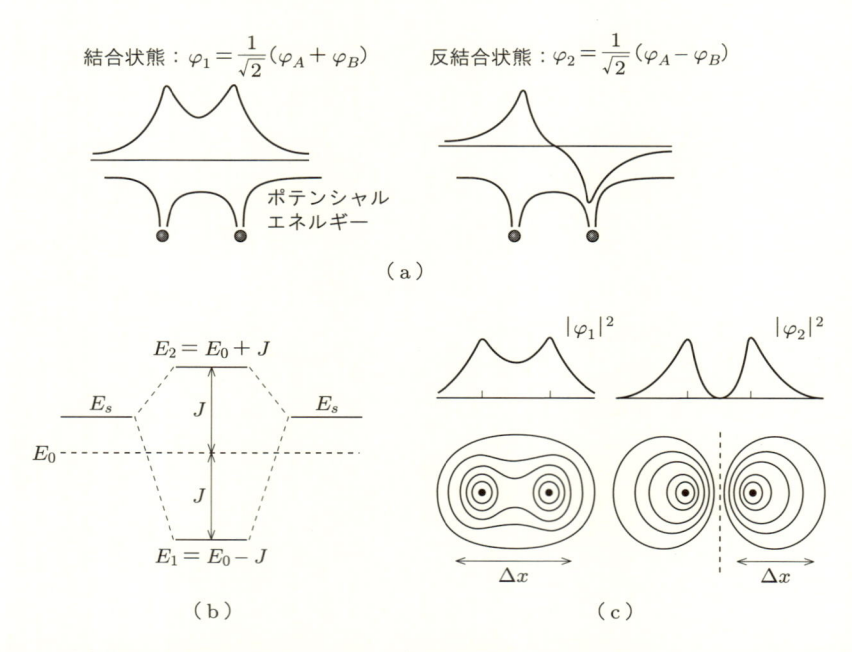

図 4.3 結合状態と反結合状態．(a) エネルギー固有関数．(b) エネルギー準位．(c) 確率密度．

4.1 原子から分子へ：往復運動によりエネルギーを減らす電子

の基底状態と励起状態なのだ．そして，これら二つの状態のエネルギー差が，エネルギー分裂幅 $2J$（図 4.3(b)）だということである．

エネルギー分裂について，もう少し考察を進めてみよう．図 4.3(c) を見てほしい．この図は，結合状態と反結合状態の確率密度を比較したものである．反結合状態の確率密度は節をもっているので，その分，結合状態よりも電子は原子核に近寄っているように見える．したがって，反結合状態のほうがポテンシャルエネルギーが低そうである．それにもかかわらず，反結合状態のほうがエネルギーが高いのはなぜだろう．それは，運動エネルギーが大きいからである．

反結合状態では，確率密度の実効的な広がりが狭い（図中の Δx が小さい）．したがって 2.3.3 項の議論から，不確定性関係により，運動量のばらつき Δp が大きい．つまり，運動エネルギーの期待値 $\langle K \rangle \sim (\Delta p)^2/2m$ が大きい．このことが反結合状態のエネルギーを大きくしているのだ．つまり，エネルギー分裂幅は，基底状態と励起状態の運動エネルギーの差を反映しているのである．

図 4.3(c) を眺めながら，二つの原子核を徐々に遠ざけていき，図 4.3(b) のエネルギー準位 E_1, E_2 がどのように変化するのかを考えてみてほしい．原子核が遠ざかるにつれ，結合状態と反結合状態の確率密度は，その形がだんだん似たものになっていき，やがてどちらも孤立水素原子の確率密度に等しくなる．この過程で，エネルギー分裂幅 $2J$ も徐々に小さくなっていく．そして，やがては二つのエネルギー準位 E_1, E_2 は縮退し，その値が E_s に等しくなるのである[†1]．

最後に，出発点であった行ったり来たりの状態 ψ_α, ψ_β を再考しておこう．式 (4.31) をもう一度見直してもらいたい．これらの波動関数は，結合状態と反結合状態の線形結合である．そして，結合状態と反結合状態は，この系の基底状態と励起状態であった．つまり，行ったり来たりの状態は，二つの「エネルギー固有状態」の「重ね合わせの状態」になっているのだ．

このことを認識すれば，この 2 準位系がすでに 2.2 節と 2.3 節で説明された量子力学的粒子のもつ性質を正確に踏襲していることに気付くであろう．「エネルギー固有状態では確率密度は時間的に変化しない」（2.2 節）ということであり，「確率密度が時間的に変化するのは，エネルギーの異なる固有状態を重ね合わせたときだけである」（2.3 節）ということだ．ここで扱った確率密度の「行ったり来たり」は，2.3.1 項で説明した「行ったり来たり」（図 2.10）と同じ現象なのである．

本章のここまでの議論の流れは，2 章のときとは逆で，重ね合わせの状態（行ったり来たりの状態）から出発して，エネルギー固有状態（結合状態と反結合状態）を導くというものであったのだ．遠回りのようではあるが，そのおかげで E_0 と J という

[†1] 図 4.3(b) における E_s と E_0 の差や J の大きさに関しては，次項で詳しく説明する．

パラメータを考える機会を得た．これらがどのようなふるまいをするのかを見ることにより，なぜ二つの核が結びついて，分子を，そして物質を形成していくのかが見えてくる．次項で分子の成り立ちを考えてみよう．

4.1.4 水素分子イオン：原子核をつなぐ電子

前項までに行った議論は，軌道を $1s$ に限定したことを除けば一切の近似を行っていない厳密なものであり，原子から結晶へと話を進めるうえでの最も基本的な部分である．しかし，厳密性を重視したために得られる情報も限られていた．ここでは，いくつかの近似を用いることにより，E_0 と J に関してもう少し立ち入った議論を試みる．

φ_A と φ_B の関数形は，水素原子の解 φ_s とは異なっているということを 4.1.1 項で記した（図 4.1）．しかし，φ_A と φ_B の関数形は端のほうが少し歪んでいるだけで，ほとんど φ_s に近いものである．そこで，φ_A と φ_B を φ_s で代用する[†1]．

$$\varphi_A(\boldsymbol{r}) \simeq \varphi_s(\boldsymbol{r}), \qquad \varphi_B(\boldsymbol{r}) \simeq \varphi_s(\boldsymbol{r}-\boldsymbol{b}) \ (\equiv \varphi_{s'}(\boldsymbol{r})) \tag{4.34}$$

簡単のために，$\varphi_s(\boldsymbol{r}-\boldsymbol{b})$ を $\varphi_{s'}(\boldsymbol{r})$ と略記した．E_0 と J の起源をたどれば，それは式 (4.10) で表されるものであった．近似を用いるといっても，系の対称性が崩れるわけではないので，引き続き $H_{AA} = H_{BB}$，$H_{AB} = H_{BA}$ と考えてよい．したがって，E_0 に H_{AA} を，J に H_{BA} を用いれば，

$$E_0 = \langle \varphi_A | \hat{H} | \varphi_A \rangle \simeq \langle \varphi_s | \hat{H} | \varphi_s \rangle \ (\equiv E_c) \tag{4.35a}$$

$$J = -\langle \varphi_B | \hat{H} | \varphi_A \rangle \simeq -\langle \varphi_{s'} | \hat{H} | \varphi_s \rangle \ (\equiv -J_r) \tag{4.35b}$$

と近似できる．ここに，近似された E_0，J をそれぞれ E_c，$-J_r$ と表記した．E_c は**クーロン積分**（Coulomb integral），J_r は**共鳴積分**（resonance integral），または飛び移り積分とよばれている．これらの近似を用いると，結合状態と反結合状態のエネルギー E_1, E_2 は，次のように書ける[†2]．

結合状態： $E_1 \simeq E_c + J_r$, 　　反結合状態： $E_2 \simeq E_c - J_r$

ここで，式 (4.1) のハミルトニアンを次のように書き直そう．

$$\hat{H} = \hat{H}_s + U' \qquad \left(U' = -\frac{e^2}{4\pi\varepsilon_0 |\boldsymbol{r}-\boldsymbol{b}|} \right) \tag{4.36}$$

ここに $\hat{H}_s$ は，遠くからやってきた 2 個目の原子核がない場合のハミルトニアン，す

[†1] このように，分子や分子イオンの電子の状態をもとの原子の軌道の線形結合を用いて記述する方法を **LCAO**（linear combination of atomic orbitals）法とよぶ．また，これに基づいて分子や分子イオンの軌道を求める手法を**分子軌道法**とよぶ．本項では，これらの手法を単純化して議論を簡素化している．

[†2] 一般に，共鳴積分 J_r は $\langle \varphi_{s'} | \hat{H} | \varphi_s \rangle$ で定義されるので，遷移頻度を表す J とは符号が逆になっている．このため，結合状態と反結合状態のエネルギーの表式でも符号が書き換わっているので注意してほしい．

なわち，もともとの水素原子のハミルトニアンである．したがって，$\hat{H}_s\varphi_s = E_s\varphi_s$ である．これを念頭におくと，E_c は次のように表せる．

$$\begin{aligned}E_c = \langle\varphi_s|\hat{H}|\varphi_s\rangle &= \langle\varphi_s|\hat{H}_s|\varphi_s\rangle + \langle\varphi_s|U'|\varphi_s\rangle \\ &= E_s\langle\varphi_s|\varphi_s\rangle + \langle\varphi_s|U'|\varphi_s\rangle \\ &= E_s + \langle\varphi_s|U'|\varphi_s\rangle \end{aligned} \quad (4.37)$$

最後の式で，規格化条件 $\langle\varphi_s|\varphi_s\rangle = 1$ を用いた．同じように，J_r については

$$\begin{aligned}J_r = \langle\varphi_{s'}|\hat{H}|\varphi_s\rangle &= \langle\varphi_{s'}|\hat{H}_s|\varphi_s\rangle + \langle\varphi_{s'}|U'|\varphi_s\rangle \\ &= \langle\varphi_{s'}|E_s|\varphi_s\rangle + \langle\varphi_{s'}|U'|\varphi_s\rangle \\ &= \langle\varphi_{s'}|E_s + U'|\varphi_s\rangle \end{aligned} \quad (4.38)$$

となる．以後の解析のために，E_s はブラケットの中に入れたままにしてある．

式 (4.37) にあるように，クーロン積分には，水素原子のエネルギー E_s に付加項 $\langle\varphi_s|U'|\varphi_s\rangle$ が付いている．この付加項は，外から近づいてきた原子核によるクーロンポテンシャルエネルギー U' の期待値である．つまり，電子のポテンシャルエネルギーの変化量である[†1]．一方，共鳴積分 J_r は，前項で説明したように運動エネルギーの変化と相関がある．

E_c と J_r の符号，および原子核間距離依存性を調べるために，これらを具体的に書き下してみる．

$$E_c = -\frac{e^2}{8\pi\varepsilon_0 a_B} - \int_{-\infty}^{\infty} \frac{e^2}{4\pi\varepsilon_0|\boldsymbol{r}-\boldsymbol{b}|}|\varphi_s(\boldsymbol{r})|^2 d\boldsymbol{r} \quad (4.39\text{a})$$

$$J_r = -\int_{-\infty}^{\infty}\left(\frac{e^2}{8\pi\varepsilon_0 a_B} + \frac{e^2}{4\pi\varepsilon_0|\boldsymbol{r}-\boldsymbol{b}|}\right)\varphi_s(\boldsymbol{r}-\boldsymbol{b})^*\varphi_s(\boldsymbol{r})d\boldsymbol{r} \quad (4.39\text{b})$$

クーロン積分 E_c において，右辺第 2 項の積分は，被積分関数がすべての $\boldsymbol{r}$ に対して正である．したがってこの積分は必ず正となり，$E_c < E_s(= -e^2/(8\pi\varepsilon_0 a_B))$ となる．また，E_c の値は，原子核が近づくほど（$|\boldsymbol{b}|$ が小さいほど）小さくなっていくこともわかる．

一方，共鳴積分のほうは，積分の括弧の中は必ず正になるが，エネルギー固有関数の部分が絶対値にはなっていないので，その符号がどうなるのかはすぐにはわからない．しかし，1s 軌道 $\varphi_s(\boldsymbol{r})$ ($= \pi^{-1/2}a_B^{-3/2}e^{-r/a_B}$) を考える限り，やはり必ず正となる．したがって，J_r は必ず負となる．これが 4.1.1 項で最初に J が現れたときに，マイナス符号をあらかじめ導入していた理由である．J_r も E_c 同様，原子核が近づくほ

[†1] したがってここでの近似は，ポテンシャルエネルギーの変化量が結合状態と反結合状態とで等しいとするものになっている．

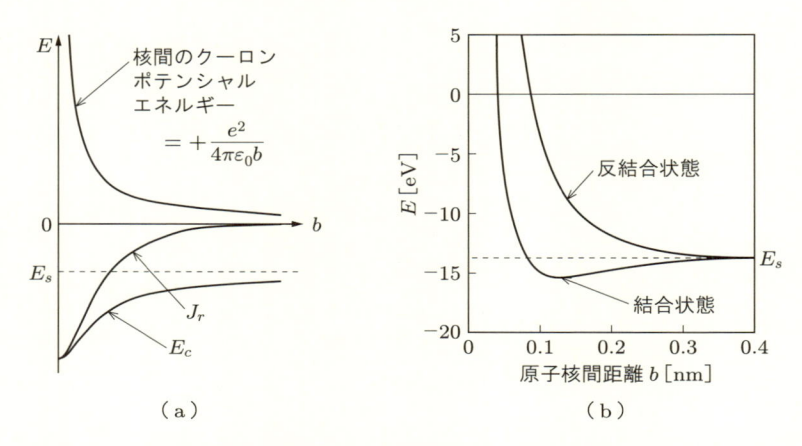

164　第4章　原子からデバイスまで——源流からたどる大海原への流れ

図 4.4 (a) クーロン積分 E_c，共鳴積分 J_r，および核間クーロンポテンシャルエネルギーの核間距離 b 依存性．(b) 原子核間のクーロンポテンシャルエネルギーを考慮した場合の水素分子イオンエネルギーの計算結果．

どその値が負に大きくなっていく．

　E_c と J_r が原子核間の距離 b とともにどのように変化するのかを，**図 4.4**(a) に示した．この図から，結合状態のエネルギー $E_1 \simeq E_c + J_r$ は原子核の接近とともに単調に減少することがわかる．したがって，二つの原子核はどこまでも接近しそうである．

　実はこれまでの議論では，原子核どうしの静電気力を無視していた．実際には，互いの反発力により，原子核はどこまでも近づくことはない．図 4.4(a) には，核間のクーロンポテンシャルエネルギーも示されている．この効果を取り入れ，結合状態と反結合状態のエネルギーを計算すると，結果は図 4.4(b) のようになる．このように，結合状態にはエネルギーの極小点が現れる．この極小点の状態にあるのが**水素分子イオン**（水素分子から電子が1個抜けた水素分子の正イオン）である．

　詳しい計算によると，この極小点を与える原子核の距離は 0.106 nm であり，ボーア半径（$a_B \simeq 0.053$ nm）の2倍である．つまり，水素原子の $1s$ 軌道がかろうじて二つの原子核をつなぎとめている，といった描像が成り立つ．一方，反結合状態では，エネルギーが原子核間距離とともに単調に減少しており，これは反結合状態が安定には存在しえないことを意味している．

　水素分子イオンの成り立ちは，**図 4.5** の描像で理解が可能である．二つの原子核にまたがって存在する電子が，原子核の間に位置する場合，電子と原子核との間にはたらく引力が二つの原子核を引き付けるように作用する（図 4.5(a)）．一方，原子核の外側にある場合には，電子に近い原子核は強い力で引き寄せるが，遠い原子核にはほとんど力を及ぼさない．したがって，実効的に原子核を遠ざけるような作用がある（図

原子核を結びつける力　　　　原子核を引き離す力
(a)　　　　　　　　　　(b)

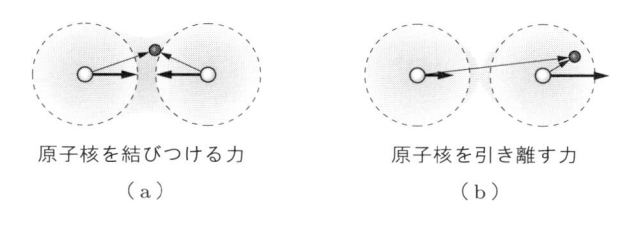

図 4.5　原子核を結びつける力．(a) 結合状態．(b) 反結合状態．

4.5(b))．

　結合状態は原子核の間に高い確率密度をもつ．この確率密度分布が原子核どうしを結びつける．一方，反結合状態はそこに節があり，そのような効果が非常に弱い．このようにして，なぜ結合状態が原子核を結びつけ，反結合状態が不安定であるのかを定性的に説明できる．

　さて，水素分子イオンに電子がもう一つ加わると，**水素分子**が形成される．新たに加わる電子も（スピンの向きを逆にして）結合状態に入るので，原子核を結びつける力はさらに増強され，原子核間距離は 0.074 nm に縮まる．このような二つの電子による結合は，**共有結合**とよばれる．共有結合はきわめて安定な結合である．ただし，電子どうしの反発力も加わるので，その結合力が水素分子イオンの場合に比べて倍増するわけではないことに注意すべきである．実際，水素分子の解離エネルギー[†1]は 4.52 eV であり，水素分子イオンの解離エネルギー 2.79 eV の 2 倍にまでは達していない．

4.2　分子から結晶へ：結晶内で広がりをもつ電子

　「原子からデバイスまで」の第 2 のステップは，前節で行った解析を多数個の原子からなる系に拡張し結晶を組み上げることである．一定の間隔 b で並んだ 1 次元の原子列の上を動き回る「1 個」の電子を考えよう．この電子に対するシュレディンガー方程式は，以下のように書ける．

$$i\hbar\frac{\partial}{\partial t}\psi(\boldsymbol{r},t) = \left(-\frac{\hbar^2}{2m}\nabla^2 + U(\boldsymbol{r})\right)\psi(\boldsymbol{r},t) \quad \left(U(\boldsymbol{r}) = \sum_n U_n(\boldsymbol{r})\right) \quad (4.40)$$

ここに，$U_n(\boldsymbol{r})$ は原子列の n 番目の原子によるポテンシャルエネルギーである．

　ここでも前節と同じように，系の対称性に着目して議論を進めよう．ここでのポテンシャルエネルギーは，以下のような性質をもっている．

$$U(\boldsymbol{r} + n\boldsymbol{b}) = U(\boldsymbol{r}) \quad (4.41)$$

[†1] 解離エネルギーとは，水素分子イオンの場合は水素原子と裸の原子核（陽子）に，水素分子の場合には二つの水素原子に，それぞれ分解するために必要なエネルギーである．

ここに，原子列の方向を x 軸にとれば $\boldsymbol{b} = (b, 0, 0)$ であり，n は整数である．この式は，ポテンシャルを原子間隔の整数倍の長さだけずらしてもまったく同じポテンシャルになるということ，つまり，ポテンシャルが周期的であるということを表している．この**周期性**という性質を用いることにより，U_n の詳細に立ち入ることなく，結晶中の電子がもつ重要な性質の多くを導き出すことができる．

4.2.1　ブロッホ関数：周期的ポテンシャル中の波動関数

原子列中の電子の波動関数 $\psi(x,t)$ は，式 (4.5) を応用して以下のように記述することができる．

$$\psi(x,t) = \sum_n C_n(t)\varphi_n(x) \tag{4.42}$$
$$= \cdots + C_{n-1}(t)\varphi_{n-1}(x) + C_n(t)\varphi_n(x) + C_{n+1}(t)\varphi_{n+1}(x) + \cdots$$

ここに，$\varphi_n(x)$ は n 番目の原子核に局在する関数であり，原点（$n=0$）の局在関数 $\varphi_0(x)$ を用いて，

$$\varphi_n(x) = \varphi_0(x - nb) \tag{4.43}$$

と表すことができる．また，$C_n(t)$ は電子を φ_n の状態に見出す確率振幅である．

原子列中の電子も，分子のときと同じように近接する原子核に飛び移ろうとする．ここでは，図 4.6 に示すように，左右両側の最近接の原子核にのみ飛び移ることができるとして話を進めよう[†1]．この場合，式 (4.14) に対応する微分方程式は

$$i\hbar \frac{dC_n}{dt} = -JC_{n-1} + E_0 C_n - JC_{n+1} \tag{4.44}$$

と書ける．ここに，J と E_0 は前節の場合と同じ意味で，遷移頻度を表すエネルギーとトンネルが起こらなかった場合の電子のエネルギー固有値である．上の式と同じよう

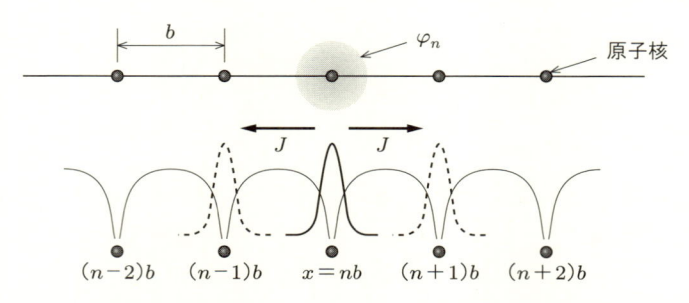

図 4.6　1 次元原子列中の電子．一つの原子核に局在している電子は，近接する原子核に飛び移ろうとする．

[†1] 第 2 近接原子への飛び移りも考慮した場合の計算は，演習問題 [4.4] を参照してほしい．

な式が隣の原子核についても，またその隣の原子核についても成立する．例外は，原子列の両端の原子核である．端の原子核は片隣にしか原子核が存在しないので，方程式の形が変わってくる．しかしここでは，原子列に含まれる原子の数が大きいとして，このような端の原子の影響は無視しよう．すると，上式が解ければシュレディンガー方程式が解けたことになる．

　4.1.2項では，結局 $\exp(-iEt/\hbar)$ の項を含む定常状態の解を求め，結合状態と反結合状態という二つのエネルギー固有状態が得られた．そこでここでも，式 (4.44) の解を

$$C_n(t) = a_n e^{-iEt/\hbar} \tag{4.45}$$

の形に求めよう．この式を式 (4.42) に代入してみると，

$$\psi(x,t) = (\cdots + a_{n-1}\varphi_{n-1}(x) + a_n\varphi_n(x) + a_{n+1}\varphi_{n+1}(x) + \cdots)e^{-iEt/\hbar} \tag{4.46}$$

となる．括弧の中にはたくさんの項があるが，いずれにしても x だけの関数であるので，上式は $\psi(x,t) = \varphi(x)e^{-iEt/\hbar}$ というエネルギー固有状態を表す形になっている．したがって，a_n を求めれば固有状態の解が得られたことになり，エネルギー固有値も求められるということになる．式 (4.45) を式 (4.44) に代入すると，

$$Ea_n = -Ja_{n-1} + E_0 a_n - Ja_{n+1} \tag{4.47}$$

が得られる．この式は，a_n に対する差分方程式の形をしている．このようなときには，

$$a_n = e^{ikx_n} \qquad (x_n = nb) \tag{4.48}$$

の形に解を求めることができる．ここに，x_n は n 番目の原子の位置座標，b は原子核の間隔である．これより式 (4.47) は，

$$Ee^{iknb} = -Je^{ik(n-1)b} + E_0 e^{iknb} - Je^{ik(n+1)b} \tag{4.49}$$

となる．両辺を e^{iknb} で割り算し，オイラーの公式を用いれば，

$$E = E_0 - 2J\cos kb \tag{4.50}$$

が得られる．これで問題が解けた．つまり，式 (4.45), (4.48) の形に解を求めたところ，上式の条件付きでこの解が許されたということである．式 (4.48) を式 (4.46) に代入すると，結局，原子列の中の電子のエネルギー固有状態は

$$\psi(x,t) = \left(\cdots + e^{ik(n-1)b}\varphi_{n-1} + e^{iknb}\varphi_n + e^{ik(n+1)b}\varphi_{n+1} + \cdots\right)e^{-iEt/\hbar} \tag{4.51}$$

ということになる．このままではまだよくわからない．そこで，括弧の中が k の関数でもあると見て $\varphi_k(x)$ とおき，ここだけを抜き出して書き下してみよう．

$$\varphi_k(x) = \cdots + e^{ik(n-1)b}\varphi_{n-1}(x) + e^{iknb}\varphi_n(x) + e^{ik(n+1)b}\varphi_{n+1}(x) + \cdots \tag{4.52}$$

そして，とりあえず $k=0$ とおいてみる．すると $\varphi_k(x)$ は，

$$\varphi_{k=0}(x) = \cdots + \varphi_{n-2} + \varphi_{n-1} + \varphi_n + \varphi_{n+1} + \varphi_{n+2} + \cdots \quad (4.53)$$

となる．これを図 4.7(a) に示した．この状態のエネルギーは，式 (4.50) に $k=0$ を代入することにより求めることができる．その結果は，

$$E = E_0 - 2J \quad (4.54)$$

となる．これは結合状態のエネルギー式 (4.28a) に似ている．そう思って図 4.7(a) を見てみると，確かに各原子核に局在する関数が同位相で並んでいる．この状態は結合状態の自然な拡張になっているのだ[†1]．

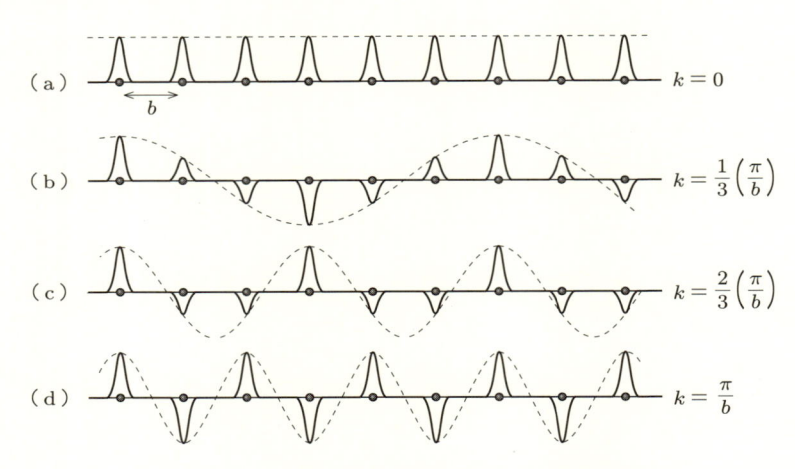

図 4.7 1次元原子列中の電子のエネルギー固有関数

次に，$k = \pi/b$ としてみよう．

$$\varphi_{k=\pi/b}(x) = \cdots + \varphi_{n-2} - \varphi_{n-1} + \varphi_n - \varphi_{n+1} + \varphi_{n+2} - \cdots \quad (4.55)$$

ただし，n は偶数とした．今度は原子1個おきに位相が反転した状態が現れた．これを図 4.7(d) に示してある．この状態のエネルギーは，式 (4.50) より $E = E_0 + 2J$ であり，これは原子核が2個だったときの反結合状態に対応している．原子核がたくさん並んだ場合でも，エネルギーの最小と最大の状態は，結合状態と反結合状態に起源をもつ状態なのだ．

しかし，今回はこの二つ以外にもたくさんの状態があり，そのような中間のエネルギーをもつ状態は，$k=0$ と $k=\pi/b$ の間の k で作ることができる．図 4.7(b),(c)

[†1] 式 (4.54) において遷移エネルギーの項が J ではなく $2J$ になっているのは，両隣の遷移エネルギーをそれぞれ J とおき，合計の遷移エネルギーを $2J$ としたためであり，この違いは本質的なものではない．

には，その例が示されている．これらの状態は，原子核上での波動関数の位相が少しずつずれている状態だ．そしてこのような状態のエネルギーは，対応する k の値を式 (4.50) に代入すれば得ることができる．

このようにして考えると，原子列中の電子の状態は，k を用いて区別できるということがわかる．そこで，式 (4.51) の $\psi(x,t)$ を $\psi_k(x,t)$ と書き，エネルギーも $E(k)$ と表記する．

波動関数： $\psi_k(x,t) = \varphi_k(x)e^{-iE(k)t/\hbar}$ (4.56a)

エネルギー固有関数： $\varphi_k(x) = \sum_n e^{ikx_n}\varphi_n(x)$ $(x_n = nb)$ (4.56b)

エネルギー固有値： $E(k) = E_0 - 2J\cos kb$ (4.56c)

これが，原子列における（1個の）電子のエネルギー固有状態である．この系を特徴付ける量子数は k であり，後で説明するように，自由電子との類似性から**波数**とよばれる．

この系のエネルギー固有関数 $\varphi_k(x)$ は，m を整数として

$$\varphi_k(x+mb) = e^{imkb}\varphi_k(x) \quad (4.57)$$

という性質をもっている（演習問題 [4.3] 参照）．この式は，「原子 m 個分ずらすと位相「だけ」が変化する」と言っている．これは，周期的ポテンシャル中の電子のエネルギー固有関数がもつ特徴であり，この性質を満たす関数は**ブロッホ関数**とよばれる．すなわち，「周期的ポテンシャル中の電子のエネルギー固有関数は，ブロッホ関数で記述される」ということである．

4.2.2 エネルギーバンド：結晶内における電子のエネルギーには上限がある

図 4.8 に1次元原子列中の電子のエネルギーの波数依存性（式 (4.50)）を示す．この図より，エネルギーは，$E_0 - 2J$ から $E_0 + 2J$ までの $4J$ の幅に限定されていることがわかる．これを**エネルギーバンド**とよぶ．

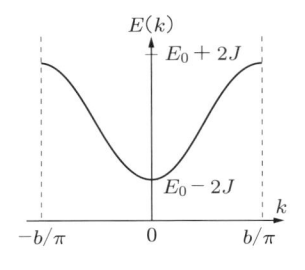

図 4.8　1次元原子列中の電子のエネルギー E の波数 k 依存性（分散関係）

ここで「なるほど，結晶中ではエネルギーバンドができるのか」とここを素通りしてはいけない．この結果は，電子のエネルギーには上限があると言っている．つまり，電子をどんなに加速しようと思っても，電子の速度には限界があることをほのめかしている．どうしてそんな限界があるのだろうか．電子が原子核に衝突するからだろうか．そうではない．この疑問を考察してみよう．

まず，式 (4.56b) を用いて，式 (4.56a) を以下のように書き換えてみる．

$$\psi_k(x,t) = \sum_n \varphi_n(x) e^{i(kx_n - \omega t)} \tag{4.58}$$

ただし，$E(k)/\hbar$ を ω に書き直してある．この式の中の和は波数についての和ではないので，この状態は単一の波数 k をもった状態だ．そう考えると，この式は何となく平面波を想起させる．この状態は，個々の原子における波動関数の振幅が平面波の変調を受け，それが複素平面上でさざ波となって伝わっていくような状態なのである．イメージが湧かないときは，指数の部分 $e^{i(kx_n - \omega t)}$ を取り払ってみてほしい．そうすると，それは図 4.7(a) に示される，原子に局在した関数が単純に並んだ形になる．指数部を掛け合わせると，この並びがさざ波のような変調を受けるのである．

しかし，このさざ波の波数 k は π/b を超えることはない．例として，図 4.9 に $k = \pi/4b$ と $k = 7\pi/4b$ の場合を比較した．意味のあるのは原子核のある位置 x_n での平面波の位相であるので，これらは φ_n にどちらも同じ変調を与える．つまり，電子の状態を表す波数 k は，$-\pi/b \leq k \leq \pi/b$ の範囲に限られるのである．

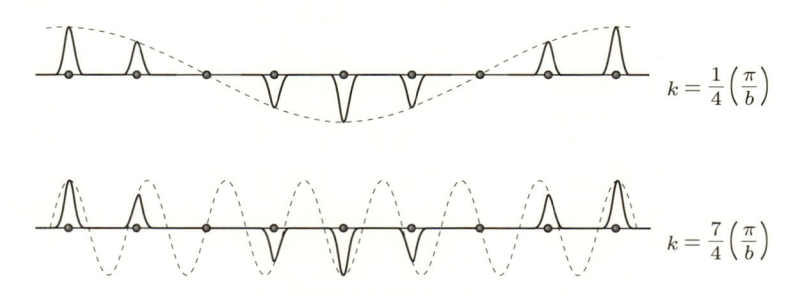

図 4.9　互いに等価なブロッホ関数

不思議なような気もするが，考えてみると納得がいく．原子列内での電子の状態は，間隔 b で並ぶ，原子に局在した関数 $\ldots, \varphi_{n-1}, \varphi_n, \varphi_{n+1}, \ldots$ の「足し算」（線形結合）で作られている．したがって，これらの足し算以外の「パターン」を作り出すことができない．つまり，原子列内の電子は，原子間隔 b よりも細かい周期性を表現する術をもっていないのである．このように考えてくると，式 (4.50) のようになぜ電子のエネルギーに上限があるのかも納得がいく．電子の波数には上限があり，したがって対

応する振動数とエネルギーにも上限があるということである．

ところで，ここに登場した波数 k という量子数は，連続量ではなく，離散的な量である．二つの原子から結合状態と反結合状態という二つの状態が作られたように，N 個の原子からなる原子列からは，N 個の波数状態が作られる．それは，式 (4.44) が N 個の C_n を求める連立方程式であったことからもわかるであろう．実際には，波数は次のような離散的な値をとる[†1]．

$$k_m = \frac{2\pi}{b}\frac{m}{N} \quad \left(m = 0, \pm 1, \pm 2, \ldots, \pm\frac{N-1}{2}, +\frac{N}{2}\right) \quad (4.59)$$

そしてスピンを考慮に入れれば，N 個の原子からなる原子列における電子のエネルギー固有状態の数は，$2N$ 個であるということがわかる．

4.2.3 結晶内の電子の運動：群速度と有効質量

式 (4.56a) で表された原子列中の電子のエネルギー固有状態に対して，確率密度を調べてみよう．

$$|\psi_k(x,t)|^2 = |\varphi_k(x)|^2 |e^{-iE(k)t/\hbar}|^2 = |\varphi_k(x)|^2 \quad (4.60)$$

エネルギー固有状態であるので，当然時間成分は消える．つまり，これまで学んできた定常状態と同じように，確率密度は時間的に変化しない．複素平面上で波数 k のさざ波が進行していても，現実の世界に現れる確率分布は右にも左にも動かないのである．このことは平面波を想起させる．動けない平面波を動ける進行波に変えるには，平面波を重ね合わせればよかった（2.3.1 項参照）．今度もそれでうまくいくのだろうか．2.3.1 項にならって，ここでも似たような波数の波の重ね合わせを作ってみよう．式 (4.58) を用いると，

$$\psi_k(x,t) + \psi_{k+\delta k}(x,t) = \sum_n \varphi_n(x)[e^{i(kx_n - \omega t)} + e^{i\{(k+\delta k)x_n - (\omega+\delta\omega)t\}}] \quad (4.61)$$

となる．この重ね合わせの状態について，絶対値の 2 乗をとってみる．隣り合う原子の波動関数の重なりが小さいとして，$\varphi_n^* \varphi_m$ ($n \neq m$) の項を省略するという近似を用いると，

$$|\psi_k(x,t) + \psi_{k+\delta k}(x,t)|^2 = \sum_n |\varphi_n(x)|^2 \left\{2 + 2\cos\delta k\left(x_n - \frac{\delta\omega}{\delta k}t\right)\right\} \quad (4.62)$$

となる．この式を，式 (2.65) と比べてみてほしい．平面波の重ね合わせのときと同じように，動かない定常状態の波からビートの包絡線だけが残り，群速度 $v_g = d\omega/dk$

[†1] m の最後の項が，$m = \pm N/2$ ではなく $+N/2$ だけになっているのは，$k = \pm\pi/b$ が同一の状態を表しているためである．また，この表式は N が偶数のときのものである．N が奇数の場合，m の表式がどのように表されるのかも考えてみてほしい．

で進む進行波が形成されていることがわかるであろう．もっとたくさんの波を重ねてやれば，それは進行する波束となる（2.3.2 項参照）．こうして結晶中の「動ける電子」も，群速度で進むということがわかった．

そこで次に，原子列中の群速度の具体的な表式を調べてみよう．群速度を調べるには分散関係がわかっていないといけないが，分散関係はどうなっているのだろうか．式 (4.50) を見直してみてほしい．これはエネルギーと波数の関係だ．つまり，分散関係にほかならない．この式から群速度を求めてみよう．$E = \hbar\omega$ に注意すれば，

$$v_g = \frac{d\omega}{dk} = \frac{1}{\hbar}\frac{dE}{dk} = \frac{2Jb}{\hbar}\sin kb \tag{4.63}$$

が得られる．自由電子の群速度 $v_g = p/m = \hbar k/m$ とは，ずいぶんと違う表式が得られた．しかしまったく違うのかというと，そうとも言い切れない．以下では，波数の範囲を $k = 0$ 付近に限定して考えていこう．

まず，式 (4.50) の分散関係に立ち戻って考えてみる．$\cos$ の部分をテーラー展開し，$kb \ll 1$ として $\cos kb \simeq 1 - b^2k^2/2$ と近似すると，

$$E(k) = (E_0 - 2J) + Jb^2k^2 \tag{4.64}$$

となる．電子の分散関係が 2 次関数になった．この近似された分散関係を，もとの分散関係とともに図 4.10 に示した．エネルギーは相対的な値のみが意味をもつということを考えれば，この関係は自由電子の分散関係（式 (2.5)）にそっくりだ．そこで，

$$m_{\text{eff}} = \frac{\hbar^2}{2Jb^2} \tag{4.65}$$

なる量を定義してやると，

$$E(k) = (E_0 - 2J) + \frac{\hbar^2 k^2}{2m_{\text{eff}}} \tag{4.66}$$

と書ける．m_{eff} は，自由電子の質量 m に対応する量であるので**有効質量**（effective mass）とよばれている．k が小さい領域では，原子列の中を運動する電子は自由電子のごとく運動するのである．この場合，群速度は

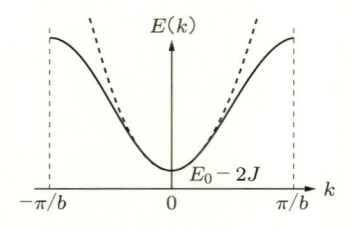

図 4.10　分散関係の $k = 0$ 近傍での近似

$$v_g = \frac{1}{\hbar}\frac{dE}{dk} = \frac{\hbar k}{m_{\text{eff}}} \qquad (kb \ll 1) \tag{4.67}$$

となる．もちろんこの表式は，式 (4.63) を直接テーラー展開しても得られる．

このように，原子列中の電子のふるまいは，自由電子によく似たものとなる．しかし次の3点において，自由電子とはまったく異なったものであることを指摘しておこう．

第一には，ここで定義された有効質量は，電子の本当の質量 m とは異なる物理量であるということである．このことは，式 (4.65) の中に電子の質量 m が含まれていないことからもわかるであろう．たとえば，結晶中の電子が「軽い」とは，J や b が大きいということを意味しており，電子の質量 m が本当に小さくなったことを意味するものではない．J が大きければ，簡単に隣の原子に飛び移ることができる．つまり移動しやすい．J が同じ値であれば，b が大きいほど1回の飛び移りで移動できる距離が長い．有効質量が「軽い」とはそのような意味であり，有効質量とは物質の性質を反映したパラメータなのである．有効質量の値は電子質量 m との比 m_{eff}/m で表されることが多く，これを**有効質量比**とよぶ．有効質量比は，シリコンやゲルマニウムなどの半導体では，10^{-1} 程度である．一方，ランタノイドやアクチノイドの化合物では 10^3 にも及ぶものがある．

第二には，このように自由電子との対比が可能になるのは，$|k|$ があまり大きくないときに限られるということである．k の値が大きくなると分散関係は2次関数からずれてくるが，そのような領域では，式 (4.66) はもはや成立しない．

第三には，式 (4.67) の $\hbar k$ は，電子の運動量 p とは別物であるということである．式 (4.56a) が示すように，k はこの系の電子を特徴付ける量子数である．しかし，これは電子の「本当の波数」ではない．本当の波数は，運動量との間に $p = \hbar k$ の関係がある．しかし，ここで定義された波数は，運動量とそのような関係をもたない．実際，式 (4.56a) の $\psi_k(x,t)$ は，運動量演算子 $\hat{p} = -i\hbar d/dx$ の固有関数にはなっていない．

このような相違にもかかわらず，最後にあえて自由電子との類似性を強調しておきたい．重要なことは，すべての状態において，電子は原子核の正電荷に散乱されることなく「自由」に動けるということである．この事実は，ここでの電子の状態が φ_n（その起源は各原子に局在した電子のエネルギー固有関数である）から構成されていることを考えると，むしろ当然のことであると言える．結晶中の電子が散乱されるのは，格子振動や結晶欠陥などのように，原子列（結晶構造）に乱れを生じさせるような外的要因が存在する場合か，電子どうしが衝突をするような場合に限られる．

4.2.4 バンド構造:その多様性の起源

実際の結晶のエネルギーバンドは,材料の種類や結晶構造により多種多様である.そのようなエネルギーバンドの構造を**バンド構造**とよぶ.ここではバンド構造に関して,その基本事項を説明しよう.

始めに,4.2.1項で示した方法が,2次元や3次元の場合に拡張できることを示そう.たとえば,図4.11(a)のような2次元格子を考える.原子は $(x_n, y_m) = (nb_x, mb_y)$ の格子点に位置し,各原子に局在した状態は $\varphi_{n,m}$ で表されている.一般には,格子間隔が異なれば遷移の頻度を表すエネルギー J も異なるので,x, y 方向の J をそれぞれ J_x, J_y とする.すると,式 (4.44) に対応する方程式は

$$i\hbar \frac{dC_{n,m}}{dt} = E_0 C_{n,m} - J_x C_{n-1,m} - J_x C_{n+1,m} - J_y C_{n,m-1} - J_y C_{n,m+1} \quad (4.68)$$

となる.ここに $C_{n,m}$ は,電子を $\varphi_{n,m}$ の状態に見出す確率振幅である.ここで,

$$C_{n,m}(t) = e^{i(x_n k_x + y_m k_y)} e^{-iEt/\hbar} = e^{i(nb_x k_x + mb_y k_y)} e^{-iEt/\hbar} \quad (4.69)$$

の形に解を求めよう.この式を式 (4.68) に代入すると,以下の分散関係が得られる.

$$E(k_x, k_y) = E_0 - 2J_x \cos k_x b_x - 2J_y \cos k_y b_y \quad (4.70)$$

$J_y = 2J_x, b_y = b_x/2$ とした場合の $E(k_x, k_y)$ を図4.11(b)に示した.

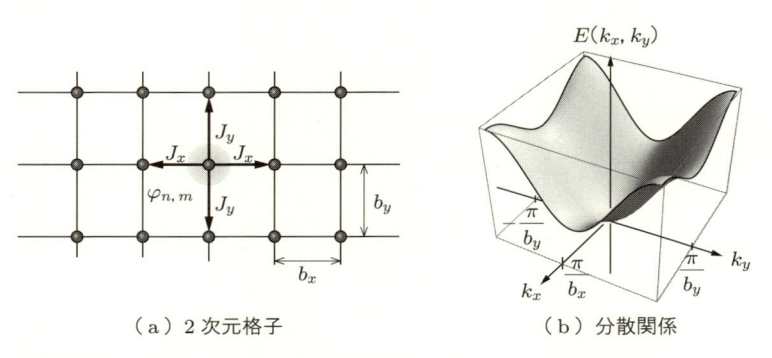

（a）2次元格子　　　　　　（b）分散関係

図4.11 2次元格子中の電子とその分散関係.(a)において,$\varphi_{n,m}$ は格子点 (nb_x, mb_y) に局在した電子の状態を表す.J_x, J_y は,それぞれ x, y 方向の隣接原子への遷移の強さを表すエネルギーである.

このように,2次元格子中の電子のエネルギー固有状態は,波数ベクトル $\boldsymbol{k} = (k_x, k_y)$ で指定されることになり,その波動関数とエネルギー固有関数は

$$\psi_{k_x, k_y}(x, y, t) = \varphi_{k_x, k_y}(x, y) e^{-iE(k_x, k_y)t/\hbar} \quad (4.71\text{a})$$

$$\varphi_{k_x, k_y}(x, y) = \sum_{n,m} e^{i(nk_x b_x + mk_y b_y)} \varphi_{n,m}(x, y) \quad (4.71\text{b})$$

となる．式 (4.70) の分散関係は，k_x と k_y がゼロ付近で，

$$E(k_x, k_y) = (E_0 - 2J_x - 2J_y) + \frac{\hbar^2 k_x^2}{2m_{\text{eff-}x}} + \frac{\hbar^2 k_y^2}{2m_{\text{eff-}y}} \tag{4.72}$$

と近似することができる．ここに，$m_{\text{eff-}x}$, $m_{\text{eff-}y}$ は

$$m_{\text{eff-}x} = \frac{\hbar^2}{2J_x b_x^2}, \qquad m_{\text{eff-}y} = \frac{\hbar^2}{2J_y b_y^2} \tag{4.73}$$

であり，それぞれ x, y 方向の有効質量である．このように，方向が変わると有効質量が変わる．つまり同じ電界強度でも，方向により電子の加速の度合いが異なってくるということである．

3次元格子の場合も同様である．この場合，電子の状態は $\boldsymbol{k} = (k_x, k_y, k_z)$ という3次元の波数ベクトルにより特徴付けられ，波数ベクトル $\boldsymbol{k}$ をもつ状態のエネルギー $E(\boldsymbol{k})$ は，$\boldsymbol{k}$ がゼロ付近で以下のように与えられる．

$$E(\boldsymbol{k}) = (E_0 - 2J_x - 2J_y - 2J_z) + \frac{\hbar^2 k_x^2}{2m_{\text{eff-}x}} + \frac{\hbar^2 k_y^2}{2m_{\text{eff-}y}} + \frac{\hbar^2 k_z^2}{2m_{\text{eff-}z}} \tag{4.74}$$

次に，バンド構造がいつも「下に凸」になるわけではないことを説明しよう．式 (4.50) を見ればわかるように，J の符号がマイナスになると，下に凸の分散関係が上に凸の分散関係に変わる．そこで，J の符号を考えてみよう．そのためには，J の近似である共鳴積分 J_r (式 (4.39b)) を用いると便利である．

$$J \simeq -J_r = \int_{-\infty}^{\infty} \left(\frac{e^2}{8\pi\varepsilon_0 a_B} + \frac{e^2}{4\pi\varepsilon_0 |\boldsymbol{r} - \boldsymbol{b}|} \right) \varphi(\boldsymbol{r} - \boldsymbol{b})^* \varphi(\boldsymbol{r}) d\boldsymbol{r} \tag{4.75}$$

この式を眺めると，括弧内は常に正であるので，その符号はエネルギー固有関数の掛け算の部分で決まることがわかる．すでに 4.1.4 項で触れたように，s 軌道を考える限り，この重なり部分は常に正である．しかし実際の原子では，p 軌道や d 軌道など様々な軌道が存在する．ここでは，$2p_x$ 軌道（式 (3.80a)）からなる原子列を考えてみよう．

$$2p_x \text{軌道}: \quad \varphi_{2p_x}(\boldsymbol{r}) \propto x e^{-r/2a_B} \tag{4.76}$$

$2p_x$ 軌道の特徴は，x の符号によりエネルギー固有関数の符号が異なることである．したがって，もし図 4.12(a) のように原子が x 方向に並んでいれば，波動関数の重なり部分における $\varphi(\boldsymbol{r} - \boldsymbol{b})^* \varphi(\boldsymbol{r})$ の値は負となり，したがって J も負となる．この場合，エネルギーバンドは図 4.12(b) に示すようなものになる．このように，軌道によっては上に凸のバンドが現れる．

また，バンド構造はいつも $\cos$ の形になるわけでもなく，もっと複雑な形にもなる．その例を演習問題 [4.4] に挙げたので参考にしてほしい．

最後に，J の大きさとエネルギーバンド幅について，定性的な考察をしておこう．

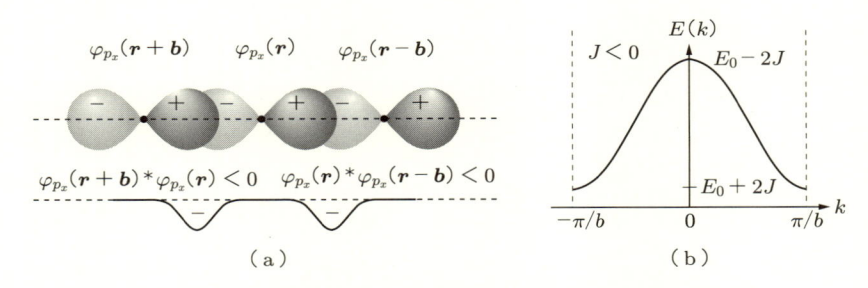

図 4.12　(a) $2p_x$ 軌道からなる 1 次元原子列．(b) 分散関係．

実際の原子には，$1s$ 軌道，$2s$ 軌道，$2p$ 軌道など様々な軌道が存在する．したがって，これらの軌道に対応して，様々なエネルギーバンドが形成される．ここで，$1s$ 軌道と $2s$ 軌道を比べてみると，$2s$ 軌道のほうが隣の原子までのポテンシャル障壁が低いので，高いトンネル確率をもっている．このことは遷移時間 t_T（式 (4.21)）が短く，トンネル頻度を表すエネルギー J が大きいことを意味している．したがって，$2s$ バンドは $1s$ バンドよりもバンド幅（$= 4J$）が広いということになる．**図 4.13** にエネルギー準位の深さとエネルギーバンド幅の関係の概略図を示した．

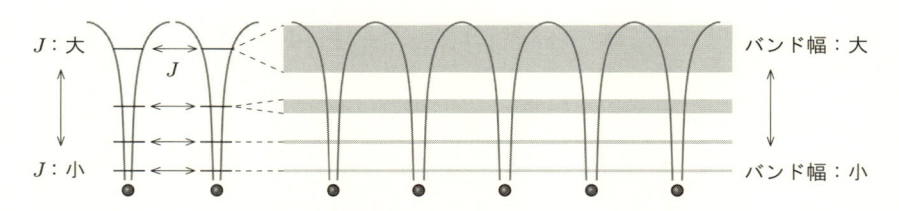

図 4.13　エネルギー準位の深さとエネルギーバンド幅の関係

金属や半導体における電子物性を論じるときには，最外殻の軌道から形成されるバンドがとくに重要となる[†1]．実際，炭素の場合には L 殻の $2s$ 軌道と $2p$ 軌道から，シリコンの場合には M 殻の $3s$ 軌道と $3p$ 軌道から作られるバンドが，その電気的特性を支配している．次項では，炭素やシリコンからなる結晶の構造とエネルギーバンドを見てみよう．

4.2.5　sp^3 混成軌道：ダイアモンドとシリコン（ケイ素）がもつ強結合

ここでは，14 族の元素である炭素（C），シリコン（Si），ゲルマニウム（Ge）がとる結晶構造とバンド構造について考えてみよう．これらの元素の原子番号は，それぞ

[†1] 一般に，内殻の軌道からできるバンドの幅は，最外殻の軌道からできるバンドのそれに比べ無視できるほど狭い．このため内殻の電子は，原子核に局在した状態とみなすことができる．

れ 6, 14, 32 であり，電子配置は以下のようになる．

$$\text{C}: (1s)^2(2s)^2(2p)^2$$
$$\text{Si}: (1s)^2(2s)^2(2p)^6(3s)^2(3p)^2$$
$$\text{Ge}: (1s)^2(2s)^2(2p)^6(3s)^2(3p)^6(3d)^{10}(4s)^2(4p)^2$$

これより，これら 3 元素の最外殻は $(ns)^2(np)^2$ という配置をとっていることがわかる．ここに n は主量子数であり，C, Si, Ge について，それぞれ $n = 2, 3, 4$ である．この様子を図 4.14(a) に示してある．結晶の形成には，これら最外殻の 4 個の電子が重要な役割を担う．

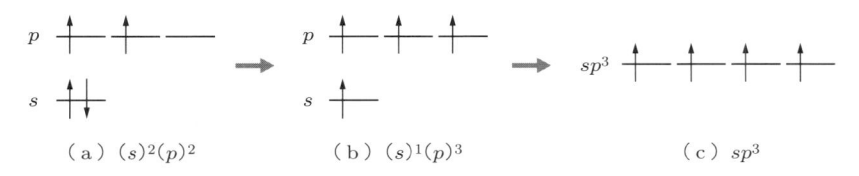

図 4.14 軌道の組み換え．(a) 組み換え前．(b) p 軌道への移動．(c) sp^3 混成軌道．

始めに，s 軌道と p 軌道のエネルギーの大小関係を確認しておこう．水素原子に関しては，主量子数 n が等しい s 軌道と p 軌道は縮退しており，エネルギーの値は同じであった．しかし，3.3.3 項のリチウム原子のところで説明したように，多数の電子からなる元素の場合には，内殻電子の影響により，p 軌道のほうがエネルギーが高くなる．

ところが結晶の形成にあたっては，図 4.14(b) のように，s 軌道の電子が 1 個 p 軌道に移り，電子配置が $(ns)^1(np)^3$ に変化するということが起こる．この変化により原子のエネルギーが増加してしまうが，なぜこのような配置換えが起こるのであろうか．

これまでに私たちは，行ったり来たりの運動により，電子はエネルギーを減らし安定化することを学んだ（4.1 節）．そう思って図 4.14 の (a) と (b) を見比べてみると，変化前では行ったり来たりをすることができそうな電子は，p 軌道の 2 個の電子だけである．s 軌道の電子は 2 個とも満たされているので，もう電子を受け入れることもできないし，隣の原子の s 軌道に乗り移ることもできない．しかし，もし s 軌道の電子 1 個が p 軌道に乗り移れば，そのように行ったり来たりできる電子が 4 個に増える．そうすると，これらの電子の往復運動が全体のエネルギーを押し下げるので，このような組み換えの可能性も出てくる，というわけだ．

しかし，組み替えはこれで終わりではない．もっと安定な状態を作り出すことができる．それは s 軌道と p 軌道を「混成」させ，四つの独立したまったく新しい軌道を作ることにより達成される．その混成は次のようなものであり，**sp^3 混成軌道**とよば

れている[†1].

$$\varphi_1 = \frac{1}{2}(\varphi_s + \varphi_{p_x} + \varphi_{p_y} + \varphi_{p_z})$$
$$\varphi_2 = \frac{1}{2}(\varphi_s - \varphi_{p_x} - \varphi_{p_y} + \varphi_{p_z})$$
$$\varphi_3 = \frac{1}{2}(\varphi_s + \varphi_{p_x} - \varphi_{p_y} - \varphi_{p_z})$$
$$\varphi_4 = \frac{1}{2}(\varphi_s - \varphi_{p_x} + \varphi_{p_y} - \varphi_{p_z})$$
(4.77)

このような混成軌道が安定である理由は，結果として得られる各軌道の確率密度の分布の仕方にある．ポイントはその非対称性と方向性である．このことを見るために，確率密度の分布を調べてみよう．まず，図 4.14(b) に示される混成前の状態を考える．この状態の確率密度は，s 軌道と三つの p 軌道の確率密度を足し合わせ，

$$|\varphi_0|^2 = \frac{1}{4}(|\varphi_s|^2 + |\varphi_{p_x}|^2 + |\varphi_{p_y}|^2 + |\varphi_{p_z}|^2) \tag{4.78}$$

のように表すことができる．ここで，たとえば $2s$ 軌道と $2p$ 軌道を考えると，

$$\varphi_{2s} \propto \left(1 - \frac{r}{2a_B}\right)e^{-r/2a_B}$$
$$\varphi_{2p_x} \propto x e^{-r/2a_B}, \qquad \varphi_{2p_y} \propto y e^{-r/2a_B}, \qquad \varphi_{2p_z} \propto z e^{-r/2a_B}$$

であるので，確率密度 $|\varphi_0|^2$ の分布が等方的であることがわかる．これでは電子はどの方向に結合していいのかわからない．では，式 (4.77) の混成軌道はどうであろうか．異なる p 軌道は互いに直交していることに注意すれば，たとえば $|\varphi_1|^2$ は，

$$|\varphi_1|^2 = |\varphi_0|^2 + \frac{1}{4}(\langle\varphi_s|\varphi_{p_x}\rangle + \langle\varphi_s|\varphi_{p_y}\rangle + \langle\varphi_s|\varphi_{p_z}\rangle$$
$$+ \langle\varphi_{p_x}|\varphi_s\rangle + \langle\varphi_{p_y}|\varphi_s\rangle + \langle\varphi_{p_z}|\varphi_s\rangle) \tag{4.79}$$

となる．$|\varphi_0|^2$ に加え，s 軌道と p 軌道の混成の部分が新たに現れた．結局，方向指向性と非対称性はこの混成の部分に起因しているのだ．$|\varphi_2|^2, |\varphi_3|^2, |\varphi_4|^2$ についても同様である．

s 軌道と p 軌道が混成すると，波動関数の形がどのように変化するのかを図 4.15(a) に示した．p 軌道は方向の正負により関数の符号が異なるので，一方向は強め合い，他方向では弱め合う．このようにして，確率密度分布に非対称性が生じる．そしてこの非対称性の生じる方向は，四つの sp^3 混成軌道で皆異なっている．たとえば，p_x 軌道が x

---

[†1] 似たような組み替えは，3.3.2 項で p_x, p_y, p_z 軌道を作るときに行ったが，そのときは縮退しているエネルギー固有関数どうしの組み換えであった．しかしいまの場合は，縮退していない（エネルギーが異なる）s 軌道と p 軌道による組み換えなので，この新しい軌道はもはや原子のエネルギー固有状態ではない．したがって，このような組み換えが軌道として意味をもつのは，周りにほかの原子が存在する場合に限られる．

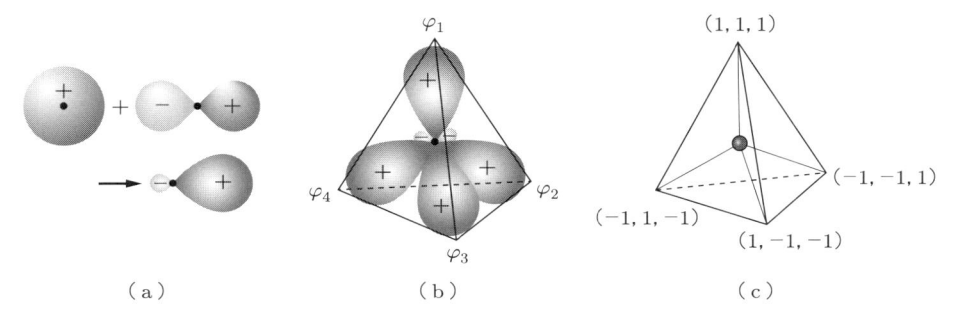

図 4.15 (a) s 軌道と p 軌道の混成. (b),(c) sp^3 混成軌道とその配置座標.

軸に平行な方向指向性があることを $(1,0,0)$ のように表せば，$\varphi_1, \varphi_2, \varphi_3, \varphi_4$ 軌道の方向は，それぞれ $(1,1,1)$, $(-1,-1,1)$, $(1,-1,-1)$, $(-1,1,-1)$ となり，図 4.15(b),(c) に示すようなものになる[†1]．このように非対称性と方向性が相まって，4 個の軌道は互いに確率密度（したがって，電荷密度）が避け合うように分布する．この電荷分布によりエネルギーはさらに押し下げられ，かつ，近傍の原子との結合を可能にする．これにより，安定な結晶構造が実現されるのである．

さて，図 4.14(c) を見るとわかるように，sp^3 の四つの軌道には，それぞれ電子が 1 個ずつ割り当てられる．これらの電子はほかの原子へと飛び移るが，その際，ほかの原子からも飛び移りが起こる．すなわち電子の「共有」が起こる．このようにして，sp^3 混成軌道の共有結合が形成される．sp^3 混成軌道による共有結合は，きわめて安定な結合である．実際，炭素における sp^3 混成軌道は，天然に存在する物質の中で最も硬度が高いダイアモンドを形成する（図 4.16）．sp^3 混成軌道による結晶構造は**ダイアモンド構造**とよばれており，同じ 14 族のシリコンとゲルマニウムも同じ結晶構造をとる．

先にも述べたように，sp^3 混成軌道の特徴はその強い方向指向性である．そして共有結合により，各軌道はほかの原子からの電子を文字どおり共有する．その電子分布は，ダイアモンド構造を構成する原子の間の真ん中あたりに集中している．このような理由から，sp^3 混成軌道による共有結合を図 4.16(b) に示すような略記号で表すことが多い．

さて，このような sp^3 混成軌道の電子がたくさん集まると，エネルギーバンドが形成される．sp^3 混成軌道によるバンド形成のからくりと最終的なバンド構造は複雑なものであるが，以下にはその概要を説明する（図 4.17 参照）．

ダイアモンド構造は，面心立方格子とよばれる格子が，少しずれて重なった構造に

[†1] $1s$ 軌道以外の s 軌道，$2p$ 軌道以外の p 軌道は原点以外に節をもつので，sp^3 混成軌道の波動関数は，本当はもう少し複雑な「形」をしている．

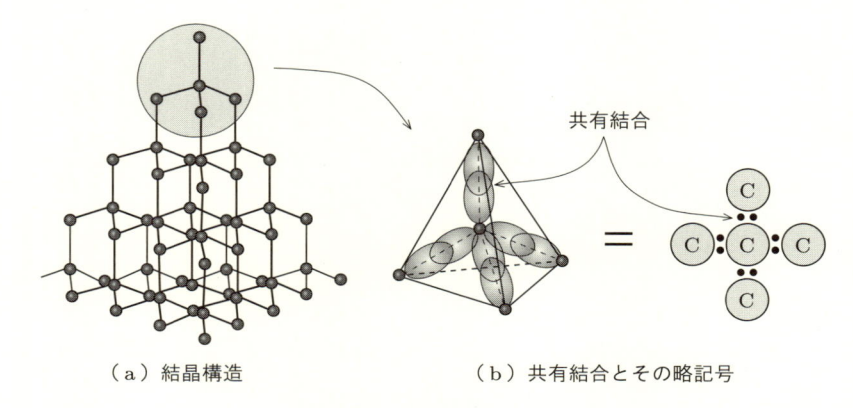

(a) 結晶構造　　　　　　　(b) 共有結合とその略記号

図 4.16　ダイアモンド構造

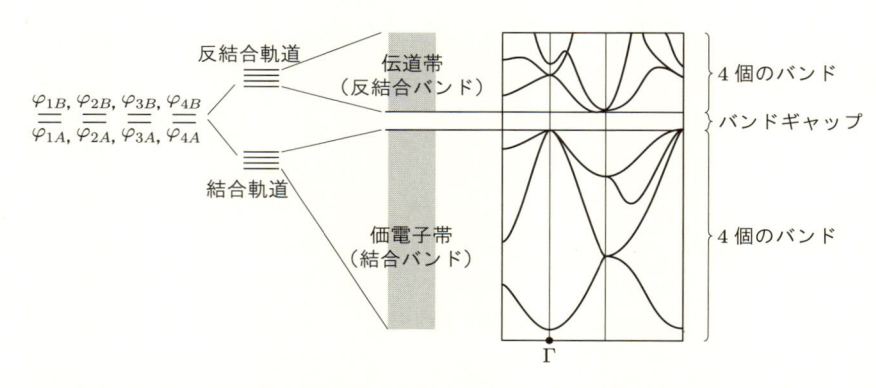

図 4.17　シリコンのバンド構造．右図の Γ は $k=0$ の点を表し，Γ 点とよばれる．

なっている．このことを反映して，4個の sp^3 混成軌道（図 4.15(b)）の $\varphi_1, \varphi_2, \varphi_3, \varphi_4$）は，二つのグループ（$\varphi_{1A}, \varphi_{2A}, \varphi_{3A}, \varphi_{4A}$），（$\varphi_{1B}, \varphi_{2B}, \varphi_{3B}, \varphi_{4B}$）に組み分けされる．これらの 2 組に属する 8 個の sp^3 混成軌道により，まず，4 個の結合軌道と 4 個の反結合軌道が形成される．そしてこれらの結合軌道と反結合軌道から，4 個の結合バンドと 4 個の反結合バンドが形成される．図 4.17 の右図は，実際のシリコンのバンドの構造を示している．同図において，Γ と書かれている位置（これを Γ 点とよぶ）が $k=0$ の点に対応している．

これら 8 個のバンドは二つに分類され，エネルギーの低い 4 個のバンド（結合バンド）は**価電子帯**（valence band），エネルギーの高い 4 個のバンド（反結合バンド）は**伝導帯**（conduction band）とよばれる．また，価電子帯と伝導帯の間には状態のない領域が存在し，**禁制帯**，または**バンドギャップ**とよばれている．次節で見るように，半導体と絶縁体は，このバンドギャップにより特徴付けられる．

4.3 半導体と半導体デバイス：そして大海原へ

　半導体の特徴は，その電気的性質が制御可能で多様性に富むことであり，その多様性が様々な半導体デバイスを生み出す原動力となっている．ここでは，現在のエレクトロニクスを支えるデバイスの核となる，PN接合，およびこれを発展させた電界効果トランジスタが形成されるまでの流れを見てみよう．

4.3.1 金属と絶縁体：そして半導体とは

　物質は，金属と絶縁体に大別される．この大きなくくりでは，半導体は絶縁体に分類されるが，その定義にはあいまいなところがある．このあたりの事情は本項の最後で説明するとして，まずは金属と絶縁体の基本的な違いを見ていこう．

　図4.18に，金属と絶縁体のエネルギーバンドの模式図を示した．金属では最も高いエネルギーをもつバンドが途中まで満たされており，空の状態が存在する．一方絶縁体では，このように途中まで電子で満たされているようなバンドは存在せず，バンドは完全に電子で満たされているか，完全に空かのどちらかである．

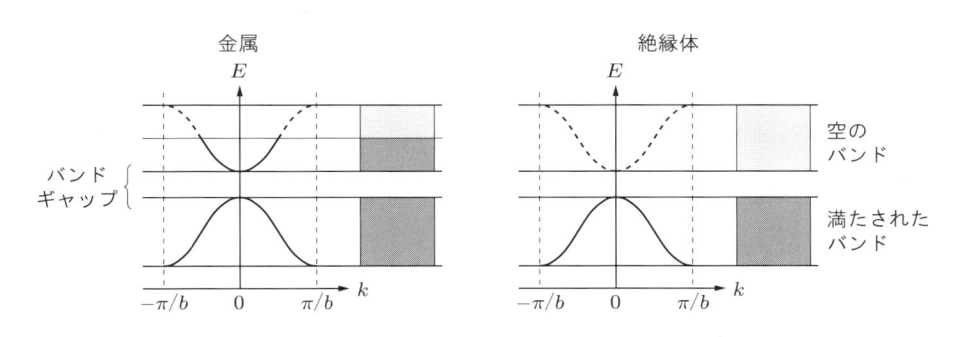

図4.18　金属と絶縁体における電子の占有状態

　これらがなぜ金属であり絶縁体であるのかは，説明が必要である．金属も何も手を加えなければ電流は流れない．これは，右向きの電子と左向きの電子の数が等しいからである．電子はいろいろな方向に動き回っているのに，それらの動きを合計するとゼロになるということである．しかし金属に，たとえば片側から電圧をかけたり片側だけ温めてやると，電子のエネルギー分布が空間的に変化する．そしてエネルギーの高い電子は，エネルギーが低い電子が多いほうへと流れていく．このようにして，金属に少し手を加えてやれば，簡単に電流を作り出すことができる．

　しかし，絶縁体の場合はそうはいかない．電圧をかけても温めてもエネルギーの高い電子を作り出すことは容易なことではない．エネルギーの高い電子を作り出すには，

バンドギャップを超えて一段上のバンドに電子を励起してやる必要がある．つまり絶縁体では，電子は身動きがとれない状態にあるということだ．

さて，どんな物質が金属や絶縁体になるのかを考えよう．始めに，本当の物質ではなく，1次元水素結晶なる仮想物質を考えてみる．前節で取り上げた，$1s$軌道からなる1次元原子列を思い浮かべてほしい．水素原子がN個集まると，N個のエネルギー準位が形成される．しかしそれぞれのエネルギー準位は，実はスピンの上向きと下向きの2重に縮退している．したがって，N個の水素原子が集まってできた一つのバンドには，$2N$個の状態があることになる．一方，各水素原子は1個の電子しかもたないので，合計N個の電子しかない．これを$2N$個の状態に詰めていくと，半分しか埋まらない．これは金属的な電子の占有の仕方だ．したがって，水素結晶は金属になるはずである．

ヘリウムはどうだろう．N個のヘリウムの$1s$軌道からできるバンドも$2N$個の状態がある．ヘリウムは2個の電子をもつので，合計で$2N$個の電子がある．これをヘリウムバンドに詰めていくと，このバンドの状態はすべて電子で満たされる．このようにして，ヘリウム結晶は絶縁体となる．もちろん，水素もヘリウムも（通常の環境下では）結晶にはならない．しかし考え方は，ほかの物質に対しても適用できる．

たとえば，ナトリウムを考えてみよう．ナトリウム（Na）の電子配置は，

$$\text{Na}: \quad (1s)^2(2s)^2(2p)^6(3s)^1$$

である．したがって，$2p$およびそれ以下の軌道はすべて電子で満たされており，これらの軌道から作られるバンドもすべて電子で満たされている．一方，$3s$軌道は電子を一つしかもたないので，$3s$軌道から作られるバンドは半分しか満たされない．このようにして，ナトリウムが金属であることがわかる．

次に，14族の元素である炭素，シリコン，ゲルマニウムを見てみよう．4.2.5項で見たように，これらは$(ns)^2(np)^2$（$n = 2, 3, 4$）という共通した軌道をもつ．そしてこれらからsp^3混成軌道が形成され，8個のバンドが形成される．ここで，N個の原子からなる結晶を考えよう．すると，それぞれのバンドはスピンを考慮してN個の状態をもつことになる[†1]．一方，電子の数は$4N$であるので，価電子帯の4個のバンドはすべて詰まっており，伝導帯の4個のバンドはすべて空である．これはつまり，ダイアモンド，シリコン，ゲルマニウムは皆，絶縁体であるということを意味している．

しかし，シリコンやゲルマニウムは半導体とよばれている．絶縁体と半導体の区別は明確ではないが，バンドギャップが4 eV程度より小さい絶縁体を半導体とよぶこ

[†1] なぜ$2N$個にならないかというと，結合軌道と反結合軌道を作るときに原子を二つにグループ分けしたためである．図4.17を参照．

とが多い．シリコンとゲルマニウムのバンドギャップは，それぞれ 1.12 eV, 0.67 eV であるので半導体に分類される．一方，ダイアモンドのバンドギャップは 5.47 eV であり，絶縁体に分類される[†1†2]．

半導体では，結晶格子から熱エネルギーをもらって，価電子帯（満たされたバンド）の電子が伝導帯（空のバンド）へ遷移することができる．その様子を図 4.19 に示した．伝導帯に遷移した電子を**伝導電子**（conduction electron）とよぶ．一方，電子の抜けた穴を**正孔**（hole）とよぶ．つまり半導体では，伝導電子と正孔がペアになって生成される．このような現象を**電子正孔対の生成**とよぶ．一方，その逆過程，すなわち伝導電子が穴に戻る過程を，**電子正孔対の消滅**，あるいは**再結合**とよぶ．

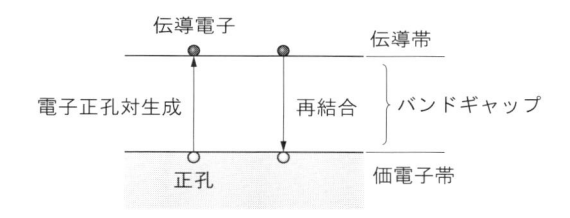

図 4.19 伝導電子と正孔の生成と再結合

伝導電子も正孔も，これが移動することにより電流の担い手となる．したがって，半導体では電流の担い手が 2 種類あるということになり，この点が金属と半導体の大きな違いである．これらの電流の担い手を**キャリア**とよぶ．キャリアを生成するためには価電子帯の電子を伝導帯へ励起する必要があるが，バンドギャップが大きくなると，熱エネルギーにより励起することが難しくなる．このため，バンドギャップの大きな物質は絶縁体となるのである．

ところがデバイス応用に際しては，ダイアモンドも「ワイドギャップ半導体」とよばれ，半導体に分類される．それはなぜかというと，母材元素とは異なる種類の元素を添加することにより，電流を流せるようにすることができるためである．この添加プロセスを**ドーピング**とよぶ．つまり，半導体には 2 種類ある．バンドギャップが狭い絶縁体と，バンドギャップは広いがドーピングにより電流を流すことができる絶縁体である．

現在では半導体と言えば，ドーピングにより伝導度を制御できる材料を指すことが多い．そして，ドーピングされていない半導体を**真性半導体**，ドーピングされた半導体

[†1] バンドギャップの値は温度により若干変化する．ここに示した値は室温における値である．
[†2] このように，14 族の元素からなる結晶では，周期が上がるに従いバンドギャップが小さくなる．そして，鉛（Pb）ではバンドギャップがゼロになるため，鉛は金属となる．また，スズ（Sn）は半導体と金属の中間の性質をもつ．

をドープ半導体とよび，二つを区別する．なお，すべての絶縁体がドーピングにより電流を流せるようになるわけではなく，そのような物質は少数に限られている．ドーピングをしても何をしても電流を流すことができない物質，これらが絶縁体とよばれている．

4.3.2 ドナーとアクセプター：絶縁体を半導体に変えるもの

ドーピングにより導入される原子は**ドーパント**（dopant）とよばれる．ドーパントを熱を加えながら導入すると，あるいは導入した後に熱を加えると，母材を構成する原子と入れ替わり，結晶格子に組み込まれる．このような置換位置に入ったドーパントは，母材となる半導体の電気的な性質に大きな影響を及ぼす．以下では，シリコンを例にとり，ドーパントの特性と役割を説明しよう．

見返しにある周期表を眺めてみてほしい．シリコンは14族の元素であるが，ドーパントには13族，または15族の元素が用いられる．15族の元素であるリン（P）について考えてみよう．

図 4.20(a) にシリコン中のリン原子の結合状態を示した．リンがシリコン結晶格子の置換位置に組み込まれると，リン原子のもつ5個の最外殻電子のうち4個を使い，シリコンと共有結合を形成する．このとき，電子が一つだけ取り残される．一方，リン原子はシリコンに比べて陽子を一つだけ多くもつ．取り残された $-e$ の余剰電子は，この $+e$ の原子核電荷に引きつけられ，シリコン中にあたかも水素原子が存在するかのような状態（水素様状態）が作られる．そしてこの水素様状態から，シリコン中に新しいエネルギー準位が形成される．

この水素様状態の軌道半径 a_D とエネルギー ϵ_D は，水素原子モデルを用いて近似的に求めることができる．すなわち，ボーア半径 a_B (=0.053 nm) と水素原子の基底状態のエネルギー E_s (= −13.6 eV) の表式（式 (1.120) と式 (1.121)）において，電子

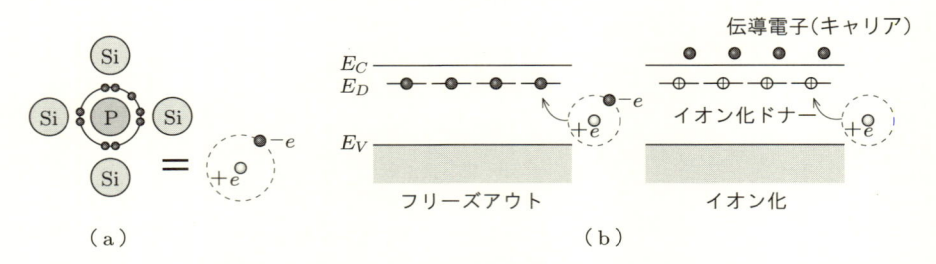

図 4.20 (a) シリコン中のドナー（リン）が作る水素様状態．(b) ドナーがバンドギャップ中に作るエネルギー準位 E_D．電子は，低温ではドナーの正電荷に束縛されてフリーズアウトの状態（水素様状態）にあるが，高温（室温）ではイオン化により伝導帯に励起される．

の質量 m と真空の誘電率 ε_0 を，それぞれ半導体（シリコン）の有効質量 $m_{\rm Si}$ と誘電率 $\varepsilon_{\rm Si}$ に置き換える．すると，

$$a_D = \frac{h^2 \varepsilon_{\rm Si}}{\pi m_{\rm Si} e^2} = \left(\frac{m}{m_{\rm Si}}\right)\left(\frac{\varepsilon_{\rm Si}}{\varepsilon_0}\right) a_B \tag{4.80a}$$

$$\epsilon_D = -\frac{e^2}{8\pi \varepsilon_{\rm Si} a_D} = \left(\frac{m_{\rm Si}}{m}\right)\left(\frac{\varepsilon_0}{\varepsilon_{\rm Si}}\right)^2 E_s \tag{4.80b}$$

となる．このように，ドーパントに束縛された電子の軌道半径 a_D とエネルギー ϵ_D は，母材の誘電率と有効質量に依存する．シリコンの場合，$m_{\rm Si}/m \simeq 0.32$, $\varepsilon_{\rm Si}/\varepsilon_0 \simeq 11.8$ であるので，$a_D \simeq 1.9$ nm, $\epsilon_D \simeq -32$ meV となる．つまり，水素原子の基底状態に比べ，軌道半径は約 40 倍，エネルギーは約 400 分の 1 となる．なぜこんなに束縛が弱くなっているかというと，小さい有効質量と大きい誘電率のためにクーロンポテンシャル $U\ (\sim -e^2/4\pi\varepsilon_{\rm Si} a_D)$ が弱められているからである．

ここで，ドーパント電荷の束縛エネルギーは，真空準位（真空中で静止した粒子のエネルギーをゼロとしたもの）から測った値ではないことを強調しておこう．束縛エネルギーとは，電子が自由な状態になるために必要なエネルギーであり，いまの場合，それは伝導帯へと遷移するためのエネルギーである．したがって，ドーパント電荷のエネルギー準位 E_D は

$$E_D = E_C + \epsilon_D \qquad (\epsilon_D < 0) \tag{4.81}$$

と表される．ここに，E_C は伝導帯の中の最低のエネルギーをもつ状態のエネルギー（これを伝導帯の底のエネルギーとよぶ）である．図 4.20(b) は，エネルギーバンドにおける E_D の位置を示している．このように，E_D はバンドギャップ中の伝導帯に近いところに形成される．

さて，ドーパントに束縛された電子は，熱エネルギーにより伝導帯へと励起され電気伝導に寄与することになる．つまり，ドーパントから放出される電荷が，絶縁性だった半導体に導電性を与えるのである[†1]．電子が伝導帯に励起されると，ドーパントには $+e$ の正電荷だけが残されるので，この励起プロセスはドーパントの**イオン化**とよばれている．イオン化に必要なエネルギーは $E_C - E_D = |\epsilon_D|$ となり，これを**イオン化エネルギー**とよぶ．一方，温度が低いときには，電子はドナーに束縛されたままの状態となり，この状態は**キャリアフリーズアウト**（キャリア凍結）とよばれる．これらの様子も図 4.20(b) に示されている．

リンのようにシリコンに電子を与えることのできるドーパントは**ドナー**（donor）と

[†1] ドーパント電荷の熱励起については，5.3.2 項で詳しく議論する．

よばれ，ドナーがドーピングされた半導体は **N 型半導体** とよばれる[†1]．リンと同じ 15 族元素であるヒ素（As），アンチモン（Sb），ビスマス（Bi）もドナーとしてはたらく．これらのドーパントもリンの場合と同じで，最外殻の 5 個の電子のうち 4 個がシリコンと共有結合し，1 個の電子が取り残される．たとえば，ヒ素原子核の陽子はシリコンより 10 個も多いが，内殻にシリコンより余計に 9 個の電子があるので，結局は $+e$ の余剰電荷だけが残される．そして，これら $-e$ と $+e$ の電荷により，リンの場合と同じような束縛状態が作られる．アンチモン，ビスマスも同様である．

13 族元素についても類似の現象が起こる．ホウ素（B）を考えよう（**図 4.21** 参照）．ホウ素の場合，シリコンと共有結合する電子が 1 個不足している．一方，原子核でも陽子が不足しており，このことは原子核に $-e$ の電荷があることに相当する．したがって，$-e$ の原子核に $+e$ の「電子の抜けた穴」が束縛され，水素様状態を作る．このような束縛状態は，価電子帯の近くにエネルギー準位（E_A）を作る．このエネルギー準位も式 (4.80b) で近似することができるが，その値は価電子帯の頂上から測ったものとなる．すなわち，

$$E_A = E_V - \epsilon_D \qquad (\epsilon_D < 0) \tag{4.82}$$

となる．ここに，E_V は価電子帯の頂上のエネルギーである．

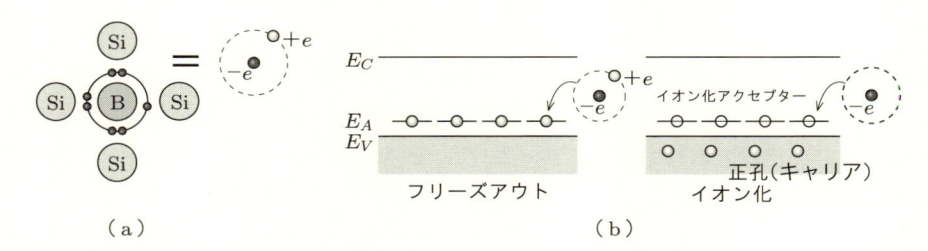

図 4.21 (a) シリコン中のアクセプター（ホウ素）が作る水素様状態．(b) アクセプターがバンドギャップ中に作るエネルギー準位 E_A．正孔は，低温ではアクセプターの負電荷に束縛されてフリーズアウトの状態（水素様状態）にあるが，高温（室温）ではイオン化により価電子帯に励起される．

このエネルギー準位に束縛された正電荷も容易に価電子帯に励起され，イオン化する．イオン化エネルギーは $E_A - E_V = |\epsilon_D|$ で与えられる．イオン化により，ドーパントは価電子帯に正孔を与えることになるが，これは，ドーパントが価電子帯から電子を受け入れる，と言い換えることもできる．このため，このようなドーパントは**アクセプター**（acceptor）とよばれる．また，アクセプターがドープされた半導体は **P**

[†1] 電子が供給されるので N は negative の意味である．

型半導体とよばれる[†1]．アクセプターは，ホウ素のほかにアルミニウム（Al），ガリウム（Ga），インジウム（In）がある[†2]．

さて，ドーパントに束縛された電荷（電子または正孔）の状態は，水素原子の状態とは異なる点も多いことを記しておこう．シリコンの格子間隔は 0.6 nm 程度であるので，軌道半径 a_D が数 nm もあるということは，ドーパントに束縛された電荷の波動関数は，非常に多くのシリコン原子にまたがって存在しているということになる．

ドーパント電荷の状態も，結晶中に存在する状態であることには変わりはないので，4.2 節で議論したように，その波動関数は原子核に束縛された電子の状態から作られる．図 4.22 には，ドナーに束縛された電子（ドナー電子）の基底状態に関して，そのエネルギー固有関数の概略図を示してある．この図が示すように，ドナー電子のエネルギー固有関数は，水素原子の $1s$ 軌道のような綺麗な球対称の形にはならない．また，電子を束縛しているポテンシャルも中心力ポテンシャルではないので，方位量子数や磁気量子数といった角運動量を支配する量子数を定義できない．そればかりか，エネルギー準位も $E = \epsilon_D/n^2$（n は主量子数）のような簡単な形に書くことができない．

表 4.1 に，シリコン中のドナーとアクセプターのイオン化エネルギーの実測値を示す．このように，実際のイオン化エネルギーは $|\epsilon_D|$ に等しくなく，その値は元素により異なっている．この違いを説明するには，水素原子モデルを超えて，シリコンとドー

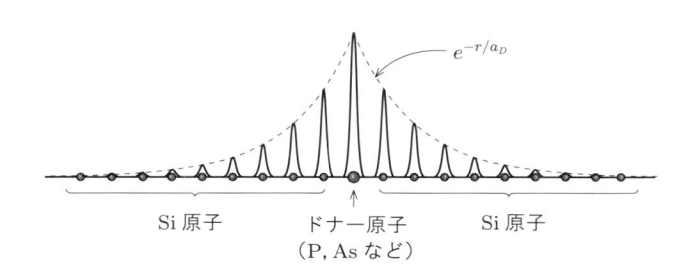

図 4.22 シリコン中のドナー電子のエネルギー固有関数

表 4.1 シリコンのドーパントとそのイオン化エネルギー

ドーパント	ドナー				アクセプター			
	P	As	Sb	Bi	B	Al	Ga	In
イオン化エネルギー	44	49	39	69	45	57	65	160

（単位 meV）

[†1] 正孔が供給されるので P は positive の意味である．
[†2] シリコンを用いたデバイスの作製には，導入時に結晶欠陥を作りにくいなどのいくつかの理由により，軽元素である P, As, B が用いられている．Al は Si と反応性が高いため，ドーパントとしては用いられていない．

4.3.3 PN 接合：半導体デバイスの基本形

N 型半導体と P 型半導体を接合させたものを **PN 接合**とよぶ．PN 接合は歴史的な経緯を見ても半導体デバイスの基礎となるものであるが，その電気的構造は意外に複雑である．ここでは PN 接合の成り立ちを理解するために，P 型と N 型の半導体が接合されたときに何が起こるのかを考えていこう．

PN 接合の説明に入る前に，ドナーとアクセプターがたった 1 個ずつ存在しているような系を考えよう（図 4.23(a)）．これは PN 接合の卵のようなものである．前項で見たように，ドナーは半導体中の水素原子とみなすことができる．そこには，正電荷をもつ核に電子が 1 個捕獲されている．アクセプターはドナーの極性をそっくりそのまま反転させたものであり，そこには負電荷をもつ核に正の電荷である正孔が 1 個捕獲されている．この二つが互いに近接していると何が起こるだろうか．

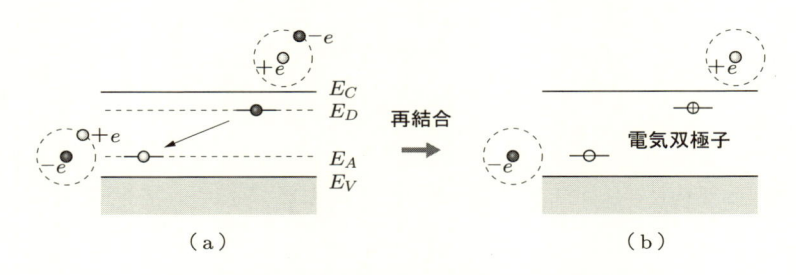

図 4.23 ドナー電子とアクセプター正孔の再結合

これを理解するには，アクセプターの状態を正孔ではなく電子の視点で見ることが重要である．アクセプターに正孔が捕獲されているということは，言い換えるとそこに電子の抜けた穴があるということである．したがって，近くにドナーのような電子の供給源があると，ドナーの電子はこのアクセプターの電子の穴にはまり込むことになる．これは，電子にとっては，ドナーにいるよりもアクセプターにいるほうがエネルギーが低く安定であるからである．

この現象はドナー電子とアクセプター正孔の再結合にほかならず，この再結合により電子が失うエネルギーは $E_D - E_A$ である．再結合が起こった後にドナーとアクセプターはどうなっているかというと，ドナーには $+e$ の核が残り，アクセプターには $-e$ の核が残る．つまり，電気双極子（$(+, -)$ の電荷が対になった状態）が形成される．図 4.23(b) にその様子を示した．

PN 接合の界面では，このような電気双極子がたくさん形成されることになる（図

4.24).電気双極子の生成が進むと,界面の右側にはドナーの正電荷,左側にはアクセプターの負電荷が分布するようになる.このような電荷分布を**電気二重層**とよぶ.始めは界面の直近にあるドナーとアクセプターが互いに相手を見つけて電気双極子を形成するが,次第に遠くの対がペアとならなければならなくなる.電気双極子の生成はどこまで続くのだろうか.すべてのドナー電子とアクセプター正孔が再結合するのだろうか.

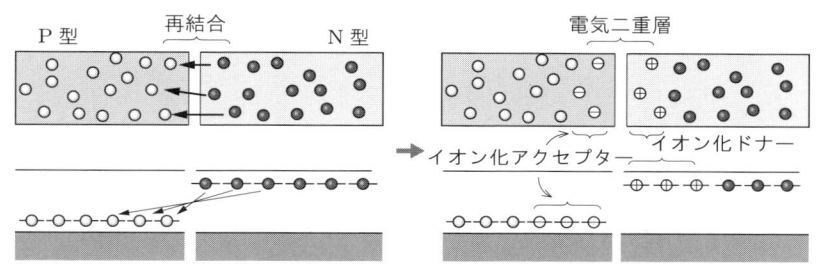

図 4.24 PN 接合界面でのドナー電子とアクセプター正孔の再結合

そこで,電気二重層が形成されると,PN 接合にどのような変化が起こるのかを考えてみよう.電磁気学におけるガウスの法則によれば,電荷 $\rho(x)$ が存在することにより電界(または電場)$E(x)$ が発生する.

$$\frac{d}{dx}E(x) = \frac{1}{\varepsilon_{\mathrm{Si}}}\rho(x) \tag{4.83}$$

ここに,$\varepsilon_{\mathrm{Si}}$ は半導体(シリコン)の誘電率である.これを積分すると,

$$E(x) = \frac{1}{\varepsilon_{\mathrm{Si}}}\int_{-\infty}^{x}\rho(x')dx' \tag{4.84}$$

となり,さらにもう 1 回積分すると,電位 $V(x)$ が得られる.

$$V(x) = -\int_{-\infty}^{x}E(x')dx' \tag{4.85}$$

そしてこの電位から,電子には

$$U(x) = -eV(x) \tag{4.86}$$

で与えられるポテンシャルエネルギーが付加されることになる.

以上の積分の過程を,**図 4.25**(a) を用いて説明しよう.上段の図は $\rho(x)$ を表している.$x=0$ を挟んで左が P 型領域,右が N 型領域である.界面では再結合が進行し,電気二重層が形成される.同図では,イオン化した領域の幅を x_A, x_D,イオン化したアクセプターとドナーの密度を N_A^-, N_D^+ とおいてある.この $\rho(x)$ を積分すると電界

(a) 電荷分布（電気二重層）

(b) フリーズアウト（低温）

電界分布

(c) イオン化（室温） 空乏層

ポテンシャルエネルギー分布

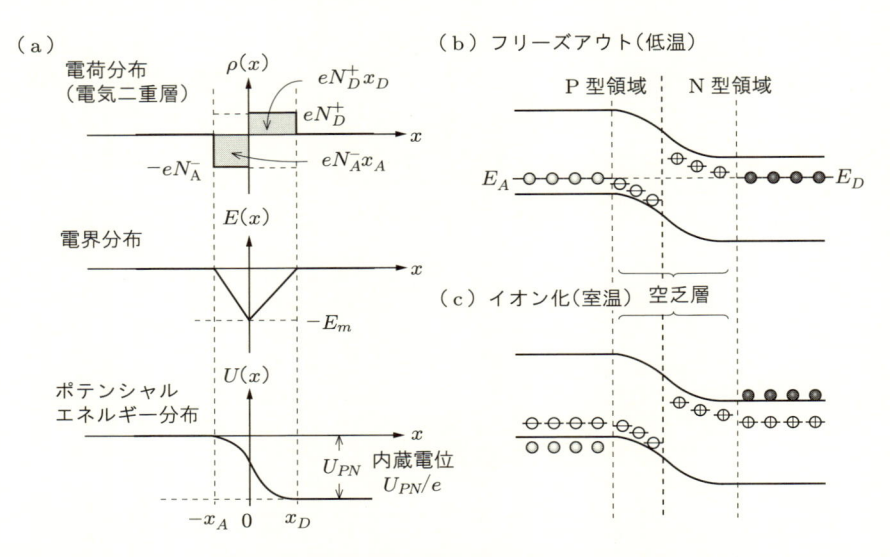

図 4.25 PN 接合．(a) PN 接合界面での電荷，電界，およびポテンシャルエネルギーの分布．(b), (c) 低温と室温での PN 接合のエネルギーバンド図．

$E(x)$ が得られる．$\rho(x)$ を $-\infty$ から積分していくと，$x = -x_A$ までは積分はゼロであるが，$-x_A \leq x \leq 0$ の範囲では $\rho = -eN_A^-$ という負の定数を積分するので，$E(x)$ は 1 次関数で減少していく．$x > 0$ になると，今度は $\rho(x) = +eN_D^+$ という正の定数を積分するので，$E(x)$ は増加に転じる．したがって $E(x)$ は，図 4.25(a) の中段に示すような三角形になる．ここで重要なのは，正に帯電したドナーと負に帯電したアクセプターの数が等しいので，電荷中性条件

$$N_A^- x_A = N_D^+ x_D \tag{4.87}$$

が成立することである．これはつまり，$\rho(x)$ のグラフにおいて，$-x_A \leq x \leq 0$ の領域と $0 \leq x \leq x_D$ の領域（色のついた部分）の面積が等しいということである．そして式 (4.84) より，この面積を ε_{Si} で割ったものが，最大電界 E_m（あるいは図中の最小電界値 $-E_m$）を与えるということがわかる．

$$E_m = \frac{e}{\varepsilon_{Si}} N_A^- x_A = \frac{e}{\varepsilon_{Si}} N_D^+ x_D \tag{4.88}$$

$E(x)$ を積分すると $V(x)$，したがって $U(x) \, (= -eV(x))$ が得られる．今度は 1 次関数を積分するので，$V(x)$, $U(x)$ は 2 次関数となる．$V(x)$ は P 型，N 型領域でそれぞれ下と上に凸となり，$U(x)$ は逆にそれぞれ上と下に凸となる．$U(x)$ を図 4.25(a) の下段に示した．

このように，電気二重層の形成により，PN 接合の両端にはエネルギー差が生じる．

このエネルギー差を U_{PN} と記せば，U_{PN} は $E(x)$ の図の三角形の面積（に e を掛けたもの）に対応するので，

$$U_{PN} = \frac{e}{2} E_m (x_A + x_D) \tag{4.89}$$

と表される．このエネルギー差を電位で表した U_{PN}/e は，**内蔵電位**とよばれる．

ポテンシャルエネルギー $U(x)$ の形状は，そっくりそのまま半導体内のすべてのエネルギー準位に影響を与える．このため，アクセプター準位に対してドナー準位は押し下げられることになる．式 (4.89) からわかるように，再結合過程が進行し電気二重層の幅 x_D, x_A が増大するにつれて，U_{PN} も大きくなる．そして，

$$U_{PN} = E_D - E_A \tag{4.90}$$

となった時点で，ドナーとアクセプターのエネルギー準位は等しくなる．二つのエネルギー準位が等しくなると，電子がアクセプターに乗り移っても，もはやエネルギーを減らして安定になるということはない．このため，この時点で電気双極子の生成が止まる．すべてのドナー電子とアクセプター正孔が再結合してしまうわけではないのである．そのような状態を図 4.25(b) に示した．イオン化された領域は**空乏層**（depletion layer）とよばれ，その幅 W_d は

$$W_d = x_A + x_D \tag{4.91}$$

で与えられる．

さて，空乏層以外の領域の電子と正孔は，ドナーとアクセプターに捕獲されたままのキャリアフリーズアウトの状態にある．しかし，室温程度の温度では，熱エネルギーのために，そのほとんどがそれぞれ伝導帯と価電子帯に励起される．図 4.25(c) に示したものが，室温で実際に起こっている PN 接合の電荷分布である[†1]．

4.3.4 電界効果トランジスタ：エレクトロニクスの主役

PN 接合を利用し，これを 3 端子デバイスに発展させたものが，**MOS 電界効果トランジスタ**（metal-oxide-semiconsuctor field-effect transistor: MOSFET）である[†2]．MOSFET は，現在のエレクトロニクスを支える主役と言ってよい．そのサイズはナノメートルのオーダーであり，集積回路には 1 億個をはるかに超える膨大な数の MOSFET が搭載されている．

その構造を図 4.26(a),(b) に示す．MOSFET は**ソース**，**ドレイン**，**ゲート**とよばれ

[†1] なお，有限の温度では，U_{PN} の値は式 (4.90) から少しずれることになる．有限温度における系の取り扱いは，次章で議論される．演習問題 [5.6] も参考にしてほしい．
[†2] MOSFET は，「モスフェット」または「モスエフイーティー」と読む．

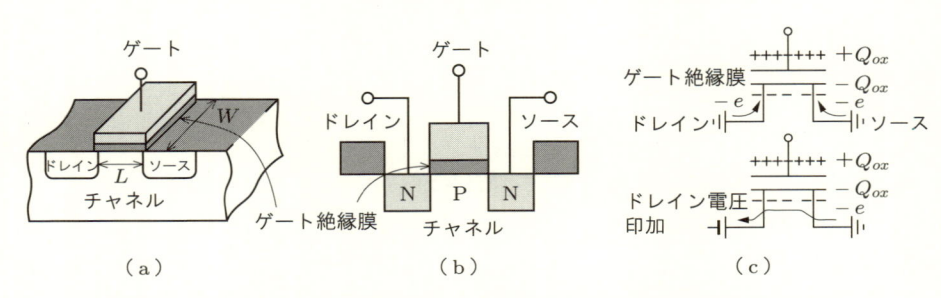

図 4.26　(a),(b) MOSFET の構造．(c) MOSFET における電荷の誘起と電子の流れ．

る三つの電極からなる．電流はソース電極とドレイン電極の間を流れ，これら二つの電極間の電流経路は**チャネル**とよばれている．また，チャネルとゲート電極との間を電気的に絶縁している薄膜は**ゲート絶縁膜**とよばれ，ゲート電極，ゲート絶縁膜，およびチャネルにより，キャパシタ（コンデンサ）が形成されている（図 4.26(c)）．シリコンの MOSFET では，一般にゲート絶縁膜にシリコンの酸化物（oxide）が用いられており，これが"MOS"の名前の由来になっている．

MOSFET の動作は，このキャパシタに電荷を誘起することが基本となる．たとえば，ソース・ドレイン電極を接地したままゲート電極に正の電圧を印加すると，キャパシタを充電するためにソース・ドレイン両電極から電子がチャネルに流れ込む（図 4.26(c) の上図）．この状態でドレイン電極に正電圧をかけると，チャネルに溜まった電子はドレインに流れ出る．それを補うために，再びソースから電子が供給され，ソース・ドレイン電極間に定常的な電流が流れることになる（図 4.26(c) の下図）．

MOSFET の技術革新は，より多くの電流を，より効率的に（すなわち小さい面積と低い電圧で）流すことを目指して行われる．その設計指針を理解するために，MOSFET の電流を考察してみよう．簡単のために，ドレイン電圧 V_D がゲート電圧 V_G に比べて十分小さい場合を考える（ソース電極は接地する）．MOSFET のドレイン電流 I_D は

$$I_D = \frac{Q_{ox}}{t_{ch}} \tag{4.92}$$

で与えられる．ここに，Q_{ox} はキャパシタに充電される電荷量，t_{ch} は充電された電荷がキャリアとしてチャネルを走行するのにかかる時間である．したがって，より多くの電荷を作り，それをいかにして速く流すかということが重要となる．Q_{ox}, t_{ch} は

$$Q_{ox} = C_{ox} V_G = \varepsilon_{ox} \frac{LW}{d_{ox}} V_G \tag{4.93a}$$

$$t_{ch} = \frac{L}{v} \tag{4.93b}$$

で与えられる．ここに，W, L はチャネル長とチャネル幅（図 4.26(a) 参照），C_{ox} は

ゲート絶縁膜の容量, ε_{ox}, d_{ox} はゲート絶縁膜の誘電率と膜厚, v はキャリアの速度である.

これらの式を眺めて, MOSFET の設計指針を考えてみる. W を大きくすれば Q_{ox} は大きくなるが, これは集積化の観点からは好ましいことではない. また, チャネル長 L に関しては, これを大きくすれば Q_{ox} は大きくなるが, 走行時間 t_{ch} は逆に長くなる. これらの式では, まだ設計指針がはっきりしない.

そこで, t_{ch} についてもう少し深く解析してみよう. チャネルを走行するキャリアの速度は, チャネル中の電界 E_{ch} に比例する. この比例係数を μ_{eff} と記せば $v = \mu_{\text{eff}} E_{ch}$ である. つまり, 玉の転がる速さは坂道の勾配に依存するということだ[†1]. 一方, E_{ch} はソース・ドレイン間の電圧 V_D を用いて $E_{ch} = V_D/L$ と書ける. したがって,

$$v = \mu_{\text{eff}} E_{ch} = \mu_{\text{eff}} \frac{V_D}{L} \tag{4.94}$$

となる. ここに, 比例定数 μ_{eff} はチャネルの**実効移動度**とよばれている. 移動度とは, 電荷をいかにして速く流せるかを表す指標であり, 誘電率同様, 物質の性質により決まる量である[†2]. これを式 (4.93b) に代入し, さらに式 (4.92) に当てはめれば,

$$I_D = (\mu_{\text{eff}} \varepsilon_{ox}) \left(\frac{W}{L} \frac{1}{d_{ox}} \right) V_G V_D \tag{4.95}$$

が得られる. この式が MOSFET の設計指針を教えてくれる. 右辺の最初の括弧の中は材料のパラメータであり, 高移動度のチャネル材料と高誘電率のゲート絶縁膜材料が適していることを示している. 2 番目の括弧の中は構造パラメータである. これらの構造パラメータと電圧を係数 $\alpha\ (>1)$ を用いて,

$$(W,\ L,\ d_{ox},\ V_G,\ V_D) \to \left(\frac{W}{\alpha},\ \frac{L}{\alpha},\ \frac{d_{ox}}{\alpha},\ \frac{V_G}{\alpha},\ \frac{V_D}{\alpha} \right) \tag{4.96}$$

のように比例縮小すれば,

$$\left(S,\ \frac{I_D}{S},\ \frac{V_G C_{ox}}{I_D} \right) \to \left(\frac{S}{\alpha^2},\ \alpha \frac{I_D}{S},\ \frac{1}{\alpha} \frac{V_G C_{ox}}{I_D} \right) \tag{4.97}$$

となる. ここに, $S\ (=WL)$ はトランジスタの面積, I_D/S は電流密度, $V_G C_{ox}/I_D$ はゲート遅延時間である[†3]. このように先の比例縮小により, トランジスタの面積が $1/\alpha^2$ に縮小され, 集積度が α^2 倍に上がる. 同時に, ゲート, ドレインの電圧を下げて

[†1] 坂道を転がり落ちる玉は加速度的に速くなるが, 実際には石ころやその他の障害物により, 途中で速度が飽和する. 同じように, 半導体中の電子や正孔も原子の熱振動や不純物により散乱を受け, 速度飽和が起こる. この飽和速度は電界に比例する.

[†2] つまり, 転がり落ちる玉の重さと, 坂道にどれだけ石ころや他の障害物があるかを表す指標であり, 実際には, 物質の有効質量, 不純物濃度, 格子振動 (温度) などによって決まる量である.

[†3] ゲート遅延時間は, ゲート電圧 V_G を印加したときの電荷量 $C_{ox} V_G$ を I_D で充電するために必要となる時間であり, トランジスタの応答速度を評価する指標の一つである.

いるにもかかわらず（つまり，回路の電源電圧を下げているにもかかわらず），電流密度は α 倍，ゲート遅延時間は $1/\alpha$ となるのである．このような性能向上が MOSFET 微細化の原動力であり，この比例縮小則は MOSFET の**スケーリング則**とよばれる．

さて，式 (4.95) をもう一度見直してみると，ゲート電圧 V_G を正にしても負にしても電流が流れてしまい，これではスイッチの役目を果たしていないことがわかる．式 (4.95) は MOSFET の基本式ではあるが，これまで学んできた半導体の性質が取り込まれていないのだ．実際の MOSFET は半導体（主にシリコン）からできており，チャネル領域の半導体とソース・ドレイン領域の半導体とは，極性（N 型と P 型）が異なっている．たとえば，チャネル領域に P 型半導体を用いる場合には，ソース・ドレイン領域には N 型半導体を用いる．図 4.26(b) には，そのような場合が示されている．

このように NPN（または PNP）の構造にしておくと，PN 接合が二つ重なった電位分布となり，内蔵電位 U_{PN}/e がキャリアに対するポテンシャル障壁としてはたらく．このため，ドレインに電圧を印加しても，ソース・ドレイン間には電流が流れない．しかしゲートに電圧を印加すると，キャリアに対するこの障壁が下がってくる．そしてこの障壁がなくなると，キャリアは自由にソース・ドレイン間を流れることができるようになる．この電圧を**しきい値電圧**（threshold voltage）とよび，V_{th} で表す．

図 4.27 には，NPN 構造のエネルギー図が描かれている．NPN 構造の場合，キャリアは電子となる．このような MOSFET を N 型 MOSFET（N–MOSFET）とよぶ（その逆の PNP 構造をもつ場合は P–MOSFET とよばれ，キャリアは正孔になる）．これにより，MOSFET のドレイン電流は以下のようなスイッチング特性となる．

$$I_D = \begin{cases} (\mu_{\text{eff}} \varepsilon_{ox}) \left(\dfrac{W}{L} \dfrac{1}{d_{ox}} \right) (V_G - V_{th}) V_D & (V_G \geq V_{th}) \\ 0 & (V_G < V_{th}) \end{cases} \quad (4.98)$$

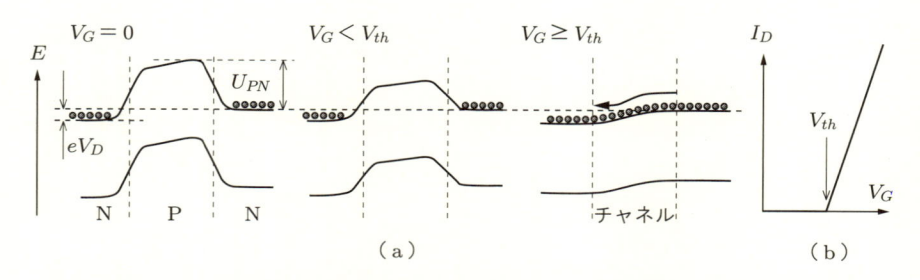

図 4.27　(a) N–MOSFET のエネルギーバンド図．(b) ドレイン電流のゲート電圧依存性．

演習問題

4.1 式 (4.31),および式 (4.33) を確認せよ.

4.2 ブロッホ関数(式 (4.56b))を導出する過程で,系のポテンシャルエネルギーが周期的であるという対称性はどこで使われているか.

4.3 式 (4.56b) が式 (4.57) を満足することを確認せよ.

4.4 式 (4.44) から式 (4.50) までの議論を応用して,図 4.28 のように,さらに一つ隣にもトンネル確率をもつ場合の分散関係(E と k の関係)を求めよ.また,$T = J/2$ として,その分散関係を図示せよ.

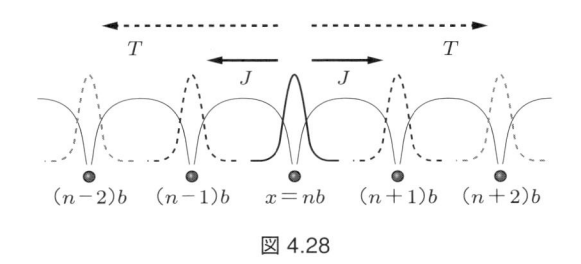

図 4.28

4.5 式 (4.88), (4.89) から,空乏層の幅 W_d(式 (4.91))について次式を導け.

$$W_d = \sqrt{\frac{2\varepsilon_{\text{Si}}(N_A + N_D)U_{PN}}{e^2 N_A N_D}}$$

また,シリコンの PN 接合において,$N_D = N_A = 10^{15}$ cm^{-3} の場合,および,$N_D = N_A = 10^{19}$ cm^{-3} の場合の W_d を求めよ.ただし,シリコンの誘電率 ε_{Si} は $\varepsilon_{\text{Si}} = 11.8\varepsilon_0$ であり,$U_{PN} = 1$ eV とせよ.

Chapter 5 温度とエネルギー分布
—デバイス特性を支配するものの源流

　本章では，デバイスの性能を最終的に律速するであろう「熱」について考えていこう．5.1 節では，熱的性質を理解するための基礎となる「統計力学」とよばれる理論体系を解説する．5.2 節では，統計力学の理論に量子力学的粒子のもつ性質を取り入れることにより，電子のもつエネルギーと温度の関係を導き出す．また，金属中における電子のエネルギーや電子の流れ（電流）を，統計力学の見地から考えていく．5.3 節では，半導体における電子のエネルギー分布を議論する．

5.1 平衡状態の統計力学：一つの仮定がすべてを導く

　ここでは，粒子の数が**アボガドロ定数** N_A のオーダーの系を取り扱う．

$$N_A = 6.02214129 \times 10^{23}\,\mathrm{mol}^{-1}$$

アボガドロ定数ほどの膨大な数の粒子からなる系は**巨視的（マクロ）な系**とよばれ，そのふるまいは熱力学により記述される．これに対し，量子力学（古典的にはニュートン力学）の法則で記述される系は**微視的（ミクロ）な系**とよばれる．ここで議論する**統計力学**とは，これら巨視的な系と微視的な系のつながりを扱う理論体系である．私たちの世界はミクロに見れば量子力学に従うので，温度や熱といった熱力学に登場するマクロ系の物理量も，統計力学の力を借りて，量子力学の言葉で表現することができる．そこでは，「エネルギー固有状態」という概念が本質的な役割を演じる．

　量子力学を表す物理定数がプランク定数であるとするならば，統計力学を表す物理定数は**ボルツマン定数** k_B である．

$$k_B = 1.3806488 \times 10^{-23}\,\mathrm{J\cdot K^{-1}}$$

この物理定数が，私たちが普段目にするマクロな系と量子力学が支配するミクロな系を橋渡しする．ここでは「平衡系の統計力学」という，統計力学の基礎の部分を考えていこう．そこでは量子力学に立脚し，これに「等重率の原理」とよばれる先験的な

原理を適用することにより，すべての法則が導き出される．ここが，デバイス特性を支配する熱的性質の源流である[†1]．

5.1.1 系の統計的記述：状態の指定と等重率の原理

「いかに粒子数が巨大であろうとも，すべての粒子を包含するシュレディンガー方程式を立てることにより，(それが解けるかどうかは別にして) 系の完全な記述が可能なはずだ．」皆さんはこのように考えるかもしれない．しかし，私たちが目にするマクロな系が，確かにそのような巨大なシュレディンガー方程式に従っているということは証明もされていないし，今後証明される可能性もないだろう．このことはつまり，巨視的な系と微視的な系の間にはギャップが存在し，これら二つの関係を議論するときには，新たな考え方(概念)が必要となることを意味している．そこでは，「本質的に」統計的な考え方が要求されるのである．

物理系の統計的な取り扱いは，これからの議論のすべての基礎となるが，それは運まかせのゲームによく似ている．そこで，ここではポーカーを例にとり，これを説明しよう．そのやり方は，以下のA～Cの三つの手続きからなる．

■ A　系の状態の指定

これは，ゲームを数学として取り扱うための準備である．いま，52枚のカードから5枚を引くとする．まず，1枚目を引いたとき，その1枚の手札を**系**とよぼう．このとき，この系の状態はその手札の種類を指定することにより，ただ一つに特定することができる．たとえば，1枚目にハートのエースが出てくれば，系の状態は「♡A」である．あるいは，52枚のカードに1～52の番号 r を付けておき，ハートのエースを $r = 1$ と決めておけば，系の状態は「1」である．

プレーヤーがカードを引き終えたとき，系は5枚の手札により構成される．この場合，5枚の手札の対応する番号を並べることにより，その系の状態を指定することができる．その手札がハートのロイヤルストレートフラッシュ (♡A, ♡10, ♡J, ♡Q, ♡K) であり，それぞれのカードが $r = 1, 10, 11, 12, 13$ と番号付けされていれば，系の状態はこの5個の数字の組 $(1, 10, 11, 12, 13)$ で指定される．この数字の組にあらためて番号 R を付与することにして，ハートのロイヤルストレートフラッシュを $R = 1(= (1, 10, 11, 12, 13))$ と番号付けすれば，系の状態は $R = 1$ で明確に指定される．

[†1] [重要な注意事項] 統計力学では，エネルギーやのちに登場するエントロピー，自由エネルギーといった物理量を，体積の関数として記述する．統計力学において，系の体積は「圧力」と結びつく重要なパラメータである．しかしここでは，電子デバイスへの応用を念頭に (電子デバイスを扱うときには圧力を議論することがほとんどないので) 5.1.3項を除いては，体積が一定であるとして議論を進める．

■ B 統計的集団の設定と等重率の原理の適用

R で指定される系の状態が何個あるかというと，それは 52 枚のカードから 5 枚を選ぶ組み合わせなので $_{52}C_5$ 個である．この $_{52}C_5$ 個の可能な手札の集合を**統計的集団**とよぶ．では，統計的集団の要素であるこれらの状態のうち，どの R の状態が最も引き当てる確率が大きいだろうか．

通常，私たちはどれも等しい確率で引き当てるだろうと考える．しかしそれはなぜだろう．買ったばかりのカードは順番に並べられているが，そこから何度となくシャッフルされる．このシャッフルに伴う「遷移」をもって，私たちはカードが完全にランダムに並んでいるはずだと考える．本当にそうなのだろうか．実は，これに答えることはそれほど簡単なことではない．しかし，私たちは「まずはランダムだと思っても問題はないだろう」と信じてプレーを行っているのである．

この「統計的集団の中のどの状態 R も等しい確率で見出されるであろう」という考え方は，**等重率の原理**とよばれている．

■ C 確率の計算

いったん等重率の原理を受け入れれば，得られる手札がどの程度の確率でできるかということを計算により求め，戦略を立てることが可能となる．等重率の原理のもと，ハートのロイヤルストレートフラッシュを引き当てる確率 $P_{R=1}$ は $1/_{52}C_5 \simeq 4\times 10^{-7}$ と計算される．これは絶望的に低い確率だ．ポーカーというゲームでは，大抵はノーペアやワンペアといった「つまらない役」になる．しかし，これらの役に属するたった一つの状態，たとえば $(\clubsuit A, \diamondsuit 5, \clubsuit 7, \heartsuit 10, \spadesuit K)$ という状態（この状態には $R=764812$ などといった番号が付けられているかもしれない）に系を見出す確率もまた $1/_{52}C_5$ である．私たちがつまらない役ばかり引いてしまうのは，そのような「ありふれた状態」が圧倒的多数を占めている，そしてそのこと「のみ」によっているのである．

巨視的な物理系を取り扱うときも，これと類似の考え方をする．

■ A′ 系の状態の指定

物理的な系における状態とはなんだろうか．それは，系の「エネルギー固有状態」である．物理的な系に関する状態の指定について，その例を見てみよう．

◉ 例 5.1 1 次元ポテンシャルに束縛された 1 個の粒子からなる系

井戸型ポテンシャルや調和振動子ポテンシャル中の粒子の状態は，エネルギーを規定するただ一つの量子数 n により指定できる．たとえば，$n=1$ のエネルギー固有状

態を $r=1$ と指定できる．

● 例 5.2　1 個の水素原子からなる系

水素原子のエネルギー固有状態は，式 (3.77) のように，主量子数 n，方位量子数 l，磁気量子数 m_l，スピン量子数 m_s の 4 個の量子数を用いて $r_H = (n, l, m_l, m_s)$ で指定できる．あるいは同じことであるが，軌道とスピンで状態を指定してもよい．たとえば，スピンの上向き下向きをそれぞれ α, β で表せば，水素原子の固有状態は $1s(\alpha), 1s(\beta), 2s(\alpha), 2s(\beta), 2p_x(\alpha), 2p_x(\beta), \ldots$ と表すことができ，それぞれの状態に $r = 1, 2, 3, 4, 5, 6, \ldots$ といった具合に順番に番号を付与していく．

● 例 5.3　3 個の仮想原子からなる系

次のような仮想原子を考えよう（図 5.1）．仮想原子は位置が固定されており，各原子は識別可能であるとする．また，この仮想原子は 1 個の電子と 2 個のエネルギー準位のみをもち，基底状態と励起状態のエネルギーは，それぞれ $\epsilon_1 = \epsilon_s, \epsilon_2 = \epsilon_s + \delta$ で与えられるものとする．スピンは考えない．すると，個々の原子の固有状態は，$r=1$（基底状態），$r=2$（励起状態）により指定される．

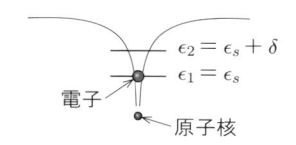

図 5.1　仮想原子（2 準位原子モデル）

各原子の間の相互作用のエネルギー u は，きわめて弱く $u \ll \delta$ であると仮定する．すると，系のエネルギー固有値 E は 3 個の原子のエネルギーの和で近似でき，固有状態は各原子の r を並べることにより指定することができる．これらの組にあらためて番号 R を付与する．この系のすべてのエネルギー固有状態 R と系のエネルギー E_R を表 5.1 に記す．

ここで約束を決めておこう．「エネルギー固有状態」という言葉は，1 粒子の状態と系全体の状態とがあり紛らわしい．そこで 5.2.6 項までは，これらを大文字と小文字を用いて区別する．また，エネルギー固有状態を，単に「状態」と表現する．

約束（5.2.6 項まで）

・1 粒子に対する表式 $\Rightarrow$ エネルギー固有状態：r，　エネルギー固有値：ϵ_r

・系全体に対する表式 $\Rightarrow$ エネルギー固有状態：R，　エネルギー固有値：E_R

表 5.1　3 個の仮想原子からなる系の状態の指定

系の状態 R	各原子の状態 r (原子 1, 2, 3)	各原子のエネルギー ϵ_r (原子 1, 2, 3)	系のエネルギー E_R
1（系の基底状態）	(1, 1, 1)	$(\epsilon_s, \epsilon_s, \epsilon_s)$	$3\epsilon_s$
2	(2, 1, 1)	$(\epsilon_s + \delta, \epsilon_s, \epsilon_s)$	$3\epsilon_s + \delta$
3	(1, 2, 1)	$(\epsilon_s, \epsilon_s + \delta, \epsilon_s)$	$3\epsilon_s + \delta$
4	(1, 1, 2)	$(\epsilon_s, \epsilon_s, \epsilon_s + \delta)$	$3\epsilon_s + \delta$
5	(2, 2, 1)	$(\epsilon_s + \delta, \epsilon_s + \delta, \epsilon_s)$	$3\epsilon_s + 2\delta$
6	(2, 1, 2)	$(\epsilon_s + \delta, \epsilon_s, \epsilon_s + \delta)$	$3\epsilon_s + 2\delta$
7	(1, 2, 2)	$(\epsilon_s, \epsilon_s + \delta, \epsilon_s + \delta)$	$3\epsilon_s + 2\delta$
8	(2, 2, 2)	$(\epsilon_s + \delta, \epsilon_s + \delta, \epsilon_s + \delta)$	$3\epsilon_s + 3\delta$

■ B′　統計的集団の設定と等重率の原理の適用

先に示した仮想原子 3 個からなる系（例 5.3）を考える．この原子 3 個の入った箱の壁が，外界からの別の粒子（原子）はもちろん，エネルギーも通さないものとしよう．このような系を**孤立系**とよぶ．孤立系は，その系のもつエネルギーの値で特徴付けることができる．そしてとりうる状態（エネルギー固有状態）は，そのエネルギーと矛盾しないものに限られる．たとえば，孤立系のエネルギー E_0 が $3\epsilon_s + \delta$ あったとすると，系の基底状態（3 個の原子すべてが基底状態にある状態：$R = 1$）が見出されることはない．見出される可能性があるのは，表 5.1 において，$R = 2, 3, 4$ の 3 状態のみである．この 3 状態が $E_0 = 3\epsilon_s + \delta$ で特徴付けられる統計的集団の要素である．図 5.2(a) には $R = 2$ の状態が示されている．

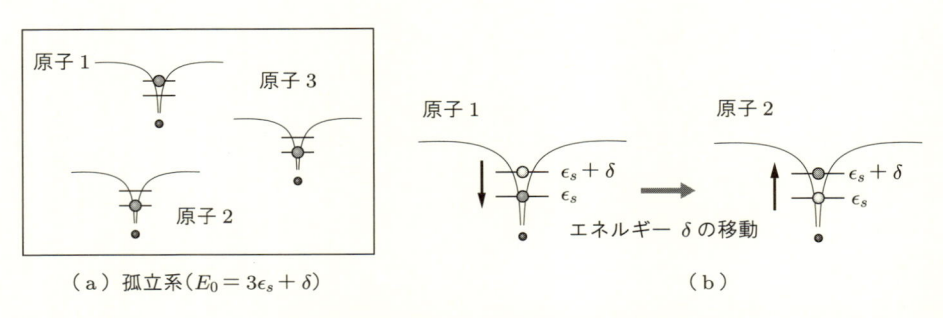

図 5.2　(a) $E_0 = 3\epsilon_s + \delta$ で特徴付けられる 3 個の仮想原子からなる孤立系．(b) 原子間のエネルギーの移動．

等重率の原理は，「孤立系に対して」統計的集団の要素（上の例では，$R = 2, 3, 4$ の 3 状態）がすべて等しい確率で見出されることを主張する．孤立系におけるこのような均一な確率分布は，**ミクロカノニカル分布**（小正準分布）とよばれる．

なぜ等しい確率で見出されると考えてよいのであろうか．ある時刻に原子 1 が励起

状態にあったとしよう．もし，原子どうしに相互作用があれば，励起エネルギー δ がほかの原子に移される確率が生じる．たとえば図 5.2(b) に示すように，原子 1 が励起状態から基底状態に遷移するときに光を放出し，その光を原子 2 が吸収して励起状態となる，といった具合に状態間の遷移が起こりうる．そうすると，エネルギー δ は，3個の原子間でキャッチボールされることになり，十分時間が経った後には，孤立系のとりうる状態 ($R = 2, 3, 4$) は皆等しい確率で見出されると期待できる．

ところが，系を構成する粒子の数が膨大になると話はそれほど単純ではないのだ．原子の数をアボガドロ数 $N_A (\simeq 6 \times 10^{23})$ に増やそう．また，エネルギー遷移の平均時間間隔を 1 ns ($= 10^{-9}$ s) と仮定してみる．いま仮に，N_A 個の原子のうちたった 1 個が励起状態にあり，ほかの原子はすべて基底状態にあるとしよう．すると，系の可能な状態（統計的集団の要素）の数は N_A 個である．この場合，たとえエネルギーが原子 1 から順番に受け渡されたとしても，すべての可能な状態が観測されるのに，$10^{-9} \times 6 \times 10^{23}$ 秒だけかかることになる．これはざっと 2000 万年である．実際には，エネルギーの移動は行ったり来たりを繰り返すので，すべての状態が「等しい確率で」観測されるためには，宇宙の年齢をはるかに超えた時間が必要になる．あるいは，半分 ($N_A/2$ 個) の原子が励起状態の場合はどうだろうか．そのような場合，可能な状態の数は $_{N_A}C_{N_A/2} \simeq 10^{10^{23}}$ という途方もない数になる．これらの状態すべてが等しい確率で起こるとみなせるようになるには，いったいどれほどの時間を要するのだろうか．

上記のような見積もりにもかかわらず，等重率の原理は私たちが認識する時間スケールにおいても有効であることが知られている．それはなぜなのだろうか．実は，等重率の原理の基に計算されるすべての予測は，実際に観測される現象とただの一つも矛盾しないのだ．この観測結果こそが，等重率の原理を正当化するものである．つまり等重率の原理は，何かもっと基本となる物理法則から導かれるものではない．それは観測結果に裏付けされた，まさに「原理」なのである[†1]．

■ C′ 確率の計算

物理系において確率の計算を行うとは，等重率の原理を基に，実際に観測可能な様々な物理量を計算することを意味している．

では，上記の手続きに従って別のモデルを考察してみよう．ここでは少しだけ現実

[†1] このことは「状態間遷移によりエネルギーが均等に行きわたる」といったことを考えなくても，とにかく等重率の原理を用いると正しい結果が得られるということを意味している．そもそもエネルギー固有状態とは定常状態のことであるので，孤立系全体が一つのエネルギー固有状態にあれば，これがほかの固有状態に遷移するということはない．それにもかかわらず，統計集団の要素としてエネルギー固有状態をとることができるというのは，まさにこの先験的な原理によっているのである．

の系に近づけて、原子のエネルギー準位は無数にあるものとする．ただし，簡単のためにエネルギー準位は等間隔であるとする．これはつまり，原子に対して調和振動子モデルを採用するということである（図 5.3 の右上図参照）．先ほどと同じように，各原子は識別可能であり，原子間の相互作用はきわめて弱いとする．また次項以降では，粒子数がアボガドロ数程度の系を扱うことになるので，ここでも系の粒子数を 10 個に増やしておく．

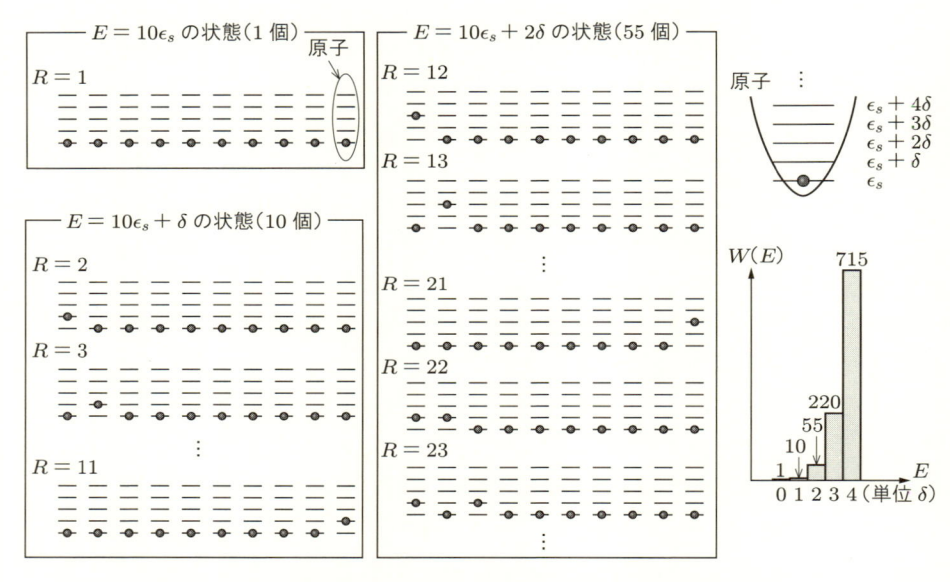

図 5.3 10 個の仮想原子からなる系の状態と状態数のエネルギー依存性

まず，状態を指定し，各状態に番号を付与しよう．エネルギーが低いところでの系の状態を図 5.3 に示した．系の最低のエネルギーは $10\epsilon_s$ であり，これが系の基底状態である．これを $R=1$ と番号付けする．エネルギーが $10\epsilon_s + \delta$ の状態は 10 個ある．これらは，10 個の原子うちのただ一つが第 1 励起状態にあり，残りの原子はすべて基底状態にある．それぞれ $R=2,\ldots,11$ の番号が付与される．さらに，エネルギーが $10\epsilon_s + 2\delta$ の状態は，一つの原子が第 2 励起状態にある場合と，二つの原子が第 1 励起状態にある場合が考えられ，とりうる状態の数は 55 となる．それぞれ $R=12,\ldots,66$ の番号が付与される．同様に状態の数を数えると，$10\epsilon_s + 3\delta$ の場合は 220 通り，$10\epsilon_s + 4\delta$ の場合は 715 通りとなる．たとえば仮に，この 10 個の仮想原子からなる系が $E_0 = 10\epsilon_s + 2\delta$ の孤立系であるとしよう．すると，$R=12,\ldots,66$ の 55 個の状態が等しい確率で見出され，それ以外の状態が見出されることはない．

ここで，後の議論のために，系のエネルギーが E となる状態数を $W(E)$ と記し，その関数形を確認しておこう．図 5.3 のグラフが示すように，$W(E)$ は E の急激な増加関数である．$W(E)$ のこのようなエネルギー依存性は，多粒子系における状態数の重要な性質であり，のちに系のふるまいを定式化するときに大きな効力を発揮することになる．

最後に，原子数をさらに増やし，仮想原子 20 個からなる系を考察してみる．この系が孤立系であり，そのエネルギーが $E_0 = 20\epsilon_s + 4\delta$ であるとしよう．系のとりうる状態の数は何個になるだろうか．答えは 8855 個である．さてここでは，この孤立系を図 5.4 のように便宜的に原子 10 個ずつの二つの系に分けることとして，左側を系 A，右側を系 B とよぶことにする．そして孤立系を A + B で表す．このとき，系 A, B にそれぞれどのようにエネルギーが分配される場合が多いのかを考えてみよう．

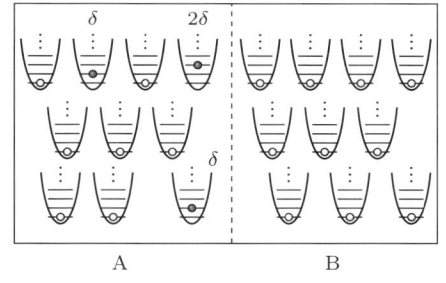

分配の仕方		可能な状態の数
A	B	
4δ	0	$W(4\delta, 0) = 715 \times 1 = 715$
3δ	δ	$W(3\delta, \delta) = 220 \times 10 = 2200$
2δ	2δ	$W(2\delta, 2\delta) = 55 \times 55 = 3025$
δ	3δ	$W(\delta, 3\delta) = 10 \times 220 = 2200$
0	4δ	$W(0, 4\delta) = 1 \times 715 = 715$

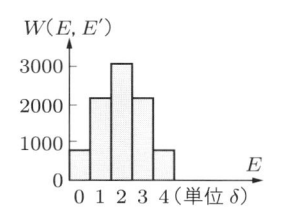

図 5.4　20 個の仮想原子からなる系におけるエネルギーの分配の仕方

この問題を解くには，それぞれの状況に対応する系の状態数を数えてやればよい．図 5.4 には，4δ の励起エネルギーがすべて A に集まった場合の例（系 A に第 2 励起状態の原子が 1 個，第 1 励起状態の原子が 2 個ある場合）が示されている．同図において，基底状態と励起状態の電子はそれぞれ白丸と黒丸で表されている．図 5.3 の解析により，10 個の原子からなる系が 4δ のエネルギーをもつ状態の数は 715 である．一方，系 B はすべての原子が基底状態となるので，とりうる状態の数は 1 である．したがって，系 A にエネルギーが集中する孤立系 A + B の状態の数は $715 \times 1 = 715$ と計算される．

同様な計算を行えば，エネルギーの分配の仕方による状態数の変化は図 5.4 中の表のようになる．同表において，系 A にエネルギー E，系 B にエネルギー E' が分配さ

れる状態の数を $W(E, E')$ と表記した（ただし簡単のために，基底状態のエネルギー $20\epsilon_s$ は省略し，励起エネルギー δ のみを表記している）．また，$W(E, E')$ を系 A のエネルギー E の関数としてグラフ化してある．この表とグラフが示すように，励起分のエネルギー 4δ が 2δ ずつ系 A,B に分配されている状態が最も多くなることがわかる．したがって，この系に等重率の原理を適用すれば，エネルギーが均等に分配される確率が最も高くなるという結論に達する．

以上の考察においてとくに重要なことは，このようにエネルギーが均等に分配される確率が最も高くなるのは，エネルギーが均等分配されるような状態の数が多いことを，そしてそのこと「のみ」を反映しているという事実である．

5.1.2 平衡状態とエントロピー：覆水盆に返らず

本項では，前項の議論を参考にして，アボガドロ数オーダーの数の粒子からなる系の特性を考えていこう．

まず始めに，系のエネルギーが E であるときのとりうる状態数（図 5.3 のグラフで表されている $W(E)$）が，具体的にどのようなエネルギー依存性をもつのかを見てみよう．系の粒子数を N とし，1 粒子あたりの平均エネルギー E/N を $\bar{\epsilon}$ とおく．また，1 粒子状態のエネルギー準位の平均間隔を $\bar{\delta}$ とおく．仮に $\bar{\epsilon} \gg \bar{\delta}$ であれば，1 粒子がとりうるエネルギー固有状態の数 $\varpi(\bar{\epsilon})$ を次のように大まかに算定できる．

$$\varpi(\bar{\epsilon}) \sim \frac{\bar{\epsilon}}{\bar{\delta}} \tag{5.1}$$

すると，$W(E)$ も大まかに次のように算定できる．

$$W(E) \sim \varpi(\bar{\epsilon})^N \sim \left(\frac{\bar{\epsilon}}{\bar{\delta}}\right)^N = \left(\frac{1}{N\bar{\delta}}\right)^N E^N \tag{5.2}$$

つまり，状態数は C を定数として $W(E) = CE^N$ の形に書ける．ここでの仮定と見積もりは非常に荒いものであるが，詳しい計算によれば，たとえば理想気体の状態数は，C_F を定数として

$$\text{理想気体の状態数：} \quad W(E) = C_F E^{3N/2} \tag{5.3}$$

となる[†1]．あるいは，相互作用をもたない 2 原子分子や 1 次元調和振動子の集団であれば，それぞれ $W(E) \sim E^{5N/2}$，$\sim E^N$ となる．そこで，$W(E)$ を次のように書こう．

$$\text{巨視的な系の状態数：} \quad W(E) = CE^{\alpha N} \quad (\alpha \sim 10^0) \tag{5.4}$$

ここで $\alpha \sim 10^0$ は，α が 10^{-1} でも 10^1 でもなく 10^0 のオーダーであることを意味し

[†1] より正確には $W(E) = C_F E^{3N/2-1}$ であるが，$3N/2$ に対して「1」はまったく無視できるので省略してある．

ている．粒子間の相互作用が大きくなると，$W(E)$ はこのような簡単な形には書けなくなる[†1]．しかし，ここではそのような正確なエネルギー依存性を問題にしているのではない．重要なことは，N がアボガドロ数程度に大きい場合，系の状態数は E に対してとてつもなく急激に増加する関数であるという事実である．このことが，巨視的な系が微視的な量子系と比べ，際立った特徴をもつことの源泉になっている．

次に，図 5.4 で行った解析を定式化してみる．図 5.4 では，系 A と系 B の原子の数をそれぞれ 10 個（計 20 個）としたが，ここではそれぞれ N 個（合計 $2N$ 個）の原子からなる系を考えよう．系 A と系 B を合わせた系 A + B は孤立系であり，そのエネルギーを E_0 とする．また，孤立系 A + B の状態数を $W_0(E_0)$ で表す．これから行うことは，図 5.4 の場合と同様に，A と B にどのようにエネルギーが分配される場合が一番見出されやすいかを調べることである．そこで，関数 $W(E, E')$ をあらためて以下のように定義する．

$W(E, E')$：A, B のエネルギーがそれぞれ E, E' である孤立系 A + B の状態数

ここに，$E + E' = E_0$ であり，E に関して和をとることにより，

$$W_0(E_0) = \sum_E W(E, E') \tag{5.5}$$

となる．N がアボガドロ数程度に大きくなったとき，$W(E, E')$ が E の関数としてどのような形になるかを見てみよう．この関数は，次のように表すことができる．

$$W(E, E') = W_A(E) W_B(E') \tag{5.6}$$

ここに，$W_A(E)$ はエネルギーが E である系 A の状態数，$W_B(E')$ はエネルギーが E' である系 B の状態数である．なぜ掛け算になっているかというと，エネルギー E をもつ系 A の状態 $R_{A1}, R_{A2}, R_{A3}, \ldots$ のそれぞれに対して，$W_B(E')$ 個の系 B の状態が存在するからである．式 (5.4) を用いると，系 A と系 B の状態数は次のように表すことができる．(ただし，簡単のために $\alpha = 1$ とした．)

$$W_A(E) = C_A E^N, \qquad W_B(E') = C_B (E_0 - E)^N \tag{5.7}$$

ここに，C_A, C_B は定数である．したがって，

$$\begin{aligned} W(E, E') &= C_A C_B E^N (E_0 - E)^N \\ &= C_A C_B E_0^{2N} \left(\frac{E}{E_0}\right)^N \left(1 - \frac{E}{E_0}\right)^N \quad (0 \leq E \leq E_0) \end{aligned} \tag{5.8}$$

である．$C_A C_B E_0^{2N}$ は定数であるから議論から除外して，$E/E_0 = x$ とおいて，次の

[†1] また，式 (5.4) において，$E = 0$ とすると $W(E) = 0$ となることからわかるように，状態数に対するこの簡単な評価式は，系の状態が基底状態に近い場合には適用できないことも気に留めておいてほしい．

関数のふるまいを調べよう.

$$f(x) = 2^{2N} x^N (1-x)^N = \{4x(1-x)\}^N \qquad (0 \leq x \leq 1) \tag{5.9}$$

ここに，2^{2N} という係数を入れておいた．この係数はなくてもよいのだが，以下の議論を簡単にしてくれる「おまじない」である．$N=1, 10, 100$ の場合の $f(x)$ の形を図5.5(a) に示した．$N=1$ のとき，この関数は $x=1/2$ で極大値 1 をとる 2 次関数である．したがってこの関数は，$x=1/2$ 以外ではすべて 1 以下の値をとる．$f(x)$ はそのような関数を N 回掛け算しているので，その値は $x=1/2$ を除いて N の増大とともにどんどん小さくなっていく．したがって，N がアボガドロ数程度になったとき，$f(x)$ が驚くほど急峻なピーク関数になることは想像に難くない．どの程度急峻になるのかは，以下のようにして見積もることができる．

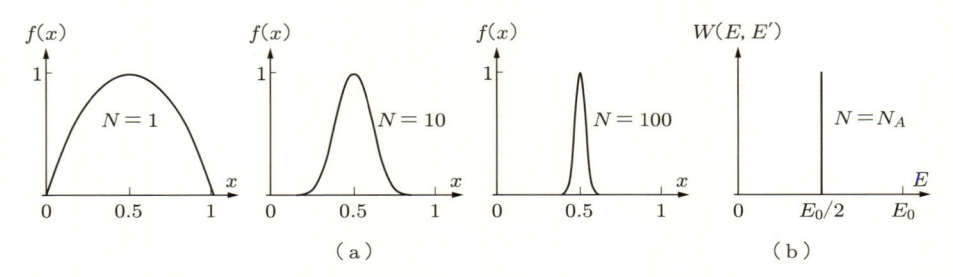

図 5.5 (a) 関数 $f(x) = \{4x(1-x)\}^N$ の N 依存性．(b) 巨視的な系における $W(E, E')$ の関数形．

x が $x=1/2$ から少しだけずれた $x=1/2+s$ ($s \ll 1$) のとき，

$$f\left(\frac{1}{2}+s\right) = \{(1-4s^2)\}^N \tag{5.10}$$

である．この両辺の対数をとってみると，$\ln f = N \ln(1-4s^2)$ となる．右辺の対数をテーラー展開し，2 次の項までとると $\ln f \simeq -4Ns^2$ となり，

$$f\left(\frac{1}{2}+s\right) \simeq e^{-4Ns^2} \tag{5.11}$$

が得られる．この結果を式 (5.8) に当てはめてみる．$N=N_A$ （アボガドロ定数）として，系 A のもつエネルギーがその中心値 $E_0/2$ からほんの $10^{-10} E_0$ だけずれたとすると，$W(E, E')$ は $\sim 1/10^{10000}$ になる．さらに $10^{-5} E_0$ までずれると，その減少は $\sim 1/10^{10^{14}}$ にもなる．このことは，実質的に「すべて」のとりうる状態が，エネルギーが均等に分配される状態，もしくはそのきわめて近くの状態に属するということを意味している（図 5.5(b) 参照）．この結果に等重率の原理を適用すれば，系 A と B でエネルギーを等分配する状況が「常に」観測される，ということになる．

5.1 平衡状態の統計力学：一つの仮定がすべてを導く

最後に，以上の考察をもとに，図 5.6 のような状況を考えてみよう．始めは，系 A と系 B との間にはエネルギーを通さない障壁があり，系 A にはたくさんの励起状態の原子がある一方，系 B の原子はすべて基底状態にあるとする（図 5.6(a)）．ある時刻に，この壁がエネルギーを通すものに変わったとしよう（図 5.6(b)）．すると，いままで A に偏っていたエネルギーが B へとなだれ込んでいき，最終的には，エネルギーが均等に分配される一様な状況に落ち着く（図 5.6(c)）．そして，いったんそのような均一な状況に落ち着くと，その状況が永遠に続くことになる．巨視的な系において，エネルギーが再度 A に集まるということを観測することは決してない．先の見積もりのとおり，系 A にエネルギーが集中する確率は，実質ゼロである．「覆水盆に返らず」ということだ．

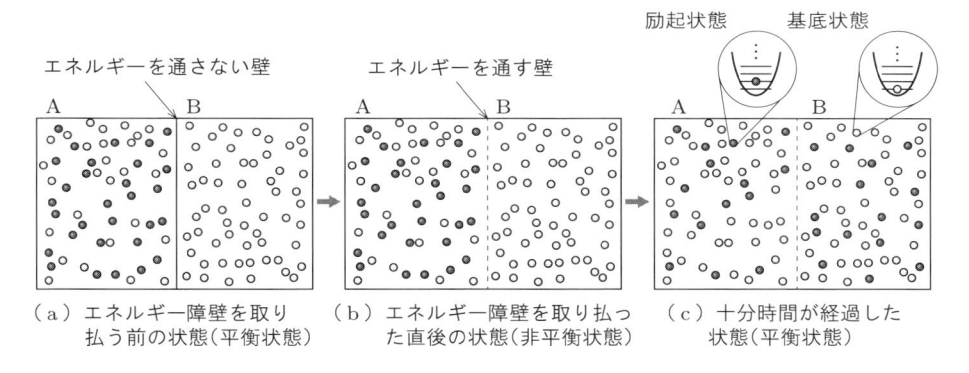

図 5.6 非平衡状態の発生と平衡状態への移行．図中の白丸と黒丸は，それぞれ基底状態と励起状態の原子を表す．

このように「もとに戻らない過程」は，**不可逆過程**とよばれる．また，図 5.6(a) や (c) のように，均一で静的な状態を**熱平衡状態**，あるいは単に**平衡状態**とよぶ．一方，図 5.6(b) に示されたエネルギー障壁を取り去った直後の，系にまだ動きがある状態を**非平衡状態**とよぶ．非平衡状態で観測される巨視的状態は，平衡状態では決して観測されることのない「極端に偏った状態」である．このような状態が実際に観測されるという事実は，非平衡状態に対しては，等重率の原理を適用することができないということを意味している．言い換えれば，

「等重率の原理は，平衡状態に対してのみ適用できる」

ということである[†1]．

[†1] 本章で扱う「平衡系の統計力学」とは，「等重率の原理を基礎に，平衡状態のマクロな性質とミクロ系（量子系）との関係を問う理論体系」と言うことができるであろう．したがって，非平衡状態については何も語ることはできない．

では，図 5.6(a) と (c) の二つの異なる平衡状態の間の関係を定式化してみよう．式 (5.6) を用いれば，エネルギー障壁を取り払う前後での孤立系のとりうる状態数 $W_\text{before}, W_\text{after}$ は

$$W_\text{before} = W_A(E_0)W_B(0), \quad W_\text{after} = \sum_{E=0}^{E_0} W_A(E)W_B(E_0 - E) \quad (5.12)$$

である．したがって，$W_\text{before} < W_\text{after}$ である．この不等式はきわめて重要だ．孤立系において，何かの「箍(たが)」（束縛条件）が外れ，系が「自発的な」変化を起こすとき，とりうる状態数は必ず増加する．ここで，

$$S = k_B \ln W \quad (5.13)$$

を定義すれば，この不等式は $S_\text{before} < S_\text{after}$ と書くことができる．ここに，S を**エントロピー**とよぶ．すなわち，

「孤立系で不可逆過程が生じると，そのエントロピーが増大する」

ということである．これを**エントロピー増大の法則**とよぶ．また，平衡状態において実際に観測される状態は，$W(E, E') = W_A(E)W_B(E')$ を最大にするような状態である（図 5.5(b) 参照）．これを，系 A, B のエントロピー $S_A = k_B \ln W_A, S_B = k_B \ln W_B$ を用いて表せば，

$$S_A + S_B : \text{最大} \quad (5.14)$$

となる．すなわち，二つの系が平衡状態にあるとき，二つの系のエントロピーの和が最大となる．

エントロピーは，5.1.6 項で議論する自由エネルギーとともに，熱力学において中心的な役割を演じるものである．エントロピー増大の法則によれば，私たちの認識するマクロな世界は，「均質な（ありふれた）状態へ向かう」という方向性をもつことになる．このような（マクロ系における）時間の方向性と深くかかわりをもつエントロピーという量が，式 (5.13) により，量子力学により定義される「エネルギー固有状態」と直接的に結びついている．マクロ系の状態変化に方向性があるという事実の背後には，「状態」（エネルギー固有状態）というものが 1 個 2 個と数えることができる，すなわち「加算的」であるという，量子力学の本質が潜んでいるのである．この二つを結びつける定数が，ボルツマン定数 k_B にほかならない．この定数の意味は次項で説明しよう[†1]．

[†1] エントロピーは平衡状態，非平衡状態を記述するためにクラウジウスにより導入され，ボルツマンによりその物理的な意味付けがなされた．ボルツマンの墓石には「$S = k \log W$」が刻まれている（k がボルツマン定数である）．ただし，ボルツマン自身は，ボルツマン定数 k を用いることは一度もなかった．R/N_A を k と定義し（式 (5.22)），これをボルツマン定数とよんだのは，プランクであると言われている．

5.1.3 温度と熱：マクロ系と量子力学との結びつき

　関数 $W(E, E')$ が最大になるという条件は，この関数の E に対する微分がゼロになる条件でもある．したがって，前項の最後に説明した熱平衡のための条件（式 (5.14)）は，$\partial \ln W(E, E')/\partial E = 0$ と書くこともできる[†1]．この式は，式 (5.6) を用いると，

$$\frac{\partial \ln W_A(E)}{\partial E} + \frac{\partial \ln W_B(E_0 - E)}{\partial E} = \frac{\partial \ln W_A(E)}{\partial E} - \frac{\partial \ln W_B(E')}{\partial E'} = 0 \quad (5.15)$$

と表すことができる．一つ目の等式は，系 B に対する変数を E から $E'(= E_0 - E)$ に変換したものである．ここで，次のような新しいパラメーター β を導入する．

$$\beta(E) = \frac{\partial}{\partial E} \ln W(E) \quad (5.16)$$

すると，式 (5.15) の熱平衡のための条件は

$$\beta_A = \beta_B \quad (5.17)$$

と書くことができる．ここで，$W(E)$ に式 (5.4) を代入してみると，

$$\beta = \frac{\partial \ln C E^{\alpha N}}{\partial E} = \frac{\partial}{\partial E}(\ln C + \alpha N \ln E) = \alpha N \frac{\partial \ln E}{\partial E} = \frac{\alpha N}{E} \quad (5.18)$$

または，

$$E = \alpha \frac{N}{\beta} \quad (\alpha \sim 10^0) \quad (5.19)$$

となる．この式を，式 (5.3) の理想気体（$\alpha = 3/2$）に対して適用してみると，

$$E = \frac{3}{2} \frac{N}{\beta} \quad (5.20)$$

が得られる．一方，マクロ系を記述する熱力学の法則から，理想気体のエネルギーは

$$E = \frac{3}{2} \frac{N}{N_A} RT \quad (5.21)$$

で与えられることが知られている．ここに，N/N_A は気体のモル数（N_A はアボガドロ定数），R は気体定数，T は熱力学的な**絶対温度**である．ここで，

$$k_B = \frac{R}{N_A} \quad (5.22)$$

を定義し，式 (5.20) と式 (5.21) を比べると，次の関係があることがわかる．

$$\text{ミクロ系とマクロ系の結びつき：} \quad \frac{1}{\beta} = k_B T \quad (5.23)$$

この式の左辺の β の定義は式 (5.16) であり，これはエネルギー固有状態という「微視的な状態」の情報をもったパラメーターである．一方，右辺に現れる T は，系の「巨

[†1] ここでは明に示していないが，一般に W は系の体積などの外部パラメーターの変数でもある．このため，ここでは E に対する微分を偏微分で表している．外部パラメーターの定義に関しては，本項の終わりに説明がある．

視的な状態」を特徴付ける熱力学的なパラメーターである．この二つのミクロ系とマクロ系のパラメーターを結びつける定数こそが，ボルツマン定数である．

ここでは理想気体を例にとってこの関係を示したが，式 (5.23) は，等重率の原理のもと，すべての物理系について成立するものである．この関係から，式 (5.17) は

$$T_A = T_B \tag{5.24}$$

と表される．すなわち，平衡状態とは二つの系の温度が等しくなる状態にほかならない．言い換えれば，エントロピーが最大となる条件は，系 A と系 B の温度が等しいという条件に一致する．

式 (5.23) を式 (5.19) に代入すると，

$$E = \alpha N k_B T \qquad (\alpha \sim 10^0) \tag{5.25}$$

あるいは $E/N = \bar{\epsilon}$ とおいて，

$$\bar{\epsilon} = \alpha k_B T \qquad (\alpha \sim 10^0) \tag{5.26}$$

となる．この式は，1 粒子あたりに平均 $k_B T$ 程度のエネルギーが分配されるということを意味しており，これを**エネルギー等分配の法則**とよぶ[†1]．あるいは，

「$k_B T$ は一粒子あたりの平均エネルギーの目安を与える」

ということである．

式 (5.16) を，式 (5.23) を用いて次のように書いておこう．

$$T = \frac{1}{k_B} \left(\frac{\partial \ln W(E)}{\partial E} \right)^{-1} \tag{5.27}$$

このように，平衡状態にあるマクロ系を特徴付ける温度というパラメータは，状態数 W を通してミクロ系（量子系）のエネルギー固有状態と結びついているのである．そして，$W(E)$ は $\sim E^{\alpha N}$ という単調増加関数であるので，$T \geq 0$ という絶対温度が従う条件も満足していることがわかる．

これで「温度」というマクロ系のパラメータをミクロ系の言葉で定義することができたので，今度は「熱」というものを考えてみよう．式 (5.25) は「系のエネルギーは

[†1] 正確には，運動エネルギー（$E = (1/2m)p^2$）や調和振動子のポテンシャルエネルギー（$U = (1/2m)\omega_0 x^2$）のように 2 次形式で表すことのできるエネルギーに対して，1 自由度あたり $k_B T/2$ のエネルギーが分配されることをいう．たとえば，理想気体の場合には，x, y, z の 3 方向の運動エネルギーにそれぞれ $k_B T/2$ ずつ分配されるので，1 粒子あたりの平均エネルギーは，$(3/2)k_B T$ となる．式 (1.96) もエネルギー等分配の法則からの帰結であり，1 個の古典的な（1 次元）調和振動子に $k_B T$ が（運動エネルギーとポテンシャルエネルギーにそれぞれ $k_B T/2$ ずつ）分配されることに起因している．

19 世紀末まで，エネルギー等分配則は物理を支配する基本原理と考えられていた．しかし，量子力学の登場により，この等分配則は必ず成立するものではない（系によっては低温では成立しない場合がある）ことが明らかとなった．演習問題 [1.6]，および 5.2.4 項を参照してほしい．

5.1 平衡状態の統計力学：一つの仮定がすべてを導く

温度とともに変化する」と言っている．では，系のエネルギー変化は温度「だけ」で決まるのだろうか．言い換えれば，温度を変えること以外に系のエネルギーを変化させる方法はないのだろうか．

実は存在する．たとえば，系に電場や磁場を印加してやればよい．すると，電子のエネルギー準位が変化し[†1]，結果として系全体のエネルギーも変化する．このエネルギーの変化の仕方は，系の温度が変化することと何が違っているのだろうか．

まず，微視的な系の簡単な例を考えてみる．図 5.7(a) は 1 次元井戸型ポテンシャルに束縛された粒子 1 個からなる系である．この系のエネルギーを増加させる方法は二つある．一つは，粒子を高いエネルギー準位に励起することである（図 5.7(b)）．そしてもう一つは，井戸型ポテンシャルの幅 L を狭めることである（図 5.7(c)）[†2]．この二つの方法は何が違っているかというと，前者は系のシュレディンガー方程式は変えずに粒子の占有状態を変えている．一方後者は，占有状態は変えずに，シュレディンガー方程式のポテンシャルエネルギー項をいじって，エネルギー準位自体の値を変えている．つまり，前者は系の固有状態を指定する r の値が変わっており，後者はこれが変わっていない．

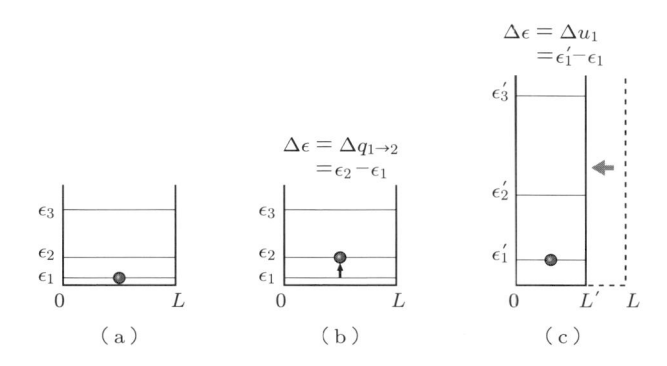

図 5.7 系のエネルギーの変化の仕方．(a) 変化前の状態，(b) エネルギー準位間の遷移による変化，(c) 外部パラメータ（ポテンシャル井戸幅）の変動による変化．

エネルギー準位自体が変わることによるエネルギー変化を Δu としよう．この Δu は，井戸幅の変化量が決まっただけでは決まらず，粒子がどの状態にあるのかに依存する．つまり，$\Delta u = \Delta u_r$ である．一方，エネルギー準位の占有状態が変わることによるエネルギー変化を Δq とすれば，これは遷移する始状態 r と終状態 r' に依存する．つまり，$\Delta q = \Delta q_{r \to r'}$ である．したがって，一般に系のエネルギー変化 $\Delta \epsilon$ は

[†1] これらの効果はそれぞれ**シュタルク効果**，**ゼーマン効果**とよばれている．
[†2] 井戸型ポテンシャルに束縛された粒子のエネルギー準位に関しては，式 (2.23) を参照のこと．

$$\Delta\epsilon = \Delta u_r + \Delta q_{r \to r'} \tag{5.28}$$

と表すことができる.

以上の議論を，巨視的な系に適用してみよう．（巨大な）井戸型ポテンシャル中の粒子 N 個からなる系を考える．この系の統計的集団である膨大な数のエネルギー固有状態を R で識別すれば，先に述べた二つのタイプのエネルギー変化を，$\Delta U_R, \Delta Q_{R \to R'}$ と書くことができる．すると，巨視的な系において観測されるエネルギー変化 ΔE は，これらの量の統計平均値 $\Delta U, \Delta Q$ と以下のように関連付けられる．

$$\Delta E = \Delta U + \Delta Q \tag{5.29}$$

井戸幅（より一般には体積），電場，磁場のようにシュレディンガー方程式に取り込まれ，系のエネルギー準位を制御するものを**外部パラメータ**とよぶ．ΔU は巨視的な系の外部パラメータ変化に伴うエネルギーの変化であり，これを外部から系になした**仕事**とよぶ．一方，ΔQ が**熱**とよばれるものである．

「熱とは，エネルギー準位間の遷移によって交換されるエネルギー」

ということだ[†1]．図 5.6 における系 A から B へのエネルギーの移動が，正に「熱」である．

以下では，系への仕事がゼロで，熱の出入りだけがある場合を考えよう．系に熱 $\Delta Q \,(> 0)$ が流入すると，式 (5.25) に従って温度が上昇する[†2]．

$$\Delta T = \frac{1}{\alpha N k_B} \Delta Q \tag{5.30}$$

また，エントロピーも $S = k_B \ln W(E + \Delta Q)$ となるので，増加することがわかるであろう．系のエネルギー E がきわめて大きい（$E \gg \Delta Q$）場合には，熱の流入に際して，系の温度 T は一定であるとみなすことができる（たとえば，上式で $N \to \infty$ の場合がこの条件に相当する）．この場合，エントロピーの変化量 ΔS は

$$\Delta S = k_B \ln W(E + \Delta Q) - k_B \ln W(E) \simeq k_B \frac{\partial \ln W(E)}{\partial E} \Delta Q = \frac{\Delta Q}{T}$$

と表現できる．そしてその極限では，

$$\Delta S = \frac{\Delta Q}{T} \tag{5.31}$$

という関係が成立する．これを**クラウジウスの関係**とよぶ．クラウジウスの関係は，

[†1] 熱力学では「マクロ系において計測可能なエネルギーである『仕事』以外のエネルギー変化量」として定義される．熱とは，エネルギーの「変化量」であることに注意してほしい．一方，「熱エネルギー」という言葉の定義は曖昧であり，「熱」を意味することもあるが，「系がもつエネルギーの中で温度に関係した部分」という意味で使われることもある．

[†2] たとえば図 5.6 は，「高温の系（系 A）から絶対零度の系（系 B）に熱が流入し，やがて両者の温度が等しくなる」という過程を表している．

エントロピー，熱，そして温度の間の関係を端的に表している．たとえば，この関係は「エントロピーの増大は低温になるほど顕著になる」と言っている．これは，「温度が下がれば下がるほど，少しの熱の吸収でも乱雑さが大きく増大する」ということを意味している[†1]．

5.1.4　粒子のエネルギー分布：低いエネルギーが「安定」なわけ

　温度 T の平衡状態にある孤立系 A + B を考えよう．ただしここでは，孤立系の分け方を変え，図 5.8 のように系 A はたった 1 個の原子からなるものとし，残りすべてを系 B にとる．このような分け方をしても，孤立系の平衡状態になんら変わりはない．ここでもし，系 A の原子を観察することができたとすれば，この原子が系 B とさかんにエネルギーを交換し，基底状態になったり励起状態になったりを繰り返している様子が見てとれるであろう．

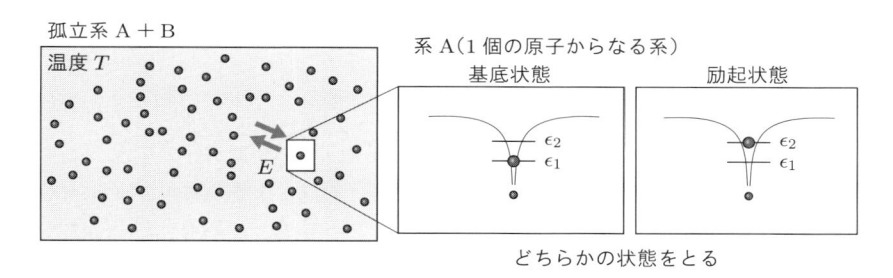

図 5.8　孤立系の中でエネルギーを交換する原子

　本項で問題にするのは，系 A の原子は基底状態と励起状態のどちらに見出されやすいか，ということである．それが孤立系の温度に依存しそうであることは容易に想像がつく．ここでも統計的な手法を用いるが，そのやり方はこれまでとまったく同じである．とりうるすべての状態を数え上げ，等重率の原理を適用して確率を計算する．実際にやってみよう．

　ここでは簡単のために，以前にも用いた仮想 2 準位原子（図 5.1）を仮定する．孤

[†1] クラウジウスの関係は，より深い奥行きをもった関係式である．この関係式は，温度 T を一定に保つような熱的な接触が許されている系（等温系）であれば，外部パラメータが「ゆっくりと」変化する場合にも適用できる．そしてその場合には，系のエネルギー E が大きい（あるいは，熱 Q が微小）という制約も必要ない．たとえば，井戸幅（あるいは体積）が「ゆっくりと」広がっていく場合には，系のエネルギー準位が下がっていくので，系のエネルギーも減少していく．これは系が外界に対して仕事をしたことを意味している．その際，外部との熱的な接触が許されていれば，系は外部から熱を吸収する．このとき，$\Delta S = \Delta Q/T$ が成立する．より一般には，たとえば，等温下で外部パラメータが「急激に」変化したり，粒子の移動が起こる場合なども含めると，$\Delta S \geq \Delta Q/T$ となる．5.2.6 項，6.1.3 項の議論も参考にしてほしい．

立系 A + B のエネルギーを E_0，その状態数を $W_0(E_0)$ とおく．また，エネルギー E をもつ系 A の状態の数を $W_A(E)$，エネルギー E' をもつ系 B の状態の数を $W_B(E')$ とおく．系 A の原子の基底状態と励起状態のエネルギーをそれぞれ ϵ_1, ϵ_2 とすれば，$W_A(\epsilon_1) = W_A(\epsilon_2) = 1$ であり，その他のエネルギーでは $W_A(E) = 0$ である．

系 B の状態数も数えよう．系 A が基底状態のとき，系 B のエネルギーは $E_0 - \epsilon_1$ である．したがって，系 A が基底状態であるときの系 B のとりうる状態の数は $W_B(E_0 - \epsilon_1)$ と表すことができる．同様に，系 A が励起状態であるときに系 B がとりうる状態の数は $W_B(E_0 - \epsilon_2)$ となる．これが孤立系 A + B がとりうるすべての状態である．つまり，孤立系 A + B のとりうる状態の数 $W_0(E_0)$ は

$$W_0(E_0) = W_A(\epsilon_1) W_B(E_0 - \epsilon_1) + W_A(\epsilon_2) W_B(E_0 - \epsilon_2)$$
$$= W_B(E_0 - \epsilon_1) + W_B(E_0 - \epsilon_2) \tag{5.32}$$

となる．孤立系 A + B が平衡状態にあれば，これらの状態はすべて等しい確率で見出されると考えてよい．すると，系 A の原子を基底状態，および励起状態に見出す確率 $P_{r=1}$ と $P_{r=2}$ は

$$P_{r=1} = \frac{W_B(E_0 - \epsilon_1)}{W_0(E_0)}, \qquad P_{r=2} = \frac{W_B(E_0 - \epsilon_2)}{W_0(E_0)} \tag{5.33}$$

と表される．つまり，系 A を基底状態に見出す確率は，系 A が基底状態であったという条件付きで系 B がとりうる状態の数に比例するということであり，励起状態についても同様である．

この式だけから，$P_{r=1}$ と $P_{r=2}$ のどちらが大きいのかを知ることができる．なぜなら系の状態数は，系のエネルギーに対する単調増加関数だからである．系 A が基底状態にあるときと励起状態であるときでは，系 B のエネルギーはわずかに $\epsilon_2 - \epsilon_1$ だけ異なる．この大きさは，系 B がもつエネルギースケール ($\sim E_0$) と比べると極々小さいものである．しかしわずかではあるが，系 A が基底状態にある場合のほうが系 B のエネルギーは大きい．したがって，$W_B(E_0 - \epsilon_1) > W_B(E_0 - \epsilon_2)$ である．これはすなわち，$P_{r=1} > P_{r=2}$ ということである．この関係は，孤立系 A + B が平衡状態にあり等重率の原理が適用できる限り，孤立系の温度によらず常に成立する．

$E_0 \gg \epsilon_1$ であることを用いると，W_B はその対数を以下のように近似できる．

$$\ln W_B(E_0 - \epsilon_1) = \ln W_B(E_0) - \frac{\partial \ln W_B}{\partial E} \epsilon_1 \tag{5.34}$$

E_0 と ϵ_1 の大きさの違いを考えれば，この近似はきわめて高い精度で成立するので，ここでは両辺を等号で結んでいる．右辺第 2 項の係数は，前項で出てきた β (式 (5.16)) にほかならない．ここで温度が登場するわけだ．正確に読むと，これは系 B のエネル

ギーが E_0 であるときの温度を表している（すなわち，微分は $E = E_0$ で実行する）．
上式より，$W_B(E_0 - \epsilon_1) = W_B(E_0)\exp(-\beta\epsilon_1)$ と表せるので，$P_{r=1}$ は以下のように書ける（同様に $P_{r=2}$ も列記した）．

$$P_{r=1} = \frac{W_B(E_0)}{W_0(E_0)} e^{-\beta\epsilon_1}, \qquad P_{r=2} = \frac{W_B(E_0)}{W_0(E_0)} e^{-\beta\epsilon_2} \tag{5.35}$$

あるいは，$W_B(E_0)/W_0(E_0) = a$ とおき，$\beta = 1/k_BT$ と書き直せば，

$$P_{r=1} = ae^{-\epsilon_1/k_BT}, \qquad P_{r=2} = ae^{-\epsilon_2/k_BT} \tag{5.36}$$

となる．ここで，$P_{r=1} + P_{r=2} = 1$ であるので，$a = 1/(e^{-\epsilon_1/k_BT} + e^{-\epsilon_2/k_BT})$ と書くこともできる．したがって，

$$P_{r=1} = \frac{e^{-\epsilon_1/k_BT}}{e^{-\epsilon_1/k_BT} + e^{-\epsilon_2/k_BT}} = \frac{1}{1 + e^{-(\epsilon_2-\epsilon_1)/k_BT}} \tag{5.37a}$$

$$P_{r=2} = \frac{e^{-\epsilon_2/k_BT}}{e^{-\epsilon_1/k_BT} + e^{-\epsilon_2/k_BT}} = \frac{e^{-(\epsilon_2-\epsilon_1)/k_BT}}{1 + e^{-(\epsilon_2-\epsilon_1)/k_BT}} \tag{5.37b}$$

となる．$\epsilon_2 - \epsilon_1 > 0$ であるので，$e^{-(\epsilon_2-\epsilon_1)/k_BT} < 1$ である．したがって，常に $P_{r=1} > P_{r=2}$ であることがわかる．

さて，温度が低く $\epsilon_2 - \epsilon_1 \gg k_BT$ であれば，$e^{-(\epsilon_2-\epsilon_1)/k_BT} \simeq 0$ となる．したがって低温では，系はほとんど基底状態に見出される．一方，$\epsilon_2 - \epsilon_1 \ll k_BT$ の反対の極限では，$e^{-(\epsilon_2-\epsilon_1)/k_BT} \simeq 1$ となるので，$P_{r=2}/P_{r=1} \simeq 1$ となる．これは「高温では乱雑さが増大するため，エネルギーの大小が大きな意味をもたなくなる」ということを意味している．ただし，この比は決して 1 に到達することはない．つまり，どんなに系の温度が高く乱雑さが増大しても，励起状態に見出される確率が基底状態に見出される確率を超えることはないのである．図 5.9 には，$P_{r=1}$ と $P_{r=2}$ を $1/k_BT$ の関数として示してある．

ここで重要な指摘をしておこう．励起状態にある電子が，たとえば光などを放出して，基底状態に遷移する状況を思い浮かべてほしい．もし，「なぜそのような遷移が起こるのか」と聞かれたら，私たちは何と答えるだろうか．

「基底状態のほうがエネルギーが低く安定だから」というのがよく聞く答えである

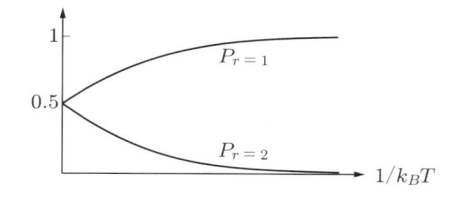

図 5.9　基底状態と励起状態に見出す確率の温度依存性

が，この答えの本当の意味が本項ではっきりした．電子がそのような遷移の方向をもつのは，別に電子が低エネルギー状態を好んでいるからではない．そのような状態のほうが系の状態数が多く，したがって，より観測される確率が高いからなのだ．もし孤立系に二つの原子しかなければ，一つの電子が低エネルギー状態になることは，もう一方の電子が高エネルギー状態になることを意味する．そのような場合には，電子は低エネルギー状態を好んだりはしないのだ．

さて，これまでの結果が孤立系 A + B の中のどの原子についても成立することは明らかである．また，ここでは原子の状態を 2 状態のみとしたが，多数のエネルギー状態をもつ場合にも拡張できることもわかるであろう．原子がエネルギー固有状態 $r = 1, 2, \ldots, n$ をもち，それぞれのエネルギーが $\epsilon_1, \epsilon_2, \ldots, \epsilon_n$ であれば，それぞれの状態に系を見出す確率は，$e^{-\epsilon_1/k_B T}, e^{-\epsilon_2/k_B T}, \ldots, e^{-\epsilon_n/k_B T}$ に比例する．すなわち，

$$P_r = a e^{-\epsilon_r/k_B T} \tag{5.38}$$

と書ける．係数 a は，すべての状態 r についての和が 1 になるという条件 $\sum_r P_r = 1$ により求めることができる．これにより，孤立系が温度 T の熱平衡状態にあるとき，その中の原子のエネルギー分布は以下のようになる．

$$P_r = \frac{1}{Z} e^{-\epsilon_r/k_B T}, \qquad Z = \sum_r e^{-\epsilon_r/k_B T} \tag{5.39}$$

さて，ここまでの議論を振り返ってみると，系 A の粒子が原子に束縛された電子である必要はまったくないことがわかる．上式を導出するまでの議論で，粒子がそのようなものでなければならない部分は一つもなかった．粒子は気体分子でも結晶中の電子でも，あるいは光子でも構わない．上式は，ほかの粒子との相互作用が弱く（したがって，1 粒子に対するエネルギー固有状態 r が明確に定義でき），これが温度 T の熱平衡状態下にあれば，いかなる粒子にも適用できるものなのである．

5.1.5 カノニカル分布：エネルギー分布の起源

前項では 1 粒子状態 r のエネルギー分布を考えたが，多粒子系のエネルギー固有状態 R についても，まったく同様な議論を進めることができる．この状況を**図 5.10**に示した．孤立系は二つの系 A,B からなる．系 A を**部分系**とよぶ．部分系はもう一つの系 B とエネルギー交換が可能であり，系 B は温度 T で特徴付けることができる系とする．温度 T で特徴付けられる系とは，部分系 A よりも十分大きく，したがってその温度が部分系 A のエネルギーの値に影響されない系のことを指す．このような系を**熱溜**，または熱浴とよぶ．

部分系 A と熱溜 B からなる孤立系 A + B のとりうる状態の数 $W_0(E_0)$ は，式 (5.5),

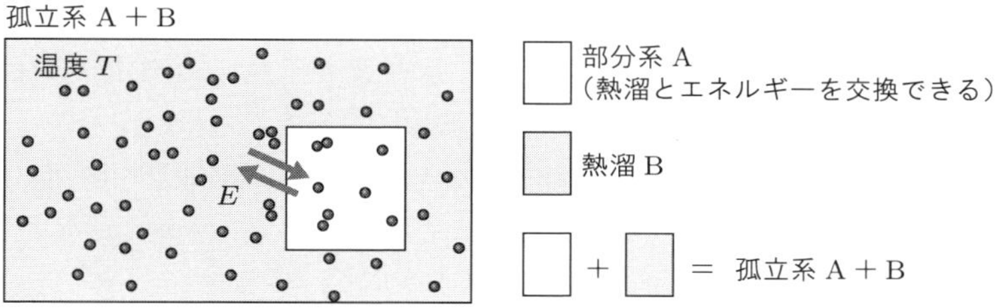

5.1 平衡状態の統計力学：一つの仮定がすべてを導く

図 5.10　熱溜とエネルギー交換ができる部分系

(5.6) で示したとおり，$W_0(E_0) = \sum_E W_A(E) W_B(E_0 - E)$ と表される．これら膨大な数の状態のうち，部分系 A がある一つの状態 R にあるような孤立系 A + B の状態の数は，状態 R のエネルギーを E_R として，$W_B(E_0 - E_R)$ となる．したがって，部分系 A が熱溜 B と熱平衡状態にあれば，部分系 A を状態 R に見出す確率 P_R は

$$P_R = \frac{W_B(E_0 - E_R)}{W_0(E_0)} \tag{5.40}$$

となる．系 B を熱溜とすると $E_0 - E_R \gg E_R$ なので，式 (5.33) から式 (5.36) までの議論と同じように，

$$P_R = a e^{-E_R/k_B T} \tag{5.41}$$

を導くことができる．係数 a は，すべての状態 R についての和が 1 になるという条件 $\sum_R P_R = 1$ により求めることができる．これにより，温度 T の熱溜と熱平衡状態にある部分系のエネルギー分布は以下のようになる．

$$P_R = \frac{1}{Z} e^{-E_R/k_B T}, \qquad Z = \sum_R e^{-E_R/k_B T} \tag{5.42}$$

ここに，P_R を**カノニカル分布**（正準分布），Z を**分配関数**とよぶ．

カノニカル分布は，熱平衡状態にあるすべての物理系のエネルギー分布の源である．これを言葉でも表せば，

「系が温度 T の熱溜と平衡状態にあるとき，系をエネルギー固有状態 R に見出す確率は，状態 R のエネルギーを E_R として $\exp(-E_R/k_B T)$ に比例する」

となる．前項で議論した式 (5.39) は，カノニカル分布を 1 粒子からなる部分系に適用したものにほかならない．

カノニカル分布の重要性は，これが熱平衡状態にあるすべての系に適用可能なことにある．太陽の中心部で核反応を起こす陽子，溶鉱炉から発せられる電磁波（黒体輻射），温度が一定の結晶中で振動する原子（格子振動），室温環境下に置かれたデバイ

スの中の電子，これらすべてに適用できるのである．

ただし，「巨視的な系」において，たった一つの状態 R が確かに式 (5.42) に従っているということを観測により検証することは，原理的に不可能である．したがって，式 (5.42) の正当性は，この式から導かれる様々な「観測可能な」物理量を議論の対象とすることにより，初めて示される．たとえば，式 (5.42) から系の平均のエネルギー $\bar{E}$ が次のように計算される．

$$\bar{E} = \sum_R E_R P_R = \frac{\sum_R E_R e^{-E_R/k_B T}}{\sum_R e^{-E_R/k_B T}} \tag{5.43}$$

そしてこの式は，あらゆる系に適用され実験結果と見事な一致をみているのである[†1]．

5.1.6　自由エネルギー：部分系の熱力学的な状態を記述する量

ここで，式 (5.42) の P_R の表式をもう一度じっくり眺めてほしい．この式は，系のすべての状態 R の中で最も見出されやすい状態は，E_R が一番小さい状態，すなわち基底状態であると言っている．これはちょっと不自然に思えないだろうか．式 (5.42) は，太陽の中心にある陽子に対しても，室温環境下におかれたデバイスの中の電子に対しても，最も見出されやすい状態は，すべてが凍りついた最低エネルギーの状態であると言っているのだ．

この議論には何かが抜けている．そう，状態数が抜けているのだ．系の状態数はエネルギーとともに急激に増大するのであった．確かに，基底状態がすべての状態の中で最も見出されやすい．しかし，系の基底状態の数は縮退があったとしてもたかが知れている．一方，エネルギーが高い状態は，その一つひとつが見出される確率は基底状態に比べはるかに小さいが，それをもしのぐ圧倒的な数をもっている．このため，現実の世界に姿を現すのは，このような圧倒的多数の状態なのである．

では，どのくらいエネルギーが高い状態が最も見出されやすいのだろうか．これを調べるためには，次のような確率 $P(E)$ を定義する．

$P(E)$： 熱溜と平衡状態にある部分系が，エネルギー E をもつ確率

この確率を求めるためには，エネルギー E をとるすべての縮退した状態 R をかき集め，それぞれのとる確率 $P_R = e^{-\beta E_R}/Z$ を掛けてやればよいのだが，それぞれのとる確率は皆 $e^{-\beta E}/Z$ である．ここに，Z は部分系の分配関数である．したがって，部分系がエネルギー E をとる状態の数を $W(E)$ とすれば，

[†1] プランクの輻射公式に現れる平均エネルギー $\bar{\varepsilon}$ (式 (1.98)) は，「『振動数 ν をもつ光子系』を部分系にとったときのカノニカル分布に対する平均エネルギー」と考えることができる．式 (5.43) と式 (1.98) を見比べてみてほしい．

$$P(E) = \sum_{E_R = E} P_R = W(E)\frac{1}{Z}e^{-\beta E} \tag{5.44}$$

である．$W(E)$ に対して式 (5.4) を用いれば，

$$P(E) = \frac{C}{Z}E^{\alpha N}e^{-\beta E} \tag{5.45}$$

となる．ここに，N は部分系の粒子数である．ここで，C と Z が E に依存しない定数であることに注意すれば，$P(E)$ は E に対して急激に増加する関数 $E^{\alpha N}$ と急激に減少する関数 $e^{-\beta E}$ の積となっていることがわかる．したがって N が巨大であれば，図 5.5(b) のときの議論と同様に，この関数は驚くほど急峻なピーク関数となる（図 5.11）．そして実際に観測にかかるのは，系がそのピークを与えるエネルギーをもつ場合に限られる．

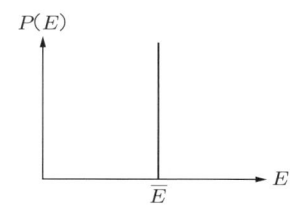

図 5.11 平衡状態にある部分系のエネルギー分布

このようなピークを与えるエネルギーを求めるための条件は，

$$\frac{\partial}{\partial E}\ln P(E) = 0 \tag{5.46}$$

と表すことができる．上式に式 (5.44) を代入すると，

$$\frac{\partial}{\partial E}\ln P(E) = \frac{\partial \ln W(E)}{\partial E} - \beta = 0 \tag{5.47}$$

となる．$\partial \ln W(E)/\partial E = \beta$（式 (5.16)）なので，結局上式は $\beta - \beta = 0$ となる．おや？ これでは恒等的にゼロなので，$P(E) = $ 一定 になってしまう．何かがおかしい．もう一度考えてみよう．

式 (5.44) の β は何であったか．これは，たとえば式 (5.34) からの流れを見ればわかるように，熱溜の β （$= \beta_B$）である．一方，$\partial \ln W(E)/\partial E$ は部分系の β（$= \beta_A$）である．つまり式 (5.47) は，「最も見出されやすい（平衡状態で実際に観測される）エネルギーを与える条件は，部分系の温度と熱溜の温度が等しくなる条件（$\beta_A = \beta_B$）と同じである」と言っているのである．

なるほどもっともらしい結果であるが，これでは部分系がとるエネルギーの値がわからないので，今度は式 (5.45) を代入してみる．

$$\frac{\partial}{\partial E}\ln P(E) = \frac{\partial \ln E^{\alpha N}}{\partial E} - \beta = \alpha\frac{N}{E} - \beta = 0 \tag{5.48}$$

これより，$E = \alpha N/\beta = \alpha N k_B T$ と答えが求められる．この式は，$\bar{\epsilon} = E/N$ として

$$\bar{\epsilon} = \alpha k_B T \quad (\alpha \sim 10^0) \tag{5.49}$$

である．つまり，熱溜と平衡状態にある部分系において実際に観測される状態は，「一粒子あたりの平均エネルギーが $\alpha k_B T$ となるような状態」ということである．

式 (5.49) は，孤立系が平衡状態のときに成立する式 (5.26) と同じだ．これは驚くにあたらない．部分系は孤立系の一部を切り取ったものであるので，部分系が平衡状態にあるときに成立する条件が，孤立系が平衡状態にあるとき（すなわち，単一の温度 T で記述できるとき）に成立する条件と一致するのは，むしろ当然のことと言える．

さて，実際に系が見出される条件（式 (5.46)）は

$$\ln P(E) : \quad 最大 \tag{5.50}$$

と表現することもできる．$\beta = 1/k_B T$ と $S = k_B \ln W$ を用いれば，

$$\ln P(E) = \ln W(E) - \beta E - \ln Z = -\beta(E - TS) - \ln Z \tag{5.51}$$

となる．ここで，

$$F = E - TS \tag{5.52}$$

と表記すれば，式 (5.50) は「F：最小」と表現することができる．ここに，F を**ヘルムホルツの自由エネルギー**とよぶ[†1]．すなわち，

「部分系が平衡状態にあるとき，

部分系のヘルムホルツの自由エネルギーが最小になる」

ということである．また，部分系に不可逆過程が生じると，自由エネルギーはこの最小値に向かって減少する．これを**自由エネルギー最小の原理**とよぶ．

この原理の意味するところは，式 (5.44) と式 (5.52) を見比べてみるとわかりやすい．

式 (5.44): $P(E) \propto W(E) e^{-\beta E}$, 式 (5.52): $F = E - TS$

実際に観測されるのは，$P(E)$ が最大の場合である．$P(E)$ を大きくするには $W(E)$ を大きくすればよい．$W(E)$ を大きくすると $S (= k_B \ln W)$ が大きくなり，したがって自由エネルギー F は減少する．しかし，$W(E)$ を大きくしすぎてはいけない．$W(E)$ が大きいということは，E も大きいということである（なぜなら $W(E) \sim E^{\alpha N}$ だか

[†1] なぜ「自由」エネルギーとよばれるかというと，系の全エネルギー E から，制御が難しい（つまり自由にならない）「熱」に関連したエネルギー $TS (= k_B T \ln W)$ を引いたエネルギーだからである．

ら). E が大きいと $e^{-\beta E}$ の項が効いてきて，$P(E)$ が減少に転じてしまう．これに呼応して F の中の E が増加し，F 自身も増加してしまう．したがって，E には最適値が存在する．この最適値が式 (5.49) を与え，そしてそのような最適値で F は最小となるのである．

ここに示した自由エネルギー最小の原理は，孤立系に対するエントロピー増大の法則と同じ意味をもっている．つまり，片方の系が熱溜であるという条件付きで，孤立系に対するエントロピー最大の条件（式 (5.14)）を，部分系（等温系）に対する条件に焼き直して表現したものが，自由エネルギー最小の原理なのである．

さて，系が平衡状態にあれば，部分系のもつエネルギーはちょうど図 5.11 のピークの位置にあり，このエネルギーは式 (5.43) の $\bar{E}$ で与えられる．したがって，自由エネルギーは

$$F = \bar{E} - TS(\bar{E}) \tag{5.53}$$

で与えられることになる．また，N が巨大であれば $P(\bar{E}) = 1$，$P(E) = 0$ $(E \neq \bar{E})$（図 5.11）と考えることができるので，$\ln P(\bar{E}) = 0$ である．この式を式 (5.51) に適用し，式 (5.52) を用いれば，

$$F = -\frac{1}{\beta} \ln Z \tag{5.54}$$

が得られる．このように，温度 T の平衡状態にある部分系の自由エネルギーは，（その部分系に対する）分配関数ときわめて簡潔に結びついている[†1]．

5.1.7 グランドカノニカル分布：個数分布の起源

これまでの議論をさらに拡張し，エネルギーだけでなく粒子自身も交換できるような孤立系 A + B を考えよう．そのような状況を図 5.12 に示した．この場合，孤立系の状態数 W_0 を $W_0(E_0, N_0)$ というように粒子数も明記して表す．この孤立系を二つの部分系 A,B に分けるとき，系 A,B のエネルギーと粒子数をそれぞれ，E_A, E_B, N_A, N_B としよう[†2]．

$$E_0 = E_A + E_B, \qquad N_0 = N_A + N_B$$

[†1] ところで皆さんは，エントロピー，温度，自由エネルギーを議論するときに，なぜいつも「対数」をとるのか疑問に思われなかっただろうか．統計力学によれば，エントロピーの本質はエネルギー固有状態の数 W である．したがって，エントロピーを W そのものと定義して理論を構築することも可能かもしれない．しかし，エントロピーと量子力学との関係が明らかにされる以前から，熱力学による定義により，「エントロピーは足し合わされる（足し算される）もの」と決まっていたのである（式 (5.14) 参照）．状態数はすなわち「場合の数」であり，場合の数の計算の基本は掛け算である．対数は，この掛け算を足し算に直してくれる．このような理由から，統計力学では対数で表される量がたくさん出てくるのである．

[†2] 本項の N_A は，アボガドロ定数ではなく系 A の粒子数を表しているので注意してほしい．

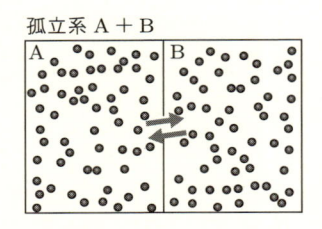

図 5.12　エネルギーと粒子を交換できる系

また，系 A,B の状態数をそれぞれ $W_A(E_A, N_A)$, $W_B(E_B, N_B)$ とする．ここで，式 (5.6) と同じ要領で孤立系 A + B に対して

$$W(E_A, E_B; N_A, N_B) = W_A(E_A, N_A) W_B(E_B, N_B) \tag{5.55}$$

という関数を考えると[†1]，孤立系 A + B が平衡状態にあるとき，この関数が最大となる．この条件は，系 A,B のエントロピー $S_A = k_B \ln W_A$, $S_B = k_B \ln W_B$ を用いて「$S_A + S_B$：最大」と書くことができる．さらにこの条件は，W を E_A と N_A の関数と見たときに，その偏微分の微係数がゼロであるという条件に一致する．

$$\left(\frac{\partial \ln W(E_A, E_B; N_A, N_B)}{\partial E_A} \right)_{N_A} = 0, \quad \left(\frac{\partial \ln W(E_A, E_B; N_A, N_B)}{\partial N_A} \right)_{E_A} = 0 \tag{5.56}$$

ここに括弧の右下の変数は，偏微分を行う際に固定される変数を表している．この式から，式 (5.15) のときと同様の計算により，以下の 2 式が得られる．

$$\left(\frac{\partial \ln W_A}{\partial E_A} \right)_{N_A} = \left(\frac{\partial \ln W_B}{\partial E_B} \right)_{N_B}, \quad \left(\frac{\partial \ln W_A}{\partial N_A} \right)_{E_A} = \left(\frac{\partial \ln W_B}{\partial N_B} \right)_{E_B} \tag{5.57}$$

一つ目の条件は，二つの系の温度が等しいという条件にほかならない．二つ目の条件は，

$$\mu = -\frac{1}{\beta} \left(\frac{\partial \ln W}{\partial N} \right)_E = -T \left(\frac{\partial S}{\partial N} \right)_E \tag{5.58}$$

なる量を定義すると $\mu_A = \mu_B$ と書ける．ここに，μ を系の**化学ポテンシャル**とよぶ[†2]．

以上より，粒子を交換できる系の平衡の条件は

$$\beta_A = \beta_B, \quad \mu_A = \mu_B \tag{5.59}$$

[†1] ここでは，次節の量子統計を先取りして，各粒子は識別不能であるとしている．もし粒子が識別可能であるならば，式 (5.55) の右辺には，粒子の入れ替えに関する重複分を考慮して因子 $(N_A + N_B)!/(N_A! N_B!)$ が掛けられることになる．しかし，量子力学的な粒子（電子や光子）のみを対象とする限り，この因子が問題になることはない．

[†2] 半導体物性，電子デバイスの分野では，フェルミ準位とよばれている (5.3 節の冒頭を参照)．本書では，半導体の説明に入る前の 5.2.6 項までは，化学ポテンシャルという用語を使っている．

となる．β（あるいはT）が系の熱エネルギーを調整するパラメータなのに対し，μは系の粒子数を調整するパラメータである．もし系が非平衡状態にあるならば，その温度と化学ポテンシャルの両方がAとBで等しくなるように，エネルギーと粒子の配分が変化していくことになる．

次に，たった1個の粒子を部分系Aにとろう（**図5.13**）．ここでも以前に用いた，スピンを考慮しない二つの準位のみをもつ仮想原子（図5.1）を仮定しよう．今度は原子の中の電子を熱溜と交換できるので，この原子には次の3種類の状態が許される[†1]．

$$\begin{aligned}
&\text{イオン化状態 }(r=0): \quad n_{r=0}=0, \quad \epsilon_{r=0}=0 \\
&\text{基底状態 }(r=1): \quad n_{r=1}=1, \quad \epsilon_{r=1}=\epsilon_1 \\
&\text{励起状態 }(r=2): \quad n_{r=2}=1, \quad \epsilon_{r=2}=\epsilon_2
\end{aligned}$$

ただし，イオン化状態のエネルギーをゼロとおいた．系Aの原子を状態rに見出す確率P_rは，系Bの熱溜がエネルギー$E_0-\epsilon_r$，電子数N_0-n_rをもつ状態の数，すなわち$W_B(E_0-\epsilon_r, N_0-n_r)$に比例する．

$$P_r = \frac{W_B(E_0-\epsilon_r, N_0-n_r)}{W_0(E_0, N_0)} \tag{5.60}$$

$E_0 \gg \epsilon_r, N_0 \gg n_r$であるので，

$$\begin{aligned}
\ln W_B(E_0-\epsilon_r, N_0-n_r) &= \ln W_B(E_0, N_0) - \left(\frac{\partial \ln W_B}{\partial E_B}\right)_{N_B}\epsilon_r - \left(\frac{\partial \ln W_B}{\partial N_B}\right)_{E_B} n_r \\
&= \ln W_B(E_0, N_0) - \beta\epsilon_r + \beta\mu n_r
\end{aligned}$$

となる．ここでも式(5.34)と同様に，この近似がきわめて高いことを考慮し，両辺を等号で結んだ．ここに，$\beta\,(=1/k_BT)$は熱溜の温度に対応し，μは熱溜の化学ポテンシャルである．この式より，

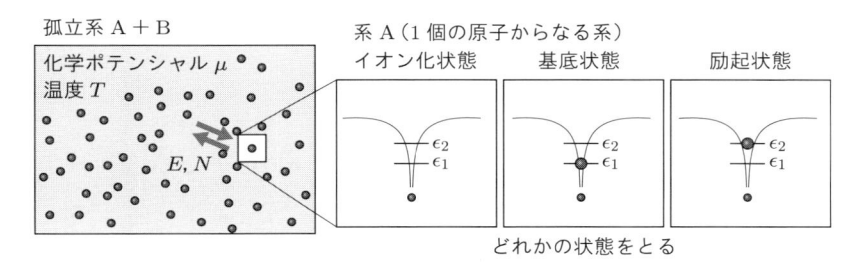

図5.13 熱溜との間でエネルギーと粒子（電子）を交換する原子

[†1] もちろん，この原子自身が熱溜Bとの間を行ったり来たりするという状況も考えられる．しかしここでは，各原子は固定されており，熱溜とは原子中の電子のみが交換できるような状況を設定して話を進める．

$$P_r = \frac{W_B(E_0, N_0)}{W_0(E_0, N_0)} e^{-\beta(\epsilon_r - \mu n_r)} = a e^{-\beta(\epsilon_r - \mu n_r)} \tag{5.61}$$

が得られる．係数 a は，$\sum_r P_r = 1$ の条件から求めることができ，

$$Z_G = 1 + e^{-\beta(\epsilon_1 - \mu)} + e^{-\beta(\epsilon_2 - \mu)} \tag{5.62}$$

とおいて $a = 1/Z_G$ となる．これより，

$$P_0 = \frac{1}{Z_G}, \qquad P_1 = \frac{1}{Z_G} e^{-\beta \epsilon_1} e^{\beta \mu}, \qquad P_2 = \frac{1}{Z_G} e^{-\beta \epsilon_2} e^{\beta \mu} \tag{5.63}$$

となる．P_1 と P_2 を比べてみると，$\epsilon_1 < \epsilon_2$ なので，常に $P_1 > P_2$ であることがわかる．このあたりの関係はカノニカル分布と同じである．しかし，P_0 との関係は μ の値によって変わってくることに注意しよう．たとえば，$\mu < \epsilon_1$ であれば $P_0 > P_1$ であり，これはイオン化状態 $r = 0$ が最も安定になることを意味している．逆に，$\mu > \epsilon_1$ であれば P_1 のほうが安定になる．このような化学ポテンシャルの性質は，半導体中の電子分布やデバイス動作を考えるうえでも重要となってくる．

さて一般的には，部分系 A は多数の粒子から構成されていてもよく，「原子に束縛された電子」であるという制約も必要ない．エネルギー固有状態と粒子の個数が定義でき，熱溜と熱平衡状態にあれば，すべての物理系に対して適用することができる（図 5.14）．部分系 A の一つのエネルギー固有状態 R のエネルギーと粒子数を E_R, N_R と記せば，部分系 A を状態 R に見出す確率 P_R は

$$P_R = \frac{1}{Z_G} e^{-(E_R - \mu N_R)/k_B T}, \qquad Z_G = \sum_R e^{-(E_R - \mu N_R)/k_B T} \tag{5.64}$$

で与えられる．ここに，P_R を**グランドカノニカル分布**（大正準分布），Z_G を**大分配関数**とよぶ．これより，部分系 A の平均エネルギーと平均粒子数を以下のように計算できる．

$$\bar{E} = \frac{\sum_R E_R e^{-(E_R - \mu N_R)/k_B T}}{\sum_R e^{-(E_R - \mu N_R)/k_B T}}, \qquad \bar{N} = \frac{\sum_R N_R e^{-(E_R - \mu N_R)/k_B T}}{\sum_R e^{-(E_R - \mu N_R)/k_B T}} \tag{5.65}$$

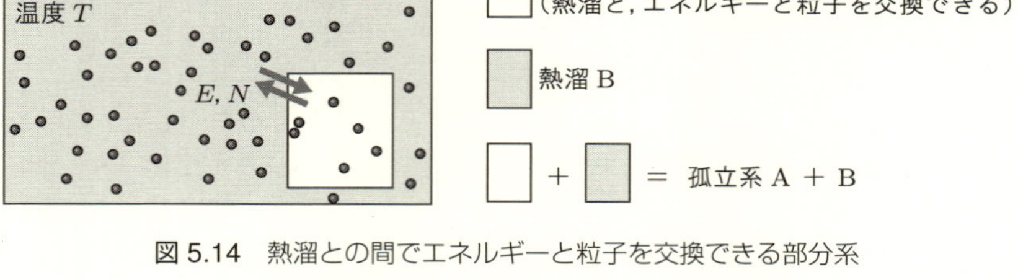

図 5.14　熱溜との間でエネルギーと粒子を交換できる部分系

5.2 量子統計分布：粒子の個数分布

前節で議論したエネルギー分布に関する式 (5.42)，あるいは式 (5.64) は，すべての粒子について成立するものである．しかし，ここからさらに話を進めようと思うと，粒子のもつ性質に応じて枝分かれが生じる．そして最終的には，光と電子の分布関数は温度が同じであっても違ったものになる．本節では，光と電子の性質の違いを考察し，これらの粒子が従う分布関数を導き出そう．

5.2.1 粒子の識別不能性：個性をもたない粒子たち

式 (1.94) のプランク公式において，$h\nu \ll k_B T$ を仮定して式 (1.98) を近似することにより，古典論に従う式 (1.96) を導くことができる（演習問題 [1.6] 参照）．このことは，考えているエネルギースケールに対して量子系のエネルギー間隔が十分小さければ，系は古典論に移行できるということを意味している．すなわち，量子論から古典論への移行は，$\hbar \to 0$ という極限操作に対応している．しかし実は，量子論と古典論にはこれだけでは埋めることのできない，**識別不能性**というギャップが存在する．

古典論では，すべての物体は識別可能であるとしている．たくさんの似たようなピンポン玉も，顕微鏡で覗いて詳しく観察してみれば，皆それぞれ個性をもっていることがわかるはずだ．二つのピンポン玉がどうしても見分けがつかない場合には，片方に傷を付けておけば識別できる．しかし，電子や光子に傷を付けることはできない．これらの素粒子は無個性であり，したがって，識別することは不可能である．

そもそも，識別ができるとはどういうことなのだろうか．それは，すべての時刻において「追跡可能」であるということである．たとえば，図 5.15 のような仮想的な操作を考える．2 個の電子を用意して，これを裸の原子核に詰め込み，再びそこから取り出すという操作を考える．仮に何らかの方法，たとえば二つの電子を遠くに引き離しておくなどの方法により，始状態で二つの電子が識別できている（すなわち追跡可能）としよう．この状態から，一つの電子を基底状態（1s 軌道）に入れる．そして次に，2 個目の電子を励起状態（たとえば 2s 軌道）に入れる．その後，励起状態の電子

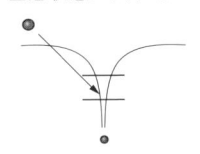

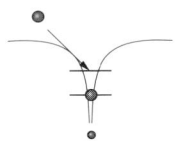

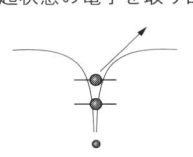

図 5.15　電子の出し入れに関する仮想実験

だけを取り出す．取り出した電子が励起状態にあったことは，その電子のエネルギーを計測すればわかる．

問題は，この取り出された電子は，励起状態に詰め込んだもとの電子と同じであることを何かの方法で調べることができるか，ということである．図5.15を見ると，二つの電子が入れ替わることがなければ，もとの電子と「同じ電子」であると考えてもよさそうな気がする．しかし，実際の電子は図のような「止まった玉」ではない．電子の運動は波動関数で記述され，その波動関数は原子核を雲のように取り巻いているのだ．そのような二つの電子をどのように「追跡」すればよいのか．残念ながらその方法はない．原理的に追跡は不可能だ．つまり，電子は本質的に識別をすることができないということである．光子も同じである．識別ができないということは，番号付けができないということである．前節で学んだように，電子や光子が占有する「状態」には番号を付与することができる．しかし，そこに入る電子や光子それ自身には番号を付与することはできないのである．

5.2.2 フェルミ粒子とボース粒子：状態の占有の仕方の違い

粒子は皆，1粒子状態に対する占有の仕方で二つのグループに分類される．第一のグループは，一つのエネルギー固有状態にいくつでも粒子が入ることができるもので，**ボース粒子**とよばれる．第二のグループは，たった1個の粒子しか占有できないもので，**フェルミ粒子**とよばれる．前者には光子が，後者には電子や陽子，中性子が含まれる．これらの分類には，その粒子のもつスピンが関係しており，スピンが整数の場合にはボース粒子となり，半整数 $(1/2, 3/2, 5/2, \ldots)$ の場合にはフェルミ粒子になる．なぜスピンと状態の占有の仕方が関係しているかは，波動関数の対称性と関係しているのであるが，ここではその理論に対する深入りはしない．まずは上の事実を受け入れてほしい．ところで，「一つの状態に1個の粒子しか占有できない」とは，パウリの排他律（3.3.3項参照）にほかならない．つまりパウリの排他律は，電子だけでなく，すべてのフェルミ粒子がもつ性質なのである．

占有の仕方は，粒子の確率分布に非常に大きな影響を与える．二つの縮退した（エネルギー ϵ の）状態 $r=1, r=2$ からなる系に，同種粒子を2個入れる場合を考えよう．この系の可能な状態 R を図5.16に示した．同図には，比較のために古典的な粒子の場合も示してある．古典的な粒子とは，識別が可能であり，同じ状態にいくつでも入ることができるような粒子のことである．

古典的粒子の場合，粒子は識別できるので（したがって，二つの粒子を白丸と黒丸で区別している），系の状態 R の数は4個となる．一方，フェルミ粒子の場合は，パウリの排他律のために1状態しか許されない．ボース粒子の場合は3状態である．

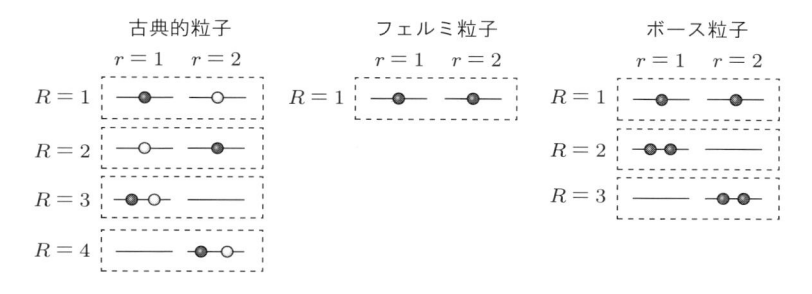

図 5.16 古典的粒子，フェルミ粒子，ボース粒子の状態の占有の仕方

　この系がエネルギー $E_0 = 2\epsilon$ をもつ孤立系であり，平衡状態にあるものとしよう．すると，とりうるすべての状態 R が等しい確率で見出される．このとき，二つの1粒子状態 $r=1, r=2$ に，1個ずつ粒子を見出す確率を考えてみる．古典的粒子では，$R = 1, 2$ の 2 状態がこれに該当するので，確率は 1/2 である．ところが，フェルミ粒子ではこの確率が 1 となる．フェルミ粒子の場合，パウリの排他律により，別々の状態に 1 個ずつ入るより仕方がないのだ．一方，ボース粒子の場合は 1/3 となる．

　ボース粒子の結果は，考えてみるとちょっと不思議である．ボース粒子を 1 個入れるときには，$r=1, r=2$ の状態がそれぞれ 1/2 の確率で見出される．しかし 2 個目を入れると（2 個目もそれぞれ 1/2 の確率で入っていいはずなのに），結果は 1/3 となるのである．仮に，$r=1$ と $r=2$ の状態に半々に振り分ける粒子銃があったとしよう．この粒子銃を用いてボース粒子を 2 発打つと，確かに $r=1$ に 2 個ある確率が 1/4，$r=2$ に 2 個ある確率が 1/4，そして両方に 1 個ずつある確率が 1/2 となる．しかし，これは平衡状態における分布ではない．平衡状態とは，「とりうるすべての状態が等しく見出される」状態だ．ボース粒子の場合，とりうる状態は 3 個しかなく，これらの状態は互いに等しい確率で見出されるのである．

　次に，N 粒子系の基底状態をボース粒子とフェルミ粒子で比較してみよう．図 5.17

図 5.17 ボース粒子とフェルミ粒子 5 個からなる系の基底状態

には，$N=5$ の場合が示されている．ボース粒子は，すべてが一番エネルギーの低い状態（$r=1$）に入る．一方，フェルミ粒子の場合は，エネルギーの低い状態から 1 個ずつ入り，どんどん高いエネルギー状態が占有されていく．各状態の粒子の数（占有数）n_r を書き下してみれば，

ボース粒子： $n_1 = N, \ n_2 = 0, \ n_3 = 0, \ n_4 = 0, \cdots$

フェルミ粒子： $n_1 = 1, \ n_2 = 1, \cdots, n_N = 1, \ n_{N+1} = 0, \ n_{N+2} = 0, \cdots$

となる．もし系が有限の温度 T をもっていれば，各粒子は $k_B T$ 程度の余剰エネルギーをもつ確率が生じる．そのような場合を考えるときには，占有数 n_r に対する統計的な取り扱いが必要となる．次項でこれを議論しよう．

5.2.3　フェルミ分布とボース分布：個数分布の枝分かれ

ここでは，次の量を定式化する．

$\bar{n}_r$： 状態 r を占有する粒子の平均個数

これまで扱ってきた P_r や P_R は，その状態が見出される「確率」であった．今度はその確率を用いて，粒子の平均個数，つまり個数の期待値を求めるわけである．以下の議論では，粒子間の相互作用が小さく，したがって系のエネルギー E が

$$E = n_1 \epsilon_1 + n_2 \epsilon_2 + n_3 \epsilon_3 + \cdots = \sum_r n_r \epsilon_r \tag{5.66}$$

というように，1 粒子状態の足し算で表せるような場合を考える．このような粒子を**理想量子気体**とよぶ．$\bar{n}_r$ を求める方法はいくつかあるが，ここではグランドカノニカル分布を用いた方法を以下に示す．

フェルミ粒子から始めよう．大きな箱の中，たとえば結晶中の N 個の電子系を考える．この電子系の 1 電子状態は，波数 $\boldsymbol{k} = (k_x, k_y, k_z)$（4.2.4 項）とスピン量子数 $m_s\, (=\pm 1/2)$ で記述される．すなわち，1 粒子状態 r は $r = (\boldsymbol{k}, m_s)$ で指定される．

この電子系が温度 T で熱平衡状態にあるとする．ある一つの状態 r に着目すると，この状態は，あるときは電子を保持し，またあるときは電子を放出するだろう．そこで，いま注目しているたった一つの特定の状態 r を部分系と考えよう．すると，この状態 r に対して，グランドカノニカル分布を適用できる．

フェルミ粒子の場合，パウリの排他律により，$n=0$ または $n=1$ である．状態 r の $n=0$ でのエネルギーをゼロにとると，$n=0, \ n=1$ となる確率 $P_{r;n=0}, \ P_{r;n=1}$ は，

$$P_{r;n=0} = \frac{1}{Z_G}, \qquad P_{r;n=1} = \frac{1}{Z_G} e^{-\beta(\epsilon_r - \mu)} \tag{5.67}$$

となる．$P_{r;n=0} + P_{r;n=1} = 1$ であるので，大分配関数 Z_G は $Z_G = 1 + e^{-\beta(\epsilon_r - \mu)}$ である．したがって，この状態 r がもつ平均電子数，すなわち電子数の期待値は

$$\bar{n}_r = 0 \times P_{r;n=0} + 1 \times P_{r;n=1} = \frac{e^{-\beta(\epsilon_r - \mu)}}{1 + e^{-\beta(\epsilon_r - \mu)}} = \frac{1}{e^{\beta(\epsilon_r - \mu)} + 1} \quad (5.68)$$

となる．この分布は電子のようなフェルミ粒子が従うものであり，**フェルミ–ディラック分布**（あるいはフェルミ分布）とよばれている．

次に，ボース粒子を考えよう．計算が少々面倒になるが，手に負えないというほどでもない．今度はパウリの排他律は成り立たないので，一つの状態 r にいくらでも粒子を詰め込むことができる．状態 r に n 個の粒子が入っている場合，状態のエネルギーは $n\epsilon_r$ となるので，状態 r が $n = 0, 1, 2, \ldots$ 個の粒子をもつ確率は

$$P_{r;n=0} = \frac{1}{Z_G}, \quad P_{r;n=1} = \frac{e^{-\beta(\epsilon_r - \mu)}}{Z_G}, \quad P_{r;n=2} = \frac{e^{-2\beta(\epsilon_r - \mu)}}{Z_G}, \cdots \quad (5.69)$$

となる．ここに，大分配関数は

$$Z_G = 1 + e^{-\beta(\epsilon_r - \mu)} + e^{-2\beta(\epsilon_r - \mu)} + e^{-3\beta(\epsilon_r - \mu)} + \cdots = \frac{1}{1 - e^{-\beta(\epsilon_r - \mu)}} \quad (5.70)$$

で与えられる[†1]．平均粒子数 $\bar{n}_r$ は

$$\begin{aligned}\bar{n}_r &= 0 \times P_{r;n_r=0} + 1 \times P_{r;n=1} + 2 \times P_{r;n=2} + 3 \times P_{r;n=3} + \cdots \\ &= \frac{1}{Z_G} \{ e^{-\beta(\epsilon_r - \mu)} + 2e^{-2\beta(\epsilon_r - \mu)} + 3e^{-3\beta(\epsilon_r - \mu)} + \cdots \} \end{aligned} \quad (5.71)$$

となる．ここで，上式右辺の括弧の中が，以下のように Z_G を μ で微分した形で書けることを確認してほしい．

$$e^{-\beta(\epsilon_r - \mu)} + 2e^{-2\beta(\epsilon_r - \mu)} + 3e^{-3\beta(\epsilon_r - \mu)} + \cdots = \frac{1}{\beta} \frac{\partial Z_G}{\partial \mu} \quad (5.72)$$

この式を式 (5.71) に適用し，式 (5.70) を用いて計算すると以下のようになる．

$$\bar{n}_r = \frac{1}{Z_G} \left(\frac{1}{\beta} \frac{\partial Z_G}{\partial \mu} \right) = \frac{1}{e^{\beta(\epsilon_r - \mu)} - 1} \quad (5.73)$$

この分布は，**ボース–アインシュタイン分布**（あるいはボース分布）とよばれている．

フェルミ–ディラック分布とボース–アインシュタイン分布の表式の中にある化学ポテンシャル μ は，「$\bar{n}_r$ をすべての状態 r について足し合わせれば系の粒子数 N になる」という条件，すなわち，

$$\text{フェルミ–ディラック分布：} \sum_r \bar{n}_r = \sum_r \frac{1}{e^{\beta(\epsilon_r - \mu)} + 1} = N \quad (5.74\text{a})$$

[†1] 2 番目の等号には，$1 + a + a^2 + a^3 + \cdots = 1/(1-a)$ という関係を用いている．この式については，演習問題 [1.5] の解答に少し説明がある．

ボース–アインシュタイン分布： $\sum_r \bar{n}_r = \sum_r \dfrac{1}{e^{\beta(\epsilon_r-\mu)}-1} = N$ (5.74b)

により決定されるものである．したがって，系の粒子数 N や温度 T が変化すれば μ も変化する．つまり，$\mu=\mu(T,N)$ である．

さて，ボース–アインシュタイン分布（式 (5.73)）に関しては，$\mu>\epsilon_r$ の場合，$\bar{n}_r$ が負になってしまいおかしなことになる．したがって，基底状態のエネルギー（最低のエネルギー）を ϵ_0 として，$\mu<\epsilon_0$ でなければならない．一般にエネルギーの基準は $\epsilon_0=0$ にとるので，その場合，ボース粒子の理想量子気体の化学ポテンシャル μ が負（$\mu<0$）ということになる[†1]．

光子もボース–アインシュタイン分布に従うが，光子の場合は少し特殊で，N が定まっておらずいくらでも大きくできる．このため，基底状態 $r=0$（$\epsilon_0=0$）に対して $\bar{n}_{r=0}=1/(e^{-\beta\mu}-1) \to \infty$ とすることにより，$\mu\,(<0)\to 0$ となる．つまり光子は，$\mu=0$ のボース–アインシュタイン分布に従う[†2]．

さてここで，温度が非常に高い場合を考えてみよう．高温になると，高いエネルギーをもった状態に粒子を見出す確率が生じ，エネルギーの低い状態の占有率は逆に減少する．このような状況では，二つの粒子が同じ状態 r を占めようとして鉢合せになる確率が小さくなる．したがって，粒子の識別不能性が大きな意味をもたなくなり，粒子の分布は古典的なものに近づくことが予想される．

実際，高温の極限では，すべての状態 r に対して $\bar{n}_r \ll 1$ となり，これは式 (5.68), (5.73) において，$e^{\beta(\epsilon_r-\mu)} \gg 1$ であることを意味している[†3]．この場合，フェルミ分布もボース分布も以下の式で近似でき，その差異がなくなる．

$$\bar{n}_r = \dfrac{1}{e^{\beta(\epsilon_r-\mu)}} \quad (5.75)$$

この分布は**マクスウェル–ボルツマン分布**とよばれており，識別可能な古典的粒子はこの統計に従う．式 (5.74a), (5.74b) に上式の近似を適用し，$e^{\beta\mu}=N/\sum_r e^{-\beta\epsilon_r}$ のように変形して式 (5.75) に代入すると，

$$\bar{n}_r = N\dfrac{e^{-\beta\epsilon_r}}{\sum_r e^{-\beta\epsilon_r}} = \dfrac{N}{Z}e^{-\beta\epsilon_r} \quad (5.76)$$

[†1] フェルミ–ディラック分布の場合にはそのような問題はなく，化学ポテンシャルは正にも負にもなる（図 5.18 参照）．

[†2] したがって，温度 T の環境下における振動数 ν の光の平均個数は $\bar{n}_\nu=1/(e^{\beta\epsilon_\nu}-1)$ と書け，これより，振動数 ν の光の平均エネルギーは $\bar{\epsilon}=\epsilon_\nu \bar{n}_\nu$（$\epsilon_\nu=\hbar\nu$）となる．このようにして，再び式 (1.98) が得られる．218 ページ脚注 1 も見直してみてほしい．

[†3] 高温の極限では $\beta \to 0$ なので，高温で $e^{\beta(\epsilon_r-\mu)} \gg 1$ となるのは奇異に感じられるかもしれない．しかしこれは，μ が温度の上昇とともに負方向に変化し，高温では $\mu<0$ となるためである．図 5.18 を眺めながら，μ が温度とともにどのように変化するのかを考えてみてほしい．μ が個数分布を制御する「パラメータ」であることがわかると思う．

となる．このように，マクスウェル–ボルツマン分布は，単に系の粒子数 N を式 (5.39) の 1 粒子に対するカノニカル分布に掛けたものである[†1]．

以上の結果をまとめておく．

$$\text{マクスウェル–ボルツマン分布：} \bar{n}_r = \frac{1}{e^{(\epsilon_r - \mu)/k_B T}} \tag{5.77a}$$

$$\text{フェルミ–ディラック分布分布：} \bar{n}_r = \frac{1}{e^{(\epsilon_r - \mu)/k_B T} + 1} \tag{5.77b}$$

$$\text{ボース–アインシュタイン分布分布：} \bar{n}_r = \frac{1}{e^{(\epsilon_r - \mu)/k_B T} - 1} \tag{5.77c}$$

$$\left(\text{光子の分布：} \bar{n}_r = \frac{1}{e^{\epsilon_r/k_B T} - 1}\right) \tag{5.77d}$$

これらの分布を，低温と高温の場合について図 5.18 に示した[†2]．同図では，粒子が存在するエネルギー領域 ($\epsilon_r \geq 0$) が，色つきで示されている[†3]．低温の場合を見てみると，ボース分布は $\epsilon_r = 0$ 付近に集中した分布に，フェルミ分布は大きく広がった分

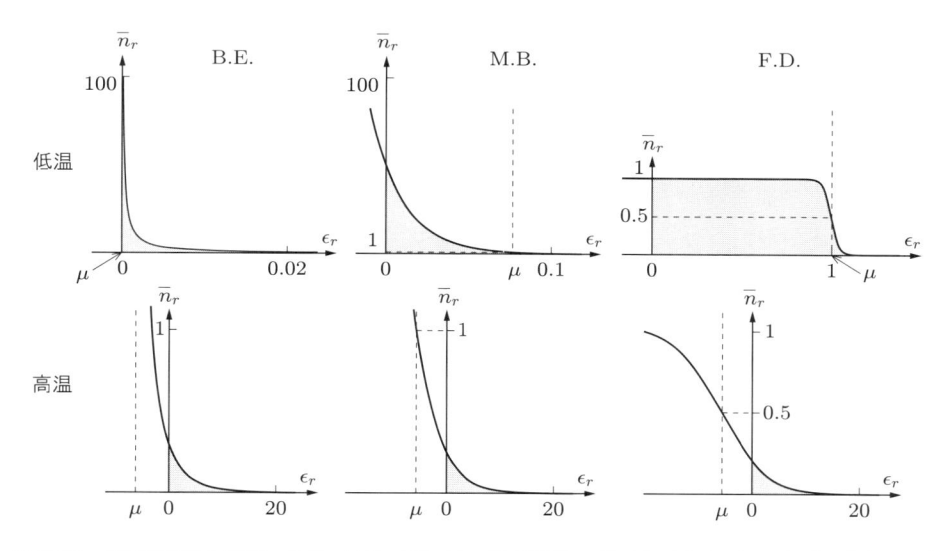

図 5.18 3 種類の分布関数．B.E., M.B., F.D. は，それぞれ，ボース–アインシュタイン分布，マクスウェル–ボルツマン分布，フェルミ–ディラック分布を表す．B.E., M.B., F.D., の各分布は $\epsilon_r = \mu$ で，それぞれ $\bar{n}_r = \infty, 1, 0.5$ となる．

[†1] ただし，古典的粒子の場合は粒子を区別するので，r のとり方がここでの量子統計の極限の場合とは異なっている．

[†2] 横軸のエネルギーは任意単位であるが，仮にこれをエレクトロンボルト（eV）とすると，低温は 200 K，高温は 4000 K の温度に対応している．

[†3] ここでは，色つきの部分の面積を 3 種類の分布で等しくとってある．低温におけるボース分布の色つき部の面積が小さく見えるのは，ボース分布が $\epsilon_r = 0$ 近傍できわめて急峻に立ち上がる分布だからである．このときのボース分布の化学ポテンシャルは，非常に小さい負の値となっている．

布になっており，図5.17の基底状態の分布を反映していることがわかる．マクスウェル–ボルツマン分布はその中間の分布となる．一方，高温の場合には，粒子が存在するエネルギー領域（$\epsilon_r \geq 0$）で，三つの分布はほぼ等しいものとなり，フェルミ分布もボース分布も式(5.77a)のマクスウェル–ボルツマン分布で近似できていることがわかる．このとき，三つの分布の化学ポテンシャルは負となり，その値もほぼ等しいものとなる．

5.2.4　金属の電子系：エネルギー等分配則が成り立たない系

　物質は，電子と原子核からなるが，物質の電子の集団を**電子系**とよぶのに対し，原子核の並び（集団）を**格子系**とよぶ．金属の電子系が「温度Tの熱平衡状態にある」とは，「格子系の温度もTであり，電子系は格子系と熱平衡状態にある」ということを意味している．つまり金属の電子系は，格子系とエネルギー（熱）を交換しながら熱平衡状態を保っているのである．たとえば，光などを当てて電子系のエネルギーが増加したときには，余分なエネルギーが格子振動（原子の振動）のエネルギーに変換され，格子系に流れていく．そしてしばらく時間が経った後には，新しい平衡状態が達成される．「金属（物質）の電子系に対して，格子系は熱溜としてはたらく」ということである．

　以下では，金属の電子系のフェルミ–ディラック分布を考えていこう．図5.19には三つの温度に対するフェルミ–ディラック分布と，これに対応する状態の模式図が示されている．絶対零度では，フェルミ–ディラック分布は急峻なステップ関数になる．これは，「電子系が基底状態にあり，電子はエネルギーの低い状態から順番に詰まっている」という状況を表している．このときの金属の電子分布は，

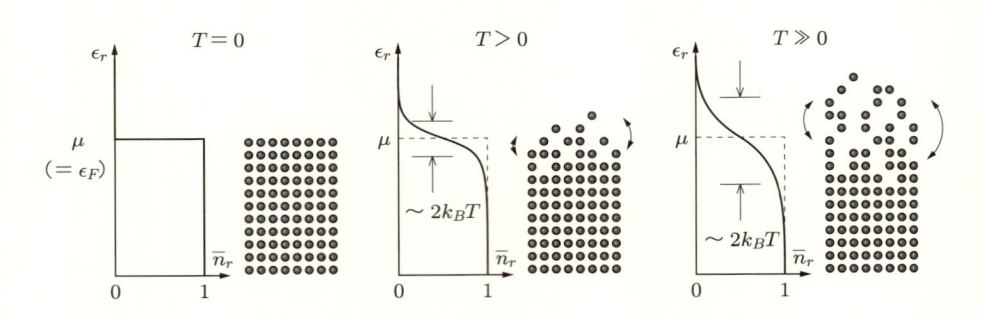

図5.19　金属の電子系のフェルミ–ディラック分布と電子のエネルギー分布の模式図．
　　　　模式図において，黒丸は電子を表す．

$$\bar{n}_r = \begin{cases} 1 & (\epsilon_r \leq \epsilon_F) \\ 0 & (\epsilon_r > \epsilon_F) \end{cases} \tag{5.78}$$

と書くことができる．ここに ϵ_F は，絶対零度において電子がもちうる最大のエネルギーを表しており，**フェルミエネルギー**とよばれている．したがって，「絶対零度では，金属の化学ポテンシャル μ はフェルミエネルギー ϵ_F に等しい」と言うことができる．

フェルミ–ディラック分布は，温度の上昇とともになだらかな形になる．このとき金属で実際に起こっていることは，電子が熱溜（格子系）とさかんにエネルギー（熱）を交換し，その状態を絶えず変化させているということである．このようなとき，ある特定の 1 粒子状態 r に着目すれば，この状態 r が保有する電子数 n_r も，時間とともに変化している（$n_r = 0$ と $n_r = 1$ を繰り返している）はずである．しかし，系が平衡状態にあるならば，その期待値（時間平均したときの平均電子数）$\bar{n}_r$ は時間によらず一定となる．この $\bar{n}_r$ がフェルミ–ディラック分布にほかならない．

さて，図 5.19 を眺めてみると，熱溜からエネルギーをもらって高エネルギー状態になることができる電子は，フェルミエネルギー付近の $k_B T$ 程度のエネルギー範囲に限られることがわかる．つまり，エネルギーの低い電子は，その上にたくさんの電子が詰まっているので身動きがとれず，熱溜からエネルギーをもらいたくてももらうことができない，ということである．

金属のフェルミエネルギーは数 eV から 10 数 eV である．たとえば，銅と鉄のフェルミエネルギーは，それぞれ 7.0 eV, 11.1 eV である．金属の融点は高いものでも 4000 K 程度であり，この温度での熱エネルギーは $k_B T \simeq 0.35$ eV である．したがって，固体の金属では，常に

$$\epsilon_F \gg k_B T \tag{5.79}$$

が成立している．つまり，熱エネルギーを受け取ることができるのは，ϵ_F 近傍のエネルギーをもつ，ほんの一部の電子だけだということである．これは注目に値する．なぜならこのことは，金属の電子系に対しては，エネルギー等分配の法則（5.1.3 項）を適用できないということを意味しているからである[†1]．この原因がパウリの排他律にあることは明らかだ．したがって，この効果は純粋に量子力学的なものである．

金属の電子系のエネルギーを見積もってみよう．金属の電子数を N とすると，絶対零度のときの電子系のエネルギーは，$N\epsilon_F$ よりは小さくなるはずなので，1 より小さい正の定数 $\beta (0 < \beta < 1)$ を用いて $\beta N \epsilon_F$ と書くことができるであろう．また，熱エ

[†1] 仮に金属の温度が数万度になれば，フェルミ–ディラック分布は図 5.18 の右下のようになり，マクスウェル–ボルツマン分布で近似することが可能となる．エネルギー等分配則が適用できるのは，系のエネルギーがマクスウェル–ボルツマン分布で近似できるときだけである．演習問題 [5.4] を参照してほしい．

ネルギーを受け取ることができるのは、ϵ_F を中心とした $k_B T$ 程度のエネルギー幅の中の電子のみであり、その数は $N(k_B T/\epsilon_F)$ 程度である．したがって、熱エネルギーによるエネルギー増加分は、$N(k_B T/\epsilon_F)k_B T$ 程度と考えてよいであろう．実際、詳しい計算によれば、温度 T における電子系のエネルギー $\bar{E}(T, N)$ は、$\epsilon_F \gg k_B T$ の条件のもと、以下のようになる．

$$\bar{E}(T, N) = \frac{3}{5}N\epsilon_F + \frac{\pi^2}{4}Nk_B T\frac{k_B T}{\epsilon_F} \tag{5.80}$$

この式を、エネルギー等分配の法則が成立する古典的理想気体のエネルギー $\bar{E}(T, N) = (3/2)Nk_B T$[†1]と比較してみよう．$\epsilon_F \gg k_B T$ であるために、式 (5.80) の右辺第 1 項は、理想気体のエネルギーに比べ非常に大きな値になることがわかるであろう．しかしこの項は、いわば「凍りついた電子」のエネルギーであり、金属の熱的性質に影響を及ぼさない．金属の熱的性質を支配するのは右辺第 2 項であり、この部分のエネルギーは理想気体のエネルギーと比べて、因子 $k_B T/\epsilon_F$ の程度小さくなっている．

このことが、金属の熱的性質に大きな影響を及ぼす．たとえば、定積比熱 c_V を考えてみよう．比熱とは「単位温度上昇させるのに必要なエネルギー」のことである．式 (5.80) を用いると、金属の電子系の定積比熱は

$$c_V = \frac{\partial \bar{E}}{\partial T} = \frac{\pi^2}{2}Nk_B\frac{k_B T}{\epsilon_F} \tag{5.81}$$

と計算される．このように、金属の電子系の定積比熱は温度に比例する．一方、古典的理想気体の場合には $c_V = (3/2)Nk_B$ となり、温度には依存しない．これら 2 式から、金属の電子系の比熱は、古典的理想気体のそれに比べて因子 $\sim k_B T/\epsilon_F$ だけ小さくなることもわかるであろう．つまり金属の電子系は、熱しやすく冷めやすいということだ．

系が一定量の熱 Q を吸収する場合を考えてみてほしい．古典的理想気体の場合には、すべての粒子がその熱を受け取る権利をもっている．したがって、エネルギー等分配則によって、各粒子には Q/N ずつ均等に熱エネルギーが配分され、$Q/(k_B N)$ 程度温度が上昇する．一方、金属の電子系では、熱の獲得は（$\sim k_B T/\epsilon_F$ の割合の）一部の電子のみがもつ「特権」だ．したがって、その特権をもつ電子は理想気体の場合と比べて $\sim \epsilon_F/(k_B T)$ 倍のエネルギーを受け取ることができ、金属の電子系のエネルギー分布は大きく広がることになる．これはすなわち、温度の上昇が大きい、つまり

[†1] この式は、式 (5.25) に $\alpha = 3/2$ を代入したものであり、x, y, z 方向の運動エネルギーに $(1/2)k_B T$ ずつ、したがって 1 粒子あたり $(3/2)k_B T$ ずつエネルギーが分配されることを意味している（210 ページ脚注 1 参照）．この式、あるいは式 (5.25) が、本書においてどのように導かれたのかを見直してみてほしい．これらの式の出どころは、式 (5.4) の状態数に対する評価式 $W(E) = CE^{\alpha N}$ にある．実は、この式の導出に用いた式 (5.2) に、エネルギー等分配の思想がすでに盛り込まれていたのである．

熱しやすいということである．そして，その特権をもつ電子の割合（$\sim k_B T/\epsilon_F$）は，温度の低下とともに減少する．したがって，金属の電子系は，温度の低下とともにますます熱しやすく冷めやすくなっていく．

5.2.5 フェルミエネルギーと化学ポテンシャル：ミクロとマクロの違い

前項で説明したように，金属の化学ポテンシャル μ は，絶対零度ではフェルミエネルギー ϵ_F に等しい．しかし，有限温度では $\mu \neq \epsilon_F$ であり，その差は温度とともに大きくなる（図 5.18 のフェルミ–ディラック分布を参照）．このことからもわかるように，フェルミエネルギーと化学ポテンシャルは似てはいるが，実は物理的にまったく異なる概念である．ここでは，これら二つの量の違いを明確にするとともに，ミクロ系とマクロ系の違いを確認しておこう．

N 個の電子系の絶対零度での（すなわち基底状態の）エネルギーを $E(N)$ と書こう．ここで，

$$\epsilon(N) = E(N) - E(N-1) \tag{5.82}$$

を定義すれば，$\epsilon(N)$ は

「絶対零度（基底状態）にある電子系において，

N 個目の電子を増減させたときの系のエネルギー変化量」

ということになる．この $\epsilon(N)$ は，N 番目の電子の（基底状態の）エネルギー準位にほかならない．式 (5.82) を用いれば，$E(N)$ は

$$E(N) = \epsilon(1) + \epsilon(2) + \epsilon(3) + \cdots = \sum_{n=1}^{N} \epsilon(n) \tag{5.83}$$

と書ける．N 個の電子からなる系の基底状態のエネルギーが，確かに N 個の電子の「基底状態のエネルギーの和」になっていることがわかるであろう．フェルミエネルギー ϵ_F とは，すべての電子をはぎ取った裸の結晶格子に電子を 1 個ずつ入れていき，金属がちょうど中性になる「最後の」電子が入るときの $\epsilon(N)$ のことなのだ．

次に，化学ポテンシャル μ を考えてみよう．状態数 W は（たとえば式 (5.4) の簡単な評価式が示すように）エネルギー E と粒子数 N の関数なので，エントロピー $S(= k_B \ln W)$ も E と N の関数である．したがって，エントロピーの微小変化 dS を

$$dS = \left(\frac{\partial S}{\partial E}\right)_N dE + \left(\frac{\partial S}{\partial N}\right)_E dN = \frac{1}{T}dE - \frac{\mu}{T}dN \tag{5.84}$$

と表すことができる[†1]．ここで，二つ目の等式には式 (5.13), (5.16), (5.23), (5.58) を

[†1] 式 (5.56) のときと同じように，括弧の右下の変数は，偏微分を行う際に固定される変数を表している．

用いた．等温の条件下では $dT = 0$ なので，上式は $d(E - TS) = \mu dN$ と変形できる．したがって，化学ポテンシャルは自由エネルギー $F (= \bar{E} - TS)$（式 (5.53)）を用いて，

$$\mu = \left(\frac{\partial F}{\partial N}\right)_T \tag{5.85}$$

と表すことができる．この式を，電子の離散性を考慮して差分形式に書き換えると，

$$\mu(T, N) = F(T, N) - F(T, N - 1) \tag{5.86}$$

となる．つまり，化学ポテンシャルとは，

「温度 T の熱平衡状態にある電子系において，

電子を 1 個増減させたときの系の自由エネルギーの変化量」

ということである．$\epsilon(N)$ の説明文と見比べて，その差をじっくり考えてみてほしい．

式 (5.86) を用いれば，自由エネルギーは

$$F(T, N) = \mu(T, 1) + \mu(T, 2) + \mu(T, 3) + \cdots = \sum_{n=1}^{N} \mu(T, n) \tag{5.87}$$

と表すことができる．また，$F = \bar{E} - TS$ を用いれば，式 (5.86) は

$$\mu(T, N) = \bar{\epsilon}(T, N) - Ts(T, N) \tag{5.88}$$

と書くこともできる．ここに，

$$\bar{\epsilon}(T, N) = \bar{E}(T, N) - \bar{E}(T, N - 1) \tag{5.89a}$$

$$s(T, N) = S(T, N) - S(T, N - 1) \tag{5.89b}$$

であり，それぞれ，電子 1 個の増減に伴う系のエネルギー変化量とエントロピー変化量という意味をもつ．$T \to 0$ で $\bar{E}(T, N) \to E(N)$ なので，

$$\bar{\epsilon}(T, N) \to \epsilon(N), \quad \mu(T, N) \to \epsilon(N) \quad (T \to 0) \tag{5.90}$$

である．このように式で書いてしまうと，$\epsilon(N), \bar{\epsilon}(T, N), \mu(T, N)$ の違いは温度の違いだけに見えて「味気ない」のだが，これらの量には大きな違いがある．

$\epsilon(N)$ は，量子力学の法則だけから導き出せる「ミクロ系」の量であり，系の状態によらず定義することができる．しかし，$\bar{\epsilon}$ と μ は量子力学だけからは導き出すことはできない．これらの量は，系が熱平衡状態にあるときにのみ定義できる「マクロ系」の量であり，その背後には「等重率の原理」という別の原理が潜んでいる．

これら $\epsilon, \bar{\epsilon}, \mu$ の違いを例で説明しよう．図 5.18 の右下（高温状態）のフェルミ–ディラック分布を見てほしい．このような分布をもつ電子系から，状態 r の電子を引き抜

いたら何が起こるだろうか．まず，系のエネルギーが ϵ_r だけ減少するだろう．しかし，この値は $\bar{\epsilon}$ には等しくない．なぜなら，電子が1個引き抜かれた直後の系は，熱平衡状態から（わずかに）ずれた非平衡状態にあるからだ．したがって，系は新たな平衡状態に向かって熱溜と熱の交換を行う．このとき，引き抜いた電子のエネルギーが $\epsilon_r > \bar{\epsilon}$ であれば，系は（高いエネルギーの電子を失ったので温度を一定に保つために）熱溜から熱を吸収する．逆に，$\epsilon_r < \bar{\epsilon}$ であれば熱を放出する．その結果，最終的に系の失うエネルギーは ϵ_r の値にかかわらず $\bar{\epsilon}$ となる．同様に，μ も引き抜く電子のエネルギー ϵ_r には依存しない．先の化学ポテンシャルの説明文に，「何個目の電子を出し入れするか」に関する記述がないのは，このような理由によっているのである．

また，この系では $\bar{\epsilon} > 0$ であるが $\mu < 0$ である．つまり，電子を1個引き抜くことにより，系のエネルギー $\bar{E}$ は減少するが自由エネルギー F は増大する．このように $\bar{\epsilon}$ と μ が大きく異なるのは，高温では式 (5.88) のエントロピー項（右辺第2項）が大きな値をもつためである．高温で乱雑な系では，電子数が減少すると「乱雑さのエネルギー」ST が急激に減少し，仕事に使えるエネルギー（自由エネルギー）F が増大する．式 (5.86) より，これは化学ポテンシャル μ が負になることを意味するのである．

5.2.6　二つの金属の接触：化学ポテンシャルの役割と自由エネルギーの消費

ここでは，金属の接触の問題を通して，電荷の移動，すなわち電流に対する化学ポテンシャルの役割と自由エネルギーの変化について考えていこう．化学ポテンシャルの異なる二つの金属が，温度 T の熱平衡状態にあるとしよう．始め，二つの金属は互いに十分離れており，電子の交換はできないとする．この二つの金属を互いに近づけていくと，電子系はもはや平衡状態とはみなせなくなり，新しい平衡状態へ向かって系の状態が変化する．

5.1.7項で議論したように，粒子数が可変である系の平衡の条件は，各系における化学ポテンシャルが等しいことである（式 (5.59)）．したがって，互いの化学ポテンシャルが等しくなるように，電子の移動が起こる．また，このような系の自発的な変化により（その系の）自由エネルギーが減少し，新しい平衡状態に達したとき，最小となる（5.1.6項）．すなわち，

「粒子（電子）は，系の自由エネルギーを減らすように

化学ポテンシャルの高いほうから低いほうに流れる」

ということだ．これは，粒子（電子）の流れる方向（電流の方向）を決める統計力学からのきわめて強い要請である．以下では，この過程における自由エネルギーと化学ポテンシャルの変化の様子を見てみよう．

238　第5章　温度とエネルギー分布—デバイス特性を支配するものの源流

このときの系の変化を図 5.20 に示した．初期状態の金属 A, B の電子数と化学ポテンシャルを，それぞれ N_A, N_B, $\mu_A(T, N_A)$, $\mu_B(T, N_B)$ とおき，$\mu_A(T, N_A) > \mu_B(T, N_B)$ とする（図 5.20(a)）．図 5.20(b) は，電子が 1 個，A から B に移動した後の状態を示している．式 (5.86) あるいは式 (5.87) より，電子 1 個の移動に伴って，金属 A の自由エネルギーは $\mu_A(T, N_A)$ だけ減少する．一方，金属 B は $\mu_B(T, N_B + 1)$ の自由エネルギーを獲得する．そして，このように電子 1 個の移動が完了したとき，金属 A と金属 B の化学ポテンシャルは，それぞれ $\mu_A(T, N_A - 1)$, $\mu_B(T, N_B + 1)$ に変化する．

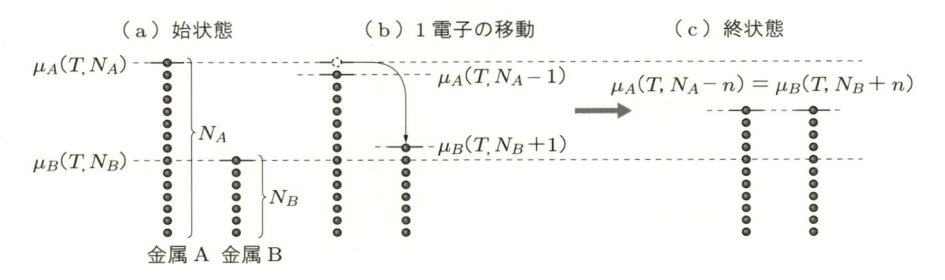

図 5.20　等温下における金属間の電子移動

同様な変化が 2 個目，3 個目の電子の移動に対しても起こり，最終的には二つの金属の化学ポテンシャルが等しくなる．図 5.20(c) には，移動した電子の総数を n として，最終的な系の状態が示されている．

図 5.21 は，μ_A, μ_B を電子数 m の関数として示したものである．同図において，移動した電子は白丸で示されている．この過程における金属 A, B の自由エネルギーの変化量を ΔF_A, ΔF_B とすれば，式 (5.87) より，

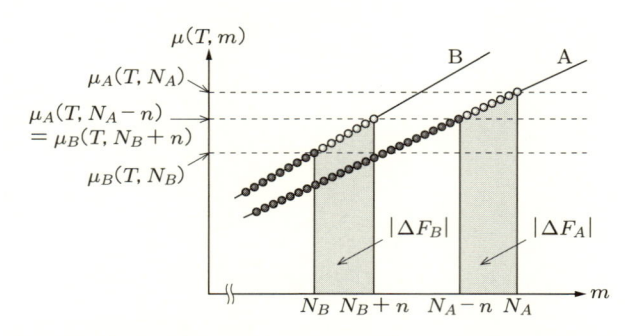

図 5.21　電子の移動に伴う化学ポテンシャルの変化．白丸は移動した電子を表す．電子移動により，最終的に A と B の化学ポテンシャルは等しくなる．色つき部分の面積は，電子移動に伴う A, B の自由エネルギーの変化量を表している．

5.2 量子統計分布：粒子の個数分布　239

$$\Delta F_A = F_A(T, N_A - n) - F_A(T, N_A) < 0 \tag{5.91a}$$

$$\Delta F_B = F_B(T, N_A + n) - F_B(T, N_B) > 0 \tag{5.91b}$$

である．これらの量（の絶対値）は，図の色のついた部分の面積に対応している．移動した電子の数 n が金属中の電子数 N_A, N_B に比べて十分小さければ，μ_A, μ_B の m 依存性を直線近似（1次近似）できる[†1]．この場合，金属 A＋B の自由エネルギー変化 $\Delta F (= \Delta F_A + \Delta F_B)$ は

$$\Delta F = -\frac{1}{2}n(\mu_A(T, N_A) - \mu_B(T, N_B)) \tag{5.92}$$

と表すことができる[†2]．もちろん，$\Delta F < 0$ である．このように，等温下における電子の移動は自由エネルギーの消費を伴うのである[†3]．

　粒子（電子）の移動に伴う「自由エネルギー消費」を表すこの式が，きわめて汎用性が高いものであることを強調しておこう．この式は，金属に限らず，すべての物質における粒子の移動に対して成立する．また，ここでは簡単のために，電子が1個ずつ移動するものとして説明したが，この式の導出には，そのような仮定は必要ない．電子の移動がどんなに荒々しく起こっても（たとえば電子の移動が一度に起こっても），この式は成立する．それは，$F(T, N)$ という量が，T と N が決まれば一意に決まる量であるという事実によっている．つまり，自由エネルギーの変化量 ΔF は，電子の移動の仕方にはよらず，始状態と終状態の自由エネルギーの差だけで決まる．そして，$F(T, N)$ の N 依存性を1次近似できる場合には，式 (5.92) が示すように，二つの物質の化学ポテンシャルの差と移動した粒子数（電子数）で表すことができるのである[†4]．

　さてここで，金属 A がそれ自身が熱溜とみなしてよいほどの大きなエネルギーと体積をもっているとしよう．この場合，電荷移動に際して金属 A の化学ポテンシャルの変化は無視できると考えてよい．このような「大きな」金属 A にこれよりも小さい金属 B を接触させると，金属 B の化学ポテンシャルは金属 A の化学ポテンシャルに向かって変化し，やがては金属 A の化学ポテンシャルに等しくなる．

　電圧源（あるいは電源，電池）とよばれるものは，端子に使われる金属の化学ポテンシャル μ を一定に保つように工夫された電子部品のことである．もし，デバイスの端

[†1] この近似は，実際の系で起こる電子の移動に対して十分よい近似となっている．
[†2] 実際に図 5.21 の二つの台形の面積を計算して引き算をしてみてほしい．
[†3] この系は等温系なので，$\Delta F = \Delta \bar{E} - T\Delta S$ と書ける．また，体積等の外部パラメータが変化していないので $\Delta \bar{E} = \Delta Q$ である．したがって，$\Delta F < 0$ は $\Delta S > \Delta Q/T$ と書き換えることができる．213 ページ脚注1も読んでほしい．
[†4] 電子が移動している最中は非平衡状態であるので，自由エネルギーも化学ポテンシャルも厳密には定義できない．式 (5.92) は，「どんなに荒々しく電子の移動が起こっても，系の自由エネルギーの変化量は，非常にゆっくりと移動が起こった場合（つまり，電子1個ずつの移動に対しその都度（近似的に）化学ポテンシャルを定義できる場合）と同じ値になる」と言っているのである．

子を電圧源に接続すれば，その端子の化学ポテンシャルが電圧源のそれに等しくなるように電荷移動が起こる．仮に，二つの電子部品がともに電圧源とみなせる場合，これら二つを接続すると，化学ポテンシャルの高いほうから低いほうに電子が流れる．この場合，電子の移動による化学ポテンシャルの変化は，双方とも無視できるほど小さいので，定常的な電流が得られることになる（この間，系の自由エネルギーは減少し続ける）．電池が「へたって」しまうとは，電池の化学ポテンシャルが変化して，電流を流す能力がなくなってしまうということである．このとき，電池の化学ポテンシャルは接続した端子のそれと等しく，電池を含めた系は，自由エネルギーが最小の平衡状態に達したということになる．

化学ポテンシャルの絶対的な基準がほしいときには，地球を抵抗の高い金属とみなし，この化学ポテンシャルをゼロにおく．これが**アース**（グラウンド）であり，系の化学ポテンシャルを地球のそれに合わせることが**接地**にほかならない．

ここまでの議論でわかるように，化学ポテンシャルから

$$V = \frac{\mu}{(-e)} \tag{5.93}$$

を定義すると，これは電磁気学における電位に対応する量である．ただし，電磁気学における電位は，静電ポテンシャルエネルギーと結びつくミクロ系の物理量であるが，ここで定義された V は，系の平衡状態における熱力学的な情報をもつマクロ系の物理量である．そして，私たちの周りにある電子機器は皆，マクロ系の装置であるので，その中で発生する電圧（電位差）も上式から定義されるものなのである．

さて，式 (5.92) は自由エネルギー $F(=\bar{E}-TS)$ の減少を意味しており，必ずしもエネルギー $\bar{E}(T,N)$ の減少を意味するものではない．しかし，金属では $\epsilon_F \gg k_B T$ (式 (5.79)) であるため，$\Delta \bar{E} \gg T\Delta S$ が成立する[†1]．したがって，金属においては，自由エネルギーの減少（自由エネルギー消費）を熱の放出（エネルギー消費）とみなすことができる．つまり，$\Delta F = \Delta \bar{E} - T\Delta S \simeq \Delta \bar{E} (= Q)$，あるいは

$$Q \simeq \frac{1}{2}ne(V_A - V_B) \quad (Q<0) \tag{5.94}$$

である．ここに，V_A と V_B は式 (5.93) を用いて定義された金属 A と B の電位であり，それぞれ $V_A = -\mu_A(T,N_A)/e$, $V_B = -\mu_B(T,N_B)/e$ である．この Q こそが，電子デバイスのエネルギー消費の主因である．デバイスのエネルギー消費については，6.1 節で議論しよう．

[†1] 演習問題 [5.3] に金属のエントロピーと自由エネルギーの表式があるので参考にしてほしい．

5.3 半導体の電子分布：半導体と統計力学

　半導体を扱う分野では，物理量の表記方法が統計力学における場合と若干異なっている．本節では，半導体分野の流儀に従い，フェルミ-ディラック分布の表記を以下のように変更しておく．

フェルミ-ディラック分布：
$$\bar{n}_r = \frac{1}{e^{(\epsilon_r - \mu)/k_B T} + 1} \Rightarrow f(E) = \frac{1}{e^{(E - E_F)/k_B T} + 1} \tag{5.95}$$

μ と $\bar{n}_r$ がそれぞれ E_F と $f(E)$ に書き換わっているが，これらが意味するところは何も変わっていない．ただし E_F は化学ポテンシャルではなく，**フェルミ準位**，あるいはフェルミレベルとよばれる[†1]．また，これまで小文字で表していた1粒子のエネルギー ϵ_r は，状態の番号を省略して E と大文字になっているので注意してほしい．

　本節では，フェルミ-ディラック分布を半導体に適用し，半導体の電子のエネルギー分布を考えていこう．

5.3.1 真性半導体の電子分布：状態のないところに電子は存在しない

　真性半導体の電子分布を図 5.22 に示す．図 5.22(a) は，絶対零度での電子分布の模式図である．絶対零度では，価電子帯の状態はすべて電子で満たされ，伝導帯の状態はすべて空である．図 5.22(b) には，有限温度での電子分布の模式図とフェルミ-ディラック分布が示されている．有限温度におけるフェルミ-ディラック分布は，$k_B T$ 程度の広がりをもつ．これに伴い，伝導帯と価電子帯には，それぞれ伝導電子と正孔が生成される．これは，「価電子帯の電子が熱エネルギーを受け取り伝導帯に励起される」

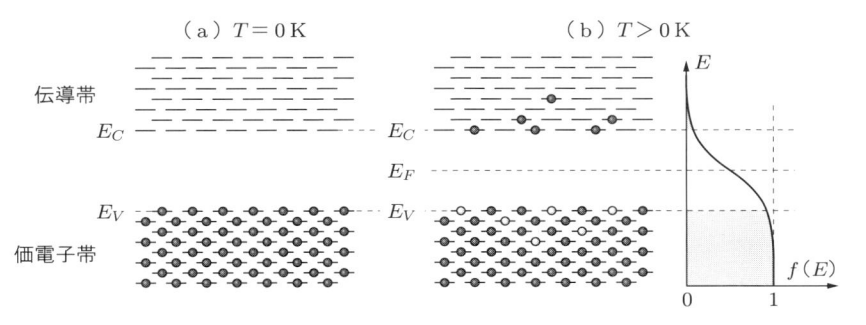

図 5.22　真性半導体の電子分布とフェルミ-ディラック分布．黒丸は電子を，白丸は正孔を表す．

[†1] 5.2.4 項，5.2.5 項で議論したフェルミエネルギーと似た名前で紛らわしいが，別物であるので注意しよう．

ということを意味している．

図5.22(b) の電子分布とフェルミ–ディラック分布を見比べて，疑問をもたれた読者がおられるかもしれないので，少し説明させてほしい．バンドギャップ中には電子は存在することができない．対して，フェルミ–ディラック分布はエネルギーに対して連続関数であり，ギャップなど存在しない．この二つの事実は矛盾しないのだろうか．この疑問は，式 (5.95) を眺めてみると解決する．フェルミ–ディラック分布は，「エネルギー E における電子の存在確率が $f(E)$ である」と主張しているのではない．「ある 1 電子状態 r の平均電子数がその状態のエネルギー E だけで決まり，その値が $f(E)$ になる」と主張しているのである．つまり，フェルミ–ディラック分布は，1 電子状態（図中の「横棒」）の一つひとつがもつ電子の平均個数を表すものである．したがって，フェルミ–ディラック分布は状態が存在するエネルギー領域だけに適用すればよく，状態の存在しないバンドギャップ内では，やはり電子が存在しないということで矛盾はない．

以上の考察により，エネルギー E をもつ電子の密度（単位体積あたりの電子数）は，フェルミ–ディラック分布だけでは決まらず，そのエネルギーにどのくらいの数の状態（図中の「横棒」）があるかにも依存することがわかるであろう．この「横棒」の単位体積あたりの数を**状態密度**とよぶ．状態密度は一般にエネルギー E の関数であり，半導体の場合には，

$$N(E) = \begin{cases} N_C(E) & (E_C \leq E \leq E_{C\text{-max}} : 伝導帯) \\ 0 & (E_V < E < E_C : バンドギャップ) \\ N_V(E) & (E_{V\text{-min}} \leq E \leq E_V : 価電子帯) \end{cases} \quad (5.96)$$

と書くことができる．ここに，N_C, N_V はそれぞれ伝導帯，価電子帯の状態密度，E_C と $E_{C\text{-max}}$ は伝導帯の底と頂上のエネルギー，$E_{V\text{-min}}$ と E_V は価電子帯の底と頂上のエネルギーである．

状態密度 $N(E)$ を用いると，エネルギー E をもつ電子の密度 $n(E)$ は

$$n(E) = N(E)f(E) \qquad \left(f(E) = \frac{1}{e^{(E-E_F)/k_B T}+1}\right) \quad (5.97)$$

と表すことができる．同様に，正孔密度 $p(E)$ は $p(E) = N(E)(1-f(E))$ と書ける．

さて，これらの式を用いて電子密度と正孔密度を計算するためには，フェルミ準位 E_F の値を知る必要がある．そこで以下では，フェルミ準位の表式を導出してみよう．

その際のよりどころになるのは，半導体の電荷の中性条件である．半導体が他の物質や電源につながれているようなことがなければ，その電荷量は不変であり，中性のままである．したがって，伝導帯の電子の数と価電子帯の正孔の数は等しくならなけ

ればならない．

式 (5.96) を用いると，伝導帯の電子密度 n_C と価電子帯の正孔密度 p_V は

$$n_C = \int_{E_C}^{E_{C\text{-max}}} N_C(E)f(E)dE, \quad p_V = \int_{E_{V\text{-min}}}^{E_V} N_V(E)(1-f(E))dE \quad (5.98)$$

で与えられ，電荷中性条件は

$$n_C = p_V \quad (5.99)$$

で与えられる．この式を E_F について解けば，フェルミ準位を求めることができる．

この電荷中性条件により，フェルミ準位 E_F は，だいたいバンドギャップの真ん中くらいに位置するだろうということが予想される[†1]．この式は解析的に解くことはできないが，幸いなことに，高い精度の近似解を求めることができる．そこでは，半導体の電子分布ならではの特性が重要な役割を演じる．

図 5.22(b) が示すように，半導体ではバンドギャップが存在するため，フェルミ–ディラック分布の「ややこしく」変化する中央部分を考えずに済む．つまり，伝導帯，価電子帯，どちらにおいても，フェルミ–ディラック分布のほんの「裾」の部分だけを問題とすればよい．このことは，伝導帯の電子については $E - E_F \gg k_BT$ が，価電子帯の電子については $E_F - E \gg k_BT$ が成立していることを意味している．このため，伝導帯と価電子帯のフェルミ–ディラック分布を

伝導帯： $f(E) = \dfrac{1}{e^{(E-E_F)/k_BT}+1} \simeq e^{-(E-E_F)/k_BT}$ （5.100a）

価電子帯： $f(E) = \dfrac{1}{e^{(E-E_F)/k_BT}+1} \simeq 1 - e^{-(E_F-E)/k_BT}$ （5.100b）

$$(1 - f(E) \simeq e^{-(E_F-E)/k_BT})$$

と近似することができる[†2]．これはすなわち，

「半導体の伝導電子と正孔は，マクスウェル–ボルツマン分布に従う」

ということを意味している．伝導帯ではフェルミ–ディラック分布の値が非常に小さくなるが，これは，電子の占有率が非常に低いということを意味している．このため，電子はパウリの排他律の影響を受けず，古典的粒子が従うマクスウェル–ボルツマン

[†1] バンドギャップ中には電子の状態が存在しないので，フェルミ準位がバンドギャップ中に存在するというのは少し奇異に感じられるかもしれない．しかしフェルミ準位は，そのようなところに位置していても構わない．5.2.3 項で記したように，フェルミ準位（化学ポテンシャル）は系の粒子数を調整するパラメータである．そしてこのパラメータは，式 (5.74a) により決定されるものである．ここでの議論では，電荷中性条件（式 (5.99)）が式 (5.74a) に対応している．

[†2] 式 (5.100b) に関しては，$e^{(E-E_F)/k_BT} \ll 1$ であるので，これを x とおいて，$f = 1/(x+1)$ の 1 次の項までとった式 $1/(x+1) \simeq 1 - x$ を用いることにより得られる．

分布に従うのである†1．価電子帯では $1 - f(E)$ の値が非常に小さくなるので，正孔についても同様のことが言える．

これらの近似式を用いると，式 (5.98) は

$$n_C = \int_{E_C}^{\infty} N_C(E) e^{-(E-E_F)/k_B T} dE, \qquad p_V = \int_{-\infty}^{E_V} N_V(E) e^{-(E_F-E)/k_B T} dE \tag{5.101}$$

となる．上式において，$E = E_{C\text{-max}}$，および $E = E_{V\text{-min}}$ では，被積分関数中の指数関数の部分が無視できるほど小さくなるので，$E_{C\text{-max}} \to \infty$，$E_{V\text{-min}} \to -\infty$ としてある．この式に $N_C(E)$，$N_V(E)$ の具体的な表式を代入すれば，n_C と p_V は以下のように与えられる†2．

$$n_C = N_C^{\text{eff}}(T) e^{-(E_C - E_F)/k_B T}, \qquad p_V = N_V^{\text{eff}}(T) e^{-(E_F - E_V)/k_B T} \tag{5.102}$$

式中の N_C^{eff}，N_V^{eff} は**実効状態密度**とよばれ，以下のような温度 T の関数である．

$$N_C^{\text{eff}}(T) = 2g_C \left(\frac{2\pi m_e k_B T}{h^2} \right)^{3/2}, \qquad N_V^{\text{eff}}(T) = 2g_V \left(\frac{2\pi m_h k_B T}{h^2} \right)^{3/2} \tag{5.103}$$

ここに m_e，m_h は，それぞれ伝導電子と正孔の有効質量である．また，g_C，g_V はそれぞれ伝導帯と価電子帯の等価なバンドの数であり，たとえばシリコンの場合には，$g_C = 6$，$g_V = 1$ である．電荷中性条件（式 (5.99)）に式 (5.102) を代入し，E_F について解けば，

$$E_F(T) = \frac{E_C + E_V}{2} - \frac{k_B T}{2} \ln \frac{N_C^{\text{eff}}}{N_V^{\text{eff}}} \tag{5.104}$$

を得ることができる．

この式が，真性半導体のフェルミ準位の位置を教えてくれる．右辺第 1 項はバンドギャップの中央の位置を表すので，第 2 項の存在により，フェルミ準位はバンドギャップの中央から少しずれたところに位置することがわかるであろう．たとえば，$N_C^{\text{eff}} > N_V^{\text{eff}}$ であれば下にずれる．これは，電荷中性条件を満足するために，状態密度の不均等に対応して，状態 1 個あたりの平均電子数を調整する必要があるためである．

以上の結果を用いて，室温におけるシリコンのキャリア密度を求めてみよう．シリコンの実効状態密度は，室温で

$$N_C^{\text{eff}}(300 \text{ K}) = 3.2 \times 10^{19} \text{ cm}^{-3}, \qquad N_V^{\text{eff}}(300 \text{ K}) = 1.8 \times 10^{19} \text{ cm}^{-3} \tag{5.105}$$

という値をとる．この値を式 (5.104) に代入すると，右辺第 2 項は室温（$k_B T = 26$

---

†1　5.2.3 項参照．とくに，図 5.18 の右下の分布と図 5.22(b) の伝導電子の分布を見比べてほしい．
†2　$N_C(E)$，$N_V(E)$ の具体的な表式，および式 (5.102)，(5.103) の導出は，演習問題 [5.5] を参照してほしい．

meV) で 7.5 meV となる．シリコンのバンドギャップは 1.12 eV であるので，シリコンの真性半導体のフェルミ準位は，バンドギャップの中央に位置していると考えて差し支えないということになる．また，式 (5.104) を式 (5.102) に代入すれば，室温で $n_C = p_V \simeq 1 \times 10^{10}$ cm^{-3} となる．シリコン結晶の原子密度は 5×10^{22} cm^{-3} であるので，真性シリコンにはほとんどキャリアが存在していない，ということがわかる．

5.3.2 ドープ半導体の電子分布：ドナーの電子統計とイオン化

シリコンにおけるドーピング濃度は，10^{12} cm^{-3} 以下から 10^{21} cm^{-3} を超えた範囲の制御が可能であり，これにより 9 桁にも及んで伝導度を制御できる．この制御性こそが，現代の半導体エレクトロニクスを支えているといっても過言ではない．この伝導度の制御性は，キャリア密度がドーピング濃度に比例するためであり，このことは，ドーパントの大部分が室温でイオン化しているという事実を反映している[†1]．

しかし，ここで考えてみてほしい．リン，ヒ素，ホウ素といった典型的なシリコン中のドーパントは，イオン化エネルギーが 40～60 meV 程度の値をもち（表 4.1 参照），対して室温の熱エネルギー $k_B T$ は 26 meV である．$k_B T$ は 1 粒子あたりの平均エネルギーという意味をもつので，40～60 meV の束縛エネルギーに打ち勝って，大部分のドーパントがイオン化するというのはどういうことなのだろうか．ここでは，ドーパントの電子分布とイオン化について考えてみよう．

始めに，ドーパント原子に束縛される電子の従う統計は，フェルミ-ディラック分布と少しだけ異なっていることを説明しておきたい．まず，比較のために，伝導帯電子のフェルミ-ディラック分布を再考してみよう．伝導帯の電子の状態 r は，波数 $\bm{k} = (k_x, k_y, k_z)$ とスピン量子数 m_s により，$r = (\bm{k}, m_s)$ で指定される．そのエネルギーは，スピンには関係なく $E(\bm{k})$（式 (4.74)）で与えられる．したがって，状態 r の平均電子数は $f(E(\bm{k}))$ 個であり，「波数 $\bm{k}$ をもつ電子の数」は $2f(E(\bm{k}))$ となる．つまり，波数 $\bm{k}$ をもった状態は，すべて詰まると電子が 2 個になるということである．

同様の考え方を，ドナー電子の基底状態について当てはめてみるとどうなるだろうか．基底状態のエネルギーを E_D とおく．基底状態には上向きスピンと下向きスピンの 2 種類があるから，これら二つの状態の粒子数を足し合わせて，基底状態の電子の個数を $2f(E_D)$ としてよいだろうか．今度はそれができない．

ヘリウム原子 (3.3.3 項) と同様に，狭い領域に 2 個目の電子が加わるときには電子どうしの反発力により，もはや $E = E_D$ の状態には入らない．ドナーに 2 個の電子が入った状態は，水素原子にもう一つ電子が加わった水素原子の負イオンに対応する

[†1] ただし，10^{19} cm^{-3} 以上のドーピング濃度では，金属絶縁体転移という現象によりシリコンが金属化し，ドーパントの電荷はイオン化とは関係なしに伝導に寄与することができる．

状態であり，$D^{(-)}$ 状態とよばれる．リンを例にとると，そのイオン化エネルギーは 8 meV であり，電子が 1 個だけのときのイオン化エネルギー 44 meV に比べ，非常に小さくなる．したがって，この $D^{(-)}$ 状態は不安定であり，一般に高温（室温）では，ドナーは 1 個の電子しか捕獲しないという近似がなされる．すると考えられる状態は，イオン化状態，上向きスピンで 1 個入る状態，下向きスピンで 1 個入る状態の 3 状態ということになり，ドナーはこの 3 状態のうちのどれかに見出されるということになる[†1]．つまり，これらの状態に系を見出す確率を，それぞれ $P_{n=0}, P_{n=1,\alpha}, P_{n=1,\beta}$ とすれば，

$$P_{n=0} + P_{n=1,\alpha} + P_{n=1,\beta} = 1 \tag{5.106}$$

ということである．それぞれの確率をグランドカノニカル分布を用いて表せば，

$$P_{n=0} = \frac{1}{Z_G}, \qquad P_{n=1,\alpha} = P_{n=1,\beta} = \frac{1}{Z_G} e^{-(E_D - E_F)/k_B T} \tag{5.107}$$

となる．ここに大分配関数 Z_G は，式 (5.107) を式 (5.106) に代入することにより，$Z_G = 1 + 2e^{-(E_D - E_F)/k_B T}$ となる．これより，1 個のドナー原子がもつ電子の平均個数を求めることができる．これを $f_D(E_D)$ と記せば，

$$\begin{aligned} f_D(E_D) &= 0 \times P_{n=0} + 1 \times P_{n=1,\alpha} + 1 \times P_{n=1,\beta} \\ &= \frac{2e^{-(E_D - E_F)/k_B T}}{1 + 2e^{-(E_D - E_F)/k_B T}} \end{aligned} \tag{5.108}$$

となり，さらに右辺の分子分母に $e^{(E_D - E_F)/k_B T}/2$ を掛ければ，

ドナー原子 1 個あたりの電子数：
$$f_D(E_D) = \frac{1}{(1/2)e^{(E_D - E_F)/k_B T} + 1} \tag{5.109}$$

が得られる．フェルミ－ディラック分布と比べると，因子 $1/2$ が追加されていることがわかるであろう．

本題のイオン化率の問題に入ろう．N_D をドナー濃度（ドーピング濃度），N_D^+ をイオン化したドナー濃度とすると，ドナーのイオン化率 P は

$$P = \frac{N_D^+}{N_D} = \frac{N_D(1 - f_D(E_D))}{N_D} = 1 - f_D(E_D) \tag{5.110}$$

で与えられる．したがって，E_F の値を求め，これを式 (5.109) に代入してやれば，イオン化率を求めることができる．

図 5.23 は，絶対零度と室温での電子分布の様子を示している．低温ではキャリアフリーズアウト（4.3.2 項）が起こり，絶対零度ではすべてのドナーが電子を捕獲した

[†1] 本当は 1 電子状態の励起状態も考えないといけないが，ここではそれも無視するという近似を行っている．

(a) $T = 0$ K　　　　　　(b) $T = 300$ K

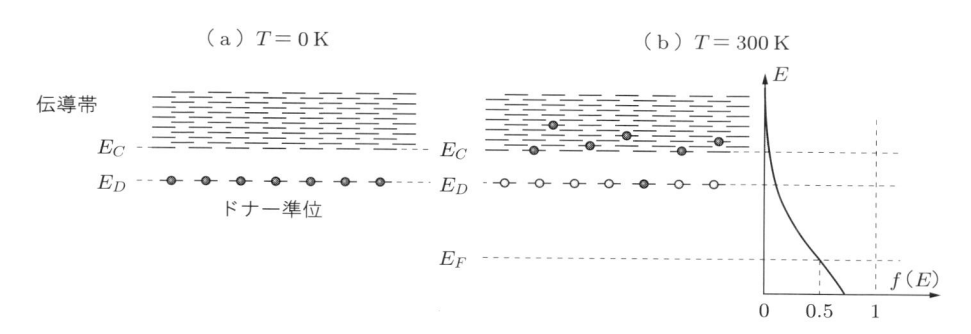

図 5.23　ドープ半導体の電子分布とフェルミ–ディラック分布．黒丸は電子を，白丸はイオン化したドナーを表す．

状態にある（図 5.23(a)）．有限温度では，ドナー電子は熱エネルギーを受け取り伝導帯へと励起される（図 5.23(b)）．価電子帯の電子の熱励起は，ドナー電子の熱励起に比べ，ずっと大きなエネルギーを必要とするので，室温における N 型半導体では，価電子帯からの励起は無視することができる．したがって，電荷中性条件は

$$n_C = N_D^+ \tag{5.111}$$

と書くことができる．この式を解けば E_F を求めることができるのだが，残念ながらこの式を解析的に解くことはできない．そこでここでは，定性的な議論により近似解を探ってみる．

手始めに，真性半導体の場合と同じように，フェルミ準位が二つのエネルギー準位（いまの場合，E_C と E_D）のちょうど真ん中あたりにあると仮定してみよう．シリコン中のリンを例にとると，リンのドナー電子のイオン化エネルギー（$E_C - E_D$）は 44 meV であるので，E_F を伝導帯の底のエネルギー E_C より 22 meV 低い位置に設定する．ここで式 (5.102) の左式において，$E_C - E_F = 22$ meV として，伝導帯の電子密度 n_C を室温（$k_B T = 26$ meV）について計算してみると，$n_C \simeq 1.4 \times 10^{19}$ cm^{-3} となる．

典型的なドーピング濃度は $10^{15} - 10^{18}$ cm^{-3} 程度であるので，これでは電子密度がドーピング濃度をはるかに超えてしまい，つじつまが合わない．したがって，フェルミ準位をもっと下げてやる必要がある．

そこで今度は，フェルミ準位がちょうどドナー準位 E_D にまで下がったとして，電子密度を計算してみる．式 (5.102) において，$E_C - E_F = 44$ meV を代入してみると，$n_C \simeq 5.9 \times 10^{18}$ cm^{-3} となる．これではまだ多すぎる．つまり，ドープ半導体のフェルミ準位はドナー準位よりも下にあるのだ．フェルミ準位をどんどん下げていき，$n_C \simeq N_D$ となるところまで下がったところが，フェルミ準位の落ち着く場所で

ある．図5.23(b)には，そのような状況が示されている．

このように，ドナーの大部分はイオン化しているので，式(5.111)で$N_D^+ = N_D$とおいて，式(5.102)のn_CにN_Dを代入すれば，E_Fが以下のように求められる．

$$E_F(T) = E_C - k_B T \ln \frac{N_C^{\text{eff}}(T)}{N_D} \tag{5.112}$$

この式を用いて，リンをドーピングしたシリコンの室温でのフェルミ準位を求めてみよう．N_C^{eff} に式(5.105)の値を用い，たとえばドーピング濃度 $N_D = 1 \times 10^{17}$ cm^{-3} を仮定すると，式(5.112)の右辺第2項は150 meVとなる．したがって，リンのドナー（$E_C - E_D = 44$ meV）の場合，フェルミ準位はドナー準位よりも106 meV低いところに位置していることがわかる．この値を式(5.109)に代入してみれば，97%のドナーがイオン化するということになる．

さて，上の議論を振り返ってみると，室温においてほとんどのドナーがイオン化するということの原因が，伝導帯の状態密度とドナー濃度の関係 $N_C^{\text{eff}} \gg N_D$ にあることがわかる．伝導帯は状態密度が大きいため，フェルミ–ディラック分布の裾が少しかかっただけで，大量の電子を生成できる．その電子を供給するために，ドナーは目いっぱいイオン化しようとするのである．

実際に起こっていることをイメージすると，以下のようになるだろう．室温では $E_C - E_D > k_B T$ なので，稀にしかドナーのイオン化は起こらない．しかし，いったんドナー電子が伝導帯に励起されると，この電子は高い状態密度をもつ伝導帯の状態間を動き回り，なかなかドナー原子を見つけることができない．こうして，電子がドナーに戻る確率は励起確率よりさらに低くなり，ドナーはほとんどの時間イオン化状態になるのである．

演習問題

5.1 図5.3に示した10個の仮想原子からなる系について，以下の問いに答えよ．
(1) 系が孤立系であり，そのエネルギーが $E = 10\epsilon_s$ であるとき，系のエントロピーはいくつか．
(2) 系が孤立系であり，そのエネルギーが $E = 10\epsilon_s + 2\delta$ であるとき，系のエントロピーはいくつか．また，この系が平衡状態にあるとき，系を状態 $R = 21$ に見出す確率 $P_{R=21}$ を求めよ．
(3) 系が温度 T の熱溜と平衡状態にあるとき，系を $R = 1$ に見出す確率 $P_{R=1}$ と $R = 21$ に見出す確率 $P_{R=21}$ の比，$P_{R=21}/P_{R=1}$ を求めよ．ただし，原子は熱溜と交換することはできず，原子数は固定されているものとする．
(4) 系が温度 T の熱溜と平衡状態にあるとき，系のエネルギーが $E = 10\epsilon_s$ である確率

$P_{10\epsilon_s}$ と $E = 10\epsilon_s + 2\delta$ である確率 $P_{10\epsilon_s+2\delta}$ の比 $P_{10\epsilon_s+2\delta}/P_{10\epsilon_s}$ を求めよ．ただし，原子は熱溜と交換することはできず，原子数は固定されているものとする．

5.2 フェルミ準位（化学ポテンシャル）が μ である金属と接する絶縁体の中に，電子を 1 個捕獲できる点欠陥（原子）が存在するとする（図 5.24 参照）．この点欠陥は基底状態と励起状態の 2 準位をもち，それぞれのエネルギーを ϵ_1, ϵ_2 とする．スピンは考えない．次の二つの条件のもと，基底状態と励起状態の電子の平均個数を求めよ．ただし，いずれの場合も，系は温度 T で平衡状態にあるものとする．
(1) 欠陥と金属との電子の交換はなく，欠陥の電子数が 1 と固定されている場合
(2) 欠陥と金属との間で電子のやり取りができる場合

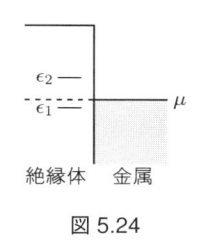

図 5.24

5.3 エネルギーとエントロピーには，以下の熱力学的な関係式が成り立つ．
$$\left(\frac{\partial \bar{E}}{\partial T}\right)_N = T\left(\frac{\partial S}{\partial T}\right)_N$$
この式を式 (5.80) に適用して，金属の電子系のエントロピーと自由エネルギーが下記のように与えられることを示せ．
$$S(T, N) = \frac{\pi^2}{2} N k_B \frac{k_B T}{\epsilon_F}, \quad F(T, N) = \frac{3}{5} N \epsilon_F - \frac{\pi^2}{4} N k_B \frac{k_B T}{\epsilon_F}$$

5.4 電子系の状態密度 $N(\epsilon)$ が
$$N(\epsilon) = a\sqrt{\epsilon} \quad (a \text{ は定数})$$
という形をとるとする（金属や半導体の電子系は，基本的にこのようなエネルギー依存性をもつ）．以下の問いに答えよ．
(1) 電子の平均エネルギー $\bar{\epsilon}$ が以下の式で与えられることを示せ．
$$\bar{\epsilon} = \frac{\int_0^\infty \epsilon^{3/2} f(\epsilon) d\epsilon}{\int_0^\infty \epsilon^{1/2} f(\epsilon) d\epsilon} \tag{5.113}$$
ここに，$f(\epsilon)$ はフェルミ–ディラック分布である．
(2) 絶対零度における $\bar{\epsilon}$ を求めよ．
(3) 電子系が近似的にマクスウェル–ボルツマン分布（式 (5.77a)）に従うような場合（た

とえば，図 5.18 の右下図，図 5.22, 図 5.23 など）における $\bar{\epsilon}$ を求めよ（**ヒント**：式 (5.113) における分子に部分積分を適用する）．

5.5 伝導帯と価電子帯の状態密度は，以下の式で与えられる．
$$N_C(E) = 4\pi g_C \left(\frac{2m_e}{h^2}\right)^{3/2} (E - E_C)^{1/2}, \quad N_V(E) = 4\pi g_V \left(\frac{2m_h}{h^2}\right)^{3/2} (E_V - E)^{1/2}$$
この式を式 (5.101) に代入し，式 (5.102) と式 (5.103) を導け．ただし，$\int_0^\infty x^{1/2} e^{-x} dx = \sqrt{\pi}/2$ である．

5.6 4.3.3 項では，基底状態（絶対零度）における PN 接合のエネルギーバンド図を議論した（図 4.25）．ここでは，有限温度の場合を考える．以下の場合について，熱平衡状態における PN 接合のエネルギーバンド図をフェルミ準位とともに描け．とくに，バンド端，およびドーパントのエネルギー準位とフェルミ準位との相対位置関係に注意せよ．ただし，ドナーとアクセプターのドーピング濃度は，それぞれ伝導帯と価電子帯の実効状態密度よりも小さいものとする．
(1) ほとんどのキャリアがフリーズアウトした低温の場合（$n_C \ll N_D, p_V \ll N_A$）
(2) ほとんどのドーパントがイオン化した高温（室温）の場合（$n_C \simeq N_D, p_V \simeq N_A$）

Chapter

6 電子デバイスの極限
——究極のデバイスを目指して

　本章では，電子デバイスの「極限」を考えていこう．6.1 節では，消費電力の極限を考える．トランジスタとトンネル効果デバイスの消費電力を議論した後に，「ランダウアの原理」とよばれるエネルギー消費の限界について概説する．6.2 節では，電荷制御の極限を考える．「量子ドット」とよばれる極微の構造を用いた単一電子の制御技術を議論する．6.3 節では，情報処理デバイスの極限として，量子コンピュータを取り上げる．その基本原理を説明するとともに，「量子ビット」とよばれる量子コンピュータの基本要素について，とくにその物理的側面に焦点を当てて解説を行う．

6.1　電子デバイスの消費電力：エネルギー散逸への挑戦

　1946 年に発表された世界初の本格的なコンピュータ，エニアック（ENIAC: electronic numerical integrator and computer）は，1 万本を超える真空管で構成され，総重量 27 トン，消費電力は 150 kW にも及んだ．電子レンジが 500 W 程度なので，一度に 300 個の電子レンジが稼働しているのに等しい膨大な電力消費だ．

　この問題の根本解決を目指し，固体素子の研究が進められた．翌年の 1947 年，ベル研究所のバーディーンとブラッテンは，ゲルマニウム単結晶表面の電流を調べ，これに増幅作用があることを見出した．トランジスタ効果の発見である．その直後に，ショックレーにより，PN 接合と接合型トランジスタ（バイポーラトランジスタ）の理論が構築される[1]．

　やがて，バイポーラトランジスタ，続いて MOSFET の作製技術が立ち上がり，集積回路の時代が始まる．当初，集積回路はバイポーラトランジスタを用いたものが主流であったが，集積度の増大とともに，より電力消費の少ない MOSFET が主流とな

---

[1]　これらの業績により，バーディーン，ブラッテン，そしてショックレーにノーベル賞が贈られている．

る[†1]．そして，スケーリング則[†2]に従い MOSFET の微細化が進められ，これに伴ってコンピュータは爆発的な発展を遂げる．しかし，1 チップあたりに 1 億個をはるかに超える数の MOSFET が搭載される現在の情報処理端末は，エネルギー消費がその放熱限界に近づきつつあり，さらなる集積化の阻害要因となっている．

　電子デバイス発展の歴史は，消費電力との戦いの歴史であると言っても過言ではないであろう．電子デバイスのさらなる発展においても，エネルギー消費の理解は必要不可欠なものである．ここでは，デバイスのエネルギー消費について考えてみよう．

6.1.1　トランジスタの消費電力：低消費電力化に立ちはだかる温度の壁

　MOSFET のスイッチングは，ゲート電圧を，しきい値電圧 V_{th} を狭んで "high" と "low" の二つの電圧値 $V_H(>V_{th})$, $V_L(<V_{th})$ の間で切り替えることによりなされる．ゲート電圧の切り替えは，二つの電圧源とスイッチ（このスイッチ自身も MOSFET により構成される）を用いて行われる．その様子を表す回路図とエネルギー図を図 6.1 に示す．二つの電圧源は，回路図では電圧値 V_H, V_L で，エネルギー図ではフェルミ準位 $E_{F(H)}$, $E_{F(L)}$ で表されている．ここに，$E_{F(H)} = (-e)V_H$, $E_{F(L)} = (-e)V_L$ である（式 (5.93) 参照）．エネルギー図において，スイッチは，ON のときには縦の点線で，OFF のときには縦の実線で表されている．また，電子は黒丸で表されている．

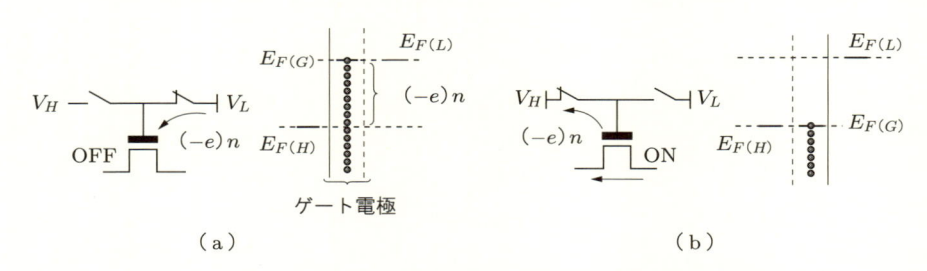

図 6.1　トランジスタのスイッチングに伴うゲート電極端子の電子の流れ

　ゲート電圧の切り替えの過程は，ゲート電極のフェルミ準位 $E_{F(G)}$ を，二つの電圧源の一方のフェルミ準位に一致させる過程にほかならない．たとえば，図 6.1(a) に示すように，右側のスイッチを ON すると，n 個の電子がゲート電極に流入し，$E_{F(G)} = E_{F(L)}$ となる．一方，図 6.1(b) に示すように，左側のスイッチを ON すると，n 個の電子がゲート電極から流出し，$E_{F(G)} = E_{F(H)}$ となる．したがって，式 (5.94) に従って，ど

[†1]　バイポーラトランジスタでは，MOSFET のゲートに相当する部分（これをベースとよぶ）が，絶縁膜を介さずに直接半導体につながっている．このため，ベースに過剰な電流が流れ，MOSFET に比べ大きな電力消費が生じてしまう．

[†2]　MOSFET のスケーリング則については，4.3.4 項を参照してほしい．

ちらの過程においても，以下のエネルギーが熱として散逸（dissipation）する[†1]．

$$E_d\,(=-Q) \simeq \frac{1}{2}n(E_{F(L)}-E_{F(H)}) = \frac{1}{2}ne(V_H-V_L) \quad (6.1)$$

この式からわかるように，エネルギー消費を小さくするためには，ゲートに出入りする電子の数 n を減らすか，または，電源電圧差 V_H-V_L を小さくする必要がある．6.2 節で説明する単一電子操作技術を用いることにより，$n=1$ とすることは可能である．しかし，V_H-V_L の低減には超えがたい限界が存在する．以下では，有限温度での MOSFET の電流特性を見ることにより，その理由を考えていこう．

4.3.4 項で説明したように，絶対零度では N–MOSFET の電流は $V_G \leq V_{th}$ でゼロになる（式 (4.98)）．しかし有限温度では，ソース電極の電子が熱励起により PN 接合の障壁を飛び越えるために，有限な電流が生じる．この電流を**サブスレッショルド電流**とよぶ．この電流の原因は，ソース電極の電子のフェルミ–ディラック分布にある．その様子を図 6.2 に示した[†2]．この図からわかるように，障壁を超えてチャネルになだれ込む電子の量は，チャネルのソース端における電子密度 n_C で決まる．n_C は式 (5.102) の左式より，以下のようになる．

$$n_C \propto e^{-(E_C-E_{F(S)})/k_BT} = e^{-U_{PN}/k_BT} \quad (6.2)$$

ここに，E_C はチャネルのソース端における伝導帯の底の準位，$E_{F(S)}$ はソース電極のフェルミ準位，$U_{PN} = E_C - E_{F(S)}$ は（$V_G = 0$ V での）ソース端での PN 接合のポテンシャル障壁高さである（図 6.2(a) の左図を参照）．ゲート電圧が印加された場合の障壁高さ U は，ゲート電圧の増加とともに減少し，$V_G = V_{th}$ でゼロになるので，以下のように書くことができる．

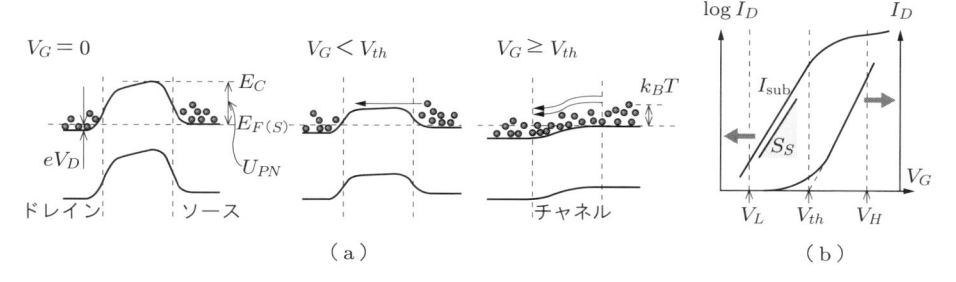

図 6.2 (a) N–MOSFET のエネルギーバンド図．(b) ドレイン電流のゲート電圧依存性．図 (b) において，それぞれのプロットに対する縦軸が矢印で示されている．

[†1] ゲート電極の容量を C とすれば，$ne = C(V_H-V_L)$ であるので，式 (6.1) は $E_d \simeq C(V_H-V_L)^2/2$ と書くこともできる．

[†2] この図を図 4.27 と比べてほしい．

$$U = U_{PN} - e\eta V_G = e\eta(V_{th} - V_G) \qquad (0 < \eta < 1) \tag{6.3}$$

ここに，$U_{PN} = e\eta V_{th}$ により V_{th} を定義した．また，η はゲート電圧がどのくらい効率よく U を変化させることができるかを表す定数であり，MOSFET の構造に依存する．ただし，η が 1 に達することはない．つまり，どんなに構造を最適化しても，印加したゲート電圧をすべてチャネルの電位変化に使うことはできないということである．サブスレッショルド電流 I_{sub} は n_C（式 (6.2)）に比例するので，

$$I_{\text{sub}} \propto e^{e\eta(V_G - V_{th})/k_B T} \tag{6.4}$$

と書ける．V_G が V_{th} 程度，またはそれ以下のときには，この電流が温度の効果を取り入れていないときの電流（式 (4.95)）に足されることになる．その様子を，線形表示と対数表示で図 6.2(b) に示してある．このように，有限温度における MOSFET のスイッチングは「キレ」が悪い．この「キレ」は，**サブスレッショルドスロープ**（subthreshold slope）とよばれる以下のパラメータで表すことができる．

$$S_S = \left\{ \frac{d(\log I_{\text{sub}})}{dV_G} \right\}^{-1} \tag{6.5}$$

サブスレッショルドスロープは，「MOSFET の電流を 1 桁増やすのに必要なゲート電圧」という意味をもち，値が小さいほどスイッチング時の電流の「キレ」がよいことを表す．この式に式 (6.4) を代入すると，以下の式が得られる．

$$S_S = \frac{\ln 10}{\eta} \frac{k_B T}{e} > \ln 10 \frac{k_B T}{e} \tag{6.6}$$

最後の不等号には $\eta < 1$ を用いた．室温 $(k_B T/e \simeq 26 \text{ mV})$ では $S_S > 60 \text{ mV/dec}$ ということになる[†1]．

このように，MOSFET を ON するために必要な電圧は，$k_B T/e$ よりは小さくできない．したがって，式 (6.1) に現れる電圧差も $V_H - V_L \gtrsim k_B T/e$ に制限される（図 6.2(b) 参照）．したがって，式 (6.1) より，

$$E_d \gtrsim n k_B T \tag{6.7}$$

が得られる．このように，MOSFET のスイッチングに要する消費電力には，避けることのできない下限が存在するのである[†2]．

この式に現れる $k_B T$ の起源は式 (5.64) にある．したがってこの制約は，MOSFET に限ったものではなく，平衡状態のエネルギー分布を反映したすべてのデバイスにつ

[†1] 単位中の dec は decade（10 倍の意）の略である．つまり，電流を 10 倍（1 桁）上げるのに 60 mV 以上を必要とするという意味である．

[†2] $V_H - V_L$ の大きさは，どの程度の OFF 電流を許容するか，あるいはどの程度の ON 電流を要求するかに依存する．したがって，式 (6.7) は消費エネルギーの下限の「目安」を与えるものであり，厳密な不等号が成り立つわけではない．このため，因子 1/2 は除いてある．

6.1.2 トンネル効果デバイス：温度の壁を破る

MOSFETを始めとする多くのデバイスがもつ「温度の壁」を打破するためには，その伝導特性が電子のエネルギー分布に影響されない（されにくい）デバイスが要求される．その一つとして期待されているのが，**トンネル効果デバイス**である．

トンネル効果は，1957年にPN接合を用いたデバイスにより初めて観測された．このデバイスは，現在では**エサキダイオード**としてその名が知られている[†1]．図6.3は，エサキダイオードのエネルギーバンド図と電流特性を示している．同図において，VはPN接合の両端子の電位差，IはPN接合を流れる電流である．

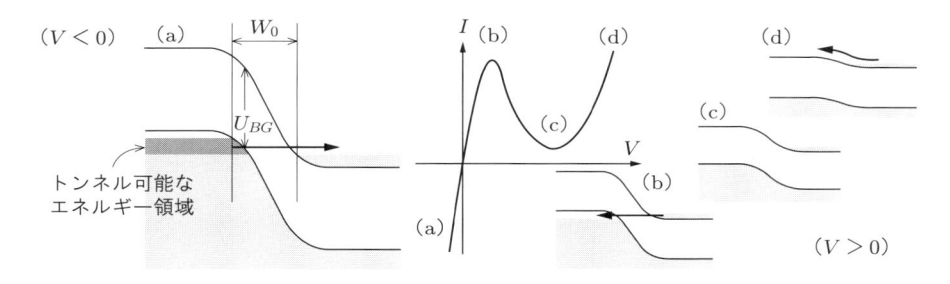

図6.3 エサキダイオードの電流特性とエネルギーバンド図

正電圧側の(b)から(c)までの電圧範囲では，電圧の増加とともに電流が減少している．このような特性は，**負性微分抵抗**，または負性微分コンダクタンスとよばれる．この特徴的な電流電圧特性を利用することにより，高周波発信回路や検波回路などを作製することができる．

一方，負電圧側ではピーク構造は現れず，電圧の減少とともに電流は単調に減少する．しかし，ここではむしろ，この負電圧側の電流に注目しよう．負電圧側では，電子はP型領域の価電子帯からN型領域の伝導帯へトンネリングする（図6.3の左図）．トンネリングが可能なエネルギー領域に注目すると，どのエネルギーの電子に対しても，トンネル障壁の高さはバンドギャップエネルギー U_{BG} に等しい．したがって，これらの電子によるトンネル電流の大きさは U_{BG} の値で決まり，価電子帯電子のフェルミ–ディラック分布には依存しない．このため，このトンネル電流を用いることにより，MOSFETやほかの多くの電子デバイスがもつ「温度の壁」を乗り越えることができる．

[†1] 87ページ脚注1も参照してほしい．

256   第6章 電子デバイスの極限——究極のデバイスを目指して

2.4.3項の議論を応用すれば，ここでのトンネル電流の大きさは，式 (2.108) の $U_0 - E$ を U_{BG} で置き換えた次式で評価できる[†1]．

$$I_0 \sim \exp(-\alpha U_{BG}^{1/2}) \tag{6.8}$$

ここで，2.4.3項で扱った方形型ポテンシャルの場合は $\alpha = 2d\sqrt{2m}/\hbar$ であったが，PN接合によるトンネル障壁は，その形が方形ではなく三角形である．三角ポテンシャルの場合，α の表式が以下のように変わるが，式 (6.8) 自体はそのまま使うことができる．ここに，W_0 は PN 接合の空乏層幅である（図 6.3 の左図参照）[†2]．

$$\alpha = \frac{4\sqrt{2m}}{3\hbar} W_0 \tag{6.9}$$

エサキダイオードのトンネル電流は，ゲート電圧により制御することが可能であり，このようなデバイスは**トンネルトランジスタ**とよばれている．以下では，トンネルトランジスタのサブスレッショルドスロープを考えていこう．

トンネルトランジスタにゲート電圧を印加すると，PN 接合の空乏層における電界強度が大きくなり，これによりトンネル電流が増加する．実際のトンネルトランジスタにおけるゲート電圧効果は複雑であるが，ここでは簡単のために，この効果が等価的に空乏層幅を変調するものとして，トンネル電流を定式化してみよう．

$U_{BG} \gg eV_G$ の場合には，ゲート電圧の1次の効果だけを取り入れて，空乏層幅を以下のように表すことができるであろう．

$$W(V_G) = W_0 \left(1 - \eta' \frac{eV_G}{U_{BG}}\right) \tag{6.10}$$

ここに η' は，ゲート電圧がどのくらい効率よく空乏層幅を変調できるかを表す指標である．式 (6.9) の W_0 を上式の $W(V_G)$ で置き換えると，トンネル電流 $I(V_G)$ は

$$\begin{aligned}
I(V_G) &\sim \exp\left(-\frac{4\sqrt{2m}}{3\hbar} W(V_G) U_{BG}^{1/2}\right) \\
&= \exp\left\{-\frac{4\sqrt{2m}}{3\hbar} W_0 \left(1 - \eta' \frac{eV_G}{U_{BG}}\right) U_{BG}^{1/2}\right\} \\
&= \exp\left(-\frac{4\sqrt{2m}}{3\hbar} W_0 U_{BG}^{1/2}\right) \exp\left(\frac{4\sqrt{2m}}{3\hbar} W_0 \eta' eV_G U_{BG}^{-1/2}\right)
\end{aligned}$$

と変形できるので，

$$I(V_G) = I_0 \exp\left(e\alpha\eta' U_{BG}^{-1/2} V_G\right) \tag{6.11}$$

[†1] 大きさの大まかな議論をするので，指数関数前に付く係数は省略してある．
[†2] この式からわかるように，トンネル電流は空乏層幅が小さいときに顕著になる．空乏層幅はドーピング濃度とともに減少する（演習問題 [4.5] 参照）ので，エサキダイオードでは高濃度ドープ半導体が用いられている．シリコンの場合，ドーピング濃度が 10^{19} cm^{-3} 以上の PN 接合が用いられている．

となる．この式を用いてサブスレッショルドスロープ S_S を計算してみると，

$$S_S = \frac{\ln 10}{\eta'} \frac{U_{BG}^{1/2}}{e\alpha} \tag{6.12}$$

となる．この式と式 (6.6) を比べてみると，トンネルトランジスタのほうは，スロープ S_S が温度 T に依存していないことがわかる．したがって，この式に現れる U_{BG}, α, η' を制御することにより，「温度の壁」を超えてエネルギー消費を低減することが可能となる．実際，バンドギャップ U_{BG} の狭い半導体，たとえばヒ化インジウム（InAs）（バンドギャップ: 0.35 eV）を用いた場合，$S_S \simeq 20$ mV/dec が得られている．これは，シリコン（バンドギャップ: 1.12 eV）を用いた MOSFET の限界値 $S_S \simeq 60$ mV/dec の 1/3 である．

トンネルトランジスタのように，急峻なサブシュレッショルドスロープをもつデバイスは，**スティープ S デバイス**とよばれている[†1]．

6.1.3 ランダウアーの原理：情報処理とエネルギー消費

前項までに，デバイスの消費電力について議論し，トンネルトランジスタを用いることにより，温度の壁を越えて低消費電力化が可能であることを示した．しかし，コンピュータの演算には，いかなる高性能なデバイスを用いようとも，避けることのできないエネルギー消費が存在する．

このエネルギー消費は，たとえば情報の消去の過程で発生し，これに必要なエネルギーは $k_B T \ln 2$ より低くすることはできない．これを**ランダウアーの原理**とよぶ．この限界は「第二の温度の壁」と言ってもよい．そしてこの第二の壁は，いかなる手段を用いても「原理的に」超えることができない．ここでは，ランダウアーの原理を概説するとともに，この限界にさえも挑戦する，最近の研究についても簡単に触れてみたい．

コンピュータが扱う情報の最小単位は**ビット**とよばれ，通常「0」または「1」の 2 値をとる．一般にビットは，トランジスタ回路の容量 C の電位で表される．たとえば，6.1.1 項で議論した V_L と V_H をそれぞれ「0」，「1」とする．

コンピュータが行っている演算とは，ビットの値を，ある規則に従って変換していく過程のことである．その例を**表 6.1** に真理値表として示した[†2]．これらの真理値表を実行するデバイスは**ゲート**とよばれる．たとえば，NOT を実行するデバイスは NOT ゲートとよばれる．NOT と RESET は，1 入力 1 出力のゲートであり，それぞれビッ

[†1] スティープ（steep）は「急峻な」の意である．
[†2] 真理値表とは，論理式または論理回路において，すべての入出力の結果を表にしたものである．

258　第 6 章　電子デバイスの極限 — 究極のデバイスを目指して

表 6.1　論理ゲートの真理値表の例

NOT			RESET			AND			XOR	
IN	OUT		IN	OUT		IN	OUT		IN	OUT
0	1		0	0		0	0	0	0	0	0
1	0		1	0		0	1	0	0	1	1
						1	0	0	1	0	1
						1	1	1	1	1	0

トの反転と消去を行うゲートである．AND と XOR[†1]は 2 入力 1 出力のゲートであり，AND は二つの 2 進数の足し算の桁上げ，XOR は 1 桁目を実行する．したがって，AND と XOR で 1 ビットの「加算」を実行できる．

　これらの真理値表を眺めてみると，NOT 以外は入力と出力に 1 対 1 の関係（つまり，入力を定めると出力が一つに定まり，逆に出力を定めると入力が一つに定まるという関係）がないことがわかる．このことは，「出力の値から入力の値を決定できない」ということを意味しており，「論理的に不可逆である」と表現される．

　重要なことは，コンピュータの演算には，これを実行するための物理的実体が必ず必要になるということである．このことは，「論理的に不可逆である」ということが，「物理的に（物理現象として）不可逆である」ということと，密接に関係していることを意味している．5.1.2 項で見たように，物理系に不可逆過程が生じると，（系全体の）エントロピーは必ず増大する．つまり，コンピュータの演算にはエントロピーの増大が内在しているのである．このエントロピーの増大により，必然的にエネルギー消費が生じることになる．

　以下では，RESET の動作を考察することにより，エネルギー消費の「出どころ」を突き止めてみよう．図 6.4(a) は，単純化された 1 ビットのモデル（系）である．この

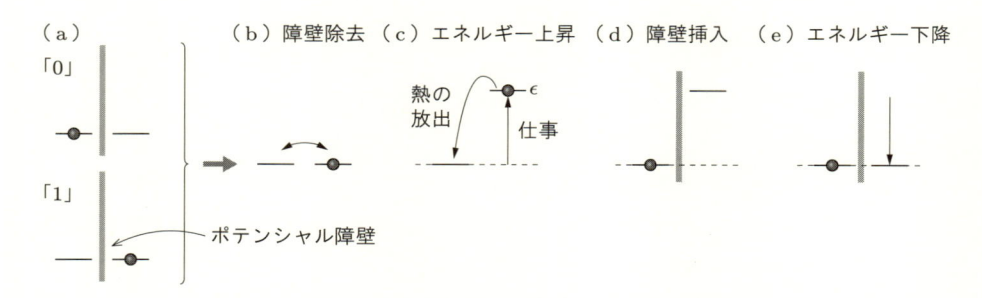

（a）　　　　　　（b）障壁除去　（c）エネルギー上昇　（d）障壁挿入　（e）エネルギー下降

「0」

「1」

ポテンシャル障壁

熱の放出　　仕事　ϵ

図 6.4　2 状態系における RESET の動作．始め，「0」または「1」に保持されている情報（図 (a)）は，(b)〜(e) の操作により「0」に RESET される．

[†1] XOR は exclusive OR の略で，日本語では排他的論理和とよばれる．

系はビットの「0」と「1」に対応する二つのエネルギー準位をもち，その中に粒子（電子）が1個入っている．二つのエネルギー準位の間には，電子を通さないポテンシャル障壁があり，これはトランジスタのゲート電極に対応している．また，この系は，温度 T の熱溜と熱的に接触しているものとする．

RESET とは，次のような動作である．まず，ポテンシャル障壁を取り去り，電子が二つの状態の間を行き来できるようにする（図 6.4(b)）．次に，「1」の状態のエネルギーを上昇させ，電子を「0」の状態へと導く（図 6.4(c)）．続いて，ポテンシャル障壁を挿入し，電子の行き来ができないようにする（図 6.4(d)）．最後に「1」の状態のエネルギーを下げる（図 6.4(e)）．以上の手続きにより，ビットの状態を，その初期値にかかわらず「0」に RESET することができる．

この過程を見ると，エネルギー準位を上げるために外部から注入したエネルギー（仕事）が，「0」の状態に遷移する過程で失われ，「熱」として熱溜に散逸することがわかるであろう（図 6.4(c) 参照）[†1]．問題は，このエネルギー散逸を何らかの方法で防ぐことができるか，ということである．

熱の発生を防ぐためには，エネルギー準位の上げ幅をできるだけ小さく抑えればよいと思うかもしれない．しかし，それではうまくいかない．系は温度 T の熱溜の中にあるので，平衡状態においては，占有確率はカノニカル分布に従う[†2]．すなわち，電子を状態「0」と「1」に見出す確率 P_0, P_1 は，式 (5.37a), (5.37b) より，

$$P_0 = \frac{1}{1+e^{-\epsilon/k_BT}}, \qquad P_1 = \frac{e^{-\epsilon/k_BT}}{1+e^{-\epsilon/k_BT}} \qquad (6.13)$$

で与えられる．ここに，「0」と「1」のエネルギーをそれぞれ 0 と ϵ とした．この式からわかるように，「0」の状態に電子を見出す確率を高くするためには，「1」のエネルギー ϵ を k_BT よりも十分大きな値まで引き上げる必要がある．このことから，少なくとも k_BT 程度のエネルギーの散逸は避けられそうにないことがわかるであろう．

では，このエネルギー消費の下限値はいくつだろうか．これを考えるために，図 6.4(c) において，「1」の状態のエネルギー ϵ を徐々に上げていく過程を思い浮かべてほしい．$\epsilon \ll k_BT$ のときには，電子は「0」と「1」の間の行き来を繰り返し，エネルギー（熱）を熱溜との間で頻繁に交換しているに違いない．ϵ が大きくなるにつれ，その頻度は減少し，電子が「0」の状態に見出される時間が次第に長くなっていく．そして $\epsilon \gg k_BT$ となると，電子はほぼ「0」の状態に落ち着いたとみなせるようになる．そのように ϵ が十分大きくなった後に，ポテンシャル障壁を挿入して電子の動きを完全にブロック

[†1] 5.1.3 項（図 5.7）で見たように，エネルギー準位の変化が仕事であり，エネルギー準位間の遷移が熱となる．
[†2] カノニカル分布については，5.1.4 項，5.1.5 項を参照のこと．

する.

さて,以上の過程で,ϵ を「素早く」増大させたらどうなるだろうか.電子は平衡状態の分布 P_1 よりも高い確率で「1」の状態に居残ることになり,「0」に遷移する過程で必要以上に大きな熱を放出するに違いない[†1].したがって,エネルギー散逸を低く抑えるためには,「ゆっくりと」エネルギーを引き上げてやるのがよさそうだ.

系が常に平衡状態とみなせるほどゆっくりと外部パラメータを変化させる操作は,**準静操作**,または準静的操作とよばれる.この準静操作を用いると,エネルギー散逸を最小限に抑えることができる.以下では,準静操作におけるエネルギー散逸量を計算してみよう.

「1」のエネルギー ϵ が $d\epsilon$ だけ変化したときの,系の平均エネルギー $\bar{\epsilon}$ の変化 $d\bar{\epsilon}$ を考える.系の平均エネルギーは $\bar{\epsilon} = \epsilon P_1(\epsilon)$ で与えられるので,

$$d\bar{\epsilon} = P_1 d\epsilon + \epsilon dP_1 \tag{6.14}$$

である.右辺第1項は系になされる仕事である.仮に,常に $P_1(\epsilon) = 1$ であれば,$d\epsilon$ がそのまま系のエネルギー増分となる.しかし,もし $P_1(\epsilon) = 0$ であれば,ϵ の変化が系のエネルギー増加につながらない.これらの例からわかるように,$d\epsilon$ に「1」の占有確率 P_1 が掛け算されたものが,系になされる仕事となる.一方,右辺第2項は,占有確率 P_1 の変化に伴う系のエネルギー変化であり,これが「熱」である.

$dP_1 = (dP_1/d\epsilon)d\epsilon$ と変形できるので,式 (6.14) は以下のように書ける.

$$d\bar{\epsilon} = u(\epsilon)d\epsilon + q(\epsilon)d\epsilon \tag{6.15}$$

ここに,

$$u(\epsilon) = P_1(\epsilon) = \frac{e^{-\epsilon/k_B T}}{1 + e^{-\epsilon/k_B T}}, \qquad q(\epsilon) = \epsilon \frac{dP_1}{d\epsilon} = -\frac{\epsilon}{k_B T}\frac{e^{-\epsilon/k_B T}}{(1+e^{-\epsilon/k_B T})^2} \tag{6.16}$$

であり,それぞれ単位エネルギー変化あたりの仕事と熱という意味をもつ.u と q を ϵ の関数として図 6.5 に示した.$u(\epsilon)$ $(= P_1(\epsilon))$ は単調減少関数であるので,その微分 $dP_1/d\epsilon$ は負となり,したがって $q(\epsilon)$ は必ず負となる.

系になされる仕事の総量 U と熱の総量 Q は,以下のように表すことができる[†2].

[†1] もっと極端な例は,図 6.4(b) と図 6.4(c) の操作を入れ替えて,ϵ を大きくした後に障壁を取り除くという操作である.これは通常の回路のスイッチング動作にほかならない.この場合,$\epsilon/(-e)$ は電源電圧という意味をもつ.電子は,障壁の除去とともにこの電源電圧に対応したエネルギー ϵ を熱として失うことになる.このような「荒っぽい」操作において,「電子をブロックしておくための障壁の高さを $k_B T$ 以上にしなければならない」という要請が,6.1.1 項で説明した(第一の)温度の壁ということになる.

[†2] U と Q をこのように u と q の積分の形に書けるのは,常に平衡状態が保たれ,カノニカル分布が成立している準静操作に対してのみであることに注意してほしい.

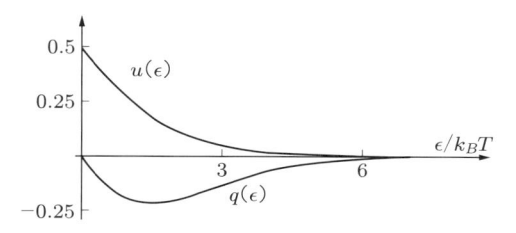

図 6.5 準静操作において，系になされる仕事 $u(\epsilon)$ と系が吸収する熱 $q(\epsilon)$．$q(\epsilon) < 0$ は，系が熱を放出することを意味している．

$$U = \int_0^\infty u(\epsilon)d\epsilon, \quad Q = \int_0^\infty q(\epsilon)d\epsilon \quad (6.17)$$

ここで，式 (6.15) の両辺を $[0, +\infty]$ の範囲で積分してみよう．右辺は $U + Q$ となるので，

$$U + Q = \int_i^f d\bar{\epsilon} = \int_0^\infty \frac{d\bar{\epsilon}}{d\epsilon}d\epsilon = [\epsilon P_1(\epsilon)]_0^\infty = 0 \quad (6.18)$$

となる．ここに，最初の積分に現れる i と f は，系の始状態と終状態を意味している．この積分がゼロになるのは，始状態 ($\epsilon = 0$) と終状態 ($\epsilon = +\infty$) での系のエネルギーがともにゼロであるためである．式 (6.18) は，系になされた仕事 U がすべて熱 Q に変換され散逸することを意味している．U を実際に計算してみよう[†1]．

$$U = \int_0^\infty u(\epsilon)d\epsilon = \int_0^\infty \frac{e^{-\epsilon/k_BT}}{1+e^{-\epsilon/k_BT}}d\epsilon = k_BT\ln 2 \quad (6.19)$$

したがって，$Q = -U = -k_BT\ln 2$ である[†2]．

系の変化が準静操作によるものでなく，ϵ がもっと「素早く」変化するものであれば，電子は必要以上に高い確率で高エネルギー状態に居座ることになり，余計な熱を発生させる．したがって，$k_BT\ln 2$ は発生する熱の下限値を与える．これがランダウアーの原理である．

$$-Q \geq k_BT\ln 2 \quad (Q < 0) \quad (6.20)$$

ここで，ランダウアーの原理の本当に重要な部分は，式 (6.14) から式 (6.19) までの計算にある「のではない」ことを強調しておこう．この計算は，発生する熱の最小値が $k_BT\ln 2$ であることは教えてくれるが，熱の発生がなぜ不可避であるかについては何も語っていない．熱の発生が不可避である理由は，「RESET の動作[†3]には，障壁除去（図 6.4(b)）で代表されるような，ビットの情報を不確定にするための操作が『原理

[†1] この積分は $x = e^{-\epsilon/k_BT}$ と変数変換すれば計算できる．
[†2] もちろん，式 (6.16) の $q(\epsilon)$ を直接 $[0, +\infty]$ の範囲で積分しても同様の結果が得られる．
[†3] より一般的に「論理的に不可逆」である演算．

的に』除けない」という事実にある．つまり，操作の中に物理的な不可逆過程が必ず入り込んでしまうというところにある[†1]．そして，いったん不可逆過程によりエントロピーが増大してしまうと，もう自発的にはもとの状態には戻らない．このため，系への仕事が不可欠となり，これが熱に変わるのである．

RESETの動作を振り返ってみよう．始め，系の状態は「0」または「1」に固定されており，とりうる状態の数Wは1である．したがって，系のエントロピー$S = k_B \ln W$はゼロである．この状態から障壁を外すと不可逆過程が生じ，とりうる状態の数Wは2に変化する．すなわち，1ビットの情報が失われると，エントロピーが$k_B \ln 2$だけ増加する．続いて「1」のエネルギーを上昇させていくと，系の状態は「0」に収束する．そして，障壁を挿入しRESET動作を完了させた後には，ビットの値は「0」に確定し，エントロピーはゼロに戻る．このような「エントロピーの減少」が起こるためには外からの仕事が必要であり，そのエネルギーがすべて熱に変わることで散逸が生じる．その散逸量ΔQは，クラウジウスの関係$\Delta Q = T \Delta S$（式(5.31)）を用いれば，$\Delta Q = k_B T \ln 2$となる．この値は，先に計算した準静操作により失われる熱にほかならない[†2]．

最後に，ランダウアーの原理に関連した消費電力にまつわる話題を紹介しておこう．ランダウアーの原理には，前提条件がある．それは，ビットを操作する者がビットの情報をもたないということである．もし，私たちがビットの情報を得ながら演算を行うことができれば，上記とは異なった手続きでRESETを完了させることができる．

その場合，ビットの状態を観測して，これが「0」であれば何もしない．一方，「1」であれば，ポテンシャル障壁を外して電子の行き来ができるようにする．この電子の動きをつぶさに観察し，「0」となったのを見計らってポテンシャル障壁を挿入する．この操作でも，エントロピーはいったん$k_B \ln 2$に増加し，そしてゼロに減少している．それにもかかわらず，この操作おける仕事の収支はゼロであり，熱の放出もない．

この操作はエントロピー増大の法則に反しているように見えるが，いったいどこに問題があるのだろうか．このような「観測によるエントロピー制御」は，パラドックスとしてマクスウェルにより提唱され，ここに示した「怪しげな」操作をする観測者は**マクスウェルのデーモン（悪魔）**とよばれる（図6.6）.

[†1] 物理系が「可逆」であるとは，時間を逆回転させれば状態が一つに定まるということを意味する．これは論理的な不可逆性と相容れないものである．

[†2] 図6.4(c)の過程は，準静操作であるならば可逆である．つまり，一度増加させたϵを（障壁を挿入せず）準静操作によりそのままゼロまで戻せば，系は放出したものと同量の熱（$k_B T \ln 2$）を熱溜から吸収する．そして，この過程によりゼロになったエントロピーは$k_B \ln 2$に戻ることになる．このことからも，$k_B T \ln 2$の熱の放出の「出どころ」は，図6.4(c)の過程よりはむしろ，図6.4(b)の過程にあることがわかるであろう．5.1.3項，および213ページ脚注1も読んでほしい．

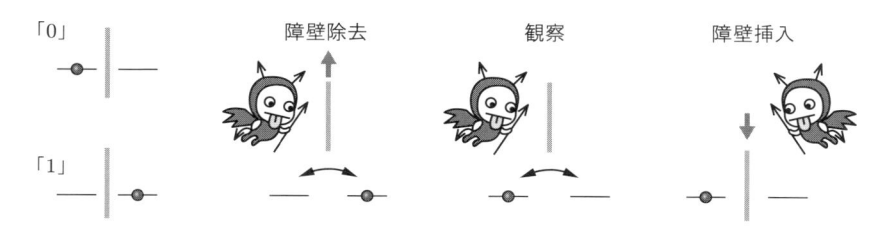

図 6.6 マクスウェルのデーモン．デーモンは，障壁を取り除いた後の電子の動きを観察し，「0」になったのを見計らって障壁を挿入する．

　マクスウェルのデーモンのパラドックスは，その提起以来，100 年にもわたり物理学者を悩ませてきたが，前世紀終わりまでには一応の解決がはかられた．現在では，マクスウェルのデーモンは「ビットの情報を知るためのセンシングデバイスと，この情報を受けて系の状態を制御するフィードバック回路」であるということが明らかになっている．このようなフィードバック制御により，確かにエネルギー散逸を避けて RESET 動作を行うことができるのだ．

　ただし，これは完全な RESET ではない．ビットの情報は，このフィードバック回路に残されることになるのである．このフィードバック回路も，その動作には必ず RESET が必要となる．つまり，フィードバック回路によりエネルギー散逸を先延ばしにしている，あるいは，エネルギー散逸をフィードバック回路が肩代わりしているということである．いかなる手段を用いても，$k_B T \ln 2$ の散逸は避けられないのである．

　しかしここで重要なことは，$k_B T \ln 2$ というきわめて基本的なエネルギーでさえも，その散逸を，いつ，どこで起こさせるかに関しては，制御が可能であるということである．このような「情報によるエネルギー散逸制御技術」は，まだ研究の緒についたばかりである．しかし，この分野の実験技術の進展は著しく，ランダウアーの原理やマクスウェルのデーモンが実際に実験で検証されている．また，「情報獲得とフィードバック制御」に関する応用も検討され始めており，今後この分野から，新しい概念の低消費電力デバイス，低消費電力システムが発展していくものと期待されている．

6.2　単一電子操作：電子 1 個を操る技術

　微細加工技術の進展により，人工的に電子をきわめて狭い領域に閉じ込めることが可能になった．これにより，たった 1 個の電子を自在に操る技術も確立されつつある．単一電子操作技術は，高精度電流源などへの応用が期待されているとともに，量子コンピュータの基盤技術でもある．ここでは，その初歩に触れてみよう．

6.2.1 量子ドット：クーロンブロッケードと単一電子トンネリング

金属や半導体の微小構造を絶縁体の中に埋め込むと，電子はこの微小な領域に閉じ込められる．このような構造を**量子ドット**とよぶ．

量子ドットの最も簡単なモデルは，宙に浮いている金属球である（図 6.7 の左図参照）．金属球に N 個の素電荷（電荷量 $Q = eN$，または $Q = -eN$）が入ると，

$$E(N) = \frac{Q^2}{2C} = \frac{(eN)^2}{2C} \tag{6.21}$$

のエネルギーが発生する．ここに，C は金属球の**静電容量**（あるいは単に容量）である．このエネルギーを**帯電エネルギー**とよぶ[†1]．この式から

$$\epsilon(N) = E(N) - E(N-1) \tag{6.22}$$

を定義すると，

$$\epsilon(1) = E(1) - E(0) = \frac{e^2}{2C} \tag{6.23}$$

である[†2]．この式は，中性であるときよりも電子 1 個が入ったときのほうが，エネルギーが大きくなると言っている．したがって，何もしなければ電子は 1 個たりとも金属球に入ることは許されない．このように，帯電エネルギーにより電子の動きがブロックされることを**クーロンブロッケード**とよぶ．しかし，もし何かの方法で電子を 1 個入れることができたとしたら，そのときには

$$V(1) = \frac{\epsilon(1)}{(-e)} = \frac{E(1) - E(0)}{(-e)} = -\frac{e}{2C} \tag{6.24}$$

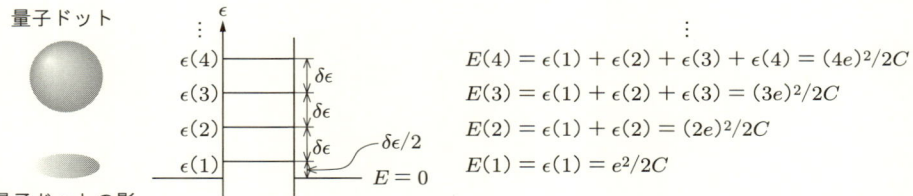

$E(4) = \epsilon(1) + \epsilon(2) + \epsilon(3) + \epsilon(4) = (4e)^2/2C$
$E(3) = \epsilon(1) + \epsilon(2) + \epsilon(3) = (3e)^2/2C$
$E(2) = \epsilon(1) + \epsilon(2) = (2e)^2/2C$
$E(1) = \epsilon(1) = e^2/2C$

図 6.7 金属球（量子ドット）への電子の追加に伴う，「電子 1 個を追加するためのエネルギー」ϵ と帯電エネルギー E の変化．帯電エネルギー（系全体のエネルギー）は，ϵ の和として表すことができる．

[†1] q の電荷をもつ容量 C の金属（電位 $V = q/C$）に，無限遠方にある微小電荷 Δq を入れるために必要なエネルギーは，$V\Delta q = q\Delta q/C$ である．したがって，微小電荷を次々に移動させ電荷 Q が蓄積されるまでに必要なエネルギーは，$E = (1/C)\int_0^Q qdq = Q^2/2C$ となる．これが帯電エネルギーとなる．

[†2] 素電荷 e はこれ以上分割できないものなので，上の脚注 1 の議論からは $E(1) = e^2/2C$ を導くとはできない．このことからわかるように，実は上の議論は厳密なものではない．式 (6.21)，(6.23) の正しい導出法は，演習問題 [6.1]，[6.2] を参照してほしい．帯電エネルギーが静電場のエネルギーであることが理解できると思う．

の電圧が発生する．仮に，金軸球が何もない空間に浮いているとすると，金属球の容量は自己容量で与えられる．半径 a の金属球の自己容量は $4\pi\varepsilon_0 a$ なので[†1]，発生する電圧は金属球の半径に逆比例して大きくなる．仮に $a = 1$ nm ($= 1 \times 10^{-9}$ m) とすると，$C \simeq 0.1$ aF ($= 0.1 \times 10^{-18}$ F) となり，$-e/2C \simeq -0.7$ V の電圧が発生する．室温における熱エネルギー $k_B T$ は 26 meV であり，これは，室温での熱雑音 $k_B T/e$ が 26 mV であることを意味する．したがって，金属球（量子ドット）を用いることにより，たった 1 個の電子の動きだけで，熱雑音に打ち勝って十分に大きな電圧を作り出すことが可能となる．

2 個目の電子を入れるためには，2 個入ったときのエネルギー $E(2)$ から 1 個入っているときのエネルギー $E(1)$ を引いた分のエネルギーが新たに必要となる．同様に，3 個目，4 個目，$\cdots$，N 個目の電子が入るために必要なエネルギーは

$$2\,\text{個目}: \quad \epsilon(2) = E(2) - E(1) = 3e^2/2C$$
$$3\,\text{個目}: \quad \epsilon(3) = E(3) - E(2) = 5e^2/2C$$
$$4\,\text{個目}: \quad \epsilon(4) = E(4) - E(3) = 7e^2/2C$$
$$\vdots$$
$$N\,\text{個目}: \quad \epsilon(N) = E(N) - E(N-1) = (N - 1/2)(e^2/C)$$

となる．ここで，**付加エネルギー** $\delta\epsilon$ を

$$\delta\epsilon = \epsilon(N) - \epsilon(N-1) \tag{6.25}$$

と定義すると，ここでの金属球の場合には $\delta\epsilon = e^2/C$ となる．これは，電子を 1 個追加するためのエネルギー $\epsilon(N)$ が，付加エネルギーを単位としてどんどん増えていくということを意味している．つまり，電子が入れば入るほど次の電子は入りにくくなるということだ．なぜ入りにくくなるかというと，金属球の中の電子の数が増えれば増えるほど，新しく電子が入ったときの電子どうしの反発力が大きくなるためである．この様子を図 6.7 に示した．

では，どうやって金属球に電子を入れてやればよいかというと，金属球の近くに電極を置いてこれに正電圧をかけ，強制的に金属球のエネルギーを下げてやればよい．すると，金属球のエネルギーが $e^2/2C$ だけ下がったところで 1 個目の電子が入り，$3e^2/2C$，$5e^2/2C$ 下がったところで 2 個目，3 個目の電子が入る．このことは，印加電圧に対して，一定の間隔 $\delta\epsilon/e$ で電子が 1 個ずつ入ることを意味している．このような電子の動きは電極と金属球の間のトンネル効果で起こるので，**単一電子トンネリング**（または

[†1] 演習問題 [6.2] 参照．

266   第6章 電子デバイスの極限 ― 究極のデバイスを目指して

単電子トンネリング）とよばれる．

　金属球（量子ドット）に電子を1個ずつ入れるための構造は，**単電子箱**とよばれている．その構造と等価回路を図 6.8(a) に示した．単電子箱は，電圧を印加するための電極（ゲート）と電子の供給源（ソース）が量子ドットを挟む構造になっている．量子ドットとゲート電極との間の容量はゲート容量とよばれる．一方，量子ドットとソース電極との間の容量はソース容量とよばれる．ソース容量は通常の容量と異なり，トンネル効果により電子を通すことができる．このような容量を，**トンネル容量**，または**トンネル接合**とよび，等価回路上では四角形が二つ重なった形で表される．

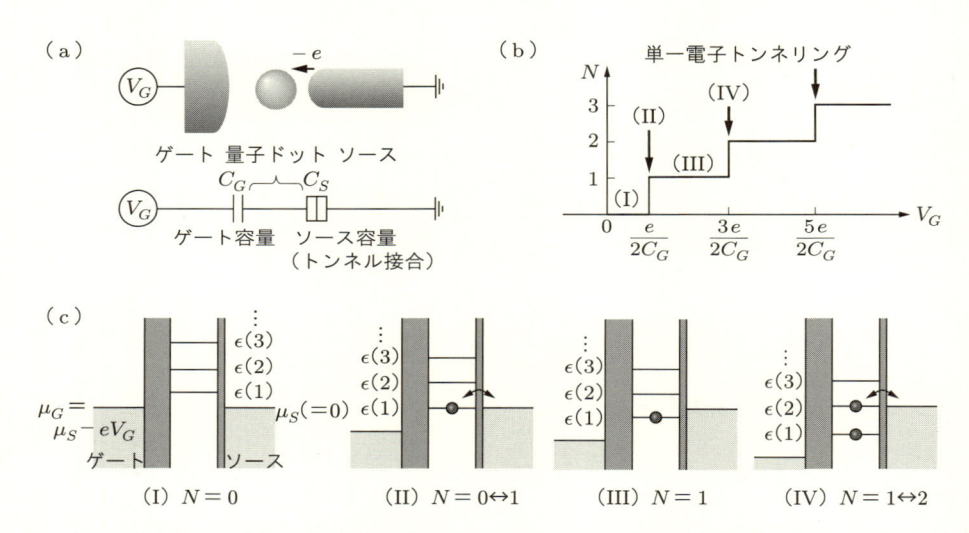

図 6.8 単電子箱．(a) 構造と等価回路．(b) 量子ドットの電子数 N のゲート電圧 V_G 依存性．図中の (I)〜(IV) の状態のエネルギー図が (c) に示されている．(c) ゲート電圧変化による $\epsilon(N)$ の変化．μ_S, μ_G はそれぞれソースとゲートの電位（フェルミ準位）を表す．

　では，図 6.8(c) に示した単電子箱のエネルギー図を眺めながら，単一電子トンネリングが起こるゲート電圧の条件を考えていこう．式 (6.21) から式 (6.25) までの議論は，C を量子ドットの総容量 C_Σ に置き換えれば，そのまま単電子箱についても適用できる．ゲート容量を C_G，ソース容量を C_S とすれば $C_\Sigma = C_G + C_S$ であるので，式 (6.23) を単電子箱に適用すれば，

$$\epsilon(1) = E(1) - E(0) = \frac{e^2}{2(C_G + C_S)} = \frac{e^2}{2C_\Sigma} \tag{6.26}$$

となる．初期状態（図 6.8(c)(I)）において量子ドットに電子を1個入れるためには，エネルギーをこの分だけ下げる必要がある．このために，ゲート電圧 V_G を印加する．すると，量子ドットの電位 V は

$$\Delta V = \frac{C_G}{C_G + C_S} V_G = \frac{C_G}{C_\Sigma} V_G \tag{6.27}$$

だけ変化する．これはすなわち，電子を1個入れるためのエネルギー $\epsilon(1)$ が

$$\epsilon(1) = \frac{e^2}{2C_\Sigma} + (-e)\Delta V = \frac{e^2}{2C_\Sigma} - \frac{C_G}{C_\Sigma} eV_G \tag{6.28}$$

のように変化することを意味している．したがって，1個目の電子を入れるために必要なゲート電圧 $V_G(1)$ は，$\epsilon(1)=0$ とおいて以下のように求められる．

$$V_G(1) = \frac{e}{2C_G} \tag{6.29}$$

V_G をこの値に設定すると，量子ドットに電子を1個入れるためのエネルギーはゼロになる（図6.8(c)(II)）．これはしかし，量子ドットから電子1個が出るためのエネルギーもゼロであることを意味する．したがって，この電圧条件では，電子はソースと量子ドットとの間で出入りを繰り返すことになる．もう少し電圧を印加していくと，電子を1個入れるためのエネルギーは負となり，電子は安定に金属球に存在することになる（図6.8(c)(III)）．さらに電圧を上げていくと，同じようにして2個目，3個目の電子が入っていく．結局，N 個目の電子が入る条件は

$$\epsilon(N) = \left(N - \frac{1}{2}\right)\frac{e^2}{C_\Sigma} + (-e)\Delta V = 0 \tag{6.30}$$

より，以下のようになる．

$$V_G(N) = \left(N - \frac{1}{2}\right)\frac{e}{C_G} \tag{6.31}$$

量子ドット内の電子数 N のゲート電圧 V_G 依存性を図6.8(b)に示した．同図において，矢印で表される階段のステップの位置が $V_G(N)$ に対応しており，ここで単一電子トンネリングが起こる．一方，これらの矢印の間の平らな領域がクーロンブロッケードがはたらいている領域である．

ここで，クーロンブロッケードを観測するための条件を説明しておこう．クーロンブロッケードを観測するためには，以下の二つの条件が必要となる．

$$R \gg R_K \quad \left(= \frac{h}{e^2} \simeq 25.8\ \mathrm{k\Omega}\right) \tag{6.32a}$$

$$\delta\epsilon \gg k_B T \tag{6.32b}$$

ここに，R はトンネル接合の抵抗であり，R_K は**量子化抵抗**とよばれる[†1]．

[†1] 量子化抵抗，あるいはその逆数である**量子化コンダクタンス**は，様々な量子伝導現象に現れる物理定数である．また，電気計測分野においても重要な定数となっており，その添字 K は，量子化抵抗の抵抗標準への応用に道を開きノーベル賞を受賞したフォン・クリッツィング（von Klitzing）にちなんでいる．現在では，h/e^2 は抵抗標準のための基準値となっており，その値はフォン・クリッツィング定数とよばれている．

最初の条件は，電子が十分に長く量子ドットにとどまらなければならないという条件である．量子ドットに入った電子がすぐに出てしまうと，これは状態の寿命が短いことを意味するので，2.3.4項で説明したように，電子のもつエネルギー ϵ が不確定になる（$\Delta\epsilon\Delta t \sim \hbar$）．このエネルギー不確定性 $\Delta\epsilon$ が付加エネルギー $\delta\epsilon = e^2/C_\Sigma$ を超えてしまうと，量子ドット中の電子数が不確定になってしまう．したがって，

$$\Delta\epsilon \sim \frac{\hbar}{\Delta t} \ll \frac{e^2}{C_\Sigma} \tag{6.33}$$

が必要である．さて，電子が量子ドット内に滞在する寿命が Δt であるということは，$1/\Delta t$ の頻度でトンネリングが起こり，$I = \pm e/\Delta t$ のランダムな電荷の動きが存在しているということを意味している．この動きがトンネル接合の電位差 $V \sim e/C_\Sigma$ で起こっていると考えると，接合の抵抗を R として $V = IR$ より，

$$V \sim \frac{e}{C_\Sigma} = \frac{e}{\Delta t}R \tag{6.34}$$

となる．この式を Δt について解き，式 (6.33) に代入すると，$R \gg \hbar/e^2$ が得られる[†1]．

二つ目の条件（式 (6.32b)）は，熱力学からの要請である．熱エネルギーが増大すると，電子はクーロンエネルギーに打ち勝って，高いエネルギー状態（電子数の大きい状態）へ遷移することが可能になる．$\delta\epsilon = e^2/C_\Sigma$ であるので，式 (6.32b) は $C_\Sigma \ll e^2/k_BT$ と変形できる．したがって，クーロンブロケードが高い温度ではたらくためには，小さな容量，すなわち小さな量子ドットが必要であることがわかる．そして，量子ドットを 1 nm 程度に小さくすれば，室温でもクーロンブロッケードがはたらくことは，6.2.1項の始めに述べたとおりである．

さて，量子ドットを統計力学的に取り扱えば，$\epsilon(N) (= E(N) - E(N-1))$ は

$$\mu(T, N) = F(T, N) - F(T, N-1) \tag{6.35}$$

に置き換わる（5.2.5項参照）．その意味は，「量子ドットという部分系が温度 T の熱平衡状態にあるとき，量子ドットの電子数を $N-1$ から N に変化させたときの自由エネルギーの変化量」である．つまり $\mu(T, N)$ は，量子ドットの化学ポテンシャルだということだ．したがって，式 (6.32b) を正確に記せば，以下のようになる．

$$\mu(T, N) - \mu(T, N-1) \gg k_BT \tag{6.36}$$

ここで，式 (6.35) の μ が，式 (5.86) の μ と「同じもの」であることを認識してほしい．5.2.5項，5.2.6項で扱ったマクロスケールの金属では，クーロンブロッケードは観測されない．しかしこれは，単に「系が大きい」というだけの理由による．金属

[†1] 式 (6.32a) 中の h がこの式では $\hbar$ となっているが，この差は不確定性関係の h の前の係数のとり方によるものであり，本質的なものではない．

が大きければ C が大きくなり，このため，式 (6.36)（あるいは式 (6.32b)）の条件を満たすことができないのだ．しかし，「二つの金属間の電子の移動」に関する物理は，両者で何も変わっていないのである[†1]．

以上の考察を踏まえて，単電子箱における単一電子の動き（図 6.8(c)）をより正確に記述しておこう．図 6.8(c)(I) の状態において，ソースから電子を 1 個抜き取ると，「ソース電極と量子ドットからなる系」の自由エネルギーが μ_S だけ減少する．その電子を量子ドットに入れると，今度は自由エネルギーが $\mu(T, N=1)$ だけ増加する．図 6.8(c)(I) の状態では $\mu(T, N=1) > \mu_S$ であるので，このような電子の動きでは，自由エネルギー減少の原理に反して，系の自由エネルギーが増加してしまう．したがってこの状態では，電子の移動は許されずクーロンブロッケードが有効となる．同様に，図 6.8(c)(II) の状態において電子が行ったり来たりできるのは，そのような動きで系の自由エネルギーが変化しないためであり，図 6.8(c)(III) の状態において電子が量子ドットに入るのは，そのような動きで系の自由エネルギーが減少するためである．

6.2.2 単電子デバイス：素電荷の極限操作に向けて

単電子箱を発展させることにより，単一電子を制御する様々なデバイスを作ることができ，これらは**単電子デバイス**と総称されている．ここでは，単電子デバイスの中でもとくに重要とされている単電子トランジスタと単電子ポンプについて説明しよう．

単電子箱にドレイン端子を加えて 3 端子にすると，クーロンブロッケードや単一電子トンネリングの特性を電流出力として取り出すことが可能となる．このデバイスは，**単電子トランジスタ**とよばれている．その構造と等価回路を**図 6.9**(a) に示した．単電

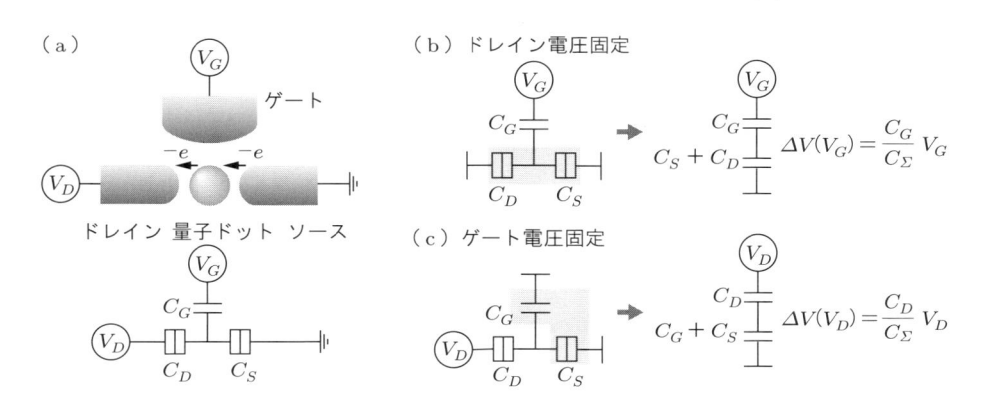

図 6.9 単電子トランジスタ．(a) 構造と等価回路．(b),(c) ドレイン電圧とゲート電圧を固定した場合の量子ドットの電位変化 ΔV（式 (6.37), (6.38)）．

[†1] 同様に，式 (6.22) と式 (5.82) の $\epsilon(N)$ も「同じもの」である．

子トランジスタでは，ゲートとドレインの二つの電極で $\epsilon(N)$ を制御することができる．そこでまず，それぞれの電極の電圧を独立に変化させたときの量子ドットの電位変化を確認しておこう．

ドレイン電圧を固定しゲート電圧を印加する場合には，ゲート容量に対向するソース容量とドレイン容量が並列に入っていると見る（図 6.9(b)）．したがって，ゲート電圧 V_G を印加したときの量子ドットの電位変化 ΔV は

$$\Delta V(V_G) = \frac{C_G}{C_G + (C_S + C_D)} V_G = \frac{C_G}{C_\Sigma} V_G \tag{6.37}$$

で与えられる．ここに $C_\Sigma = C_G + C_S + C_D$ は，量子ドットの総容量である．この式は，C_Σ の中身が違っているだけで，単電子箱のときの式（式 (6.27)）と同じである．したがって，ゲート電圧を変化させるときには，単電子箱に関する議論（式 (6.26) から式 (6.31) まで）をそのまま適用することができる．

一方，ゲート電圧を固定してドレイン電圧を変化させる場合には，図 6.9(c) にあるように，ドレイン容量に対してゲート容量とソース容量が並列に入っていると見る．このときの量子ドットの電位変化は，以下で与えられる．

$$\Delta V(V_D) = \frac{C_D}{(C_G + C_S) + C_D} V_D = \frac{C_D}{C_\Sigma} V_D \tag{6.38}$$

以上の結果をもとに，単電子トランジスタの特性を見てみよう．始めに，**図 6.10**(a) に示すように，ドレイン電圧 V_D を固定してゲート電圧 V_G を変化させたときを考え

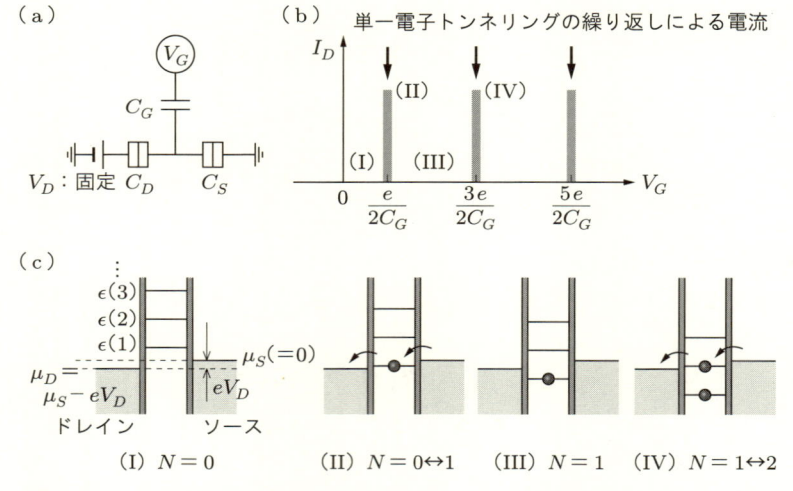

図 6.10 単電子トランジスタ特性のゲート電圧依存性．(a) 等価回路．(b) ドレイン電流 I_D のゲート電圧 V_G 依存性．(c) 単電子トランジスタのエネルギー図．(c) において，μ_S, μ_D はそれぞれソースとドレインの電位（フェルミ準位）を表す．

てみる．図 6.10(c) には，そのような場合の単電子トランジスタのエネルギー図が示されている．この図にはゲート電極は描かれていないが，ゲート電極は紙面に垂直方向の奥側にあると思ってほしい．

まず，$V_G = 0$ とし，V_D を正の微小値 $0 < V_D \ll \delta\epsilon/e \ (= e/C_\Sigma)$ に設定する．そのような状態を図 6.10(c)(I) に示した．この状態では，まだ $\epsilon(1) > \mu_S$ (μ_S はソースのフェルミ準位で $\mu_S = 0$ に設定) なので，量子ドットには 1 個の電子も入ることができず，クーロンブロッケード状態にある．

ゲート電極に正の電圧を印加すると，単電子箱のときと同じように $\epsilon(N)$ が下がってくる．そして，図 6.10(c)(II) のように $-eV_D \leq \epsilon(1) \leq 0$ となると，電子がソースから 1 個，量子ドットに入り，そしてドレインに抜けていく．この過程で，電子が 1 個量子ドットに入っている状態では，2 番目の電子は入ることができない．なぜなら，量子ドットに 2 個目の電子を入れるためのエネルギー $\epsilon(2)$ は，まだエネルギーの高い位置にあるからである．つまり，2 番目の電子は，1 番目の電子がドレインに抜けて初めて入ることが許される．このようにして，量子ドット内の電子数 N は，0 と 1 を繰り返し，電子は「1 個ずつ」ソースからドレインに流れていくことになる．

さらにゲート電圧を印加していくと，図 6.10(c)(III) のような状態になる．この状態では，量子ドットに入った電子はソースに戻ることもドレインに抜けることもできない．また，$\epsilon(2) > 0$ なので 2 個目の電子も入ることができない．このようにして，再びクーロンブロッケードの状態となり，電子数は $N = 1$ に固定される．さらにゲート電圧を印加していくと，2 個目の電子が入ることができるようになり，ドット内の電子数 N が 1 と 2 を繰り返すことにより，電流が流れる (図 6.10(c)(IV))．このように単電子トランジスタでは，ゲート電圧を印加していくと，電流が流れる状態と流れない状態が繰り返されることになる．図 6.10(b) に，ドレイン電流 I_D のゲート電圧 V_G 依存性を示した．

次に，ゲート電圧とドレイン電圧の両方をパラメータにとったときの動作を考えてみよう．図 6.11(a) は横軸にゲート電圧，縦軸にドレイン電圧（ソースは接地）をとり，クーロンブロッケード領域と単一電子トンネリング領域との境界を示したものである．色のついたところが単一電子トンネリングが起こる領域，白い部分がクーロンブロッケード領域であり，$N-1, N$ は量子ドットの電子数を表している．

この図にある点 A_1 から点 B_3 までの各点の状態を説明しよう．各点におけるエネルギー図を図 6.11(b) に示した．まず，点 A_2 は $V_D = 0, V_G = V_G(N)$ (式 (6.31)) である．この点では，$\epsilon(N)$ がソース，ドレインのフェルミ準位 (μ_S と μ_D でともにゼロに設定) と一致しており，電子はソース，ドレインの間を行ったり来たりを繰り返している．ただし，ソースとドレインのフェルミ準位が等しいので，時間平均した

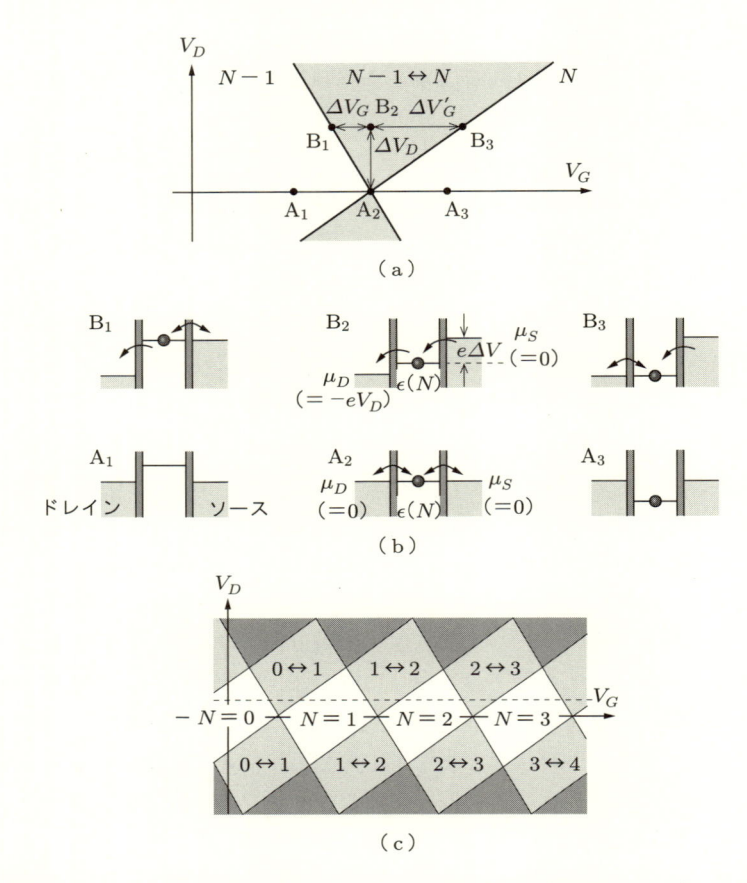

図 6.11 単電子トランジスタの動作条件．(a) V_G-V_D 面における単電子トランジスタの状態図．白い部分がクーロンブロッケード領域，色つき部分が単一電子トンネリング領域を表す．(b) 単電子トランジスタのエネルギー図．$A_1 \sim B_3$ は図 (a) の各点に対応している．(c) 動作条件のダイアグラム．白い部分がクーロンダイアモンドを表す．

ときの電子の流れ（電流）はゼロである．

点 A_2 から $V_D = 0$ のまま V_G を変化させると，クーロンブロッケード状態となり，電子数は $N-1$（点 A_1），N（点 A_3）に固定される．一方，点 A_2 から V_G を固定したまま V_D を変化させ点 B_2 に移ると，これは図 6.10(c)(II) または (IV) の状態に対応しており，単一電子トンネリングに起因した電流が生じることになる．

点 B_2 からドレイン電圧を固定してゲート電圧を負に動かすと，$\epsilon(N)$ が上昇する．そして点 B_1 を超えると，電子数 $N-1$ のクーロンブロッケード状態に入る．逆に，ゲート電圧を正に動かすと $\epsilon(N)$ が下降し，点 B_3 を超えると電子数 N のクーロンブロッケード状態に入る．

次に，単一電子トンネリング領域とクーロンブロッケード領域の境界線を表す式を導いてみる．$A_2 \to B_2 \to B_1$ という電圧変化を考えよう．

まず，$A_2 \to B_2$ のドレイン電圧印加の過程では，量子ドットの電位が式 (6.38) に従って変化し，$\epsilon(N)$ はソースのフェルミ準位（$\mu_S = 0$）に対して点 B_2 のエネルギー図に示されている $e\Delta V$ だけ引き下げられる．一方，$B_2 \to B_1$ のゲート電圧印加の過程では，量子ドットの電位が式 (6.37) に従って変化し，$\epsilon(N)$ は点 B_1 のエネルギー図に示されているようにソースのフェルミ準位に戻される．以上の過程は，式 (6.37) と式 (6.38) を用いると，

$$\Delta V(\Delta V_D) + \Delta V(\Delta V_G) = 0 \qquad (6.39)$$

と表すことができる．この式から，境界線の傾き $\Delta V_D/\Delta V_G$ が $-C_G/C_D$ と求められ，境界線として

$$V_D = -\frac{C_G}{C_D}(V_G - V_G(N)) \qquad (6.40)$$

が得られる．一方，反対側の境界線は $A_2 \to B_2 \to B_3$ という変化から，

$$\Delta V(\Delta V_D) + \Delta V(\Delta V_G') = V_D \qquad (6.41)$$

という式が立つ．これより，境界線の傾きが $\Delta V_D/\Delta V_G' = C_G/(C_S + C_G)$ と求められ，境界線は以下のように与えられる．

$$V_D = \frac{C_G}{C_S + C_G}(V_G - V_G(N)) \qquad (6.42)$$

単電子トランジスタでは，このような境界線が電子数が 1 個増えるごとに繰り返されることになり，結局，図 6.11(c) のような相図（ダイアグラム）が描けることになる．このように，クーロンブロッケードが起こる領域（図中の白い部分）は平行四辺形が並んだ形となり，これを**クーロンダイアモンド**とよぶ．一方，単一電子トンネリングが起こる領域は，クーロンダイアモンドの上下に同じ形の平行四辺形で現れることになる．また，この図に示された点線に沿ってゲート電圧を変化させたものが，図 6.10 に示した動作に対応している．

さて，単電子トランジスタのトンネル接合も，量子化抵抗 R_K より大きい抵抗値が必要になる．したがって，単電子トランジスタではあまり大きな電流を流すことができない．仮に，単電子トランジスタの抵抗が 1 GΩ（$= 10^9$ Ω）であり，$V_D = 0.1$ V の動作を考えると，その電流値は 100 pA（$= 100 \times 10^{-12}$ A）となる．この場合，1 秒間に約 10^9 個の電子が流れることになる．

この電子の流れをつぶさに観測することができたとしたら，それは 10^{-9} 秒に 1 回の割合で「1 個入っては出ていく」という単一電子トンネリングの繰り返しが見えるは

ずである．しかしこれは，10^{-9} 秒に 1 回「周期的に」単一電子トンネリングが起こっていることを意味しているのではない．

2.4.3 項で説明したように，トンネル現象は確率的な現象である．したがって，そのレート（トンネル頻度）のみが意味をもち，実際にどのタイミングでトンネルが起こるのかを予測することはできない．このことは，単電子トランジスタでは，正確に 1 個だけの電子を転送することができないということを意味している．先の例で言えば，10^{-9} 秒の間だけゲート電圧を電流が流れる状態にしたとしても，それで 1 個の電子を転送できるわけでなく，10^{-9} 秒の間に 2 個流れることも，まったく流れないこともあるということである．

しかし，単電子トランジスタを発展させることにより，正確に電子を 1 個ずつ転送することができるデバイスもいくつか提案され，すでに実証されている．そのようなデバイスの例を図 6.12 に示した．図 6.12(a), (b) は，それぞれデバイス構造と等価回路である．このデバイスは複数（図では 2 個）の量子ドットとゲートから構成され，各ゲートの電圧（図 6.12 中の V_{GR} と V_{GL}）を順番に操作することにより，ゲートの 1 周期（1 クロック）で正確に電子を 1 個転送することができる．図 6.12(c) は，電子を 1 個転送するときの量子ドットのエネルギー変化を表している．このデバイスにおいても，電子の移動は確率過程に支配されている．しかし，トンネル時間（トンネリングが起こるための平均時間）より十分長い時間を待てば，きわめて高い確率でトンネリングが起こると考えてよい．そして，いったんトンネリングが起こると，図 6.12(c)(II),(III) の状態は安定な状態であるので，次の動作に移るまでそれ以上の電子の移動は起

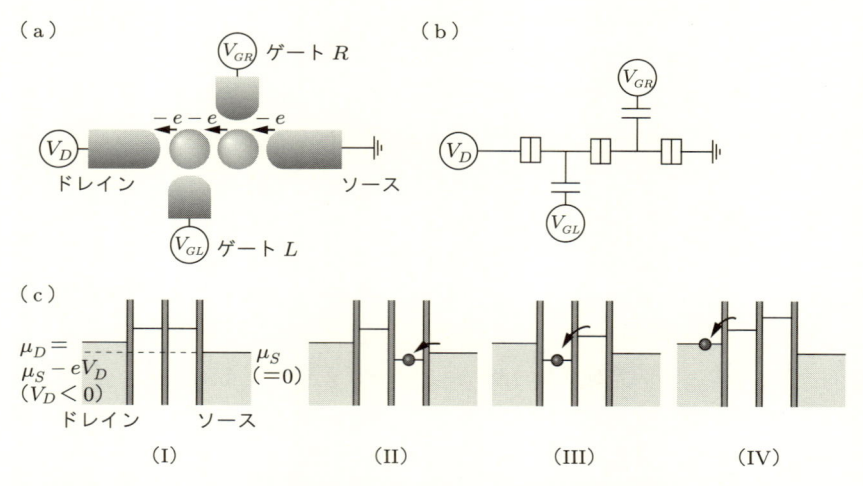

図 6.12 単電子ポンプ．(a) 構造図，(b) 等価回路図，(c) 単電子ポンプの動作を表すエネルギー図．

こらない．このようにして，正確に 1 個の電子をソースからドレインに転送することができるのである．

図 6.12(c) に示すように，このデバイスでは，ドレイン電圧を負にしても，その負電圧に逆らってソースからドレインに電子を転送することが可能である．このため**単電子ポンプ**とよばれている．単電子ポンプを用いることにより，1 K 以下の極低温ではあるが，1 MHz 程度の動作（つまり，1 秒間に 10^6 回程度の転送）で 10^{-8} の転送精度（つまり，平均で 1 億回に 1 回しか転送に失敗しない）が実現されている．また，別の構造のデバイスでは，転送精度は劣るものの，1 GHz を超えた高周波動作や室温での動作も実現されている．

単電子ポンプの作る電流 I_p は，以下のように表される．

$$I_p = ef \tag{6.43}$$

ここに f は，単電子ポンプのゲートに印加する電圧の周波数である．この式は，正確な周波数をもつ信号をゲートクロックに用いることにより，素電荷 e の単位で正確な電流を作り出すことができることを意味している．このため単電子ポンプは，精密電気計測分野において，電流標準（電流値の基準となる高精度電流源）などへの応用が期待されている．

6.3 量子コンピュータ：量子コンピュータは量子力学そのもの

トンネルトランジスタや単電子トランジスタといった，いわゆる量子効果デバイスは，トンネル現象をデバイス動作に応用したものである．しかし量子コンピュータは，このような量子効果デバイスを用いたコンピュータのことではない．量子コンピュータは，量子力学の原理そのものを演算に用いるものであり，これまで提案されているいかなるコンピュータともその原理が異なっている．ここでは量子コンピュータについて，そのさわりを紹介しよう．

6.3.1 量子コンピュータの概要：何ができるのか

始めに，量子コンピュータのイメージをつかむために，簡単な「宝探しゲーム」を考えてみる．あるお宝が，ある部屋に隠されているとする．このお宝部屋に辿り着くためには，N 個の部屋を通り抜ける必要があるとしよう．ただし困ったことに，各部屋には二つのドアがあり，プレーヤーはどちらかのドアを選択しなければならない．そして一度選択したらもう後戻りはできない．つまり，通り抜けた N 個のドアすべてが正しいときだけ，お宝部屋に辿り着くことができる．考えられるルートは 2^N 個であ

る．プレーヤーは，いかに速くお宝を探し当てることができるかを競い合う．

このゲームをコンピュータで行うことを考える．このゲームに関しては，各部屋の二つのドアを 0 と 1 とに番号付けすれば，m 番目の部屋のドアを m 番目のビットに対応させることができる．したがって，たとえば $N = 10$ であれば，可能なルートは 0000000000 から 1111111111 までの $2^{10} = 1024$ 個のビット列で表されることになる．「お宝を探し当てる」という行為は，「2^N 個のビット列の中から正解となるビット列を検索する」というプロセスに対応している．そしてそのプロセスは，次の二つのステップからなる．

(1) N ビットのすべての状態（2^N 個のすべてのルート）を用意する
(2) 問題に適したアルゴリズムを用いて，各状態を 1 個ずつ正解と照合する

このステップの実行が，N の増大とともに急激に困難になることは想像に難くない．$N = 10$ で 1024 個だったルートの数は，$N = 100$ では $2^{100} \simeq 10^{30}$ と巨大なものになる．この場合，最新のスーパーコンピュータをもってしても，このゲームの正解を「意味のある時間の範囲内で」探し当てることは不可能になる．

量子コンピュータは，このように N の増大とともに爆発的に（指数関数的に）場合の数が増えるような問題に対して，通常のコンピュータでは実行不能な計算を可能にしてくれるものである．上のゲームを量子コンピュータで行うとどうなるだろうか．

量子コンピュータも通常のコンピュータと同じようにビットをもつ．このビットは**量子ビット**（quantum bit，または qubit[†1]）とよばれ，通常のビット同様，0 と 1 を使って表される．通常のコンピュータでは，ビットの 0 と 1 は何がしかの物理量の値で表現される（一般には，トランジスタ回路のゲート容量 C の電位である）．

しかし量子ビットは，物理量（物理量の観測値）では表現することができない．それは，「物理量を観測する前の」2 準位系の基底で表現されるものである[†2]．たとえば，電子スピンや核スピンは 2 準位系をなし，上向きスピンを 0，下向きスピンを 1 とできる（その逆でもよい）．あるいは 4.1 節で扱った（理想化された）水素分子イオンも 2 準位系であり，結合状態を 0，反結合状態を 1 とできる．また，光の偏光を用いても 2 準位系を作ることができる．一般に，このような 2 準位系の基底は $|0\rangle, |1\rangle$ で表現される．

量子ビットを多ビット化するときには，複数の量子ビットを組み合わせる．たとえば 2 量子ビットの場合，第一のビットが $|0\rangle$ であり，第二のビットが $|1\rangle$ である状態は，$|0\rangle|1\rangle$，または $|01\rangle$ と表現される．これは上の例で言えば，二つのスピン，二つ

[†1] 「キュービット」と読む．
[†2] 基底（基底ベクトル）については，2.5.3 項を参照のこと．

の分子イオン，あるいは二つの光子を用意することに相当する．

さて，量子コンピュータで $N=10$ の宝探しゲームを実行するためには，10個のスピンやイオンを用意して，$|0000000000\rangle$ から $|1111111111\rangle$ までの1024個の組み合わせを作る必要がある．これを一つひとつ作るのは大変な作業である．しかし量子ビットでは，次のような状態を使うことができる．

$$|\psi\rangle = \frac{1}{\sqrt{2}}(|0\rangle + |1\rangle) \tag{6.44}$$

これは，二つの基底の重ね合わせの状態である．もし仮に2準位系が10個あり，これらがすべて上式のような重ね合わせの状態であるとすると，10個の2準位系からなる系全体の状態 $|\Psi\rangle$ は

$$\begin{aligned}|\Psi\rangle &= \frac{1}{\sqrt{2}^{10}}(|0\rangle+|1\rangle)(|0\rangle+|1\rangle)\cdots(|0\rangle+|1\rangle) \\ &= \frac{1}{\sqrt{2}^{10}}(|0000000000\rangle + |0000000001\rangle + |0000000010\rangle + \cdots)\end{aligned} \tag{6.45}$$

となる．これは，1024通りの状態の重ね合わせの状態である．このように量子コンピュータでは，状態の重ね合わせを利用することにより，対象とする膨大な数の状態を一度に準備することができるのである．これにより，すべての状態に対して，正解へと導くアルゴリズムを「同時に」適用することが可能となる．つまり，量子コンピュータでは，超並列計算が可能なのである．

ここで少し心配なのは，各状態には皆 $1/\sqrt{2}^N$ という係数がついていることである．この係数は，N が大きくなれば急激に小さくなってしまう．つまり，それぞれの状態を見出す確率振幅が極端に小さくなってしまう．そのような微弱な信号で正解を検出ことができるのだろうか．

ここで再び量子力学の原理がはたらく．波動関数は「観測」という行為により，ある状態に収縮する（2.5.6項参照）．この波動関数の収縮を利用すれば，等分配されていた微弱な確率振幅（の2乗）を一気に「1」に回復できるのだ．そう，量子コンピュータにおける計算アルゴリズムとは，波動関数の収縮が起こったときに正解が得られるように，$|\Psi\rangle$ を巧妙に変換させる手続きのことなのである．これを**量子アルゴリズム**とよぶ．

要約すると，量子コンピュータとは以下の操作を行うものである．

(1) 重ね合わせによる超並列状態の形成
(2) 観測結果が正解となるための量子アルゴリズムの実行

ただし，このようなアルゴリズムを考えることは非常に難しく，現在までに見出さ

れているアルゴリズムは数えるほどしかない．しかもそれぞれのアルゴリズムは，ある特別な問題に対してだけ有効であり，その汎用性はきわめて低い．

それにもかかわらず量子コンピュータが注目されているのは，そのアルゴリズムの中に，素因数分解を可能にするものが含まれているからである．現在の情報通信のセキュリティーは，そこで用いられる暗号の信頼性によっている．その暗号は，非常に大きな数に対しては，素因数分解を「意味のある時間の範囲内に」実行することは不可能である，という大前提に基づいている．

ある数を素因数分解するためには，素数で割り算して割り切れるかどうかを判定しなければならない．このとき，2, 3, 5, 7, 11, ... といった具合に小さい素数から1個ずつ「しらみつぶしに」判定を繰り返す以外に方法がない．このため，1万桁の数を素因数分解するためには，最高速のコンピューターでも100億年以上の時間が必要であると考えられている．ところが量子コンピュータを用いると，素因数分解すべき数の桁数に比例する程度の時間で済み，1万桁の数の場合，数時間で素因数分解が完了すると考えられている．つまり，これまで破られるはずのなかった暗号が破られてしまうのである[†1]．

6.3.2　1量子ビットの操作：波動関数の時間発展とユニタリー変換

ここでは，1量子ビットの操作がどのようなものであるのかを見てみよう．1量子ビットの操作とは，ある1ビットの状態 $|\psi\rangle$ を別の状態 $|\psi'\rangle$ に変換することである．つまり，次式で示すように，基底 $|0\rangle, |1\rangle$ の確率振幅 C_0, C_1 を別の値 C_0', C_1' に変化させることである．

$$|\psi\rangle = C_0|0\rangle + C_1|1\rangle \Longrightarrow |\psi'\rangle = C_0'|0\rangle + C_1'|1\rangle \tag{6.46}$$

この変換は

$$|\psi'\rangle = \hat{U}|\psi\rangle \tag{6.47}$$

のように，演算子を用いて表すことができる．この演算子 $\hat{U}$ はどんなものでもよいというわけではない．変換前後の状態は $\langle\psi|\psi\rangle = \langle\psi'|\psi'\rangle$ を満たしていないといけない．$|\psi'\rangle = \hat{U}|\psi\rangle$ のブラは $\langle\psi'| = \langle\psi|\hat{U}^\dagger$ と書ける[†2]．したがって，

$$\langle\psi'|\psi'\rangle = \langle\psi|\hat{U}^\dagger\hat{U}|\psi\rangle = \langle\psi|\psi\rangle \tag{6.48}$$

[†1] ただし，量子コンピュータはまだ研究段階であり，このような数万桁におよぶ計算を実行するにはいたっていない．一方，量子力学の原理を用いた**量子暗号**とよばれるまったく新しい暗号の研究も進められている．

[†2] $U^\dagger$ は U の**エルミート共役**とよばれ，「ユーダガー」と読む．この演算子の意味は，すぐ後の U の行列表示のところで説明される．

より,
$$\hat{U}^\dagger \hat{U} = 1 \tag{6.49}$$
という条件が課せられる．この条件を満たす演算子はユニタリー演算子とよばれ，ユニタリー演算子による変換は**ユニタリー変換**とよばれる．すなわち，1量子ビットを操作するということは，量子ビットにユニタリー変換を施すことである．

式 (6.47) の変換は，行列を用いて表現することもできる．これは，二つの基底の確率振幅に対して，
$$\begin{pmatrix} C_0' \\ C_1' \end{pmatrix} = \begin{pmatrix} u_{00} & u_{01} \\ u_{10} & u_{11} \end{pmatrix} \begin{pmatrix} C_0 \\ C_1 \end{pmatrix} \tag{6.50}$$
という式を与える．ここに現れる 2 行 2 列の行列が，演算子 $\hat{U}$ の行列表示である．ユニタリー変換に対応する行列は，ユニタリー行列とよばれる．ユニタリー行列となる条件は，エルミート共役との積が単位行列となること，すなわち,
$$\begin{pmatrix} u_{00}^* & u_{10}^* \\ u_{01}^* & u_{11}^* \end{pmatrix} \begin{pmatrix} u_{00} & u_{01} \\ u_{10} & u_{11} \end{pmatrix} = \begin{pmatrix} 1 & 0 \\ 0 & 1 \end{pmatrix} \tag{6.51}$$
である．左辺の左側の行列が，エルミート共役 $\hat{U}^\dagger$ の行列表示である．ユニタリー行列の例を挙げれば,
$$X = \begin{pmatrix} 0 & 1 \\ 1 & 0 \end{pmatrix}, \quad H = \frac{1}{\sqrt{2}} \begin{pmatrix} 1 & 1 \\ 1 & -1 \end{pmatrix} \tag{6.52}$$
などがある．X は，$|0\rangle$ を $|1\rangle$ に，$|1\rangle$ を $|0\rangle$ に変換するので，**NOT ゲート**とよばれる．一方，H は**アダマールゲート**（Hadamard gate）とよばれ,
$$|0\rangle \Rightarrow \frac{1}{\sqrt{2}}(|0\rangle + |1\rangle), \quad |1\rangle \Rightarrow \frac{1}{\sqrt{2}}(|0\rangle - |1\rangle) \tag{6.53}$$
という変換を行う．つまりアダマールゲートとは，基底から重ね合わせの状態を作るゲートのことである[†1]．NOT ゲートやアダマールゲートのように量子ビットに作用するゲートは**ユニタリーゲート**とよばれる．

以上が，1 ビット操作の数学的側面の説明である．以下では，これらの数学的操作がどのような物理的操作に対応するのかを見てみよう．シュレディンガー方程式
$$i\hbar \frac{\partial |\psi(t)\rangle}{\partial t} = \hat{H} |\psi(t)\rangle \tag{6.54}$$
において，仮に $\hat{H}$ を定数と思ってこの微分方程式を解くと,
$$|\psi(t)\rangle = e^{-i\hat{H}t/\hbar} |\psi(0)\rangle \tag{6.55}$$

[†1] 式 (4.31) を見直してみてほしい．

という解が得られる．実際には $\hat{H}$ は演算子であるが，そのような場合でも，実は上式は成立する．ここで

$$\hat{U}(0,t) = e^{-i\hat{H}t/\hbar} \tag{6.56}$$

と書けば，$\hat{U}(0,t)$ は，時刻 0 の波動関数 $|\psi(0)\rangle$ を時刻 t の波動関数 $|\psi(t)\rangle$ に変換する演算子であることがわかる．式 (6.55) の右辺を計算するということは，初期条件 $|\psi(0)\rangle$ のもとに，シュレディンガー方程式を解くことに対応しているのである．

式 (6.55) が 1 量子ビットの演算（式 (6.47)）にほかならない．つまり 1 量子ビットの演算とは，「ハミルトニアン $\hat{H}$ のもとで，ある一定時間待って波動関数（状態ベクトル）を時間発展させる」という物理的操作のことである．

$$\text{量子ビット：} \quad \text{2 準位系の波動関数}$$
$$\text{ユニタリーゲート：} \quad \hat{U}(0,t) = e^{-i\hat{H}t/\hbar}$$

ということだ[†1]．

波動関数の時間発展は，行列を用いて表すこともできる．4.1 節の議論を参考にしよう．2 準位系の波動関数

$$|\psi\rangle = C_0(t)|0\rangle + C_1(t)|1\rangle \tag{6.57}$$

に対して，確率振幅 $C_0(t)$ と $C_1(t)$ の解を求めるという問題を考える．式 (4.5) から式 (4.9) までの流れを上式に適用すると，

$$i\hbar \frac{d}{dt} \begin{pmatrix} C_0(t) \\ C_1(t) \end{pmatrix} = \begin{pmatrix} \langle 0|\hat{H}|0\rangle & \langle 0|\hat{H}|1\rangle \\ \langle 1|\hat{H}|0\rangle & \langle 1|\hat{H}|1\rangle \end{pmatrix} \begin{pmatrix} C_0(t) \\ C_1(t) \end{pmatrix} \tag{6.58}$$

という連立方程式が出来上がる．4.1 節でも述べたように，これはシュレディンガー方程式の変形版である．つまりこの式は，式 (6.47)，(6.54)，および式 (6.55) と同じものである．

仮に，$|0\rangle$ と $|1\rangle$ がハミルトニアン $\hat{H}$ の固有関数であれば，

$$\hat{H}|0\rangle = E_0|0\rangle, \qquad \hat{H}|1\rangle = E_1|1\rangle \tag{6.59}$$

である．ここに E_0, E_1 は，それぞれ $|0\rangle, |1\rangle$ のエネルギー固有値である．したがって，$|0\rangle$ と $|1\rangle$ の規格直交性を用いれば，

$$i\hbar \frac{d}{dt} \begin{pmatrix} C_0(t) \\ C_1(t) \end{pmatrix} = \begin{pmatrix} E_0 & 0 \\ 0 & E_1 \end{pmatrix} \begin{pmatrix} C_0(t) \\ C_1(t) \end{pmatrix} \tag{6.60}$$

[†1] $e^{-i\hat{H}t/\hbar}$ のエルミート共役は $e^{i\hat{H}t/\hbar}$ であり，この演算子は $\hat{U}(0,t)^\dagger \hat{U}(0,t) = 1$ を満たす．したがって，ユニタリー演算子である．

6.3 量子コンピュータ：量子コンピュータは量子力学そのもの

となり，$C_0(t)$ と $C_1(t)$ は独立な方程式に従うことになる．その解は次のように書ける．

$$\begin{pmatrix} C_0(t) \\ C_1(t) \end{pmatrix} = \begin{pmatrix} e^{-iE_0t/\hbar} & 0 \\ 0 & e^{-iE_1t/\hbar} \end{pmatrix} \begin{pmatrix} C_0(0) \\ C_1(0) \end{pmatrix} \quad (6.61)$$

これもユニタリー変換（式 (6.50)）の一例である．ただしこの例は，C_0 も C_1 も位相が変化するだけで，これは要するに「何も起こらない」という変換である．

しかし，光を照射したり電圧をかけたりして，ハミルトニアンのポテンシャルエネルギー項に変化を生じさせた場合には，状況が変わってくる．そのときには，式 (6.58) の行列の非対角項 $\langle 0|\hat{H}|1\rangle$ と $\langle 1|\hat{H}|0\rangle$ がゼロでなくなり，C_0 も C_1 ももっと複雑に変化する．そして，$\hat{H}$ を上手く設定し，待ち時間も上手く設定してやれば，X（NOTゲート）や H（アダマールゲート）に対応する変換を行うことができる．

その具体例を見てみよう．始めに，光を用いる場合を説明する．図 6.13 は，2 準位系に光を照射したときに，何が起こるのかを示している．光のエネルギー $\hbar\omega$ が 2 準位のエネルギー間隔 E_B と異なっている場合，何も起こらない（図 6.13(a) の左図）．しかし，光のエネルギーが 2 準位のエネルギー間隔と同じであれば，光の吸収と放出が繰り返されるという現象が起こる（図 6.13(a) の右図）．このような現象を，一般に**共鳴**とよぶ．

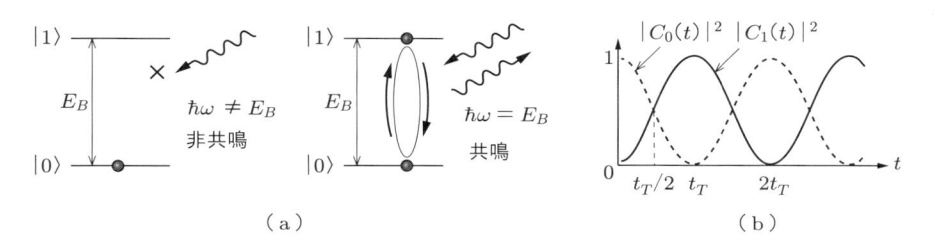

図 6.13 (a) 光と電子系の共鳴．(b) ラビ振動．

重要なのは，共鳴が起こると，2 準位系は光を吸収するだけでなく放出もするということだ．光の吸収と放出が周期的に繰り返されるのである．したがって，2 準位系を基底状態と励起状態に見出す確率の確率振幅 $|C_0|^2$，$|C_1|^2$ は，図 6.13(b) に示すような変化をする．このような光照射による 2 準位系の振動を**ラビ振動**とよぶ．

ラビ振動の周期を $2t_T$ としよう．すると，$t = t_T$ の時間だけ光を照射すれば，$t = 0$ で $|0\rangle$ の状態にあれば $|1\rangle$ に遷移する．逆に $|1\rangle$ の状態にあれば $|0\rangle$ に遷移する．この遷移の仕方は NOT ゲートそのものである．また，待ち時間を $t = t_T/2$ とすれば，2 準位系を基底状態と励起状態に見出す確率が等しくなり，これにより重ね合わせの状態 $(|0\rangle + |1\rangle)/\sqrt{2}$ を生成することができる．

次に，電圧を用いる場合を見てみよう．ここでは，前節で説明した単電子ポンプの構造を用いて，重ね合わせの状態を作る方法を説明する．図6.12(a)に示した単電子ポンプを半導体量子ドットで作製し，そこに1個の電子が入った状態を考える．この状態は，二つの「人工原子」に電子が1個だけ入った状態であるので，「人工水素分子イオン」とみなすことができる．この人工水素分子イオンを用いると，4.1節で説明した，結合状態，反結合状態，そしてこれらの重ね合わせの状態を作ることができる．

その方法を以下に示そう．まず，二つのゲートの電圧を調整して図6.12(c)(II)の状態を作り，これを初期状態とする．この初期状態を図6.14(a)に示した．ただし，ソースとドレインは省略してあり，電子は波動関数として描かれている．この状態では，右側の量子ドットのエネルギー準位のほうが低いので，電子は右側の量子ドットに局在している．

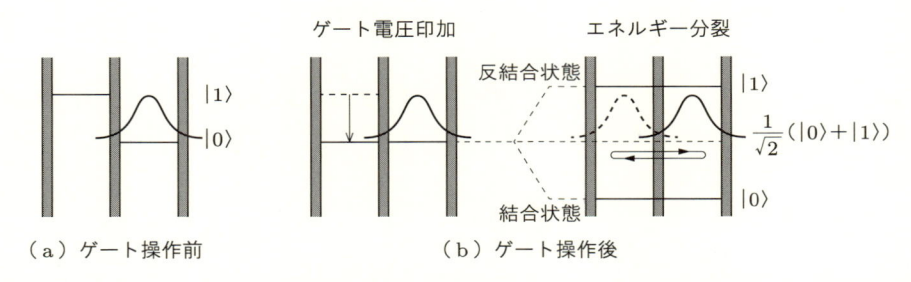

（a）ゲート操作前　　　　　（b）ゲート操作後

図6.14　人工水素分子イオンによる重ね合わせの状態の形成．ゲート操作後の電子は，結合状態と反結合状態の重ね合わせの状態となり，左右の量子ドットの間の往復運動を繰り返す．

この状態から，左右の量子ドットのエネルギーが等しくなるように，左側の量子ドットのゲートに電圧を印加する（図6.14(b)の左図）．すると，左右の量子ドットの間のトンネル確率が有限であるために，エネルギー分裂が生じる（図6.14(b)の右図）[†1]．この過程で，電子のもつエネルギーに変化がないとすれば，この電子のもつエネルギーは，結合状態のエネルギーとも反結合状態のエネルギーとも等しくない．したがって，電子はどちらのエネルギー固有状態にもならず，これらの重ね合わせの状態になる．このようにして，ゲート電圧印加により，基底状態 $|0\rangle$ を重ね合わせの状態 $(|0\rangle+|1\rangle)/\sqrt{2}$ に変換することができる．

さて，水素分子イオンで，結合状態と反結合状態の重ね合わせの状態を作ると何が起こったかを思い出そう．それは図4.2に示したとおり，行ったり来たりの往復運動が起こるのであった．先の人工水素分子イオンでは，この往復運動を電流変化として検出することができる．図6.15は，半導体量子ドットを2個用いて作製した「人工水

[†1] エネルギー分裂については4.1.2項，4.1.3項を参照してほしい．

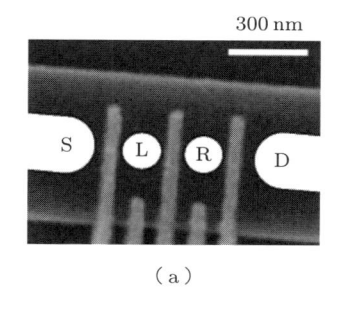

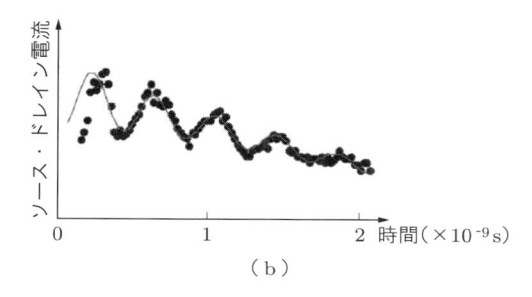

図 6.15 人工水素分子イオンデバイス．(a) デバイス構造の電子顕微鏡写真．L, R が量子ドットであり，S, D はソース，ドレイン電極を表す．(b) ソース，ドレイン間を流れる電流の時間変化．電子が右と左の量子ドットを行ったり来たりする様子が，電流の振動として観測されている．(資料提供：NTT 物性科学基礎研究所 林 稔晶 氏)

素分子イオンデバイス」と，その電流振動の様子を示している[†1]．

6.3.3 2量子ビットの操作：制御 NOT ゲートと量子もつれ状態

ここでは 2 ビット操作の代表として，**制御 NOT ゲート**とよばれるゲートを紹介しよう．このゲートを代表例として取り上げる理由は二つある．一つは，この制御 NOT ゲートと前節で説明した 1 ビットユニタリーゲートとの組み合わせにより，すべてのゲート（演算）を作り出すことができることである[†2]．もう一つは，制御 NOT ゲートにより，「量子もつれ」とよばれるきわめて重要な量子力学的状態を作り出すことができることである．

制御 NOT ゲートのブロック図と真理値表を図 6.16 に示す．制御 NOT ゲートには，制御ビットと標的ビットとよばれる二つのビットがある．真理値表が示すように，制御ビットは変換に際して何も変化しない．一方標的ビットは，制御ビットが $|0\rangle$ で

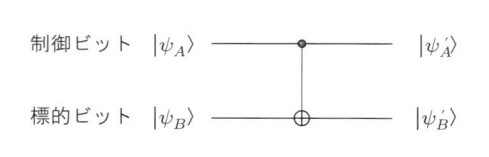

$|\psi_A\rangle$	$|\psi_B\rangle$	$|\psi_A'\rangle$	$|\psi_B'\rangle$
0	0	0	0
0	1	0	1
1	0	1	1
1	1	1	0

図 6.16 制御 NOT ゲートのブロック図と真理値表

[†1] 図 (b) を見ると，振動の振幅が時間とともに小さくなっていることがわかる．これは，重ね合わされた 2 準位間の干渉効果（**可干渉性**：量子コヒーレンスともよばれる）が，熱雑音の影響で徐々に失われていくためである．量子コヒーレンスをいかに長い時間保てるようにするかが，量子コンピュータの実現において重要な課題とされている．

[†2] これを万能ゲートとよぶ．1 ビットユニタリー変換と制御 NOT ゲートにより万能ゲートが作れることは，数学的に証明されている．

あるときには変化しないが，$|1\rangle$ であるときには反転する．つまり制御 NOT ゲートとは，文字どおり，制御された NOT ゲートのことである．

制御 NOT ゲートは，少し複雑な次のような物理的操作で実行される．二つの 2 準位系を考えよう．ここでは，2 準位系を原子のもつエネルギー準位であるとして，原子 A,B とよぶことにする．これら二つの原子は，互いに離れているときにはそれぞれ E_A, E_B のエネルギー準位幅をもつとする．二つの原子を近づけていくと，相互作用のためにこのエネルギー準位幅は変化していく．その変化の仕方は，相手の原子の状態に依存しそうである．いま，原子 B のエネルギー準位幅 E_B が，原子 A が基底状態 $|0\rangle$ にあるときには E_{B0} に，励起状態 $|1\rangle$ にあるときには E_{B1} に変化したとする．

ここで，原子 B のビットを操作するために光を照射する．その際，その光のエネルギー $\hbar\omega$ を E_{B1} に設定する．すると，原子 A の状態が $|1\rangle$ であれば共鳴が起こる（図 6.17(a)）．そして，光を当てる時間を，共鳴の周期 $2t_T$ の半分の時間 $t = t_T$ に設定すれば，原子 B の状態を反転させることができる．一方，原子 A の状態が $|0\rangle$ のときには共鳴は起こらず，原子 B の状態には何の変化も起こらない（図 6.17(b)）．

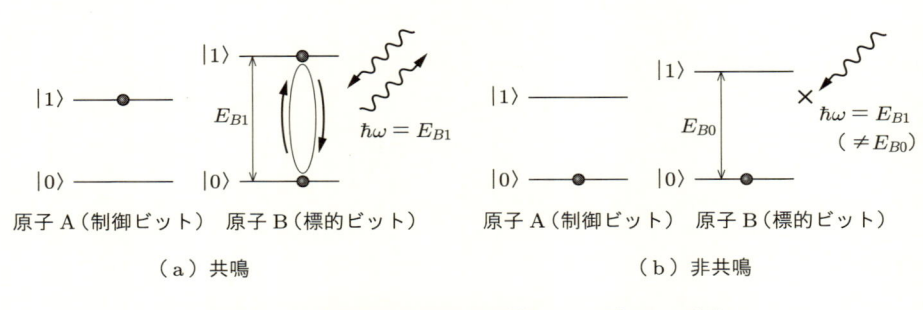

図 6.17 光の共鳴現象を用いた制御 NOT ゲートの動作

このような原子 B の変化の仕方は，制御 NOT の演算にほかならない．つまり，原子 A が制御ビットとして，原子 B が標的ビットとして機能するのである[†1]．

さて，この制御 NOT ゲートを次の状態に作用させたらどうなるかを考えてみよう．

$$\text{制御ビット:}\ |\psi_A\rangle = \frac{1}{\sqrt{2}}(|0\rangle + |1\rangle) \quad \text{標的ビット:}\ |\psi_B\rangle = |1\rangle \quad (6.62)$$

これは，系の初期状態が，

$$|\Psi_i\rangle = \frac{1}{\sqrt{2}}(|0\rangle + |1\rangle)|1\rangle = \frac{1}{\sqrt{2}}|0\rangle|1\rangle + \frac{1}{\sqrt{2}}|1\rangle|1\rangle$$
$$= \frac{1}{\sqrt{2}}|01\rangle + \frac{1}{\sqrt{2}}|11\rangle \quad (6.63)$$

[†1] ここでは 2 準位系として原子のエネルギー固有状態を想定して説明を行ったが，実際には，このような制御 NOT ゲートの演算は，核スピンなどを用いて実現されている．

という状態である．この状態に制御 NOT ゲートを作用させると，右辺第 1 項は，制御ビットが $|0\rangle$ なので標的ビットはそのままの状態を保ち，第 2 項は，制御ビットが $|1\rangle$ なので標的ビットは反転する．したがって，制御 NOT 演算後の系の状態は

$$|\Psi_f\rangle = \frac{1}{\sqrt{2}}|01\rangle + \frac{1}{\sqrt{2}}|10\rangle \tag{6.64}$$

となる．

この状態は，非常に奇妙な状態である．そのことを説明するために，始めに変換前の状態について考えてみよう．$|\Psi_i\rangle$ という状態に対して，原子 A（制御ビット）の状態（エネルギーの値）を観測すると何が起こるだろうか．答えは $|0\rangle$ と $|1\rangle$ の状態が半々ずつの確率で起こる．この波動関数の収縮を系全体として考えると，

$$\text{原子 A が } |0\rangle \text{ に収縮} \implies |\Psi_i\rangle \text{ は } |01\rangle \text{ に収縮}$$

$$\text{原子 A が } |1\rangle \text{ に収縮} \implies |\Psi_i\rangle \text{ は } |11\rangle \text{ に収縮}$$

である．この式を見てわかるように，原子 A の観測結果がどちらの場合でも，原子 B を観測すれば $|1\rangle$ が観測される．つまり，原子 A の観測により原子 B の状態に何の変化も起こらない．逆に，原子 B（標的ビット）を最初に観測すると 100％ の確率で $|1\rangle$ が観測されるが，この観測により原子 A の重ね合わせの状態には何の変化も起こらない．つまり，$|\Psi_i\rangle$ という状態では，原子 A と原子 B の状態は互いに独立である．

$|\Psi_f\rangle$ ではどうなるだろうか．今度は，

$$\text{原子 A が } |0\rangle \text{ に収縮} \implies |\Psi_f\rangle \text{ は } |01\rangle \text{ に収縮}$$

$$\text{原子 A が } |1\rangle \text{ に収縮} \implies |\Psi_f\rangle \text{ は } |10\rangle \text{ に収縮}$$

となる．つまり，原子 A の観測結果が原子 B の状態を自動的に決めることになる．その理由は，式 (6.64) を見れば明らかだ．$|\Psi_f\rangle$ は $|01\rangle$ と $|10\rangle$ の状態しか含まない．だから，原子 A が $|0\rangle$ に観測されるということは，系が $|01\rangle$ に収縮することを意味し，したがって，原子 B は $|1\rangle$ の状態しかとりようがない．逆も同じである．このように，一方の状態の観測により他方の状態が決まるような状態を，**量子もつれ**，または**量子エンタングルメント**とよぶ．制御 NOT ゲートにより，互いに独立な状態から量子もつれ状態を作ることができるのだ（逆に，制御 NOT ゲートにより量子もつれ状態を解くことも可能である）．

量子もつれ状態は，私たちの常識では理解し難い現象を引き起こす．このことを，次のような極端な例を想定して説明しよう．

量子もつれ状態にある二つの原子を真空の空間に置き，少しずつ距離を広げて互いに 1 光年の距離まで引き離す．このように引き離された原子どうしには，もちろんクー

ロン力などの相互作用ははたらかない（無視できる）．さて，この状態において，原子 A の状態「だけ」を観測すると原子 B の状態はどうなるだろうか．結果は，（二つの原子が式 (6.64) で表される量子もつれ状態を保っていれば）原子 A の状態が確定した瞬間に，原子 B の状態も確定する．たとえば，原子 A の観測結果が $|0\rangle$ であったならば，原子 B は確実に $|1\rangle$ となる．

この結果は，「原子 A の状態が決まると，何の相互作用もない 1 光年彼方の原子 B の状態も，瞬時に決まる」と言っている．しかも，原子 A の状態も原子 B の状態も，観測するまでは決定されていないというのである．こんな不思議なことが本当に起こってもよいものだろうか．

この問題に対して，アインシュタイン，ポドルスキー，ローゼンは，1935 年に 1 本の論文を共同で発表し，量子力学の矛盾点と不完全性を次のように指摘した．「相互作用のない原子 B が原子 A の情報を知ることなどできるはずがない．だから，原子 A の状態も原子 B の状態も観測する前から決まっていたに違いない．本当は，原子 A と原子 B が相互作用を失う直前に，どちらが $|0\rangle$ になるのかは決まっていたのだ．ただ，この相互作用の詳細を捉えきれていないために，確率的な結果しか得ることができないのだ．つまり，量子力学にはまだ発見されていないパラメータ（変数）があり，これを制御することができれば，原子 A の状態も原子 B の状態も決定論的に予測することができるはずだ．」[†1]

もしこの考えが正しいとすると，量子力学にはまだ未解明な原理があり不完全だということになる．逆にこのようなパラメータが存在しなければ，量子力学では「相互作用もないのに相手に自分の情報を伝えることができる」ということになり，矛盾が生じることになる．この主張はのちに EPR パラドックスとよばれるようになる．また，先の未知なるパラメータは「隠れた変数」とよばれる．

このパラドックスの提起以来，隠れた変数の理論を求め多くの研究がなされたが，実験結果を矛盾なく説明できる理論は見つからなかった．そしてついに 1982 年，アスペにより，このような隠れた変数が存在しないことが実験的に証明されたのだ[†2]．

では，量子力学に矛盾があったのかというと，実はそうではないのだ．真実は，「原子 A が原子 B に情報を伝えると考えてはいけない」ということだったのである．どういうことかというと，「相互作用を失った後も，たとえ 1 光年離れていても，（観測するまでは）原子 A と原子 B は一つのもの（分割して考えてはいけないもの）とみなさ

[†1] 原著論文では，粒子の位置と運動量の観測について論じているが，ここでは話の流れに沿ってこれらを原子のエネルギー準位に読み替えて説明を行っている．

[†2] 1964 年，ベルは，隠れた変数が存在すれば必ず成立する不等式を見出した．この不等式は，現在ではベルの不等式とよばれている．アスペは，光の量子もつれ状態を用いてベルの不等式を調べ，これが成立していない，すなわち，隠れた変数が存在しないことを実証した．

なければいけない」ということなのである．「一つのもの」ならば，その「一部」の状態が決定されれば，「残り」の状態も決定されるのは当然のことである．

　これが何を意味しているのか，おわかりいただけるであろうか．量子力学では（つまり私たちの住む世界では），「遠く離れていればそれは別のもの」という局所実在論が必ずしも成立しないのである．これは，量子力学が私たちに教えてくれる驚くべき事実である．

　現在では，量子もつれ状態は，特殊相対性理論などのどんな理論とも矛盾しないものと考えられている．そして，この量子もつれ状態は，**量子テレポーテーション**とよばれる量子情報の遠隔操作に実際に応用されているのである．

　さて，EPR パラドックスは「隠れた変数」なるものを持ち出し，波動関数の確率解釈を真っ向から否定しようとするものであったが，アスペの実験により逆にこのパラドックスが否定された．このため EPR パラドックスは，現在では **EPR 相関**とよばれている．EPR 相関は，量子力学が「真に」確率的（非決定論的）であることを私たちに示している．「神はサイコロを振らない」というアインシュタインの主張（決定論的な局所実在性）は，ここに完全に否定されたのである[†1]．

　皆さんは，この世界で起こる事象が「真に確率的である」ということを，素直に受け入れることができるだろうか．たとえば，A と B の重ね合わせの状態を観測して，結果が A であったとしよう．この結果に対して私たちは，「なぜ B ではいけなかったのか，なぜ A で『なければならなかった』のか」を問うことができないのである．A が観測されるべき因果律は存在せず，B が観測されていてもまったく不思議はなかったのだ．では，もし B が観測されていたらこの世界はどうなっていたのだろうか．

　このような疑問に対しては，「いや，実は B も観測されていたのだ．しかしそれは私たちが住んでいる世界の出来事ではない．A が観測されたのは，私たちがたまたま A が観測される世界に住んでいるからなのだ．B を観測する私たちが住む別の世界が，どこかに存在しているのだ．」という考え方があり，**量子力学の多世界解釈**とよばれている．

　量子計算理論のパイオニアであり，最初の量子アルゴリズムを考案したドイッチュは，このような多世界解釈を支持する研究者として知られている．彼は，この世界では実現不可能な膨大な計算を，別の世界で並列計算させ，その結果をこの世界に呼び戻そうと思ったのかもしれない．

　このような，物理学とも哲学ともとれる概念的な問題をはらみながらも，量子力学の原理は次々と情報処理に応用され，この分野に革命を起こしつつある．

[†1] 51 ページ脚注 2 を参照．なお，ベルの理論（286 ページ脚注 1）もアスペの実験も，報告されたのはアインシュタインの没後のことである．

演習問題

6.1 位置 r における電場 $E(r)$ がもつエネルギー密度は以下で与えられる．

$$\text{電場のエネルギー密度：} \frac{1}{2}\varepsilon_0|E(r)|^2$$

また，表面に電荷 q をもつ半径 a の金属球の周りに作られる電場は，以下で与えられる．

$$\text{金属球が作る電場：} \quad E(r) = \begin{cases} 0 & (r < a) \\ \dfrac{q}{4\pi\varepsilon_0 r^2}\dfrac{r}{r} & (r \geq a) \end{cases}$$

金属表面の電荷が素電荷 e であるとして，全空間がもつ電場のエネルギーを求めよ．

6.2 半径 a の金属球の自己容量 C は $C = q/V(a)$ により定義される．ここに，q は金属表面の電荷量，$V(a)$ は金属表面の電位であり，

$$V(a) = \frac{q}{4\pi\varepsilon_0 a}$$

で与えられる．これらの表式を用いて，演習問題 [6.1] で得られた電場のエネルギーを C を用いて表せ．

6.3 図 5.3，図 5.7，図 5.17 の右図，図 6.7 に示されている「横棒」は，それぞれ何を表しているか．これらは皆，同じものを表しているか．

6.4 式 (6.51) に示すユニタリー行列の性質を用いて，式 (6.46) のユニタリー変換の前後で規格化が保たれていることを示せ．

演習問題解答

第 1 章

1.1
$$e^s \simeq 1 + s + \frac{1}{2}s^2 + \frac{1}{6}s^3 + \frac{1}{24}s^4 + \frac{1}{120}s^5 + \frac{1}{720}s^6 + \frac{1}{5040}s^7$$
$$\cos s \simeq 1 - \frac{1}{2}s^2 + \frac{1}{24}s^4 - \frac{1}{720}s^6$$
$$\sin s \simeq x - \frac{1}{6}s^3 + \frac{1}{120}s^5 - \frac{1}{5040}s^7$$

s が次元をもつと，$s, s^2, s^3, \ldots$ の次元は互いにすべて異なることになる．次元の異なる物理量の足し算は物理的に意味をなさない．たとえば，長さと面積と体積を足し算することはできない．したがって，s は無次元でなければならない．

1.2 物理量を対数表示するときには，物理量そのものではなく，その物理量を単位量で割って無次元化した量をプロットしている．電流であれば，単位電流 I_0 で割った I/I_0 の対数をプロットする．このとき，
$$\ln\left(\frac{I}{I_0}\right) = \ln I - \ln I_0$$
となり，$-\ln I_0$ のオフセットが生じる．しかし，単位電流 I_0 を 1A（アンペア）とすれば $\ln I_0 = 0$ となるので，結局は I そのものを対数プロットしていることと同じになる．

1.3 $f(x) = 1/\sqrt{1-x}$ を $x = 0$ でテーラー展開し，1 次の項までとると，
$$f(x) = \frac{1}{\sqrt{1-x}} \simeq 1 + \frac{1}{2}x$$
となる．これより，
$$E = \frac{m_0 c^2}{\sqrt{1-(v/c)^2}} \simeq m_0 c^2 \left\{ 1 + \frac{1}{2}\left(\frac{v}{c}\right)^2 \right\} = m_0 c^2 + \frac{1}{2}m_0 v^2$$
となる．したがって，第 1 項は物体が止まっているときのエネルギー（静止エネルギー），第 2 項はニュートン力学における運動エネルギーを表している．

このことから，ニュートン力学は，物体のエネルギーが光速に比べ十分に小さいとき（$v \ll c$）にのみ成立するものであることがわかる．また，静止エネルギーを議論から除外していることもわかる．

1.4 (1)
$$\frac{P^2}{2M} + \frac{p_{AB}^2}{2m_r} = \frac{(m_A v_A + m_B v_B)^2}{2(m_A + m_B)} + \frac{m_A m_B}{2(m_A + m_B)}(v_A - v_B)^2$$

$$= \frac{1}{2(m_A + m_B)}\{m_A(m_A + m_B)v_A^2 + m_B(m_A + m_B)v_B^2\}$$

$$= \frac{1}{2}m_A v_A^2 + \frac{1}{2}m_B v_B^2 = \frac{p_A^2}{2m_A} + \frac{p_B^2}{2m_B}$$

(2) $P^2/2M$ は，二つの物体からなる系を一つの「塊」と見たときの運動エネルギーを表す．すなわち，この系の質量中心の運動エネルギーを表す．実際，$P^2/2M$ は，質量中心座標

$$X = \frac{m_A x_A + m_B x_B}{m_A + m_B}$$

を用いて，

$$\frac{P^2}{2M} = \frac{1}{2}M\left(\frac{dX}{dt}\right)^2$$

と表すことができる．一方，$p_{AB}^2/2m_r$ は相対運動の運動エネルギーである．

　この系を一体問題に帰着させるためには，質量中心座標系を用いる（つまり，質量中心の動きに乗ってこの系を眺める）．この場合，$P^2/2M = 0$ となる．あるいは外力がなければ，式 (1.7c) より P は定数となるので，その場合には質量中心座標系を用いずとも，$E - P^2/2M$ をあらためて E とおくことにより，一体問題に帰着できる．

　また，二つの物体の質量が大きく異なる場合（たとえば $m_A \gg m_B$）には，換算質量は小さい方の質量で近似できる（たとえば $m_r \simeq m_B$）．式 (1.111) は，陽子と電子からなる系に対してこの近似を適用したものである．

1.5 β の関数 $F(\beta)$ について

$$-\frac{\partial}{\partial \beta}\ln F(\beta) = -\frac{1}{F(\beta)}\frac{\partial F(\beta)}{\partial \beta}$$

である．そこで，$\int_0^\infty e^{-\beta\epsilon}dt$ を β の関数と見て $F(\beta)$ とおけば，

$$\frac{\partial F(\beta)}{\partial \beta} = \frac{\partial}{\partial \beta}\int_0^\infty e^{-\beta\epsilon}d\epsilon = \int_0^\infty \frac{\partial}{\partial \beta}e^{-\beta\epsilon}d\epsilon = -\int_0^\infty \epsilon e^{-\beta\epsilon}d\epsilon$$

であるので，

$$-\frac{d}{d\beta}\ln \int_0^\infty e^{-\beta\epsilon}d\epsilon = \frac{\int_0^\infty \epsilon e^{-\beta\epsilon}d\epsilon}{\int_0^\infty e^{-\beta\epsilon}d\epsilon}$$

が成立する．

　$\sum_{n=0}^\infty e^{-n\beta\epsilon}$ も同様に β の関数と見て $F(\beta)$ とおけば，

$$-\frac{d}{d\beta}\ln \sum_{n=0}^\infty e^{-n\beta\epsilon} = \frac{\sum_{n=0}^\infty n\epsilon e^{-n\beta\epsilon}}{\sum_{n=0}^\infty e^{-n\beta\epsilon}}$$

を導くことができる．

　上記の 2 式の左辺の計算は以下のようになる．$\int_0^\infty e^{-\beta\epsilon}d\epsilon = 1/\beta$ より，

$$-\frac{d}{d\beta}\ln \int_0^\infty e^{-\beta\epsilon}d\epsilon = -\frac{d}{d\beta}\ln \frac{1}{\beta} = \frac{1}{\beta}$$

となる．よって，$k_B T = 1/\beta$ を用いれば，式 (1.96)

$$\frac{\int_0^\infty \epsilon e^{-\epsilon/k_B T} d\epsilon}{\int_0^\infty e^{-\epsilon/k_B T} d\epsilon} = k_B T$$

が得られる．

一方，$f = \sum_{n=0}^\infty a^n = 1 + a + a^2 + a^3 + \cdots$ ($|a| < 1$) という級数和において，両辺に a を掛けた式との引き算を考える．

$$f = 1 + a + a^2 + a^3 + \cdots$$
$$af = \quad a + a^2 + a^3 + \cdots$$

すると，$|a| < 1$ であれば $a^n \to 0$ ($n \to \infty$) であるので，$f - af = 1$，つまり $f = 1/(1-a)$ である．これを用いると，

$$\sum_{n=0}^\infty e^{-n\beta\epsilon} = \frac{1}{1 - e^{-\beta\epsilon}}$$

が得られる．よって，

$$-\frac{d}{d\beta} \ln \sum_{n=0}^\infty e^{-n\beta\epsilon} = \frac{d}{d\beta} \ln(1 - e^{-\beta\epsilon}) = \frac{\epsilon}{e^{\beta\epsilon} - 1}$$

となる．すなわち，式 (1.98)

$$\frac{\sum_{n=0}^\infty n\epsilon e^{-n\epsilon/k_B T}}{\sum_{n=0}^\infty e^{-n\epsilon/k_B T}} = \frac{\epsilon}{e^{\epsilon/k_B T} - 1}$$

が得られる．

1.6 $\hbar$ の単位は [J·s]，k_B の単位は [J/K] であるので，$\hbar\nu$ と $k_B T$ の単位はともに [J] である．すなわち，$\hbar\nu$，$k_B T$ ともにエネルギーの次元をもつ．ここで，無次元のパラメータ $s = \hbar\nu/k_B T$ を定義して $\bar{\epsilon}$ に変数変換を施すと，

$$\bar{\epsilon}(s) = k_B T \frac{s}{e^s - 1}$$

となる．$s \ll 1$ では，e^s をテーラー展開したときの低次の項で近似できるので ($e^s \simeq 1 + s$)，

$$\frac{s}{e^s - 1} \to \frac{s}{(1+s) - 1} = 1 \quad (s \to 0)$$

となる．したがって，

$$\bar{\epsilon} \simeq k_B T$$

が得られる．

1.7 $\nu_c = 1.1 \times 10^{15}$ Hz，$\lambda_c = 2.7 \times 10^{-7}$ m となる．これは紫外光の領域である．

1.8 式 (1.113)，および式 (1.114) より，

$$K = 13.6 \, \text{eV}, \quad U = E - K = -27.2 \, \text{eV}$$

となる．また，$K = mv^2/2$ より，$v = 2.2 \times 10^6$ m/s となる．

1.9

$$e^{i\theta} = 1 + (i\theta) + \frac{1}{2}(i\theta)^2 + \frac{1}{6}(i\theta)^3 + \frac{1}{24}(i\theta)^4 + \frac{1}{120}(i\theta)^5 + \frac{1}{720}(i\theta)^6 + \frac{1}{5040}(i\theta)^7 + \cdots$$

$$= \left(1 - \frac{1}{2}\theta^2 + \frac{1}{24}\theta^4 - \frac{1}{720}\theta^6 + \cdots\right) + i\left(\theta - \frac{1}{6}\theta^3 + \frac{1}{120}\theta^5 - \frac{1}{5040}\theta^7 + \cdots\right)$$
$$= \cos\theta + i\sin\theta$$

第 2 章

2.1 $\alpha^2 = \hbar/m\omega_0$ （式 (2.53)）を用いて，調和振動子のシュレディンガー方程式（式 (2.51)）を以下のような簡単な形に書き直しておく．
$$\frac{d^2}{dx^2}\varphi(x) = \left(\frac{x^2}{\alpha^4} - k^2\right)\varphi(x)$$
ここに，$k^2 = 2mE/\hbar^2$ である．この式に $\varphi_2(x) = (1 + bx^2)e^{-x^2/2\alpha^2}$ を代入すると，左辺と右辺は
$$\frac{d^2}{dx^2}\varphi_2(x) = \left\{\left(2b - \frac{1}{\alpha^2}\right) + \left(\frac{1}{\alpha^4} - \frac{5b}{\alpha^2}\right)x^2 + \frac{b}{\alpha^4}x^4\right\}e^{-x^2/2\alpha^2}$$
$$\left(\frac{x^2}{\alpha^4} - k^2\right)\varphi_2(x) = \left\{-k^2 + \left(\frac{1}{\alpha^4} - bk^2\right)x^2 + \frac{b}{\alpha^4}x^4\right\}e^{-x^2/2\alpha^2}$$
と計算される．上式右辺の括弧の中の x^2 項を比較することにより，$k^2 = 5/\alpha^2$．さらに，定数項を比較することにより $b = -2/\alpha^2$ と求められる．以上より，
$$E = \frac{5}{2}\hbar\omega_0, \qquad \varphi_2(x) = \left\{1 - 2\left(\frac{x}{\alpha}\right)^2\right\}e^{-x^2/2\alpha^2}$$
が得られる．ただし，この φ_2 はまだ規格化されていない．規格化後の結果を表 2.1 で確認してほしい．

2.2 解図 2.1 に示すように，$x_{\min} = \alpha\ (=\sqrt{\hbar/m\omega_0})$ で極小値 $E_{\min} = \hbar\omega_0$ をとる．このように，$E_{\min}$ はゼロ点振動のエネルギー $\hbar\omega_0/2$ と比べ，因子 2 が異なるだけである．

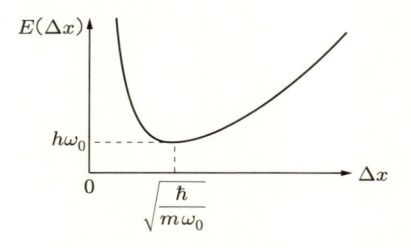

解図 2.1

2.3 確率流密度に対する表式（式 (2.89) の右式）を用いる．その際，粒子の状態がエネルギー固有状態 $\psi(x,t) = \varphi(x)e^{-iEt/\hbar}$ であれば，時間に関する項は消えて
$$j(x,t) = \frac{\hbar}{2mi}\left(\psi^*\frac{\partial\psi}{\partial x} - \psi\frac{\partial\psi^*}{\partial x}\right) = \frac{\hbar}{2mi}\left(\varphi^*\frac{d\varphi}{dx} - \varphi\frac{d\varphi^*}{dx}\right)$$
となる．式 (2.100) において，

とおくと、
$$\varphi_{in}(x) = a_1 e^{ikx}, \qquad \varphi_{re}(x) = a_1 \frac{k-i\kappa}{k+i\kappa} e^{-ikx}, \qquad \varphi_{tr}(x) = a_1 \frac{2i\kappa}{k+i\kappa} e^{-\kappa x}$$

$$j_{in} = \frac{\hbar}{2mi}\left(\varphi_{in}^* \frac{d\varphi_{in}}{dx} - \varphi_{in}\frac{d\varphi_{in}^*}{dx}\right) = \frac{\hbar}{2mi}(ik\varphi_{in}^*\varphi_{in} + ik\varphi_{in}\varphi_{in}^*)$$
$$= \frac{\hbar k}{m}|\varphi_{in}|^2 = |a_1|^2 \frac{\hbar k}{m}$$

が得られる。また、
$$j_{re} = \frac{\hbar}{2mi}\left(\varphi_{re}^* \frac{d\varphi_{re}}{dx} - \varphi_{re}\frac{d\varphi_{re}^*}{dx}\right) = \frac{\hbar}{2mi}(-ik\varphi_{re}^*\varphi_{re} - ik\varphi_{re}\varphi_{re}^*)$$
$$= -\frac{\hbar k}{m}|\varphi_{re}|^2$$

である。ここで、$|(k-i\kappa)/(k+i\kappa)| = 1$ なので、
$$j_{re} = -|a_1|^2 \frac{\hbar k}{m}$$

となる。一方、$\varphi_{tr}(x)$ に関しては
$$\varphi_{tr}^* \frac{d\varphi_{tr}}{dx} - \varphi_{tr}\frac{d\varphi_{tr}^*}{dx} = (-\kappa)(\varphi_{tr}^*\varphi_{tr} - \varphi_{tr}\varphi_{tr}^*) = 0$$

となるので、$j_{tr} = 0$ である。

2.4 式 (2.99) より、$\ell(=1/\kappa) = 1.1 \times 10^{-10}$ m $= 0.11$ nm. このように、減衰長 ℓ は非常に小さい値となり、$d \sim 1$ nm 程度の極薄の絶縁膜に対しても $\ell \ll d$ が成立する。したがって、透過率 T に対して式 (2.108) を適用でき、以下のようになる。
$$T = 9.8 \times 10^{-9} \quad (d = 1\,\text{nm}), \qquad T = 1.4 \times 10^{-39} \quad (d = 5\,\text{nm})$$

2.5 井戸型ポテンシャルも調和振動子ポテンシャルも左右対称なポテンシャルであるので、すべてのエネルギー固有状態に対して、位置の期待値はポテンシャルの中心の位置となり、運動量の期待値はゼロになる。重ね合わせの状態も同様である。

2.6 (1) $\psi(x,t) = \frac{\sqrt{3}}{2}\psi_0(x,t) + \frac{1}{2}\psi_1(x,t)$

(2) 規格化された波動関数は、
$$\psi(x,t) = \frac{\sqrt{3}}{2}\varphi_0(x)e^{-iE_0 t/\hbar} + \frac{1}{2}\varphi_1(x)e^{-iE_1 t/\hbar}$$

と書ける。ここに、$E_0 = \hbar\omega_0/2$, $E_1 = 3\hbar\omega_0/2$ であり、表 2.1 より
$$\varphi_0(x) = \left(\frac{1}{\alpha\sqrt{\pi}}\right)^{1/2} e^{-x^2/2\alpha^2}, \qquad \varphi_1(x) = \left(\frac{1}{2\alpha\sqrt{\pi}}\right)^{1/2} 2\left(\frac{x}{\alpha}\right) e^{-x^2/2\alpha^2}$$

であるので、次のようになる。
$$\psi(x,t)$$
$$= \frac{\sqrt{3}}{2}\left(\frac{1}{\alpha\sqrt{\pi}}\right)^{1/2} e^{-x^2/2\alpha^2} e^{-i\omega_0 t/2} + \left(\frac{1}{2\alpha\sqrt{\pi}}\right)^{1/2}\left(\frac{x}{\alpha}\right) e^{-x^2/2\alpha^2} e^{-3i\omega_0 t/2}$$

(3) 3/4 の確率で $E = \hbar\omega_0/2$ が、1/4 の確率で $E = 3\hbar\omega_0/2$ が観測される。その他のエ

ネルギーは観測されない．したがって，100 回の観測により $E = \hbar\omega_0/2, 3\hbar\omega_0/2$ が観測されるのは，それぞれ 75 回，25 回程度である．
(4) 最初の測定では，3/4 の確率で $E = \hbar\omega_0/2$ が，1/4 の確率で $E = 3\hbar\omega_0/2$ が観測される．最初の測定で $E = \hbar\omega_0/2$ が観測されれば，その後も $E = \hbar\omega_0/2$ が観測される．最初の測定で $E = 3\hbar\omega_0/2$ が観測されれば，その後も $E = 3\hbar\omega_0/2$ が観測される．

第 3 章

3.1 図 3.2(c) より，$\boldsymbol{p} = (p_x, p_y)$ で等速直線運動する質点の軌跡は
$$y = \frac{p_y}{p_x}x + c \qquad (p_x \neq 0)$$
と書ける．ここに，c は y 切片の値である．この式は $p_x = 0$ の場合には適用できないが，両辺に p_x を掛け算した式
$$xp_y - yp_x = -cp_x$$
は，任意の等速直線運動に対して適用できる．この式と式 (3.4) とを比べると，
$$L = -cp_x$$
であることがわかる．等速直線運動する物体に対しては，c も p_x も定数であるので L も定数である．すなわち，L は保存される．

3.2 平面波の空間成分を $\varphi(x) = e^{i(k_x x + k_y y)}$ とおき，角運動量演算子として式 (3.33) を用いると，
$$\hat{L}\varphi(x) = -i\hbar\left(x\frac{\partial}{\partial y} - y\frac{\partial}{\partial x}\right)e^{i(k_x x + k_y y)}$$
$$= \hbar(xk_y - yk_x)e^{i(k_x x + k_y y)} = (xp_y - yp_x)e^{i(k_x x + k_y y)}$$
となる．ここで，$p_x = \hbar k_x$ と $p_y = \hbar k_y$ は定数であるが，x と y は変数のままであるので，この式は $\hat{L}\varphi(x) = L\varphi(x)$ (L：定数) という固有方程式の形にはなっていない．したがって，平面波は角運動量演算子の固有関数ではない．

一定の運動量をもつ物体の角運動量は，古典論では一定の値をもつ．すなわち保存される．ただしその値は，原点（基準点）のとり方に依存する．一方，量子力学では角運動量は確定値をもたない．

平面波は全空間に広がっており，このため原点をどこにとっても，その左右に等しい確率で存在する．右にも左にも等しい確率で存在するということは，時計回りに回そうとする「勢い」と，反時計回りに回そうとする「勢い」が等しいことを意味している．したがって，平面波の角運動量の期待値（平均値）はゼロとなる．

3.3 z と $\hat{p}_z$ は交換しないので順序を変更できない．それ以外の演算子は自由に順序の入れ替えが可能である．したがって，
$$\hat{L}_x\hat{L}_y = (y\hat{p}_z - z\hat{p}_y)(z\hat{p}_x - x\hat{p}_z) = y\hat{p}_z z\hat{p}_x - y\hat{p}_z x\hat{p}_z - z\hat{p}_y z\hat{p}_x + z\hat{p}_y x\hat{p}_z$$
$$= y\hat{p}_x\hat{p}_z z - xy\hat{p}_z^2 - z^2\hat{p}_x\hat{p}_y + x\hat{p}_y z\hat{p}_z$$
となる．同様に，

$$\hat{L}_y\hat{L}_x = (z\hat{p}_x - x\hat{p}_z)(y\hat{p}_z - z\hat{p}_y) = y\hat{p}_x z\hat{p}_z - xy\hat{p}_z^2 - z^2\hat{p}_x\hat{p}_y + x\hat{p}_y\hat{p}_z z$$

である．したがって，次のようになる．

$$\begin{aligned}\hat{L}_y\hat{L}_x - \hat{L}_y\hat{L}_x &= (y\hat{p}_x\hat{p}_z z + x\hat{p}_y z\hat{p}_z) - (y\hat{p}_x z\hat{p}_z + x\hat{p}_y\hat{p}_z z) \\ &= (x\hat{p}_y - y\hat{p}_x)(z\hat{p}_z - \hat{p}_z z) \\ &= i\hbar\hat{L}_z\end{aligned}$$

3.4 解図 3.1 に示すように，$r_{\min} = a_B$ で極小値 $E_{\min} = E_s$ をとる．

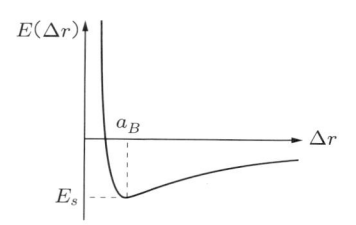

解図 3.1

3.5 (1) $\psi(\boldsymbol{r}, t) = \dfrac{2}{\sqrt{5}}\psi_{2s}(\boldsymbol{r}, t) + \dfrac{1}{\sqrt{5}}\psi_{2p_z}(\boldsymbol{r}, t)$

(2) $2s$ 軌道と $2p$ 軌道のエネルギー固有値はともに $E_s/4$ である．したがって，$2s$ 軌道と $2p_z$ 軌道のエネルギー固有関数をそれぞれ φ_{2s}, φ_{2p_z} と記せば，

$$\psi(\boldsymbol{r}, t) = \left(\frac{2}{\sqrt{5}}\varphi_{2s}(\boldsymbol{r}) + \frac{1}{\sqrt{5}}\varphi_{2p_z}(\boldsymbol{r})\right)e^{-iE_s t/4\hbar}$$

となる．また，φ_{2s} と φ_{2p_z} は以下のようになる．

$$\varphi_{2s}(\boldsymbol{r}) = R_{2,0}Y_{0,0} = \frac{1}{2\sqrt{2\pi}}\frac{1}{a_B^{3/2}}\left(1 - \frac{1}{2}\frac{r}{a_B}\right)e^{-r/2a_B}$$

$$\varphi_{2p_z}(\boldsymbol{r}) = R_{2,1}Y_{1,0} = \frac{1}{4\sqrt{2\pi}}\frac{1}{a_B^{3/2}}\left(\frac{z}{a_B}\right)e^{-r/2a_B}$$

(3) エネルギー固有状態である．エネルギー固有値は $E_s/4$．
(4) $\hat{L}_z$ の固有状態である．固有値は 0．
(5) $\hat{L}^2$ の固有状態でない．期待値は

$$\langle\psi|\hat{L}^2|\psi\rangle = \frac{4}{5}\times 0 + \frac{1}{5}\times 2\hbar^2 = \frac{2}{5}\hbar^2$$

となる．

第 4 章

4.1 式 (4.27a), (4.27b), (4.28a), (4.28b) より，

$$\begin{aligned}\frac{1}{\sqrt{2}}(\psi_1 + \psi_2) &= \frac{1}{2}(\varphi_A + \varphi_B)e^{-i(E_0 - J)t/\hbar} + \frac{1}{2}(\varphi_A - \varphi_B)e^{-i(E_0 + J)t/\hbar} \\ &= \frac{1}{2}\{(\varphi_A + \varphi_B)e^{iJt/\hbar} + (\varphi_A - \varphi_B)e^{-iJt/\hbar}\}e^{-iE_0 t/\hbar}\end{aligned}$$

$$= \left(\varphi_A \frac{e^{iJt/\hbar} + e^{-iJt/\hbar}}{2} + i\varphi_B \frac{e^{iJt/\hbar} - e^{-iJt/\hbar}}{2i}\right) e^{-iE_0 t/\hbar}$$

$$= \left(\varphi_A \cos\frac{J}{\hbar}t + i\varphi_B \sin\frac{J}{\hbar}t\right) e^{-iE_0 t/\hbar} = \psi_\alpha$$

となる．$\psi_\beta = (\psi_1 - \psi_2)/\sqrt{2}$ も同様．

一方，式 (4.32) より $\langle\psi_1|\psi_1\rangle = \langle\psi_2|\psi_2\rangle = 1$, $\langle\psi_1|\psi_2\rangle = \langle\psi_2|\psi_1\rangle = 0$ なので，

$$\langle\psi_\alpha|\psi_\alpha\rangle = \frac{1}{2}(\langle\psi_1 + \psi_2 \mid \psi_1 + \psi_2\rangle)$$
$$= \frac{1}{2}(\langle\psi_1|\psi_1\rangle + \langle\psi_1|\psi_2\rangle + \langle\psi_2|\psi_1\rangle + \langle\psi_2|\psi_2\rangle) = 1$$

となる．同様に，$\langle\psi_\beta|\psi_\beta\rangle = 1$, $\langle\psi_\alpha|\psi_\beta\rangle = \langle\psi_\beta|\psi_\alpha\rangle = 0$ を導くことができる．

4.2 すべての n に対して式 (4.44) が成立するとしたところ．

4.3 式 (4.43) を用いると，

$$\varphi_k(x + mb) = \sum_n e^{iknb}\varphi_n(x + mb) = \sum_n e^{iknb}\varphi_0\{x - (n-m)b\}$$

となる．ここで，$n - m = n'$ と置き換えれば次が得られる．

$$\varphi_k(x + mb) = \sum_{n'} e^{ik(n'+m)b}\varphi_0(x - n'b) = e^{ikmb}\sum_{n'} e^{ikn'b}\varphi_{n'}(x) = e^{ikmb}\varphi_k(x)$$

4.4 式 (4.44) に対応する方程式は，

$$i\hbar\frac{dC_n}{dt} = E_0 C_n - J(C_{n-1} + C_{n+1}) - T(C_{n-2} + C_{n+2})$$

と書ける．ここで，$C_n = e^{ikx_n}e^{-iEt/\hbar}$ $(x_n = nb)$ とおいて，これを上式に代入すれば

$$E = E_0 - 2J\cos kb - 2T\cos 2kb$$

が得られる．$T = J/2$ の場合を図示すると，解図 4.1 のようになる．

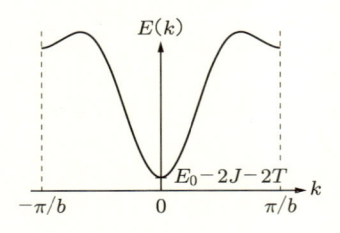

解図 4.1

4.5 $W_d = x_A + x_D$ に式 (4.88) を適用して，

$$W_d = \frac{\varepsilon_{\text{Si}}}{e}\left(\frac{1}{N_A^-} + \frac{1}{N_D^+}\right)E_m$$

を得る．一方，式 (4.89) は

$$E_m = \frac{2}{e}\frac{U_{PN}}{W_d}$$

と変形できるので，先の式に代入して W_d について解くと，

$$W_d = \sqrt{\frac{2\varepsilon_{\mathrm{Si}}(N_A+N_D)U_{PN}}{e^2 N_A N_D}}$$

となる．この式をシリコンのPN接合に適用すると，$N_D = N_A = 10^{15}\,\mathrm{cm}^{-3}$ の場合，$W_d = 1.6\,\mu\mathrm{m}$，$N_D = N_A = 10^{19}\,\mathrm{cm}^{-3}$ の場合，$W_d = 16\,\mathrm{nm}$ となる．

第5章

5.1 (1) $S = 0$
(2) $S = k_B \ln 55$，$P_{R=21} = 1/55$
(3) $P_{R=21}/P_{R=1} = e^{-2\delta/k_B T}$
(4) $P_{10\epsilon_s + 2\delta}/P_{10\epsilon_s} = 55 e^{-2\delta/k_B T}$

5.2 基底状態と励起状態の電子の平均個数を，それぞれ $\bar{n}_1$，$\bar{n}_2$ とする．
(1) カノニカル分布（式 (5.37a), (5.37b)）を用いる．

$$\bar{n}_1 = P_1 = \frac{e^{-\epsilon_1/k_B T}}{e^{-\epsilon_1/k_B T} + e^{-\epsilon_2/k_B T}}, \qquad \bar{n}_2 = P_2 = \frac{e^{-\epsilon_2/k_B T}}{e^{-\epsilon_1/k_B T} + e^{-\epsilon_2/k_B T}}$$

(2) グランドカノニカル分布（式 (5.63)）を用いる．

$$\bar{n}_1 = P_1 = \frac{1}{Z_G} e^{-(\epsilon_1 - \mu)/k_B T}, \qquad \bar{n}_2 = P_2 = \frac{1}{Z_G} e^{-(\epsilon_2 - \mu)/k_B T}$$

ここに，$Z_G = 1 + e^{-(\epsilon_1 - \mu)/k_B T} + e^{-(\epsilon_2 - \mu)/k_B T}$ である．

5.3

$$\frac{\partial S}{\partial T} = \frac{1}{T}\frac{\partial \bar{E}}{\partial T} = \frac{\pi^2}{2} N k_B \frac{k_B}{\epsilon_F}$$

より，

$$S(T, N) = \int_{T_0}^{T} \frac{\pi^2}{2} N k_B \frac{k_B}{\epsilon_F} dT = \frac{\pi^2}{2} N k_B \frac{k_B}{\epsilon_F}(T - T_0)$$

を得る．T_0（基準温度）を絶対零度にとれば，

$$S(T, N) = \frac{\pi^2}{2} N k_B \frac{k_B T}{\epsilon_F}$$

となる．自由エネルギーは，$F = E - TS$ より，

$$F(T, N) = \frac{3}{5} N \epsilon_F - \frac{\pi^2}{4} N k_B T \frac{k_B T}{\epsilon_F}$$

となる．以上の表式は，式 (5.80) と同様に，$\epsilon_F \gg k_B T$ の場合にのみ成立することに注意してほしい．

5.4 (1) フェルミ-ディラック分布 $f(\epsilon) = 1/(e^{\beta(\epsilon - \mu)} + 1)$（$\mu$ はフェルミ準位）を用いると，電子の平均エネルギー $\bar{\epsilon}$ は，

$$\bar{\epsilon} = \frac{\int_0^\infty \epsilon N(\epsilon) f(\epsilon) d\epsilon}{\int_0^\infty N(\epsilon) f(\epsilon) d\epsilon}$$

で与えられる．ここで，$N(\epsilon) = a\sqrt{\epsilon}$ を代入すれば，

$$\bar{\epsilon} = \frac{\int_0^\infty \epsilon^{3/2} f(\epsilon) d\epsilon}{\int_0^\infty \epsilon^{1/2} f(\epsilon) d\epsilon}$$

となる.

(2) 絶対零度では，フェルミ準位 μ はフェルミエネルギー ϵ_F に等しくなり，$f=1$ ($\epsilon \leq \epsilon_F$), $f=0$ ($\epsilon > \epsilon_F$) である．したがって，(1) で得られた式は

$$\bar{\epsilon} = \frac{\int_0^{\epsilon_F} \epsilon^{3/2} d\epsilon}{\int_0^{\epsilon_F} \epsilon^{1/2} d\epsilon} = \frac{3}{5}\epsilon_F$$

と計算される．この結果に粒子数 N を掛けたものが，式 (5.80) で $T=0$ とした場合に対応している．

(3) フェルミ–ディラック分布を $f(\epsilon) = e^{-\beta(\epsilon-\mu)}$ と近似すると，

$$\bar{\epsilon} = \frac{\int_0^\infty \epsilon^{3/2} e^{-\beta\epsilon} d\epsilon}{\int_0^\infty \epsilon^{1/2} e^{-\beta\epsilon} d\epsilon}$$

となる．ここで，

$$\frac{d}{d\epsilon}\left\{\epsilon^{3/2}\left(-\frac{1}{\beta}\right)e^{-\beta\epsilon}\right\} = \frac{3}{2}\epsilon^{1/2}\left(-\frac{1}{\beta}\right)e^{-\beta\epsilon} + \epsilon^{3/2}e^{-\beta\epsilon}$$

の両辺を積分することにより，

$$0 = -\frac{3}{2}\left(\frac{1}{\beta}\right)\int_0^\infty \epsilon^{1/2} e^{-\beta\epsilon} d\epsilon + \int_0^\infty \epsilon^{3/2} e^{-\beta\epsilon} d\epsilon$$

となる．よって，$k_B T = 1/\beta$ を用いれば，

$$\bar{\epsilon} = \frac{3}{2}k_B T$$

となる．これは，フェルミ–ディラック分布に従う系でも，高温ではエネルギー等分配の法則が成立することを意味している．

5.5 式 (5.101) より，

$$n_C = 4\pi g_C \left(\frac{2m_e}{h^2}\right)^{3/2} \int_{E_C}^\infty (E - E_C)^{1/2} e^{-(E-E_F)/k_B T} dE$$

を得る．ここで，$x = (E - E_C)/k_B T$ と変数変換すれば，

$$n_C = 4\pi g_C \left(\frac{2m_e}{h^2}\right)^{3/2} (k_B T)^{3/2} e^{-(E_C-E_F)/k_B T} \int_0^\infty x^{1/2} e^x dx$$

$$= 2g_C \left(\frac{2\pi m_e k_B T}{h^2}\right)^{3/2} e^{-(E_C-E_F)/k_B T}$$

となる．p_V も同様．

5.6 解図 5.1 のようになる．フェルミ準位は，低温ではバンド端とドナー準位，アクセプター準位との間に位置し，高温ではドナー準位の下（アクセプター準位の上）に位置している．

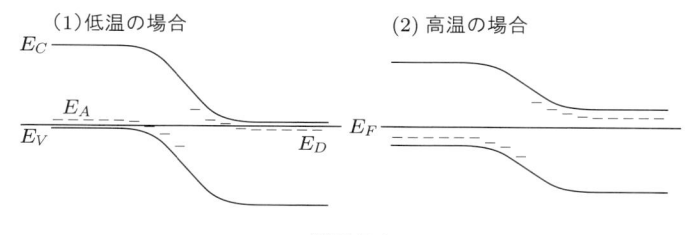

解図 5.1

第 6 章

6.1 全空間がもつ電場のエネルギーを E とすると，次のようになる．
$$E = \frac{1}{2}\varepsilon_0 \int |\boldsymbol{E}(\boldsymbol{r})|^2 d\boldsymbol{r} = \frac{1}{2}\varepsilon_0 \left(\frac{e}{4\pi\varepsilon_0}\right)^2 \int_a^\infty \frac{1}{r^4} 4\pi r^2 dr = \frac{e^2}{8\pi\varepsilon_0 a}$$

6.2 C の定義式と $V(a)$ の表式より，
$$C = 4\pi\varepsilon_0 a$$
を得る．また，前問の結果と比べることにより，
$$E = \frac{e^2}{2C}$$
となることがわかる．

6.3 図 5.3 と図 5.7 の横棒は，1 個の電子（1 電子状態）に対する基底状態（一番下の横棒）と励起状態（その他の横棒）である．一方，図 5.17 と図 6.7 では，n 番目の横棒は n 番目の電子の基底状態のエネルギー（n 番目の電子が入るために必要な最底のエネルギー，式 (5.82) 参照）である．これら 2 種類の「横棒」は，系の体積が大きい場合には同じものと考えて（ほとんど）問題ないが，原子や量子ドットのように電子が微小領域に閉じ込められている場合には，電子どうしのクーロンエネルギーのためにまったく違ったものとなる．

6.4 式 (6.46) において，$|C_0|^2 + |C_1|^2 = |C_0'|^2 + |C_1'|^2$ を示せばよい．式 (6.51) より，
$$|u_{00}|^2 + |u_{10}|^2 = 1, \quad u_{00}^* u_{01} + u_{10}^* u_{11} = 0$$
$$u_{01}^* u_{00} + u_{11}^* u_{10} = 0, \quad |u_{01}|^2 + |u_{11}|^2 = 1$$
なので，次のようになる．
$$\begin{aligned}
|C_0'|^2 + |C_1'|^2 &= |u_{00}C_0 + u_{01}C_1|^2 + |u_{10}C_0 + u_{11}C_1|^2 \\
&= |u_{00}|^2|C_0|^2 + |u_{01}|^2|C_1|^2 + u_{00}^* u_{01} C_0^* C_1 + u_{00} u_{01}^* C_0 C_1^* \\
&\quad + |u_{10}|^2|C_0|^2 + |u_{11}|^2|C_1|^2 + u_{10}^* u_{11} C_0^* C_1 + u_{10} u_{11}^* C_0 C_1^* \\
&= (|u_{00}|^2 + |u_{10}|^2)|C_0|^2 + (|u_{01}|^2 + |u_{11}|^2)|C_1|^2 \\
&\quad + (u_{00}^* u_{01} + u_{10}^* u_{11}) C_0^* C_1 + (u_{00} u_{01}^* + u_{10} u_{11}^*) C_0 C_1^* \\
&= |C_0|^2 + |C_1|^2
\end{aligned}$$

参考文献

[1] A. P. フレンチ：MIT 物理 力学，培風館（1983）
[2] 上羽弘：工学系のための量子力学（第 2 版），森北出版（2005）
[3] A. P. フレンチ，E. F. テイラー：MIT 物理 量子力学入門 I, II，培風館（1993, 1994）
[4] ファインマン，レイトン，サンズ：ファインマン物理（V）量子力学，岩波書店（1986）
[5] 田崎晴明：統計力学 I, II，培風館（2008）
[6] ライフ：統計熱物理学の基礎（上，中）（POD 版），吉岡書店（2006, 2008）
[7] Y. タウア，T. H. ニン：最新 VLSI の基礎（第 2 版），丸善（2013）
[8] 宮野健次郎，古澤明：量子コンピュータ入門，日本評論社（2008）

索 引

英数字

2 準位系　159
d 軌道　145
EPR 相関　287
LCAO 法　162
MOSFET　191
NOT ゲート　279
N 型半導体　186
PN 接合　188
P 型半導体　186
p 軌道　145
sp^3 混成軌道　176
s 軌道　145
X 線回折　42

あ 行

アインシュタイン-ド・ハース効果　136
アクセプター　186
アース　240
アダマールゲート　279
アボガドロ定数　196
イオン化　185
イオン化エネルギー　149, 185
位相　56
位相速度　20
上向きスピン　137
運動エネルギー　4
運動量　2
運動量演算子　90
エサキダイオード　87, 255
エネルギー　4
エネルギー演算子　88

エネルギー固有関数　49
エネルギー固有状態　49
エネルギー固有値　49
エネルギー縮退　107, 144
エネルギー準位　38, 54
エネルギー等分配の法則　210
エネルギーの量子化　38, 54
エネルギーバンド　169
エネルギー分裂　159
エルミート演算子　93
エルミート共役　278
演算子　87
遠心力ポテンシャル　117
円電流　121
エントロピー　208
エントロピー増大の法則　208
オイラーの公式　44, 54
温度　209

か 行

階段型ポテンシャル　81
回転　107
回転波　125
外部パラメータ　212
化学ポテンシャル　222
可干渉性　283
角運動量　40, 110
角運動量の量子化　126
角振動数　17
確率過程　86
確率振幅　98
確率密度　51
確率流密度　80
重ね合わせ　20

重ね合わせの状態　49
価電子帯　180
カノニカル分布　217
殻　148
換算質量　44
慣性の法則　1
完全直交性　93
規格化因子　58
規格直交性　95
基準振動　19
輝線　35
期待値　98
基底状態　39, 55
基底ベクトル　98
軌道　145
軌道角運動量　134
キャリア　183
キャリアフリーズアウト　185
球面調和関数　129
共鳴　281
共鳴積分　162
共有結合　165
行列力学　43
巨視的な系　196
禁制帯　180
空乏層　191
クラウジウスの関係　212
グランドカノニカル分布　224
クロネッカーのデルタ　95
クーロン積分　162
クーロンダイアモンド　273
クーロンブロッケード　264
群速度　24
系　197

結合状態　158
ゲート　191, 257
ゲート絶縁膜　192
原子番号　148
交換可能　101
交換子　101
光子　31
格子系　232
光電効果　32
光電子　32
光量子　31
光量子仮説　31
黒体輻射　29
固有関数　87
固有値　87
固有方程式　87
孤立系　200
コンプトン効果　33

さ 行

再結合　183
歳差運動　122
サブスレッショルドスロープ　254
サブスレッショルド電流　253
作用反作用の法則　1
散乱状態　16
散乱問題　78
時間的に変化する状態　52, 69
しきい値電圧　194
磁気双極子　119
識別不能性　225
磁気モーメント　120
磁気量子数　130
仕事　212
仕事関数　32
磁石　118
磁束密度　121
下向きスピン　137
実効移動度　193
実効状態密度　244
実効ポテンシャル　117
自由エネルギー　220

自由エネルギー最小の原理　220
周期　17
周期性　166
自由粒子　46
縮退度　144
シュタルク効果　211
主量子数　140
シュレディンガー方程式　45
　時間に依存しない――　49
準静操作　260
状態ベクトル　98
状態密度　242
初期位相　56
進行波　20
真性半導体　183
振動　16
振動数　17
侵入長　60
振幅　18
水素分子　165
水素分子イオン　164
スケーリング則　194
スティープ S デバイス　257
スピン角運動量　134
スピン量子数　137
制御 NOT ゲート　283
正孔　183
静電容量　264
絶対温度　209
接地　240
ゼーマン効果　211
ゼロ点振動　67
遷移　39
遷移時間　157
線形微分方程式　21
全反射　83
束縛状態　15
ソース　191

た 行

ダイアモンド構造　179
対応原理　39

帯電エネルギー　264
大分配関数　224
単一電子トンネリング　265
単電子デバイス　269
単電子トランジスタ　269
単電子箱　266
単電子ポンプ　275
力の中心　114
力のモーメント　114
チャネル　192
中心力　114
中心力場　114
調和振動子　63
定在波　18
定常状態　52
テーラー展開　43, 64
デルタ関数　97
電圧源　239
電界効果トランジスタ　191
電気二重層　189
電子系　232
電子正孔対の消滅　183
電子正孔対の生成　183
電子線回折　43
電子配置　147
伝導帯　180
伝導電子　183
透過率　82
統計的集団　198
統計力学　196
同時固有関数　102
等重率の原理　198
ドナー　185
ドーパント　184
ドーピング　183
ドープ半導体　184
ド・ブロイ波長　42
ドレイン　191
トンネル確率　85
トンネル効果　85
トンネル効果デバイス　255
トンネル接合　266
トンネル電流　86

トンネルトランジスタ　256
トンネル容量　266

な 行
内蔵電位　191
ニュートンの運動方程式　1
熱　212
熱平衡状態　207
熱溜　216

は 行
パウリの排他律　148
波数　17, 169
波数ベクトル　27
波束　22
波長　17
波動関数　45
波動関数の確率解釈　51
波動関数の規格化　58
波動関数のしみ出し　60
波動関数の収縮　104
波動方程式　21
波動力学　43
ハミルトニアン　88
パリティー　62
反結合状態　158
反射率　82
半導体　181
バンドギャップ　180
バンド構造　174
反平行　121
微視的な系　196
ビット　257
非定常状態　52
非分散性　25
非平衡状態　207
フェルミエネルギー　233
フェルミ準位　241
フェルミ–ディラック分布　229
フェルミ粒子　226

付加エネルギー　265
不可逆過程　207
不確定性関係　74
　角運動量と回転角の——　125
不確定性原理　74
節　18
負性微分抵抗　255
フックの法則　63
物質波　41
部分系　216
ブラケット　97
プランク–アインシュタインの関係式　31
プランク定数　28
プランクの輻射公式　29
フーリエ解析　23
フーリエ級数　23
ブロッホ関数　169
分散関係　25
　光の——　25
　物質波（電子波）の——　46
分散性　25
分子軌道法　162
フントの規則　151
分配関数　217
平行　121
平衡状態　207
平面波　27, 67
ベルの不等式　286
ボーア磁子　135
ボーアの原子模型　38
ボーアの量子条件　40
ボーア半径　39
方位量子数　130
方向の量子化　130
ボース–アインシュタイン分布　229
ボース粒子　226
ポテンシャルエネルギー　8
ボルツマン定数　30, 196

ま 行
マクスウェルのデーモン（悪魔）　262
マクスウェル–ボルツマン分布　230
ミクロカノニカル分布　200
無限井戸ポテンシャル　53

や 行
有限井戸ポテンシャル　58
有効質量　172
有効質量比　173
ユニタリー演算子　279
ユニタリー行列　279
ユニタリーゲート　279
ユニタリー変換　279

ら 行
ラザフォードの原子模型　36
ラビ振動　281
ランダウアーの原理　257
理想量子気体　228
流束　79
リュードベリ定数　36
量子アルゴリズム　277
量子暗号　278
量子エンタングルメント　285
量子化コンダクタンス　267
量子化抵抗　267
量子コンピュータ　275
量子数　39, 55
量子テレポーテーション　287
量子ドット　264
量子ビット　276
量子もつれ　285
量子力学の基本原理　107
量子力学の多世界解釈　287
励起状態　55
連続の方程式　78
ローレンツ力　122

著者略歴
小野　行徳（おの・ゆきのり）
- 1988 年　早稲田大学大学院理工学研究科修士課程 修了
　　　　　日本電信電話（株）入社
- 2009 年　NTT 物性科学基礎研究所量子電子物性研究部 主幹研究員
- 2012 年　富山大学大学院理工学研究部 教授
- 2016 年　静岡大学電子工学研究所 教授
　　　　　現在に至る
　　　　　博士（工学）

編集担当　福島崇史（森北出版）
編集責任　富井　晃（森北出版）
組　　版　中央印刷
印　　刷　同
製　　本　ブックアート

電子・物性系のための量子力学
― デバイスの本質を理解する ―　　　　　　　　　　　© 小野行徳　2015

2015 年 9 月 30 日　第 1 版第 1 刷発行　　【本書の無断転載を禁ず】
2017 年 8 月 30 日　第 1 版第 2 刷発行

著　　者　小野行徳
発 行 者　森北博巳
発 行 所　森北出版株式会社
　　　　　東京都千代田区富士見 1-4-11（〒102-0071）
　　　　　電話 03-3265-8341／FAX 03-3264-8709
　　　　　http://www.morikita.co.jp/
　　　　　日本書籍出版協会・自然科学書協会　会員
　　　　　JCOPY ＜（社）出版者著作権管理機構 委託出版物＞
　　　　　落丁・乱丁本はお取替えいたします．
Printed in Japan／ISBN978-4-627-77521-3

物理定数表

名　称	記　号	数　値	単　位
真空中の光速度	c	299792458	$\mathrm{m \cdot s^{-1}}$
真空の透磁率	μ_0	$4\pi \times 10^{-7} =$ $12.566370614\ldots \times 10^{-7}$	$\mathrm{N \cdot A^{-2}}$
真空の誘電率	ε_0	$1/\mu_0 c^2 =$ $8.854187817\ldots \times 10^{-12}$	$\mathrm{F \cdot m^{-1}}$
万有引力定数	G	6.67384×10^{-11}	$\mathrm{m^3 \cdot kg^{-1} \cdot s^{-2}}$
プランク定数	h	$6.62606957 \times 10^{-34}$	$\mathrm{J \cdot s}$
電気素量	e	$1.602176565 \times 10^{-19}$	C
電子の質量	m	$9.10938291 \times 10^{-31}$	kg
陽子の質量	m_p	$1.672621777 \times 10^{-27}$	kg
リュードベリ定数	R_∞	10973731.568539	$\mathrm{m^{-1}}$
ボーア半径	a_B	$0.52917721092 \times 10^{-10}$	m
ボーア磁子	μ_B	$927.400968 \times 10^{-26}$	$\mathrm{F \cdot T^{-1}}$
アボガドロ定数	N_A	$6.02214129 \times 10^{23}$	$\mathrm{mol^{-1}}$
気体定数	R	8.3144621	$\mathrm{J \cdot (mol \cdot K)^{-1}}$
ボルツマン定数	k_B	$1.3806488 \times 10^{-23}$	$\mathrm{J \cdot K^{-1}}$
フォン・クリッツィング定数	R_K	25812.8074434	Ω

エネルギー諸単位換算表

	[K]	[cm^{-1}]	[eV]	[J]
1 K =	1	0.69504	0.86174×10^{-4}	1.38066×10^{-23}
1 cm^{-1} =	1.43877	1	1.23984×10^{-4}	1.98645×10^{-23}
1 eV =	1.16044×10^4	0.80655×10^4	1	1.60218×10^{-19}

1 K は $T = 1\,\mathrm{K}$ に対する $k_B T$ の値.

1 cm^{-1} は波長 1 cm の光子のエネルギー $h\nu$ の値.